21世纪高等教育系列教材

工程力学

第2版

主　编　莫宵依
副主编　解　敏
参　编　马　凯　师俊平　李智慧

机械工业出版社

本书涵盖了静力学和材料力学的部分内容，内容精炼、例题典型、全面，习题由浅入深，包含大量工程实际问题。

本书共 14 章，包括静力学基础、汇交力系、力偶理论、平面一般力系、空间一般力系和重心、轴向拉伸与压缩、扭转、弯曲内力、弯曲应力、弯曲变形及简单超静定梁、应力状态和强度理论、组合变形时杆件的强度计算、压杆稳定、动载荷与交变应力。

本书配有免费电子课件，欢迎选用本书作为教材的老师登录 www.cmpedu.com 注册下载或发邮件到 ajiang2001@ sina.com 索取。

本书可作为高等学校工科本科非机、非土类各专业中少学时工程力学的教材，也可供高职高专与成人高校师生及有关工程技术人员参考。

图书在版编目（CIP）数据

工程力学/莫宵依主编 . —2 版 . —北京：机械工业出版社，2015.1（2024.6 重印）

21 世纪高等教育规划教材

ISBN 978-7-111-48554-4

Ⅰ.①工… Ⅱ.①莫… Ⅲ.①工程力学—高等学校—教材 Ⅳ.①TB12

中国版本图书馆 CIP 数据核字（2014）第 266194 号

机械工业出版社（北京市百万庄大街22号　邮政编码100037）
策划编辑：姜　凤　责任编辑：姜　凤　张金奎
版式设计：霍永明　责任校对：纪　敬
封面设计：张　静　责任印制：常天培
北京机工印刷厂有限公司印刷
2024 年 6 月第 2 版第 10 次印刷
169mm×239mm · 19 印张 · 363 千字
标准书号：ISBN 978 - 7 - 111 - 48554 - 4
定价：49.80 元

电话服务　　　　　　　　　网络服务
客服电话：010-88361066　　机　工　官　网：www.cmpbook.com
　　　　　010-88379833　　机　工　官　网：weibo.com/cmp1952
　　　　　010-68326294　　机　工　官　博：www.golden-book.com
封面无防伪标均为盗版　　　机工教育服务网：www.cmpedu.com

第 2 版前言

本书自 2010 年 6 月出版以来，经过 4 年的使用，得到了广大教师和学生的认可。使用者普遍对本书评价较高，一致认为本书符合工程力学课程的教学要求，便于教师讲授且适合学生学习。

在使用本书第 1 版的过程中，编者发现：现在大部分院校都在不断地修改教学计划，压缩课程门数及学时，致使开设工程力学课程的专业越来越多。为了适应这种教学改革形势，并突出工科院校的特点，我们在第 2 版的第 4 章中增加了平面桁架的内容，以满足部分院校及相关专业的要求。

第 2 版保持了第 1 版的体系和风格，从章节安排到教材内容均按照由浅入深、由一般到特殊的特征讲述，内容简明精炼，例题典型全面，习题深入浅出，题量丰富，可供选择范围大，而且包含大量工程实际问题，具有理论联系实际的特点；在保证课程内容体系完整、课程基本要求不降低的前提下，删繁就简，在许多章节中，尽量用较少、较简单的论述说明问题，以达到既节约学时又不降低对内容掌握要求的目的。修订后的第 2 版，结构更加合理，内容更加丰富，更符合大多数工科院校开设工程力学课程的要求，适用于普通高等学校的工程力学教学。

参加本书编写的有马凯、师俊平、李智慧、解敏和莫宵依，并由莫宵依担任主编，解敏担任副主编。

西北工业大学的支希哲教授和苟文选教授对本书稿进行了认真、细致的审阅，并提出了许多宝贵的意见。特此致谢。

本书第 2 版编写过程中，西安理工大学的刘协会老师给予了极大的帮助和支持；西安理工大学工程力学系的全体教师，对本书中存在的问题提出了许多中肯的意见，特别是王忠民老师对本书的编写及出版提出了有益及建设性的意见，在此一并致谢。

由于编者的水平有限，书中难免存在一些不足之处，恳请读者批评指正。

编　者
2015 年 1 月

目　录

第 2 版前言
引言/1

第一篇　静力学

第 1 章　静力学基础/4
1.1　静力学的基本概念/4
1.2　静力学公理/5
1.3　约束和约束力/7
1.4　受力分析与受力图/9
习题/11

第 2 章　汇交力系/14
2.1　汇交力系合成的几何法/14
2.2　汇交力系合成的解析法/15
2.3　汇交力系的平衡条件/17
习题/23

第 3 章　力偶理论/27
3.1　力对点之矩　汇交力系的合力矩定理/27
3.2　力偶及其性质/29
3.3　力偶系的合成与平衡/32
习题/35

第 4 章　平面一般力系/38
4.1　力的平移定理/38
4.2　平面一般力系向作用面内一点简化/39
4.3　简化结果分析/42
4.4　平面一般力系的平衡条件及平衡方程/45
4.5　物体系统的平衡/49
4.6　平面简单桁架的内力计算/54
4.7　考虑摩擦时的平衡问题/57
习题/64

第 5 章　空间一般力系和重心/71
5.1　力对轴之矩/71
5.2　力对轴之矩与力对点之矩的关系/72

5.3 空间一般力系向任意点简化及其结果的讨论/73

5.4 空间一般力系的平衡条件及其应用/76

5.5 平行力系的中心与重心/80

习题/85

第二篇　材料力学

第6章　轴向拉伸与压缩/91

6.1 轴向拉伸与压缩的概念/91

6.2 轴向拉伸与压缩杆件的内力/92

6.3 轴向拉压杆截面上的应力/95

6.4 轴向拉压时的变形　胡克定律/97

6.5 拉伸和压缩时材料的力学性能/102

6.6 轴向拉伸与压缩时的强度计算/108

6.7 拉(压)超静定问题/112

6.8 应力集中的概念/116

6.9 剪切与挤压的实用计算/117

习题/122

第7章　扭转/128

7.1 扭转的概念/128

7.2 外力偶矩的计算　扭矩和扭矩图/128

7.3 薄壁圆筒的扭转　切应力互等定理　剪切胡克定律/130

7.4 圆轴扭转时的应力和变形/133

7.5 圆轴扭转时的强度和刚度计算/137

7.6 非圆截面杆扭转简介/140

习题/141

第8章　弯曲内力/144

8.1 对称弯曲的概念　梁的计算简图/144

8.2 剪力和弯矩/146

8.3 剪力方程和弯矩方程　剪力图和弯矩图/149

8.4 弯矩、剪力与分布载荷集度之间的关系/152

习题/155

第9章　弯曲应力/158

9.1 梁横截面上的正应力/158

9.2 弯曲正应力的强度条件及其应用/162

9.3 弯曲切应力/165

9.4 弯曲切应力强度条件/169

9.5 提高梁弯曲强度的一些措施/171

习题/173

第 10 章　弯曲变形与简单超静定梁/179

10.1　梁的变形和位移/179
10.2　梁的挠曲线近似微分方程及其积分/180
10.3　叠加法求梁的转角和挠度/186
10.4　梁的刚度校核　提高梁刚度的一些措施/190
10.5　简单超静定梁的解法/193
习题/196

第 11 章　应力状态和强度理论/200

11.1　应力状态的概念/200
11.2　平面应力状态的应力分析/201
11.3　三向应力状态的最大应力/207
11.4　广义胡克定律/208
11.5　强度理论的概念/210
11.6　常用的四个强度理论/210
习题/215

第 12 章　组合变形时杆件的强度计算/218

12.1　组合变形概述/218
12.2　拉伸(压缩)与弯曲组合时杆件的强度计算/219
12.3　弯曲与扭转组合变形时杆件的强度计算/224
习题/227

第 13 章　压杆稳定/230

13.1　压杆稳定性的概念/230
13.2　细长压杆的临界力/231
13.3　欧拉公式的应用范围　临界应力总图/233
13.4　压杆稳定性的校核/235
13.5　提高压杆稳定性的措施/238
习题　/239

第 14 章　动载荷与交变应力/242

14.1　概述/242
14.2　考虑惯性力时构件的应力计算/242
14.3　冲击应力计算/244
14.4　交变应力下材料与构件的疲劳极限/247
习题/253

附录/256

附录 A　平面图形的几何性质/256
附录 B　型钢表/267
附录 C　部分习题答案/286

参考文献/296

引 言

一、工程力学的任务

如图 0-1 所示为支撑重物的三角托架。为设计这个结构,从力学计算的角度来说,包括两方面的内容。

首先,必须确定作用在各个构件(AB 杆及 BC 杆)上力的大小和方向,概括地说就是对处于平衡状态的物体进行受力分析,这正是静力学所要研究的问题。其次,在确定了作用在构件上的外力以后,还必须为构件选用合适的材料、选用合理的截面形状和尺寸,以保证构件既能安全可靠地工作(即要求构件有足够的强度、刚度、稳定性),又满足经济要求;这些则是材料力学所要讨论的问题。

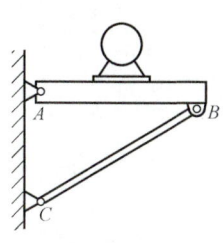

图 0-1

工程力学的任务就在于为各类工程结构的力学计算提供基本的理论和方法。

二、工程力学的研究方法

由观察和试验可知,在外力作用下,任何物体均会变形。在工程中通常把各构件的变形限制在很小的范围内,它与构件的原始尺寸相比是微小的。所以,在研究物体的受力分析、平衡问题时,可把物体看成是不变形的刚性物体。但在研究构件的强度、刚度、稳定性问题时,变形成为不可忽略的因素,此时必须将物体看成连续、均匀、各向同性的变形固体。

研究不同的问题,必须采用不同的力学模型,这是研究工程力学问题的重要方法。

第一篇

静力学

静力学研究物体在力系作用下的平衡问题。

本篇主要研究以下三个问题：

1. 物体的受力分析 研究一物体与周围其他物体之间的关系，将其从周围物体中分离出来，分析其上所受的力。这些力包括主动力（例如重力）和约束力。受力分析的关键在于约束力的分析。

2. 力系的简化 力系指作用在物体上的一群力。如果作用在物体上的力系可用另一力系代替而不改变其作用效果，称为力系的等效替换。用简单的力系等效替换一个复杂的力系，称为力系的简化。

3. 力系的平衡条件及其应用 物体处于平衡状态时，作用于其上的力系所必须满足的条件，称为力系的平衡条件。应用这些平衡条件，即可解决工程实际中的静力平衡问题。

第 1 章 静力学基础

1.1 静力学的基本概念

平衡 平衡是物体机械运动的特殊形式，是指物体相对地球处于静止或作匀速直线运动的状态。一般工程技术问题，是取固结于地球的坐标系作为参考系来进行研究，实践证明，所得到的结果具有足够的精确度。

刚体 任何物体受力总要产生一些变形。但是，工程实际中的机械零件和构件在正常情况下的变形，一般是很微小的。微小的变形对物体的机械运动影响极小，可以略去不计，即把物体看做是不变形的，从而使问题的研究得以简化。这种在受力情况下保持形状和大小不变的物体通常称为**刚体**。刚体是依据所研究问题的性质抽象出来的理想化的力学模型。当变形这一因素在所研究的问题中不可忽略时，就必须采用变形体作为力学模型。

力 人们在长期的生活和生产实践中，逐步形成了力的概念。**力是物体间相互的机械作用，这种作用使物体的机械运动状态发生变化，并使物体产生变形**。力使物体运动状态发生改变的效应，称为**力的外效应**。力使物体变形的效应，称为**力的内效应**。本书第一篇静力学研究力的外效应，第二篇材料力学研究力的内效应。

力对物体的作用效应取决于三个要素，即力的大小、力的方向和力的作用点。因此，力是矢量，且是定位矢量，可用有向线段表示，如图 1-1 所示。通过力的作用点，沿力的方向引直线，该直线表示力在空间的方位，称为力的作用线。在作用线上截取有向线段 AB，线段的长度按一定比例表示力的大小；线段的起点 A（或终点 B）表示力的作用点。在本书

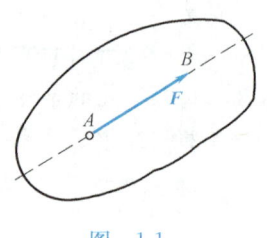

图 1-1

中用黑体字表示矢量，如 $\boldsymbol{F}$；矢量的大小（模）则用同形的普通字母表示，如 F。本书采用国际单位制。在国际单位制中，力的单位是 N（牛）或 kN（千牛）。

通常，作用在物体上的力不止一个，而是许多个，即一个力系。若一力系作用于刚体并使其相对于地球处于静止或匀速直线运动状态，则认为刚体处于平衡状态，且该力系是平衡力系。如果作用在刚体上的一力系用另一力系来替换，并不改变刚体原来的运动状态，那么，此二力系是等效力系。当一力与一力系等效时，称此力为该力系的合力。

1.2 静力学公理

静力学公理是人们在长期的实践活动和实验观察中总结出来的最基本的力学规律。它无须证明而为人们所公认。力系简化和力系的平衡是以静力学公理为基础的。

公理一（二力平衡公理） 作用在刚体上的两个力，使刚体处于平衡的必要与充分条件是：两个力大小相等，方向相反，且作用在同一直线上。

二力平衡公理表明了作用于刚体上的最简单的力系平衡时所应满足的条件。它是推导力系平衡条件的基础。

工程中常有一些只受两个力作用而平衡的构件，称为二力构件。根据公理一，该两力的方向，必定沿两力作用点的连线（图1-2）。

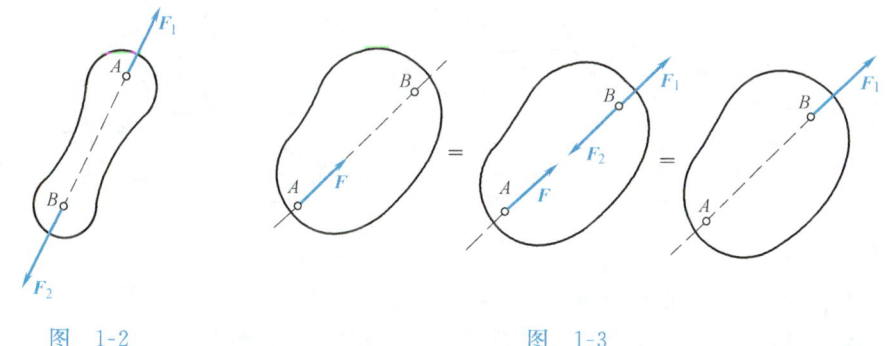

图 1-2　　　　　　　　　　图 1-3

公理二（加减平衡力系公理） 在作用于刚体的力系上，加上或减去任意个平衡力系，并不改变原力系对刚体的作用效应。

加减平衡力系公理是力系简化的重要依据。

推论1（力的可传性原理） 作用于刚体的力可沿其作用线滑移至刚体内任一点，而不改变该力对于刚体的作用效应。

证明：参看图1-3。设力 F 作用于刚体上点 A。在刚体内力 F 作用线上任选一点 B，在点 B 加一对平衡力 F_1 和 F_2，并使 $F_1=-F_2=F$。因为 (F_1, F_2) 是平衡力系，由公理二，力系 (F, F_1, F_2) 与力 F 等效。F 与 F_2 二力等值、反向、共线，构成一平衡力系；减去该平衡力系，由公理二知，力 F_1 与力系 (F, F_1, F_2) 等效。从而有力 F 与力 F_1 等效。因为力 F_1 的大小、方向均与力 F 相同，且此二力等效，这相当于将力 F 沿其作用线从点 A 滑移至点 B，而不改变原力对刚体的作用效应。

力的可传性原理指出，作用于刚体的力矢可沿其作用线任意滑动，因而对于刚体而言，力是滑动矢量。力的三要素成为力的大小、方向、作用线。

公理三（力的平行四边形公理） 作用在物体上同一点的两个力可以合成为一个合力，合力也作用于该点，其大小和方向可由以这两个力为邻边所构成的平行四边形的共点对角线确定。

在图 1-4a 中，设力 F_1 和 F_2 作用于物体的点 A，以 F_R 表示其合力，则有

$$F_R = F_1 + F_2$$

即合力矢 F_R 等于两个分力矢 F_1 和 F_2 的矢量和。

为求合力的大小和方向，在图 1-4b 中，作矢量 $\overrightarrow{ab}$ 表示力矢 F_1，再从力矢 F_1 的终点 b 作矢量 $\overrightarrow{bc}$ 表示力矢 F_2，则矢量 $\overrightarrow{ac}$ 即表示合力 F_R 的大小和方向。此种求合力矢的方法称为力三角形法则，其实质就是平行四边形公理。

力的平行四边形公理是力系简化的重要依据。

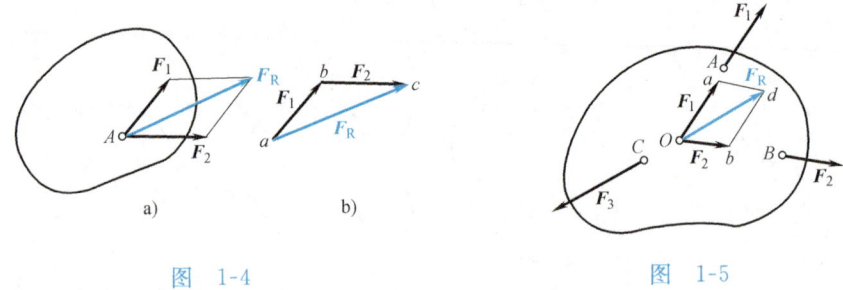

图 1-4　　　　　　　　　　图 1-5

推论 2（三力平衡汇交原理） 当刚体受三力作用而平衡时，若其中任何两力的作用线相交于一点，则此三力必然共面，且第三个力的作用线通过汇交点。

证明：见图 1-5。设刚体的 A、B、C 三点分别作用有互不平行的力 F_1、F_2、F_3，力 F_1、F_2 的作用线相交于点 O；刚体在此三力作用下处于平衡状态。将力 F_1、F_2 滑移至点 O，并合成为一力 F_R。于是力系（F_1，F_2，F_3）与力系（F_R，F_3）等效。因为力系（F_1，F_2，F_3）是平衡力系，故力系（F_R，F_3）必为平衡力系。根据公理一，F_R 与 F_3 在同一直线上，即力 F_3 的作用线也通过汇交点 O；由力的平行四边形公理，可知力 F_3 与力 F_1、F_2 共面。

公理四（作用与反作用定律） 两个物体间的相互作用力，总是大小相等，作用线相同，指向相反，且分别作用在这两个物体上。

在分析多个物体组成的物体系的受力时，这个公理是从一物体受力过渡到另一物体受力的依据。

公理五（刚化公理） 如果变形体在某力系作用下平衡，若将此物体刚化为刚体，其平衡不受影响。

工程实际中的物体是变形体，变形体能否使用刚体的平衡条件？刚化原理回答了这个问题。只要变形体受力后处于平衡，则作用于其上的力系一定满足

刚体的平衡条件。需要注意的是，对于变形体而言，刚体的平衡条件只是必要的，而不是充分的。例如，一段绳子在两端受到等值、反向、共线两拉力而不是两压力的作用时才会处于平衡。

1.3　约束和约束力

位移不受任何限制的物体称为自由体，例如在空中飞行的飞机。在某些方向的位移受到限制的物体称为非自由体。在轨道上行驶的火车是非自由体，因为它受到轨道的限制，只能沿轨道运行。对非自由体的某些位移起限制作用的周围物体称为约束。约束对被约束物体的作用力，称为约束力。约束力作用在被约束物体与约束的接触处，其方向总是与约束所能限制的被约束物体的位移方向相反。

下面介绍几类常见的约束及其约束力的特点。

1. 柔性约束　工程实际中的柔软缆绳、皮带、钢丝绳、链条等类物体统称为柔索。由它们构成的约束称为柔性约束。柔索只能承受拉力，因而只能阻止物体沿柔索伸长方向的运动。于是，柔性约束

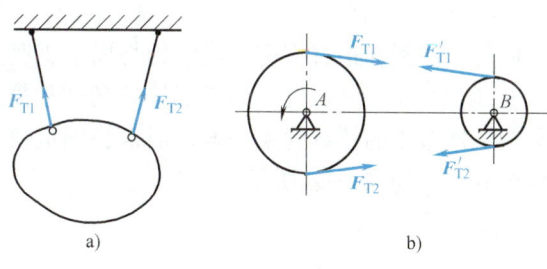

图　1-6

的约束力作用于柔索与被约束物体的连接点，其方向沿着柔索而背离被约束的物体（图1-6）。

2. 理想光滑接触构成的约束　
当两物体接触面之间的摩擦力小到可以忽略不计时，就可把接触面（线）看做是理想光滑的。光滑接触约束只能阻止物体沿接触处公法线指向约束方向的运动。于是，光滑接触的约束力通过接触点，沿着接触点处的公法线，指向被约束的物体，如图1-7所示。

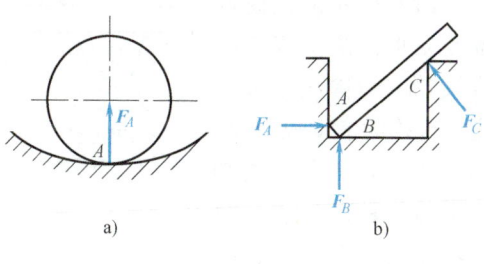

图　1-7

3. 光滑圆柱铰链约束　两个构件在连接处的相同圆孔中插入圆柱形销钉连接起来所形成的结构称为圆柱形铰链结构。在图1-8a中，曲柄 OA 和连杆 AB 的连接，连杆 AB 和滑块 B 的连接，都是圆柱形铰链连接。图1-8b说明了 A 处圆柱形铰链的构造。在铰链连接中，圆柱形销钉限制了构件的运动；如果忽

略摩擦，销钉和圆孔成为光滑接触，于是构成了光滑圆柱铰链约束。按照光滑接触约束的特点，销钉作用于构件的约束力通过两者的接触点，沿接触处公法线，指向构件。显然，约束力在垂直于构件销孔轴线的横截面内，且通过销孔中心。图1-8c中，F_A表示销钉作用于构件的约束力，A为孔心，K为构件与销钉的接触点。一般而言，由于接触点的位置无法预先确定，所以，铰链约束力的方向不能预先确定。在受力分析中，一般将铰链约束力用通过构件销孔中心的两个大小未知的正交分力来表示，如图1-8d中所示的F_{Ax}、F_{Ay}。

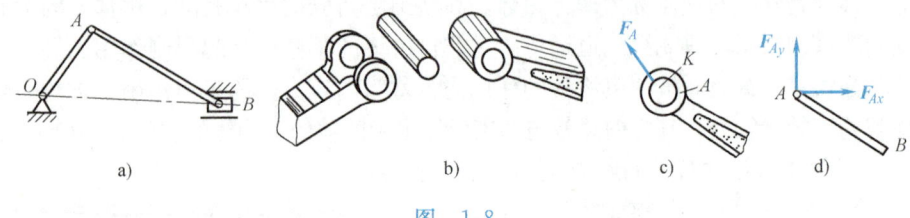

图 1-8

使用光滑圆柱销钉将构件或结构与固定支座连接，则构成固定铰支座，如图1-9a所示。图1-9b、c是固定铰支座的两种简化表示。固定铰支座约束的性质与铰链连接中的铰链约束一样。通常将固定铰支座的约束力表示为相互正交的两个分力，如图1-9d所示。

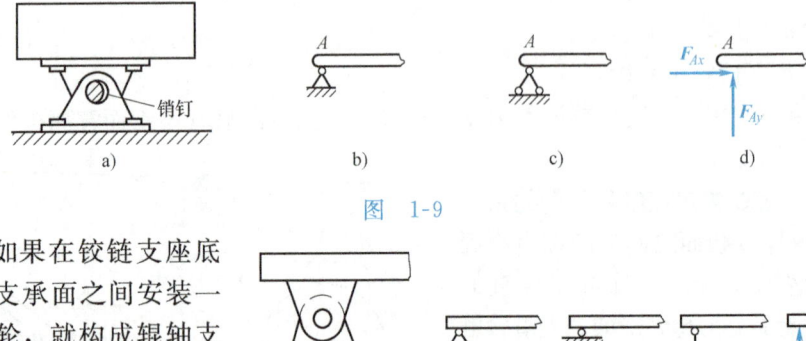

图 1-9

如果在铰链支座底部和支承面之间安装一排滚轮，就构成辊轴支座，也称为活动铰支座，如图1-10a所示。辊轴支座的几种简化表示分别示于图1-10b、c、d。

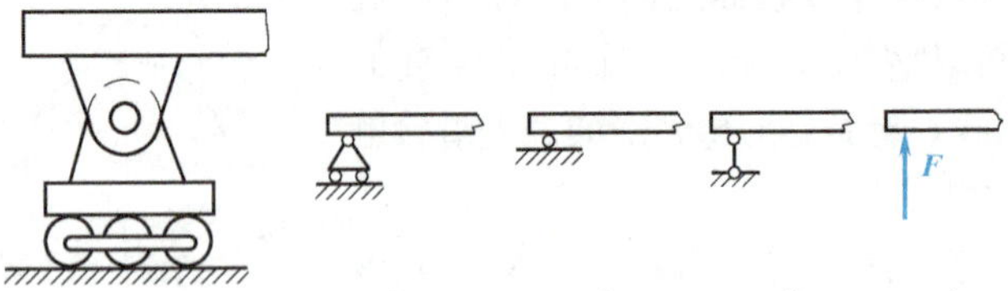

图 1-10

如果接触面是光滑的，则辊轴支座不限制物体沿支承面方向的运动，只限制物体垂直于支承面方向的运动。因此，辊轴支座的约束力通过销孔中心，且垂直于支承面，如图1-10e所示。

两端用光滑铰链与其他物体相连，并且中间不受任何外力作用的刚杆称为链杆。它常被用来作为撑杆或拉杆而形成链杆约束，如图1-11a中的BC撑杆。

显然，链杆是二力杆；所以，链杆约束的约束力沿着两端铰链中心的连线，是拉力或者是压力，例如图 1-11b 中的 BC 杆的受力。在图 1-11c 中，链杆 BC 对所连接物体 AB 的约束力的方向，也必定沿连线 BC。

4. 光滑球形铰链约束　光滑球形铰链约束是一种空间类型的约束，其结构简图及简化表示分别见图 1-12a、b。一个物体的球形窝内放入另一物体的球形部分，球窝和球的直径相差甚小，忽略摩擦，就构成了光滑球形铰链约束。根据光滑接触约束力的特点，球窝作用于球的约束力通过球心。由于球与球窝的接触点未定，故约束力的空间方位不定，因而，通常用通过球心的三个正交分力来表示，如图 1-12c 所示。

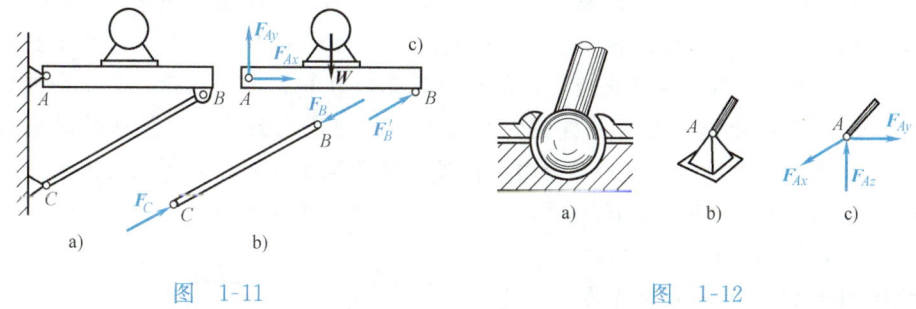

图　1-11　　　　　　　　　　图　1-12

除上述几类约束之外，还有其他类型的约束，例如固定端约束等，这将在后序的章节中予以介绍。

1.4　受力分析与受力图

在受力分析时，需将受约束的物体（研究对象）从它周围的物体中分离出来，此过程称为解除约束。在解除约束的同时，应代之以相应的约束力。约束力是未知的。研究对象上除作用有约束力外，通常还承受某些种类的载荷，例如承受重力、油压力、风力等。这些载荷使物体产生运动或使物体产生运动趋势，称其为**主动力**。主动力一般是已知的。所谓受力分析就是分析被研究物体上所受的全部主动力和约束力，并把分析结果用受力图清晰地表示出来。根据问题的已知条件和要求的内容，恰当地选择一个物体或几个物体组成的系统作为研究对象，并将研究对象从周围物体中分离出来，画出其外形简图，这个过程称为**取研究对象**或**取分离体**。研究对象与周围物体的连接关系确定了约束类型，也就确定了约束力的特征。画有研究对象及其所受的全部力（包括主动力和约束力）的简图，称为**受力图**。

在静力平衡问题中，将依据受力图和平衡条件，利用作用于研究对象上的主动力确定作用于其上的未知约束力的大小和指向。

例1-1 重 G 的挂梯上端 A 铰接在楼板上,下端 B 可由 BC 绳吊起,梯子重心在点 D,如图1-13a所示。当绳子的拉力为 F_T 时,点 B 尚未脱离地面,略去摩擦,画出该状态下梯子的受力图。

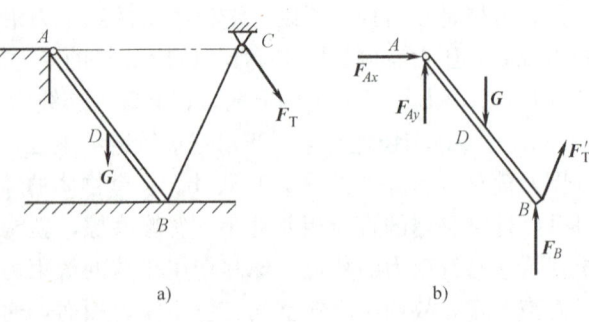

图 1-13

解 解除挂梯的约束,画分离体图。作用在挂梯上的主动力有重力 G,方向铅垂向下,作用于点 D。挂梯在 A、B 两处被解除约束,应代以相应的约束力。在 A 处,固定铰链支座约束力的方位不能预先确定,用两个正交分力 F_{Ax}、F_{Ay} 表示,其指向可任意假设。在 B 处作用有两种类型的约束力:一种是地面作用于挂梯的约束力 F_B,此力垂直于地面,方向铅垂向上;另一种是绳子作用于挂梯的约束力 F'_T,F'_T 是沿 BC 方向的拉力,$F'_T = F_T$。挂梯的受力示于图1-13b。

例1-2 在图1-14a所示的结构中,直杆 AB 和直角弯杆 CD 在点 C 铰接,A 处和 D 处均为固定铰链支座。AB 杆在点 B 受水平力 F 作用,两杆自重不计。试画出 AB 杆、CD 杆及整个系统的受力图。

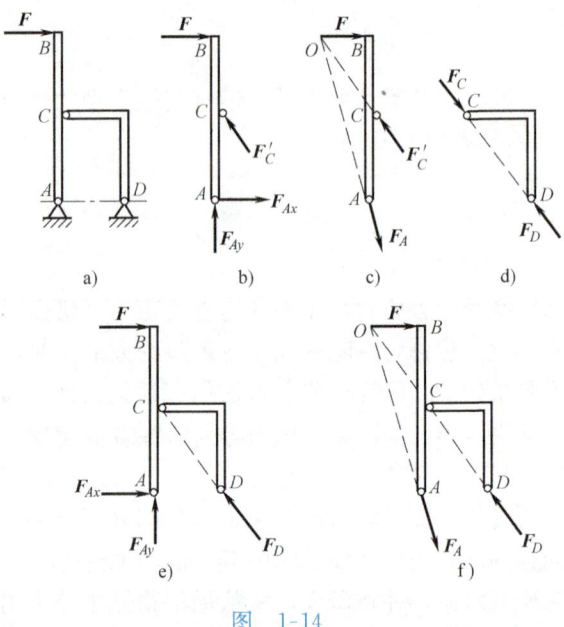

图 1-14

解 CD 杆仅在 C、D 两点受力且平衡,所以它是二力构件。CD 杆的受力如图1-14d所示。F_C 和 F_D 的指向可任意假设,但必须反向。

AB 杆的受力见图1-14b。AB 杆的点 B 受到主动力 F 的作用。在解除约束的 A、C 两处,应代以相应的约束力。A 处固定铰链支座的约束力用正交的两个分力 F_{Ax}、F_{Ay} 表示。直角弯杆 CD 通过铰链 C 作用于 AB 杆的约束力 F'_C 与力 F_C 等值、反向、共线。

如果应用三力平衡汇交原理分析 AB 杆的受力,则其受力如图1-14c所示。

整个系统的受力见图 1-14e，图中只画出了外部物体作用于系统的作用力（外力）。杆 AB 与 CD 在 C 处的相互作用力（内力）成对出现，其大小相等，指向相反，作用线相同，是一对平衡力，在受力图上不必画出。

选择研究对象、画受力图是解决静力学问题的重要步骤。研究对象的选取要恰当，受力图必须正确无误。画受力图的步骤概括如下：

1) 根据题意确定研究对象，并画出其简图。研究对象可以是一个物体，也可以是几个物体的组合或整个物体系统。

2) 画出作用在研究对象上的全部主动力。

3) 根据约束的类型及约束力的特性，在研究对象上被解除约束的地方逐一画出约束力。若研究对象是整个物体系统，或是几个物体的组合时，则不必画出内力。在涉及多个研究对象的平衡问题中，不同研究对象在连接处的相互作用力，要遵守作用与反作用定律。

习 题

1-1 画出图 1-15 各分图中指定物体的受力图。物体重力除已标出者外均略去不计。假定所有接触处都是光滑的。

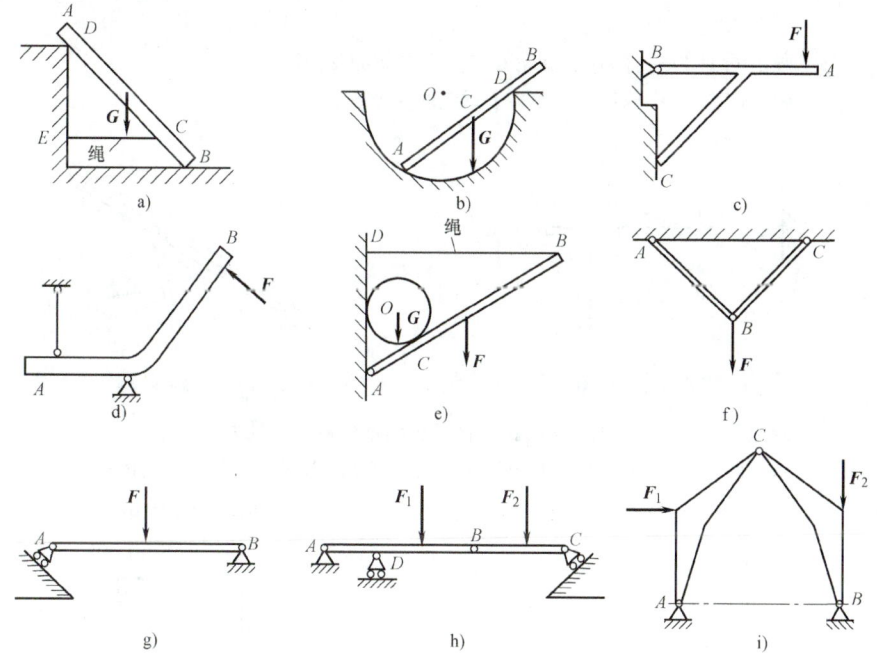

图 1-15 题 1-1 图

a) 杆 AB b) 杆 AB c) 构件 ABC d) 构件 AB e) 杆 AB，球 O
f) 杆 AB、杆 BC，销钉 B g) 梁 AB h) 梁 AB、梁 BC i) 构件 AC、构件 BC，整体

1-2　画出图 1-16 中杆 AO、杆 CBD 的受力图。

1-3　画出图 1-17 中杆 AB、杆 EF、杆 CD 的受力图。

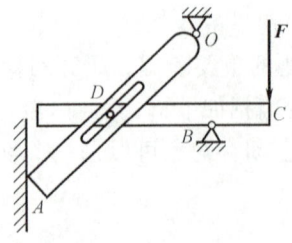

图 1-16　题 1-2 图

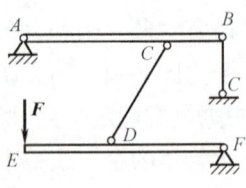

图 1-17　题 1-3 图

1-4　画出图 1-18 中杆 AB、杆 CD 的受力图。

1-5　画出图 1-19 中构件 AB、构件 BC 和整个系统的受力图。

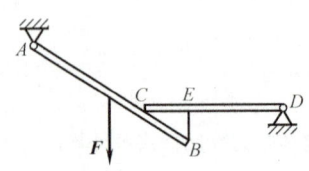

图 1-18　题 1-4 图

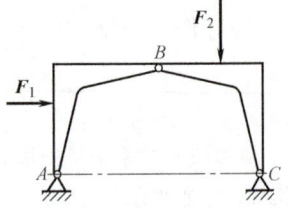

图 1-19　题 1-5 图

1-6　画出图 1-20 中杆 AB、圆轮 C 和整个系统的受力图。

1-7　画出图 1-21 中构件 AO 和整个系统的受力图。

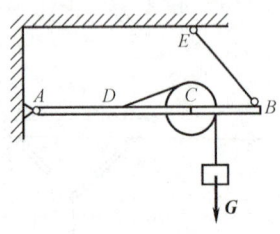

图 1-20　题 1-6 图

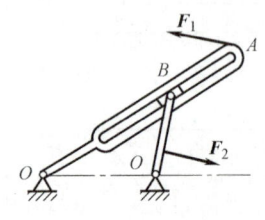

图 1-21　题 1-7 图

1-8　画出图 1-22 中杆 AB、杆 AC、杆 DE 和整个系统的受力图。

1-9　画出图 1-23 中杆 AB、杆 AC、杆 DE、杆 FK 和整个系统的受力图。

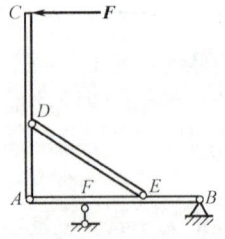

图 1-22　题 1-8 图

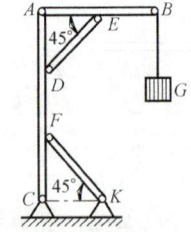

图 1-23　题 1-9 图

1-10　画出图 1-24 中杆 AB、杆 AC、杆 CD 和整个系统的受力图。（O 处为铰接）

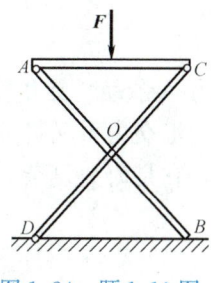

图 1-24　题 1-10 图

第 2 章 汇交力系

各力作用线相交于一点的力系称为**汇交力系**，也称共点力系。根据力系中各力作用线是否在同一平面内，汇交力系又可分为平面汇交力系和空间汇交力系。汇交力系是基本力系之一，它是研究复杂力系的基础。本章研究汇交力系的合成和平衡问题。

2.1 汇交力系合成的几何法

设有汇交力系（F_1、F_2、F_3、F_4）作用在刚体上，各力作用线汇交于点 A，如图 2-1a 所示。根据力的可传性原理，将力系各力的作用点分别沿其作用线滑移至汇交点 A；于是，力系成为**共点力系**（图 2-1b）。根据力的平行四边形公理，共点两力可以合成为一个合力。连续应用力的平行四边形公理，将共点力系各力逐次合成，则最终可得其合成结果。例如，首先将力 F_1 和 F_2 合成为一力 F_{R1}，再将力 F_{R1} 与 F_3 合成为一力 F_{R2}，最后合成力 F_{R2} 和 F_4 在一般情况下，将得到一个作用于汇交点 A 的力 F_R（图 2-1c），这个力即为原力系的合力。在图 2-1d 中，表明了按上述顺序连续应用力三角形法则，将各力顺次合成的过程。绘制图 2-1d 时，并不需要画出中间过程的力矢 F_{R1} 和 F_{R2}，只需要将力系中各分力矢首尾相接，得一折线 $abcde$，则由第一个分力矢始端 a 指向最后

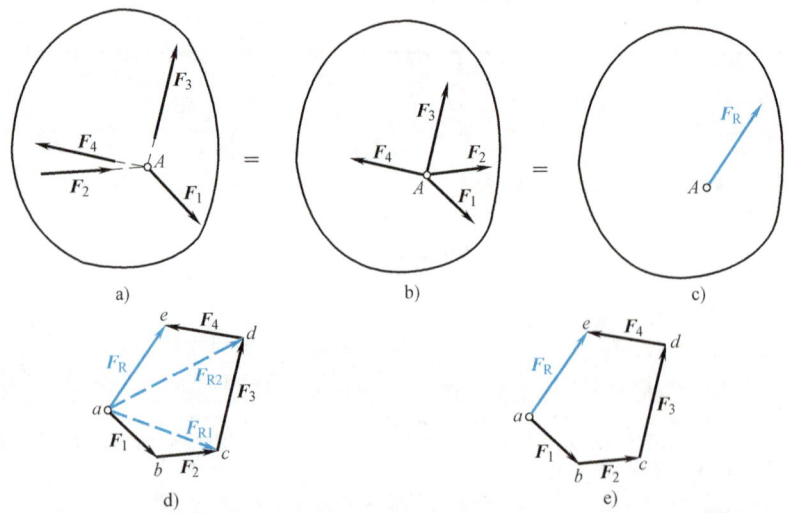

图 2-1

一个分力矢末端 e 的矢量 $\overrightarrow{ae}$，就是力系的合力矢 $\boldsymbol{F}_R$，如图 2-1e 所示。各分力矢和合力矢构成的多边形，例如图 2-1e 中的多边形 $abcde$，称为力多边形，表示合力矢的边称为力多边形的封闭边。这种用力多边形求合力矢 $\boldsymbol{F}_R$ 的几何作图规则，称为力多边形法则。

若汇交力系由 n 个力组成，显然可以按上述方法同样处理。于是可得结论：汇交力系一般可合成为一合力；合力作用线通过该力系中各分力作用线的汇交点；合力的大小及方向可由力多边形的封闭边表示，即合力矢等于力系中各分力的矢量和

$$\boldsymbol{F}_R = \boldsymbol{F}_1 + \boldsymbol{F}_2 + \cdots + \boldsymbol{F}_n = \sum_{i=1}^{n} \boldsymbol{F}_i$$

或简写为

$$\boldsymbol{F}_R = \sum \boldsymbol{F}_i \tag{2-1}$$

力系各力矢的矢量和称为力系的主矢，所以合力矢 $\boldsymbol{F}_R$ 等于原汇交力系的主矢。

应该指出，在作力多边形时，任意变换力的次序，可得形状不同的力多边形，但合力的大小和方向不变。另外，对空间力系而言，一般力多边形是一空间多边形。

2.2 汇交力系合成的解析法

汇交力系合成的解析法，是指用解析方法计算力系合力的大小，确定合力的方向。这种方法是以力在坐标轴上的投影为基础的。

为了求得力 $\boldsymbol{F}$ 在 x 轴上的投影（图 2-2），可通过力 $\boldsymbol{F}$ 的两端点 A 和 B 分别作垂直于 x 轴的平面 C 和 D。两平面与 x 轴分别相交于 a 点和 b 点，则线段 ab 的长冠以适当的正负号，称为力 $\boldsymbol{F}$ 在 x 轴上的投影。力在坐标轴上的投影是标量。它的符号依下述规则确定：当 a 到 b 的指向与 x 轴的正向一致时取正号；反之取负号。如用 F_x 表示力 $\boldsymbol{F}$ 在 x 轴上的投影，则

$$F_x = \pm ab$$

过点 A 作平行于 x 轴的 x_1 轴，力 $\boldsymbol{F}$ 与 x_1 轴正向之间的夹角 α 即为力 $\boldsymbol{F}$ 与 x 轴正向之间的夹角。由图可知

$$F_x = F\cos\alpha$$

根据力在坐标轴上投影的定义，容易计算力在直角坐标系三轴上的投影。设力 $\boldsymbol{F}$ 与直角坐标系 $Oxyz$ 三轴正向间的夹角分别为 α、β、γ（图2-3），则力 $\boldsymbol{F}$ 在 x、y、z 轴上的投影分别为

$$F_x = F\cos\alpha, \quad F_y = F\cos\beta, \quad F_z = F\cos\gamma \tag{2-2}$$

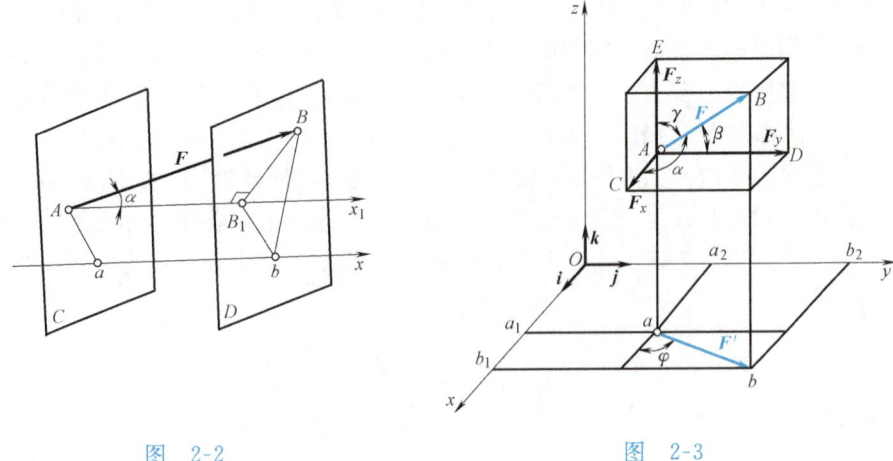

图 2-2   图 2-3

若已知 γ 角和 φ 角（通过力 **F** 且平行于 z 轴的平面与 Oxz 平面之间的夹角），求力 **F** 在 x 轴和 y 轴上的投影，可先将力 **F** 投影到 Oxy 平面，得到力 **F** 在这个平面上的投影矢量 $\boldsymbol{F}' = \overrightarrow{ab}$；然后，再将投影矢量 **F**′ 分别投影到 x 轴和 y 轴上。由图 2-3 可知，

$$F_x = F\sin\gamma\cos\varphi, \quad F_y = F\sin\gamma\sin\varphi, \quad F_z = F\cos\gamma \tag{2-3}$$

这种方法在实际计算时应用很多，称为**二次投影法**。

若以 F_x、F_y、F_z 分别表示力 **F** 沿直角坐标轴 x、y、z 的正交分量，则

$$\boldsymbol{F} = \boldsymbol{F}_x + \boldsymbol{F}_y + \boldsymbol{F}_z \tag{2-4}$$

如图 2-3 所示。引入沿坐标轴正向的单位矢 **i**、**j**、**k**，则力 **F** 沿坐标轴的正交分量和力 **F** 在坐标轴上的投影之间有如下关系：

$$\boldsymbol{F}_x = F_x\boldsymbol{i}, \quad \boldsymbol{F}_y = F_y\boldsymbol{j}, \quad \boldsymbol{F}_z = F_z\boldsymbol{k} \tag{2-5}$$

由式（2-4）和式（2-5），可得力 **F** 在直角坐标系下的解析表达式：

$$\boldsymbol{F} = F_x\boldsymbol{i} + F_y\boldsymbol{j} + F_z\boldsymbol{k} \tag{2-6}$$

如果已知力 **F** 在直角坐标系三轴上的投影 F_x、F_y、F_z，则可求得该力的大小和方向余弦：

$$F = \sqrt{F_x^2 + F_y^2 + F_z^2}; \quad \cos\alpha = \frac{F_x}{F}, \quad \cos\beta = \frac{F_y}{F}, \quad \cos\gamma = \frac{F_z}{F} \tag{2-7}$$

现在研究汇交力系合成的解析法。我们已经知道，汇交力系一般可合成为一合力，合力矢等于原力系的主矢，即 $\boldsymbol{F}_R = \sum \boldsymbol{F}_i$。式（2-7）表明，如果已知一个力在直角坐标系各轴上的投影，则该力的大小和方向均可确定。因此，若能计算出汇交力系合力在直角坐标系三轴上的投影，就可求得合力的大小和方向。

设刚体上作用一汇交力系（$\boldsymbol{F}_1$、$\boldsymbol{F}_2$、…、$\boldsymbol{F}_n$）。现任取一直角坐标系 Oxyz，以 F_{Rx}、F_{Ry}、F_{Rz} 表示合力 $\boldsymbol{F}_R$ 在各坐标轴上的投影，F_{ix}、F_{iy}、F_{iz} 表示

力 F_i 在各坐标轴上的投影（$i=1$、2、…、n）。考虑到 $F_R=\sum F_i$，以及

$$F_R=F_{Rx}i+F_{Ry}j+F_{Rz}k, \quad \sum F_i=(\sum F_{ix})i+(\sum F_{iy})j+(\sum F_{iz})k$$

可得

$$F_{Rx}=\sum F_{ix}, \quad F_{Ry}=\sum F_{iy}, \quad F_{Rz}=\sum F_{iz} \tag{2-8}$$

式（2-8）表明：合力在任一坐标轴上的投影，等于各分力在同一轴上投影的代数和。此结论称为合力投影定理（为便于书写，下标 i 可略去）。

由式（2-7）可得合力 F_R 的大小和方向：

$$F_R=\sqrt{F_{Rx}^2+F_{Ry}^2+F_{Rz}^2}=\sqrt{(\sum F_x)^2+(\sum F_y)^2+(\sum F_z)^2} \tag{2-9a}$$

$$\cos(F_R,i)=\frac{\sum F_x}{F_R}, \quad \cos(F_R,j)=\frac{\sum F_y}{F_R}, \quad \cos(F_R,k)=\frac{\sum F_z}{F_R}$$
$$\tag{2-9b}$$

在式（2-9b）中，(F_R,i)、(F_R,j)、(F_R,k) 分别表示合力 F_R 与单位矢 i、j、k 正向之间的夹角。

2.3 汇交力系的平衡条件

汇交力系平衡的必要与充分条件是该力系的合力等于零，其矢量表示为

$$F_R=\sum F_i=0 \tag{2-10}$$

如前所述，确定汇交力系合力的大小和方向，可用几何法，也可用解析计算的方法。因此，汇交力系的平衡条件也相应有几何平衡条件和解析平衡条件。

2.3.1 汇交力系平衡的几何条件

在求汇交力系合力的几何法中，合力的大小和方向由力多边形的封闭边表示。因此，当力系的合力为零时，第一个分力矢的始端和最后一个分力矢的末端重合。这种情形称为力多边形自行封闭。五力汇交且平衡的力系，其力多边形如图 2-4 所示。因此，汇交力系平衡的必要和充分的几何条件是力多边形自行封闭。

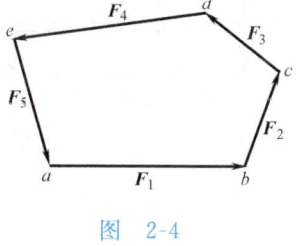

图 2-4

2.3.2 汇交力系平衡的解析条件

汇交力系平衡的必要与充分条件是力系的合力 F_R 等于零。由式（2-9a）可知，如果要使汇交力系合力 F_R 等于零，必须且只需

$$\sum F_x=0, \quad \sum F_y=0, \quad \sum F_z=0 \tag{2-11}$$

因此，汇交力系平衡的必要和充分的解析条件是：力系中各力在坐标系中每一轴上的投影的代数和均等于零。式（2-11）称为空间汇交力系的平衡方程。

如果所考察的力系是平面汇交力系，可取力系作用面为坐标平面 Oxy，则 $\sum F_z \equiv 0$。因而平面汇交力系的平衡方程为

$$\sum F_x = 0, \quad \sum F_y = 0 \tag{2-12}$$

对于汇交力系的平衡问题，因为空间汇交力系有三个独立平衡方程，所以通过平衡方程可求解三个未知量；而平面汇交力系只有两个独立平衡方程，故可以求解两个未知量。

应该指出，平衡方程（2-11）虽然是由直角坐标系导出的，但在实际应用中，三根投影轴并不一定要取直角坐标形式，只要三根轴互不平行且不都在同一平面内，即可被选为投影轴。按照具体情况，恰当地选取投影轴，常常可以简化计算。例如，若取一根投影轴与某未知量垂直，则在相应的平衡方程中就不出现该未知量。

下面通过例题说明如何求解汇交力系的平衡问题。

例 2-1 构架 ABC 如图 2-5a 所示。杆 AB 处于水平位置，点 A 和点 C 在同一铅垂线上，A、D、C 三处均为光滑铰链。尺寸如图，单位为 m。设作用于杆端的铅直载荷 $F=4\text{kN}$，杆重不计，求固定铰链支座 A 和杆 CD 作用于杆 AB 的约束力。

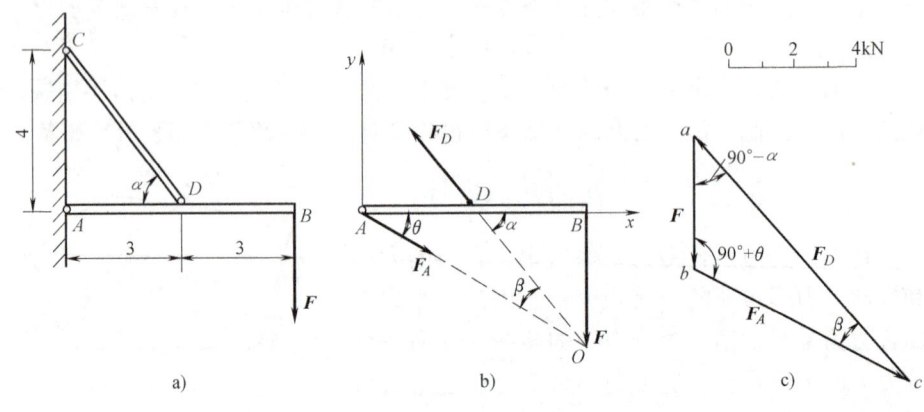

图 2-5

解 选取杆 AB 为研究对象，作受力图如图 2-5b 所示。杆 AB 受到载荷 F、固定铰链支座 A 的约束力 F_A 和链杆 CD 的约束力 F_D 的作用。因为不计杆重，故杆 CD 是二力杆，其约束力 F_D 必然沿连线 CD 方向。力 F 与 F_D 的作用线交于点 O，根据三力平衡汇交原理，力 F_A 的作用线也必通过点 O。力 F_D 和 F_A 的指向是假设的。杆 AB 在汇交力系（F，F_D，F_A）的作用下处于平衡，故此三力将构成自行封闭的力三角形，或满足平衡方程（2-12）。按照平衡条件就可以求出待求的约束力。下面分别用几何法和解析法求解。

1) 几何法 选取力比例尺，如图 2-5c 所示。先画出已知力矢，从任意点 a

作铅直矢量 $\overrightarrow{ab}$，使其等于 F。过 a、b 两点分别作直线平行于 DO、AO，两直线相交于点 c。按照各力矢首尾相接的规则，作矢量 $\overrightarrow{bc}$、$\overrightarrow{ca}$。所得封闭的力三角形 abc 示于图 2-5c。因为矢量 $\overrightarrow{bc}$ 和 $\overrightarrow{ca}$ 分别平行于 AO 和 DO，所以它们代表力矢 F_A 和 F_D。依照所选的力比例尺，从力三角形上量得

$$F_A = 7.27\text{kN}, \quad F_D = 10.06\text{kN}$$

力 F_A 和 F_D 的实际指向，由自行封闭的力三角形确定。对比图 2-5c 与 b 可知，它们的实际指向与假设的指向相同。

本题也可以先画出力三角形 abc 的草图，然后由三角公式计算出待求的未知量。为此，首先计算各力作用线的方位角。由图 2-5a 和 b 可知

$$\alpha = \arctan\frac{AC}{AD} = \arctan\frac{4}{3} = 53.13°$$

$$\theta = \arctan\frac{BO}{AB} = \arctan\frac{AC}{AB} = \arctan\frac{2}{3} = 33.69°$$

$$\beta = \alpha - \theta = 53.13° - 33.69° = 19.44°$$

观察三角形 abc，根据正弦定理可写出

$$\frac{F_A}{\sin(90°-\alpha)} = \frac{F_D}{\sin(90°+\theta)} = \frac{F}{\sin\beta}$$

由此解得

$$F_A = F\frac{\sin(90°-\alpha)}{\sin\beta} = 4 \times \frac{\sin(90°-53.13°)}{\sin 19.44°}\text{kN} = 7.21\text{kN}$$

$$F_D = F\frac{\sin(90°+\theta)}{\sin\beta} = 4 \times \frac{\sin(90°+33.69°)}{\sin 19.44°}\text{kN} = 10.06\text{kN}$$

2) 解析法　取坐标系 Axy，见图 2-5b。方位角 α、β、θ 已经算出。平衡方程为

$$\sum F_x = 0, \quad F_A\cos\theta - F_D\cos\alpha = 0$$
$$\sum F_y = 0, \quad -F_A\sin\theta + F_D\sin\alpha - F = 0$$

解平衡方程可得

$$F_A = 7.21\text{kN}, \quad F_D = 10.06\text{kN}$$

例 2-2　简易起重机由绕过滑轮 A 的钢丝绳吊起重量为 G 的物块，滑轮 A 用直杆 AB 和 AC 支撑，如图 2-6a 所示。A、B、C 三处是光滑铰链，$\angle ABC = 60°$，$\angle ACB = 90°$，钢丝绳倾斜部分与水平线成 $45°$ 角。设 $G = 20\text{kN}$，不计杆、滑轮

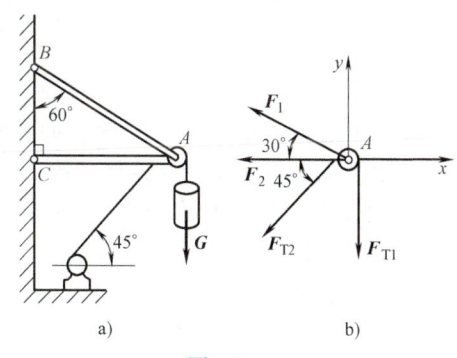

图　2-6

的重量和滑轮尺寸，试求匀速提升物块时链杆 AB 及 AC 作用于滑轮的力。

解 以滑轮 A 为研究对象，其受力见图 2-6b。作用于滑轮的力有链杆 AB、AC 的约束力 $\boldsymbol{F}_1$、$\boldsymbol{F}_2$ 和钢丝绳的拉力 $\boldsymbol{F}_{T1}$、$\boldsymbol{F}_{T2}$。力 $\boldsymbol{F}_1$、$\boldsymbol{F}_2$ 沿着连线 AB、AC，假设均为拉力。在物块处于平衡的状况下，$F_{T1}=G$。因为 A 处是光滑铰链，所以 $F_{T2}=F_{T1}$。滑轮在 $\boldsymbol{F}_1$、$\boldsymbol{F}_2$、$\boldsymbol{F}_{T1}$、$\boldsymbol{F}_{T2}$ 四力作用下处于平衡，当不计滑轮大小时，这四力构成一平衡的平面汇交力系。

建立直角坐标系 Axy，标出有关角度，如图 2-6b 所示。

列平衡方程

$$\sum F_y=0, \quad F_1\sin30°-F_{T2}\sin45°-F_{T1}=0 \tag{a}$$

$$\sum F_x=0, \quad -F_1\cos30°-F_2-F_{T2}\cos45°=0 \tag{b}$$

因 $F_{T1}=F_{T2}=G$，由式（a）解得

$$F_1=\frac{1+\sin45°}{\sin30°}G=\frac{1+\sin45°}{\sin30°}\times20\text{kN}=68.28\text{kN}$$

由式（b）解得

$$F_2=-(F_1\cos30°+G\cos45°)=-(68.28\times\cos30°+20\times\cos45°)\text{kN}$$
$$=-73.27\text{kN}$$

F_1 为正值，说明预先假设的指向正确。F_2 为负值，说明其实际指向与预先假定的指向相反。

例 2-3 夹具中所用的增力机构如图 2-7a 所示。A、B、C 三处为光滑铰链。已知铅垂力 $\boldsymbol{F}_1$ 作用于销钉 B，夹紧平衡时杆与水平线成夹角 $\alpha=10°$，不计构件重量和摩擦，求夹紧力 $\boldsymbol{F}_2$ 的大小和增力倍数 F_2/F_1。

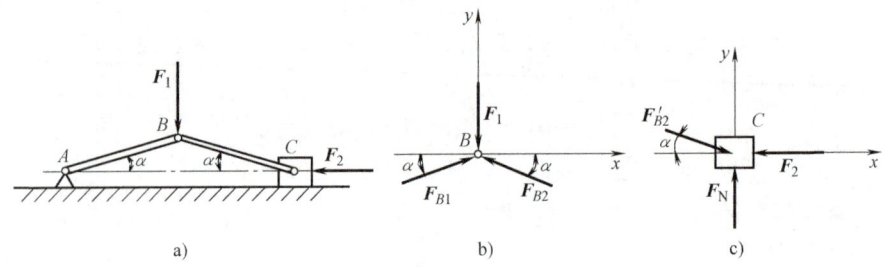

图 2-7

解 首先选取与已知力 $\boldsymbol{F}_1$ 有关的销钉 B 为研究对象，其受力如图 2-7b 所示。销钉 B 承受载荷 $\boldsymbol{F}_1$ 和链杆 AB、BC 所作用的力 $\boldsymbol{F}_{B1}$、$\boldsymbol{F}_{B2}$。假设力 $\boldsymbol{F}_{B1}$、$\boldsymbol{F}_{B2}$ 的指向如图。铰销 B 在力 $\boldsymbol{F}_1$、$\boldsymbol{F}_{B1}$ 和 $\boldsymbol{F}_{B2}$ 的作用下平衡。取坐标系 Bxy，标明有关角度（图 2-7b）。

由平衡方程

$$\sum F_x=0, \quad F_{B1}\cos\alpha-F_{B2}\cos\alpha=0$$

可解得

$$F_{B1}=F_{B2}$$

由平衡方程
$$\sum F_y = 0, \quad F_{B1}\sin\alpha + F_{B2}\sin\alpha - F_1 = 0$$
解得
$$F_{B2} = \frac{F_1}{2\sin\alpha} \tag{a}$$

其次研究压块 C 的平衡。压块 C 的受力如图 2-7c 所示，作用于其上的力有：链杆 BC 的约束力 $\boldsymbol{F}'_{B2}$、水平光滑面的约束力 $\boldsymbol{F}_N$ 和夹紧力 $\boldsymbol{F}_2$。取坐标系 Cxy 如图。

建立平衡方程
$$\sum F_x = 0, \quad F'_{B2}\cos\alpha - F_2 = 0 \tag{b}$$

由于链杆 BC 是二力杆，因此 $F'_{B2} = F_{B2}$。将式（a）代入式（b）解得
$$F_2 = \frac{\cot\alpha}{2} F_1$$

增力倍数为
$$\frac{F_2}{F_1} = \frac{\cot\alpha}{2} = \frac{\cot 10°}{2} = 2.84$$

例 2-4 重物 $W = 420\text{kN}$，由撑杆 AO 的支撑和绳索 AB、AC 的约束而平衡，如图 2-8a 所示。已知 $AO = 145\text{cm}$，$AB = 60\text{cm}$，$AC = 80\text{cm}$。O 处是球铰链支座，矩形 $CABD$ 的平面是水平的。杆和绳索重量不计。求撑杆 AO 所受的力和绳索 AB、AC 的拉力。

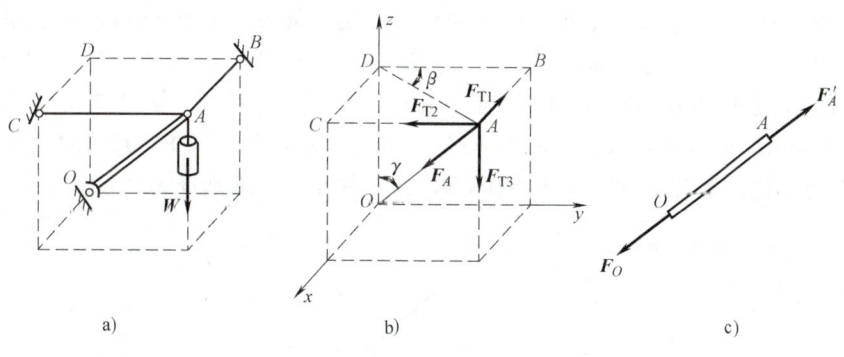

图 2-8

解 考察点 A 的平衡。汇交于点 A 的力有：绳索 AB、AC 的拉力 $\boldsymbol{F}_{T1}$、$\boldsymbol{F}_{T2}$，点 A 悬挂重物的绳索的拉力 $\boldsymbol{F}_{T3}$，二力杆 AO 的作用力 $\boldsymbol{F}_A$。建有坐标系 $Oxyz$ 的点 A 的受力图示于图 2-8b。z 轴是铅垂的，z 轴与力 $\boldsymbol{F}_A$ 之间小于 90° 的夹角设为 γ，AD 连线与 BD 连线之间的夹角设为 β。

写出平衡方程：
$$\sum F_x = 0, \quad -F_{T1} - F_A\sin\gamma\sin\beta = 0 \tag{a}$$
$$\sum F_y = 0, \quad -F_{T2} - F_A\sin\gamma\cos\beta = 0 \tag{b}$$

$$\sum F_z = 0, \quad -F_{T3} - F_A \cos\gamma = 0 \tag{c}$$

根据图示几何关系可写出：

$$AD = \sqrt{(AB)^2 + (AC)^2} = \sqrt{(60)^2 + (80)^2}\,\text{cm} = 100\,\text{cm},$$

$$\sin\gamma = \frac{AD}{AO} = \frac{\sqrt{(AB)^2 + (AC)^2}}{AO} = \frac{\sqrt{(60)^2 + (80)^2}}{145} = 0.69 \tag{d}$$

$$\cos\gamma = \sqrt{1 - \sin^2\gamma} = \sqrt{1 - (0.69)^2} = 0.72 \tag{e}$$

$$\sin\beta = \frac{AB}{AD} = \frac{60}{100} = 0.6 \tag{f}$$

$$\cos\beta = \frac{AC}{AD} = \frac{80}{100} = 0.8 \tag{g}$$

将式（e）代入式（c），并考虑到 $F_{T3} = W$，可解得

$$F_A = -\frac{W}{\cos\gamma} = -\frac{420}{0.72}\,\text{kN} = -583\,\text{N} \tag{h}$$

F_A 为负值说明力 F_A 的实际指向与预先假设的指向相反。根据作用与反作用定律，杆 AO 受到 583N 的压力（图 2-8c）。以下计算中必须代入已求得的 F_A 的代数值。将式（h）、式（d）、式（f）和式（h）、式（d）、式（g）分别代入式（a）、式（b），可解得

$$F_{T1} = -F_A \sin\gamma \sin\beta = -(-583) \times 0.69 \times 0.60\,\text{N} = 241\,\text{N}$$

$$F_{T2} = -F_A \sin\gamma \cos\beta = -(-583) \times 0.69 \times 0.80\,\text{N} = 322\,\text{N}$$

例 2-5 杆 1、2、3、4、5、6 构成的一空间桁架，如图 2-9a 所示。节点 A 上作用一力 F，此力在矩形 $ABDC$ 平面内，且与铅垂线成 45°角。△EAK ≌ △FBM，它们所在的两平面平行，且垂直于平面 $ABDC$。等腰三角形 EAK、FBM 和 BDN 在顶点 A、B 和 D 处均为直角。A、B、E、F、K、M、N 处均为光滑铰链。不计杆重。设 $F = 10\,\text{kN}$，试求杆 4、5、6 所受的力。

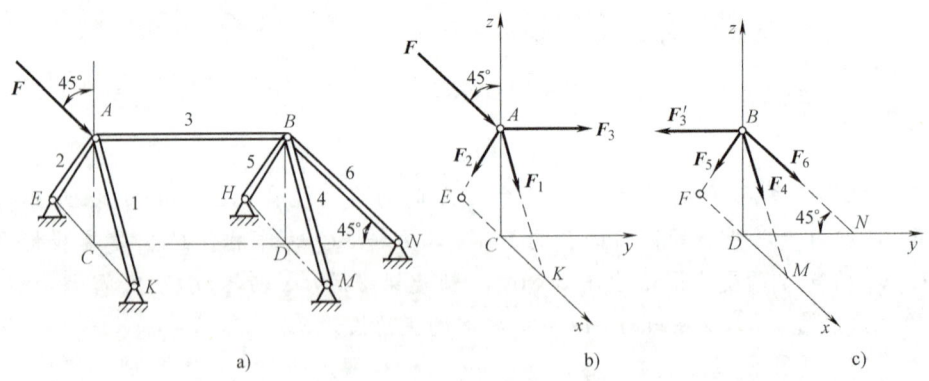

图 2-9

解 首先分析已知力 F 的作用节点 A 的平衡，求得杆 3 所受的力。然后分

析节点 B 的平衡,求得杆 4、5、6 所受的力。

节点 A 的受力见图 2-9b,计有载荷 F 和二力杆 1、2、3 所作用的力 F_1、F_2、F_3（设备杆均受拉）。取坐标系 $Cxyz$ 如图。

由平衡方程

$$\sum F_y = 0, \quad F\sin45° + F_3 = 0$$

求得

$$F_3 = -F\sin45° = -10\sin45° \text{kN} = -7.07 \text{kN}$$

假设杆 4、5、6 也受拉,节点 B 在链杆约束力 F'_3、F_4、F_5、F_6 的作用下平衡,受力如图 2-9c 所示。取坐标系 $Dxyz$ 如图。

建立平衡方程

$$\sum F_x = 0, \quad F_4\sin45° - F_5\sin45° = 0 \tag{a}$$

$$\sum F_y = 0, \quad -F'_3 + F_6\cos45° = 0 \tag{b}$$

$$\sum F_z = 0, \quad -F_4\cos45° - F_5\cos45° - F_6\sin45° = 0 \tag{c}$$

由式（b）解得

$$F_6 = \frac{F'_3}{\cos45°} = \frac{-7.07}{\cos45°} \text{kN} = -10 \text{kN} \tag{d}$$

由式（a）解得 $F_4 = F_5$。将这个结果以及式（d）代入式（c）可求得

$$F_4 = F_5 = -\frac{\sin45°}{2\cos45°} F_6 = -\frac{\sin45°}{2\cos45°} \times (-10) \text{kN} = 5 \text{kN}$$

根据作用与反作用定律,杆 4、5 均受到 5kN 拉力,杆 6 受到 10kN 压力。

现在将求解汇交力系平衡问题的步骤归纳如下:

1) 根据题意选择合适的研究对象。

2) 进行受力分析,绘制受力图。

3) 根据平衡条件求解未知量。用几何法求解时,首先选取适当的比例尺,准确地画出自行封闭的力多边形。根据各力首尾相接的规则确定未知力的指向,按力的比例尺从图上量取各未知力的大小。用解析法求解时,则应列出平衡方程进行求解。恰当地选择投影轴,可使计算简化。

习 题

2-1 平面共点力系（F_1、F_2、F_3、F_4）作用在物体的点 O,如图 2-10 所示。$F_1 = 300$N,$F_2 = 400$N,$F_3 = 500$N,$F_4 = 600$N。试分别用几何法和解析法求力系的合力 F_R 的大小和方向。

2-2 力 F_R 为平面共点力系（F_1、F_2、F_3）的合力,力 F_R、F_1、F_2、F_3 的方位如图 2-11 所示。已知 $F_R = F_3 = 1$kN,求力 F_1、F_2 的大小和方向。

2-3 五个空间共点力作用于物体的点 A,如

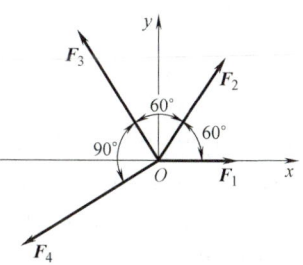

图 2-10 题 2-1 图

图 2-12 所示。已知 $F_1=2\sqrt{6}$ kN，$F_2=2\sqrt{3}$ kN，$F_3=1$ kN，$F_4=4\sqrt{2}$ kN，$F_5=7$ kN。求它们的合力 F_R 的大小和方向（提示：不必开根号，可使计算简化）。

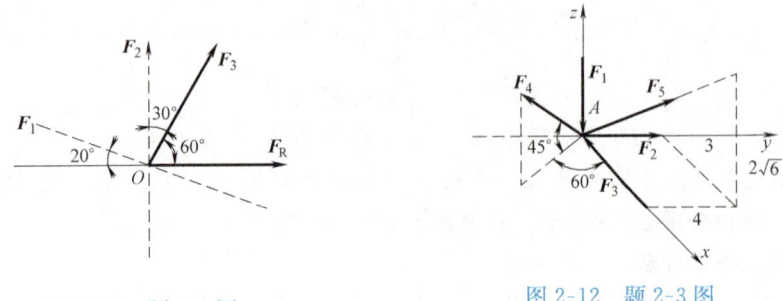

图 2-11 题 2-2 图   图 2-12 题 2-3 图

2-4 图 2-13 所示简支梁和刚架均受一力 $F=10$ kN 的作用，不计结构重量，试分别求 a)、b)、c) 三种情况下各铰链处的约束力。

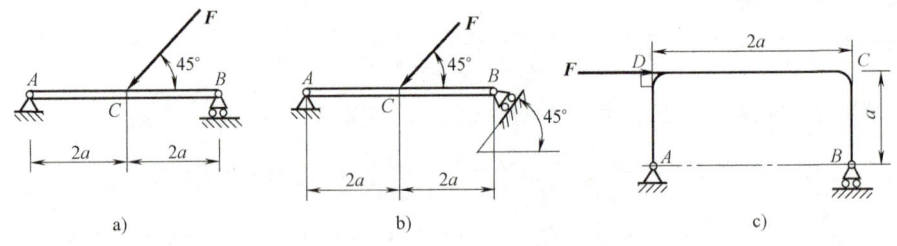

图 2-13 题 2-4 图

2-5 三种简易起重机如图 2-14 所示。A、B、C 三处皆为光滑铰链连接。不计各杆和滑轮的重量，略去滑轮的大小。若匀速吊起重量 $G=1.5$ kN 的物体，求杆 AB、AC 所受的力。

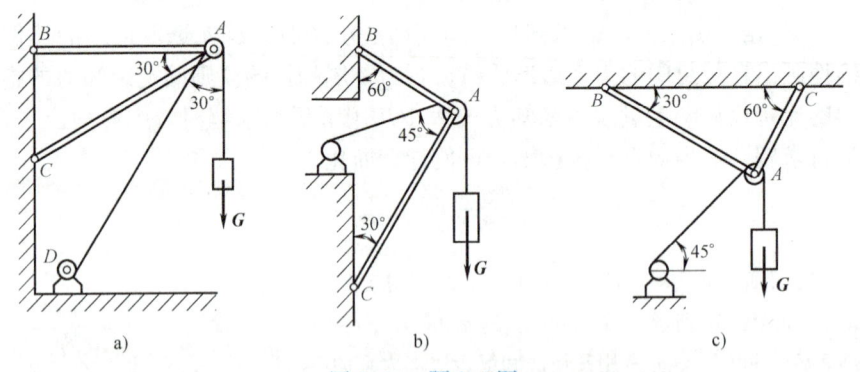

图 2-14 题 2-5 图

2-6 挂物架由杆 AB 及 CD 组成，如图 2-15 所示。已知 $AD=DB$，A、C、D 三处皆为光滑铰链。若杆重不计，B 端挂有重量 $W=10$ kN 的物体，求铰链 A、C 的约束力。

2-7 图 2-16 中两小球 D 和 E 的重量分别为 G 和 W，穿在折成直角的光滑细杆 ABC 上，小球间用细线连接。已知 AB 与水平面夹角为 α，试求平衡时 DE 和 AB 间的夹角 θ，以及细绳的拉力 F_T。

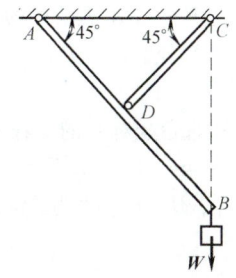

图 2-15 题 2-6 图

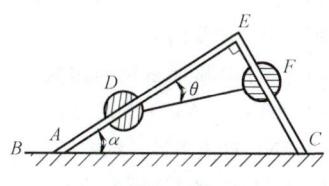

图 2-16 题 2-7 图

2-8 图 2-17 中四连杆机构 $ABCD$ 的 AD 边固定，铰链 B 和 C 分别作用力 F_2 和 F_1，并在图示位置处于平衡。若不计各杆重量，设 $F_2=3$kN，求力 F_1 的大小。

2-9 在图 2-18 所示绳索结构中，悬挂重 $G=1$kN 的物体，求各段绳索的张力。

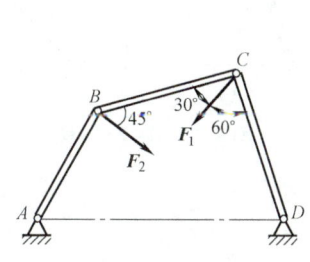

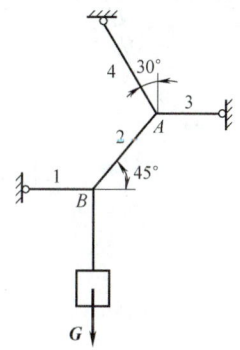

图 2-17 题 2-8 图

图 2-18 题 2-9 图

2-10 图 2-19 中，重量为 G、半径为 r 的圆球用长 $l=r$ 的绳索吊在两个相互垂直墙面的交角处。不计摩擦，求绳的拉力和墙面的约束力。

2-11 用三角架 $DABC$、铰车 E 和滑轮 D 从矿井中起吊重物，如图 2-20 所示。A、B、C、D 四处可视为光滑球铰链。D 处滑轮尺寸大小不计。ABC 为等边三角形，各杆和绳索 DE 与水平面成 $60°$ 角，E、D、C 三点处于同一铅垂面内。不计各杆重量，设重物重量为 G，试求匀速吊起重物时各杆所受的力。

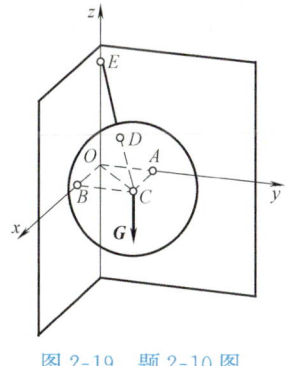

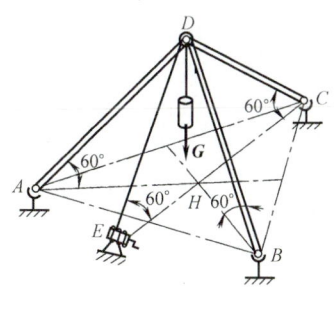

图 2-19 题 2-10 图

图 2-20 题 2-11 图

2-12 直杆 AB、AC、AD 用光滑铰链连接成支架。铅垂平面 ADO 是支架的对称面，几何关系和坐标系如图 2-21 所示（z 轴铅垂）。若作用在铰链 A 处的水平力 $F=900$N，求杆 AB、AC、AD 所受的力。

2-13 图 2-22 所示结构由四根垂杆和拉索组成。已知直角坐标系的 z 轴铅垂，杆长 $AB=AC=A'B'=A'C'=5$m，BC 平行于 $B'C'$，$AE=A'E'=4$m，$DE=D'E'=2$m，铅垂载荷 $F=30$kN，杆重不计。图中尺寸单位为 m，A、B、C、A'、B'、C' 各处为铰链连接。试求杆 AB、AC 和拉索 AD 所受的力。

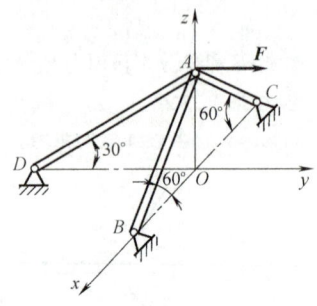

图 2-21 题 2-12 图

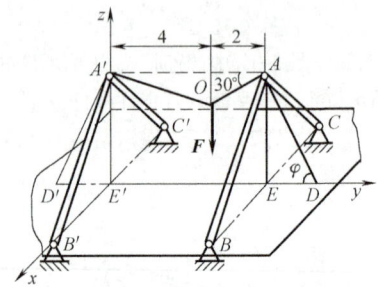

图 2-22 题 2-13 图

第3章 力偶理论

力偶是一种特殊的力系。它对刚体的作用是仅使刚体转动。力偶对刚体的转动效应完全取决于力偶矩。作用于刚体上的一群力偶称为力偶系。力偶系是一种基本力系，它是研究复杂力系的基础。本章研究力偶系的合成和平衡问题。

3.1 力对点之矩　汇交力系的合力矩定理

3.1.1 力对点之矩

用扳手转动螺母时，作用于扳手的力使扳手绕着螺母中心处的固定点转动。当加在扳手上的力越大，或者力作用线离固定点越远时，扳手的转动效应就越强，即越容易转动螺母。许多类似的实践经验和理论分析表明，一力 F 使刚体绕某固定点 O 转动效应的强弱，不但与力 F 的大小成正比，而且也与点 O 到力作用线的垂直距离 d 成正比，如图 3-1 所示。因此，在力学中以乘积 Fd 作为力 F 使刚体绕点 O 转动效应强弱的度量，即以 Fd 表示力 F 对点 O 的矩的大小。力对点之矩简称力矩；点 O 称为力矩中心或矩心；d 称为力臂。力矩的单位是 N·m（牛·米）。

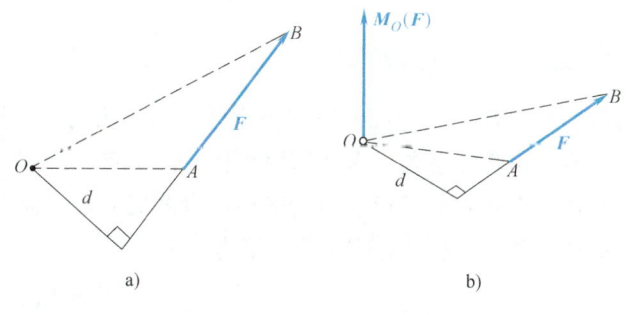

图 3-1

由图 3-1 可知，力矩的大小也可以用以力矢 $\overrightarrow{AB}$ 为底边、矩心 O 为顶点所构成的三角形 OAB 面积的二倍表示。

在平面力系问题里，力对点之矩被视为代数量，用符号 $M_O(\boldsymbol{F})$ 表示力 $\boldsymbol{F}$ 对点 O 的矩，即

$$M_O(\boldsymbol{F}) = \pm Fd \tag{3-1}$$

通常规定，一个力使刚体绕矩心有逆时针转动趋势时，力矩取正值（图 3-1a

所示力矩为正值）；反之则取为负值。

在空间力系问题里，各力分别和对应的矩心构成不同的力矩作用平面。各力使刚体绕对应的矩心转动的效应，不仅与各力矩的大小及其在各自平面内的转向有关，而且与各力和矩心所构成的力矩作用平面的方位有关。这三个要素不可能用一个代数量表出，必须用一个矢量来表示。在图 3-1b 中，从矩心 O 作矢量 $\boldsymbol{M}_O(\boldsymbol{F})$ 表示力 $\boldsymbol{F}$ 对点 O 的矩，力矩矢量 $\boldsymbol{M}_O(\boldsymbol{F})$ 垂直于力 $\boldsymbol{F}$ 与点 O 所决定的平面，$\boldsymbol{M}_O(\boldsymbol{F})$ 的大小为 Fd，$\boldsymbol{M}_O(\boldsymbol{F})$ 的指向按右手螺旋规则确定，即以右手四指的指向表示力矩的转向，握拳时大拇指伸出的方向就是力矩矢量的指向。由于力矩 $\boldsymbol{M}_O(\boldsymbol{F})$ 与矩心位置有关，因而它只能画在矩心处，也就是说，力矩矢量是定位矢量。

如果将力 $\boldsymbol{F}$ 沿其作用线移动，由于力 $\boldsymbol{F}$ 的大小、指向以及由矩心 O 到力作用线的距离都不变，矩心 O 和力 $\boldsymbol{F}$ 所构成的力矩作用面方位也没有改变，因而力 $\boldsymbol{F}$ 对点 O 之矩不变。也就是说，力对点之矩不因力沿其作用线的移动而改变。

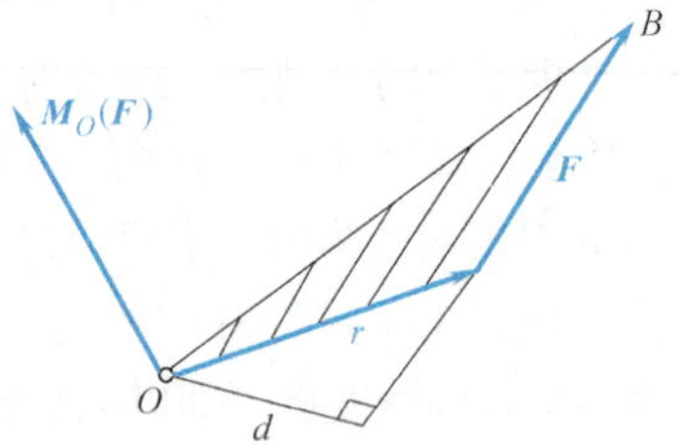

设力 $\boldsymbol{F}$ 的作用点 A 相对矩心 O 的矢径为 $\boldsymbol{r}$（图 3-2），则力 $\boldsymbol{F}$ 对点 O 之矩 $\boldsymbol{M}_O(\boldsymbol{F})$ 与矢积 $\boldsymbol{r} \times \boldsymbol{F}$ 两者大小相等，方向相同。因此，力对点之矩可用该力作用点相对矩心的矢径与该力的矢积来表示，即

图 3-2

$$\boldsymbol{M}_O(\boldsymbol{F}) = \boldsymbol{r} \times \boldsymbol{F} \tag{3-2}$$

3.1.2 汇交力系的合力矩定理

设汇交力系（$\boldsymbol{F}_1$、$\boldsymbol{F}_2$、…、$\boldsymbol{F}_n$）作用于刚体。由于力对点之矩不因力沿其作用线移动而改变，可将力系各力沿其作用线移至汇交点 A（图 3-3）。任取一点 O 为矩心，令 $\boldsymbol{r}$ 表示 A 点相对于矩心 O 的矢径，设汇交力系的合力 $\boldsymbol{F}_R = \boldsymbol{F}_1 + \boldsymbol{F}_2 + \cdots + \boldsymbol{F}_n$。根据式（3-2），则 $\boldsymbol{F}_R$ 对点 O 之矩为

$$\boldsymbol{M}_O(\boldsymbol{F}_R) = \boldsymbol{r} \times \boldsymbol{F}_R = \boldsymbol{r} \times (\boldsymbol{F}_1 + \boldsymbol{F}_2 + \cdots + \boldsymbol{F}_n) = \sum_{i=1}^{n} \boldsymbol{M}_O(\boldsymbol{F}_i)$$

或简写为 $$\boldsymbol{M}_O(\boldsymbol{F}_R) = \sum \boldsymbol{M}_O(\boldsymbol{F}_i) \tag{3-3}$$

此结果表明，汇交力系的合力对任一点之矩，等于力系中各分力对同一点之矩的矢量和。这就是汇交力系的合力矩定理。

对于平面汇交力系，将矩心取在力系所在的平面内，则式（3-3）中的所有力矩矢量成为共线矢量，于是有

$$M_O(\boldsymbol{F}_R) = \sum M_O(\boldsymbol{F}_i) \tag{3-4}$$

即平面汇交力系的合力对某一点之矩，等于力系中各分力对同一点之矩的代数

和。如果求一个力对力系所在平面内一点的矩,而力臂又不易求出时,常将此力分解为两个易定力臂的分力,然后用合力矩定理求出该力矩。

例 3-1 已知力 $F = 2i - 3j + k$,其作用点 A 的位置矢 $r_A = 3i + 2j + 4k$,求力 F 对位置矢为 $r_B = i + j + k$ 的点 B 的矩(力以 N 计,长度以 m 计)。

解 设作用点 A 相对于点 B 的矢径为 r_{AB},则力 F 对点 B 之矩的矢积形式为 $M_B(F) = r_{AB} \times F$。点 A、点 B 在给定坐标系中的位置矢量 r_A、r_B 是已知的,由图 3-4 可得

$$r_{AB} = r_A - r_B = 3i + 2j + 4k - (i + j + k) = 2i + j + 3k$$

故力 F 对点 B 之矩的解析形式是

$$M_B(F) = r_{AB} \times F = (2i + j + 3k) \times (2i - 3j + k) \text{ N} \cdot \text{m}$$
$$= (10i + 4j - 8k) \text{ N} \cdot \text{m}$$

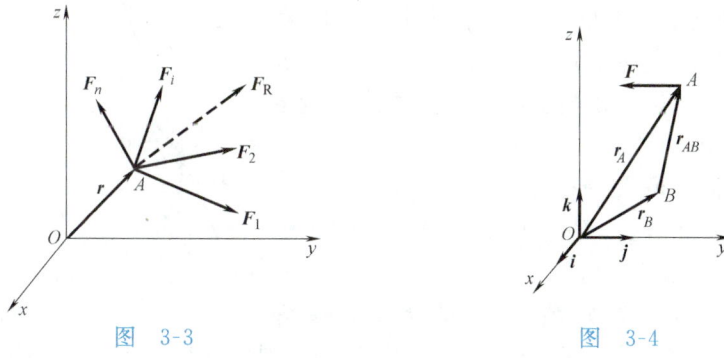

图 3-3   图 3-4

3.2 力偶及其性质

用丝螺纹攻螺纹时,加在丝螺纹铰杆上的两个力大小相等,方向相反,作用线相互平行(图 3-5a)。驾驶员用双手转动方向盘的力也是一对彼此等值、反向、作用线平行的力(图 3-5b)。这种由大小相等、方向相反、作用线平行的一对力组成的力系称为**力偶**,组成力偶的两个力的作用线之间的距离称为力偶臂。

力偶具有一些独特性质,这些性质在力学理论方面和工程实际中都有重要意义。

性质一 力偶没有合力,不能和一个力等效,也不能和一个力平衡,它是一个基本力学量。

为证明力偶的这一性质,先研究两个反向平行力的合成。设刚体上点 A 和点 B 分别作用有反向平行力 F_1 和 F_2,且 $F_1 > F_2$(图 3-6),它们可以合成为一合力。由于 F_1 和 F_2 两力平行,所以不能直接应用力的平行四边形法则合成。

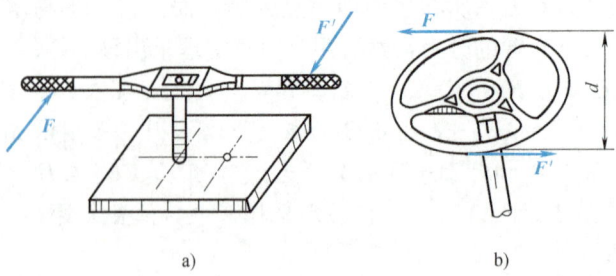

图 3-5

为此在点 A 和点 B 加一对等值、反向、共线的平衡力 F_{T1} 和 F_{T2}；将力 F_1 和 F_{T1} 合成为力 F_{R1}；力 F_2 和 F_{T2} 合成为力 F_{R2}。再将力 F_{R1}、F_{R2} 沿各自作用线移动到汇交点 D。于是，两个平行力 F_1 和 F_2 与汇交于 D 点的力 F_{R1} 和 F_{R2} 等效。最后合成力 F_{R1} 和 F_{R2}，得合力 F_R。将上述过程用矢量运算式表出，即

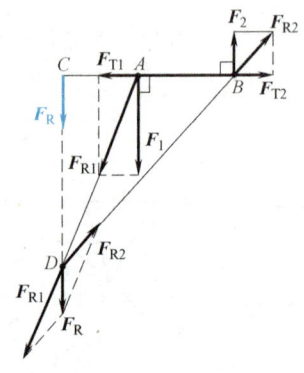

$$F_R = F_{R1} + F_{R2}$$
$$= (F_1 + F_{T1}) + (F_2 + F_{T2}) \quad (3\text{-}5a)$$
$$= F_1 + F_2$$

图 3-6

这表明两个反向平行力 F_1 和 F_2 的合力矢 F_R 等于两力的矢量和。由于 F_1 和 F_2 是反向平行力，则合力 F_R 的作用线必与这两力的作用线平行，并且矢量和变为代数和。已设 $F_1 > F_2$，则合力 F_R 的大小是

$$F_R = F_1 - F_2 \quad (3\text{-}5b)$$

合力 F_R 的指向与力 F_1 相同。

合力作用线的位置，可根据合力矩定理确定。取合力 F_R 的作用线与连线 AB 的交点 C 为矩心，则

$$M_C(F_R) = M_C(F_1) + M_C(F_2)$$

由于力 F_R 通过点 C，故 $M_C(F_R) = 0$，于是有

$$M_C(F_1) + M_C(F_2) = -F_1 \times AC + F_2 \times BC = 0$$

所以
$$\frac{AC}{BC} = \frac{F_2}{F_1} \quad (3\text{-}5c)$$

由以上分析可得出如下结论：两个大小不等的反向平行力可以合成为一合力；合力的大小等于两力大小之差；合力的指向与较大的一力相同；合力作用线位于较大一力的外侧，按两力的大小成反比例外分两力作用线之间的距离。

根据式（3-5c）可以得出

$$1-\frac{AC}{BC}=1-\frac{F_2}{F_1}$$

于是
$$BC=\frac{F_1}{F_1-F_2}\times AB$$

如果图 3-6 中的两个反向平行力 F_1 和 F_2 大小相等，那么力 F_1 和 F_2 构成一力偶。此时，$F_1-F_2=0$，则 $BC\to\infty$。这表明组成力偶的两力不可能合成为一合力。力偶既然不能用一个力来代替，也就不能和一个力相平衡。力偶的两个力大小相等，方向相反但不共线，因此力偶本身不平衡，且对刚体产生转动效应，因而力偶成为一个基本力学量。

性质二 组成力偶的两力对于任一点的矩之和等于其力偶矩，即力偶矩与矩心位置无关。

力使刚体绕某点的转动效应是用力矩表示的。力偶使刚体绕某点的转动效应则用组成力偶的两力对该点的力矩之和来表示。下面计算力偶的两个力对于任一点的矩之和。

设位于平面 C 的力偶 (F,F') 作用于刚体，平面 C 称为力偶 (F,F') 的作用面，如图 3-7 所示。任取一点 O，r_A 和 r_B 分别是点 O 到两力作用点 A 和 B 的矢径，点 A 相对点 B 的矢径为 r_{AB}。由图 3-7 可知，$r_A=r_B+r_{AB}$。力偶的两力对点 O 的力矩之和为

$$M_O(F,F')=r_A\times F+r_B\times F'=(r_B+r_{AB})\times F-r_B\times F=r_{AB}\times F \tag{3-6}$$

矢积 $r_{AB}\times F$ 称为力偶矩，记作 M，即

$$M=r_{AB}\times F \tag{3-7}$$

显然，力偶矩与矩心 O 的位置无关。因此，力偶对刚体的转动效应完全取决于力偶矩。

由图 3-7a 和式（3-7）可知，力偶矩 M 的大小等于 Fd，即**力偶矩的大小等于力偶的力与力偶臂的乘积**；M 垂直于力偶的作用面；M 的指向与力偶在其作用面内的转向符合右手螺旋法则。力偶矩 M 的表示见图 3-7b。力偶矩的单位是牛·米（N·m）。

力偶无合力，对于刚体没有移动效应；力偶的转动效应与矩心位置无关，完全决定于力偶矩。由此，可推出力偶的性质三和性质四。

性质三 只要保持力偶矩不变，可将组成力偶的力和力

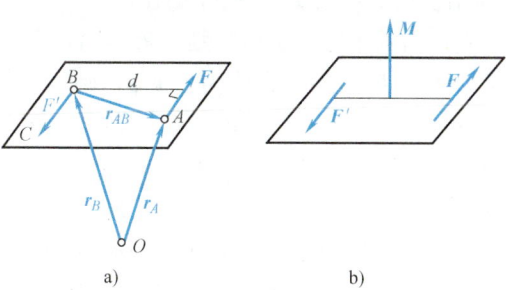

图 3-7

偶臂的大小同时改变，不会改变力偶对刚体的作用效应。

性质四　只要保持力偶矩的大小和转向不变，力偶可在其作用面内以及与其作用面平行的平面内任意移转，不会改变它对刚体的作用效应。

由于力偶矩可以在同一平面内转移，又可以从某一平面转移到另一平行平面内，因此一般而言，力偶矩是自由矢量。

力偶对刚体的转动效应完全取决于力偶矩，力偶矩又是自由矢量，于是，当作用于刚体上的两个力偶的力偶矩相等时，该两力偶等效。此即力偶的等效条件。

因为力偶矩决定了力偶对刚体的转动效应，所以在平面情况下，常采用在力偶作用面内画 $M\downarrow$ 或 $M\uparrow$ 来表示力偶。其中 M 表示力偶矩的大小，箭头表示力偶在其作用面内的转向。在空间情况下，用矢量箭头及 "$\downarrow$" 或 "$\uparrow$" 配合表示力偶，矢量箭头与 "$\downarrow$" 或 "$\uparrow$" 的相对关系满足右手螺旋法则。

3.3　力偶系的合成与平衡

如果力偶系中各分力偶的作用面并不彼此平行或重合，则该力偶系为空间力偶系。

设有两个力偶分别作用于刚体的二相交的平面Ⅰ和Ⅱ内（图 3-8a）。根据力偶的性质三和四，可将两力偶在各自作用面内移转，并改变力和力偶臂的大小。最终，取两平面交线上的 AB 线段作为该两力偶的力偶臂，设两力偶的力分别为 F_1、F_1' 和 F_2、F_2'，且力 F_1、F_2 作用在点 A，力 F_1'、F_2' 作用在点 B。

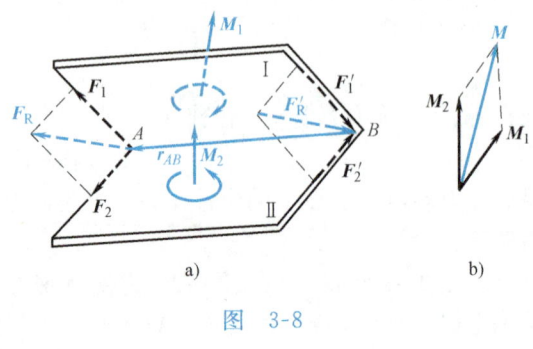

图 3-8

应用力的平行四边形法则，将作用在点 A 的力 F_1 和 F_2 合成为力 F_R，作用在点 B 的力 F_1' 和 F_2' 合成为力 F_R'，则

$$F_R = F_1 + F_2, \quad F_R' = F_1' + F_2'$$

因为

$$F_1 = -F_1', \quad F_2 = -F_2'$$

所以

$$F_R = -F_R'$$

又 F_R 与 F_R' 作用线平行，因而组成一新力偶 (F_R, F_R')，力偶 (F_R, F_R') 就是所求之合力偶。下面导出合力偶矩 M 与分力偶矩 M_1 和 M_2 的关系。设点 A 相对点 B 的矢径为 r_{AB}（图 3-8a），根据式 (3-7)，则力偶 (F_1, F_1') 和 (F_2, F_2') 的力偶矩

分别为 $M_1 = r_{AB} \times F_1$ 和 $M_2 = r_{AB} \times F_2$。故合力偶 (F_R, F'_R) 的力偶矩

$$M = r_{AB} \times F_R = r_{AB} \times (F_1 + F_2) = M_1 + M_2$$

上述分析说明，作用在刚体上二相交平面内的两力偶可以合成为一合力偶，合力偶矩等于两个分力偶矩的矢量和（图 3-8b）。也就是说力偶矩符合矢量合成法则。

设作用于刚体上的 n 个力偶组成空间力偶系，则其合成结果为一合力偶，合力偶的力偶矩等于所有分力偶矩的矢量和，即

$$M = M_1 + M_2 + \cdots + M_n = \sum_{i=1}^{n} M_i \tag{3-8}$$

在实际计算时，常采用解析法计算合力偶矩的大小和方向。取直角坐标系 $Oxyz$，设 M 和 $M_i (i=1,2,\cdots,n)$ 在 x、y、z 轴上的投影分别为 M_x、M_y、M_z 和 M_{ix}、M_{iy}、M_{iz}，则

$$M = M_x \boldsymbol{i} + M_y \boldsymbol{j} + M_z \boldsymbol{k}, \quad \sum_{i=1}^{n} M_i = \sum_{i=1}^{n} M_{ix} \boldsymbol{i} + \sum_{i=1}^{n} M_{iy} \boldsymbol{j} + \sum_{i=1}^{n} M_{iz} \boldsymbol{k}$$

将以上两式代入式（3-8）可得

$$M_x = \sum_{i=1}^{n} M_{ix}, \quad M_y = \sum_{i=1}^{n} M_{iy}, \quad M_z = \sum_{i=1}^{n} M_{iz} \tag{3-9}$$

合力偶矩的大小和方向余弦是

$$M = \sqrt{M_x^2 + M_y^2 + M_z^2} \tag{3-10a}$$

$$\cos(\boldsymbol{M}, \boldsymbol{i}) = \frac{M_x}{M}, \quad \cos(\boldsymbol{M}, \boldsymbol{j}) = \frac{M_y}{M}, \quad \cos(\boldsymbol{M}, \boldsymbol{k}) = \frac{M_z}{M} \tag{3-10b}$$

根据空间力偶系的简化结果可推得：空间力偶系平衡的必要和充分条件是合力偶矩等于零，即力偶系中各力偶矩的矢量和等于零，

$$M = \sum_{i=1}^{n} M_i = \boldsymbol{0} \tag{3-11}$$

由上式可得空间力偶系的平衡方程（为便于书写下标 i 可略去）：

$$\sum M_x = 0, \quad \sum M_y = 0, \quad \sum M_z = 0 \tag{3-12}$$

即空间力偶系中各分力偶的力偶矩在 x、y、z 三轴上投影的代数和分别等于零。

若力偶系的各力偶位于同一平面内，则该力偶系为平面力偶系，此时各力偶矩 M_1、M_2、$\cdots$、M_n 的矢量和变成为代数和。因此，在平面力偶系中，矢量式（3-8）转化成为代数式，即

$$M = M_1 + M_2 + \cdots + M_n = \sum M_i \tag{3-13}$$

上式表明：平面力偶系可合成为同平面内的一个合力偶，合力偶矩等于各分力偶矩的代数和。其次，由式（3-11）得

$$\sum M_i = 0 \qquad (3\text{-}14)$$

式（3-14）称为平面力偶系的平衡方程。平面力偶系平衡的必要和充分条件是各力偶矩的代数和等于零。平面力偶矩符号的规定是：若力偶在其作用平面内的转向是逆时针转向，取正号；反之则取负号。

例 3-2 正方体边长 $a = 0.1\text{m}$，其上作用有三个力偶 (F_1, F_1')、(F_2, F_2')、(F_3, F_3')。已知 $F_1 = F_1' = 20\sqrt{2}\ \text{N}$，$F_2 = F_2' = 20\sqrt{2}\text{N}$，$F_3 = F_3' = 30\text{N}$，试求三个力偶的合成结果。

解 将三个力偶的力偶矩用矢量表示，如图 3-9b 所示。它们的模是

$$M_1 = F_1 \times \sqrt{2}a = 20\sqrt{2} \times \sqrt{2} \times 0.1\text{N} \cdot \text{m} = 4\text{N} \cdot \text{m},$$
$$M_2 = F_2 \times \sqrt{2}a = 20\sqrt{2} \times \sqrt{2} \times 0.1\text{N} \cdot \text{m} = 4\text{N} \cdot \text{m},$$
$$M_3 = F_3 \times a = 30 \times 0.1\text{N} \cdot \text{m} = 3\text{N} \cdot \text{m}$$

这三个力偶合成为一个合力偶，合力偶矩为

$$\boldsymbol{M} = \boldsymbol{M}_1 + \boldsymbol{M}_2 + \boldsymbol{M}_3$$

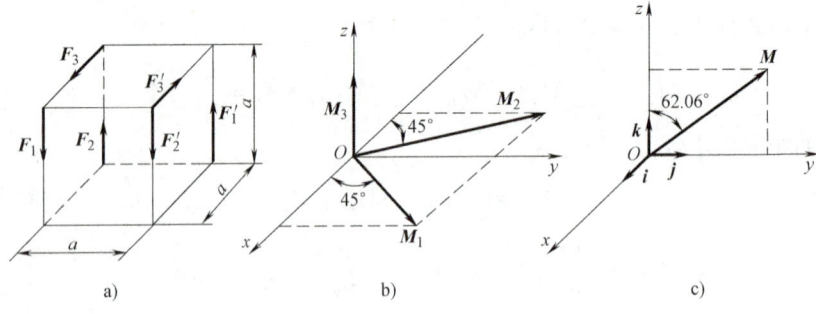

图 3-9

合力偶矩的投影是

$$M_x = \sum M_x = M_1 \cos 45° - M_2 \cos 45° = \left(4 \times \frac{\sqrt{2}}{2} - 4 \times \frac{\sqrt{2}}{2}\right)\text{N} \cdot \text{m} = 0$$

$$M_y = \sum M_y = M_1 \sin 45° + M_2 \sin 45° = \left(4 \times \frac{\sqrt{2}}{2} + 4 \times \frac{\sqrt{2}}{2}\right)\text{N} \cdot \text{m} = 4\sqrt{2}\text{N} \cdot \text{m}$$

$$M_z = \sum M_z = M_3 = 3\text{N} \cdot \text{m}$$

合力偶矩的大小为

$$M = \sqrt{M_x^2 + M_y^2 + M_z^2} = \sqrt{0 + (4\sqrt{2})^2 + 3^2}\ \text{N} \cdot \text{m} = \sqrt{41}\text{N} \cdot \text{m}$$

合力偶矩的方向余弦为

$$\cos(\boldsymbol{M}, \boldsymbol{i}) = \frac{M_x}{M} = \frac{0}{\sqrt{41}} = 0$$

$$\cos(\boldsymbol{M},\boldsymbol{j}) = \frac{M_y}{M} = \frac{4\sqrt{2}}{\sqrt{41}} = 0.8834$$

$$\cos(\boldsymbol{M},\boldsymbol{k}) = \frac{M_z}{M} = \frac{3}{\sqrt{41}} = 0.4685$$

于是 $(\boldsymbol{M},\boldsymbol{i}) = 90°$，$(\boldsymbol{M},\boldsymbol{j}) = 27.94°$，$(\boldsymbol{M},\boldsymbol{k}) = 62.06°$
合力偶矩的方向如图 3-9c 所示。

例 3-3 如图 3-10 所示，梁 AB 的两端各作用一力偶，力偶矩的大小分别为 $M_1 = 17\text{kN} \cdot \text{m}$，$M_2 = 27.5\text{kN} \cdot \text{m}$，转向如图。梁长 $l = 6\text{m}$，梁的重量不计，试求 A、B 两处的约束力。

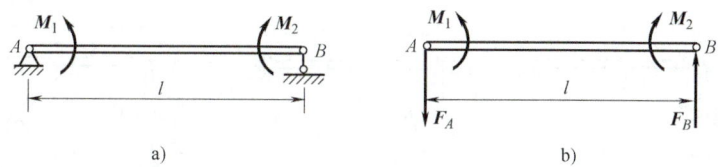

图 3-10

解 取梁 AB 为研究对象。梁在两个力偶和两端约束力的作用下平衡。由支座的性质可知，F_B 的方向铅直，F_A 的方向不定。由于力偶只能与力偶平衡，因此 F_A 必然与 F_B 组成一个力偶，即 $F_A = -F_B$。它们的指向假设如图 3-10b 所示。由平面力偶系的平衡条件可写出

$$\sum M_i = 0, \quad M_1 - M_2 + F_A l = 0$$

因此

$$F_A = F_B = \frac{M_2 - M_1}{l} = \frac{27.5 - 17}{6}\ \text{kN} = 1.75\text{kN}$$

习 题

3-1 如图 3-11 所示，在直角曲杆的一端作用有 $F = 400\text{N}$ 的力，试计算此力对点 O 的力矩（图中长度单位为 cm）。

3-2 如图 3-12 所示，已知正六面体的边长为 a、b、c，在点 A 处沿 AC 连线作用一力 $\boldsymbol{F}$，写出力 $\boldsymbol{F}$ 对点 O 之矩的解析表达式。

3-3 如图 3-13 所示，钢缆 AB 中的张力的值 $F = 10\text{kN}$，试用解析形式表出张力对点 O 之矩。

3-4 如图 3-14 所示，曲杆 AB 有如下三种支承方式，设有一力偶矩为 M 的力偶作用于曲杆平面内，试求 A、B 两处的约束力。

3-5 如图 3-15 所示，用多轴钻床在一水平工件上同时钻出四个直径相同的孔。每个钻头作用于工件一切削力偶，其矩为 $M_1 = M_2 = M_3 = M_4 = 15\text{N} \cdot \text{m}$。固定螺栓 A 和 B 的距离为 $l = 0.2\text{m}$。求两个螺栓所受的水平力。

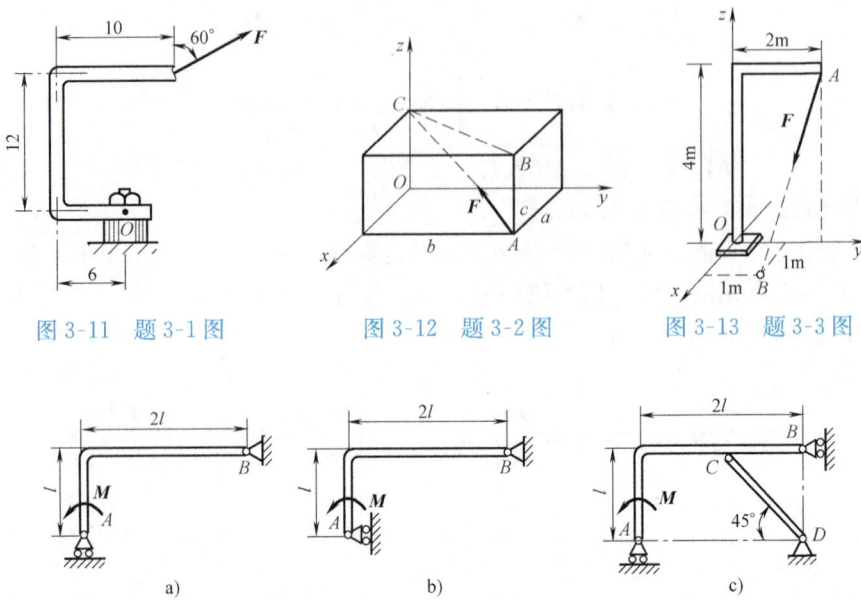

图 3-11 题 3-1 图   图 3-12 题 3-2 图   图 3-13 题 3-3 图

图 3-14 题 3-4 图

3-6 滑道摇杆机构受两力偶的作用在图 3-16 所示位置平衡。已知 $OO_1=OA=0.2\text{m}$，$M_1=200\text{N}\cdot\text{m}$，结构重量和摩擦不计。试求另一力偶矩 M_2 和 O、O_1 两处的约束力。

3-7 四连杆机构 $OABO_1$ 在图 3-17 所示位置平衡。已知 $OA=40\text{cm}$，$O_1B=60\text{cm}$，作用在 OA 上力偶的力偶矩 $M_1=1\text{N}\cdot\text{m}$，不计杆重。试求力偶矩 M_2 的大小。

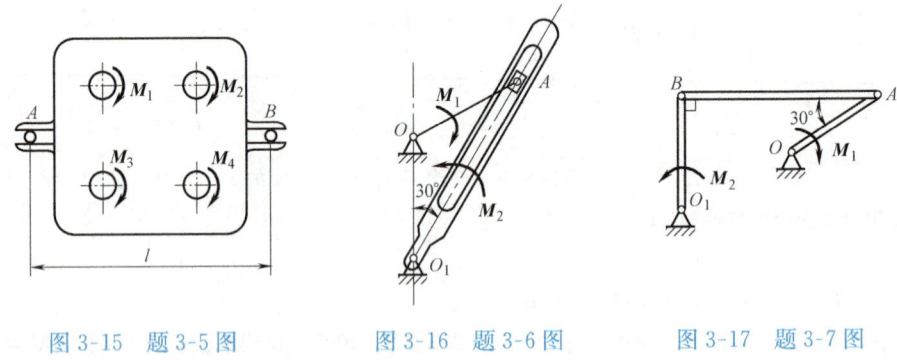

图 3-15 题 3-5 图   图 3-16 题 3-6 图   图 3-17 题 3-7 图

3-8 如图 3-18 所示，齿轮箱受三个力偶的作用，力偶矩 $M_1=413\text{N}\cdot\text{m}$，$M_2=160\text{N}\cdot\text{m}$，$M_3=200\text{N}\cdot\text{m}$。求此力偶系的合力偶。

3-9 如图 3-19 所示，一矩形体上作用有三个力偶 (F_1,F_1')、(F_2,F_2')、(F_3,F_3')，已知 $F_1=F_1'=10\text{N}$，$F_2=F_2'=16\text{N}$，$F_3=F_3'=20\text{N}$，$a=0.1\text{m}$。求力偶系的合力偶。

3-10 图 3-20 所示三圆盘 A、B、C 的半径为 $r_A=15\text{cm}$，$r_B=10\text{cm}$，$r_C=5\text{cm}$。三轴 OA、OB、OC 在同一平面内，$\angle AOB=90°$。在这三个圆盘的边缘上分别作用力偶 (F_1,F_1')、

(F_2, F_2')、(F_3, F_3')而使物体系统保持平衡。已知 $F_1=100$N，$F_2=200$N。求力 F_3 的大小和角 α。

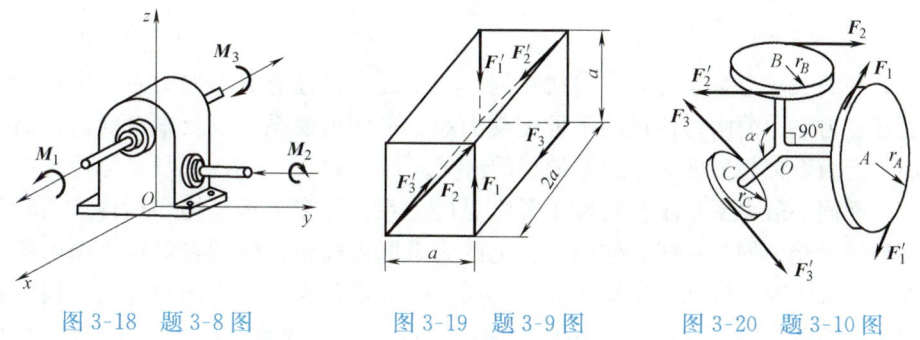

图 3-18　题 3-8 图　　　图 3-19　题 3-9 图　　　图 3-20　题 3-10 图

第4章 平面一般力系

平面一般力系是各力作用线在同一个平面内且任意分布的力系，也称为平面任意力系。前面讨论过的平面汇交力系、平面力偶系，以及本章要讨论的平面平行力系都是平面一般力系的特殊情况。

平面一般力系是工程实际中最常见的力系。许多工程结构和构件，当其几何外观及受力均对称时，作用于其上的力系即可简化为作用在对称平面内的平面力系来研究。例如，结构工程中的梁，一般都具有一个纵向对称面，当分布于梁上的载荷关于此纵向对称面对称时，即可认为载荷作用在纵向对称面内；又如沿直线行驶的汽车，若不考虑左右车轮所经路面的不平度所引起的摇摆或侧滑，汽车所受的重力、空气阻力以及地面对左、右轮的约束力的合力等可简化为平面力系来研究。所以，对平面力系的研究在理论上和实际应用上都有重要意义。

本章将讨论平面力系的两个基本问题：平面力系的简化和平衡。力系的简化是以力的平移定理作为依据的，这种简化方法在静力分析和动力分析中都得到了广泛应用。

4.1 力的平移定理

力的平移定理 作用在刚体上的力，可以平行地移动到刚体上任一指定点，为使该力对刚体的作用效果不变，要附加一个力偶，其力偶矩等于原力对该指定点的力矩。

证明 设刚体上点 A 作用一力 F（图 4-1a）。在刚体上任取一点 B，点 B 到力 F 作用线的距离为 d，在点 B 加上大小相等，方向相反且与力 F 平行的两个力 F' 和 F''，并使 $F'=F''=F$（图 4-1b）。显然，力系（F、F'、F''）与力 F 等效，而 F 与 F'' 组成一力偶，于是原来作用在点 A 的力 F，现在被一个作用在点 B 的力 F' 和一个力偶（F、F''）所代替（图4-1c）。也就是说，可以把作用于点 A 的力 F 平行地移到点 B，但必须同时附加一个力偶，此附加力偶的力偶矩为

$$M = Fd = M_B(F)$$

即力向一点平移时所附加力偶的力偶矩等于原力对平移点之矩。

力的平移定理是力系向一点简化的理论依据，它不仅给出了平移作用于刚体上的一个力的等效条件，而且可直接用来分析和解决工程实际中的力学问题。

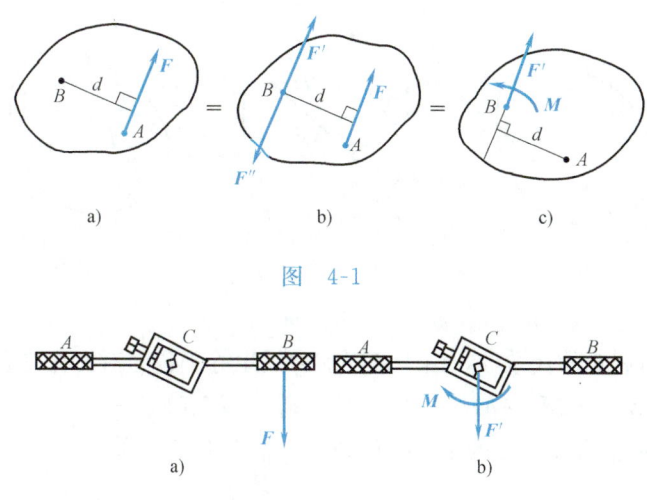

图 4-1

图 4-2

例如,用丝螺纹攻螺纹时,必须两手同时用力,且等值反向。若仅在扳手的一端作用力 F(图 4-2a),则这个力与作用在中心处的一个力 F' 和一个矩为 M 的力偶等效(图 4-2b),这个力偶使丝螺纹转动,而这个力 F' 却往往容易使丝螺纹折断。又如图 4-3 所示转轴上的齿轮受有周向力 F 作用,将力 F 平移至轴心点 O,则力 F' 使轴弯曲,而矩为 M 的力偶将使轴产生扭转效应。

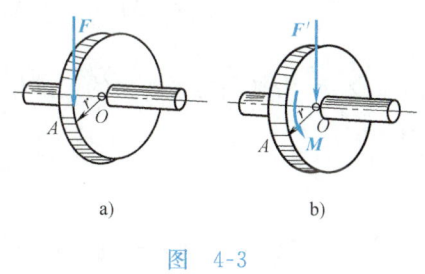

图 4-3

4.2 平面一般力系向作用面内一点简化

设刚体受一个平面力系(F_1、F_2、…、F_n)作用,现将该力系进行简化。为简单起见,以三个力 F_1、F_2、F_3 作用在刚体上(图 4-4a)为例说明。在力系作用平面内任选一点 O,将该力系向点 O 简化,点 O 称为简化中心。应用力的平移定理,将各力平移至点 O,同时加上相应的附加力偶。这样,原力系变为作用在点 O 的平面汇交力系(F_1'、F_2'、F_3'),以及力偶矩为 $M_1 = M_O(F_1)$、$M_2 = M_O(F_2)$、$M_3 = M_O(F_3)$ 的附加力偶系(图 4-4b)。

平面汇交力系(F_1'、F_2'、F_3')可合成为一个力 F_R',作用于点 O,注意到 $F_1' = F_1$,$F_2' = F_2$,$F_3' = F_3$,则有

$$F_R' = F_1' + F_2' + F_3' = F_1 + F_2 + F_3$$

力偶矩为 M_1、M_2、M_3 的平面力偶系可合成为一合力偶,这个力偶的矩

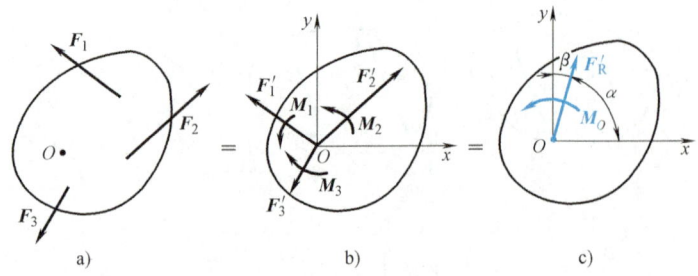

图 4-4

M_O 等于各力偶矩的代数和,由于各附加力偶矩等于各力对简化中心的矩,故

$$M_O = M_1 + M_2 + M_3 = M_O(\boldsymbol{F}_1) + M_O(\boldsymbol{F}_2) + M_O(\boldsymbol{F}_3)$$

对于力系中有 n 个力的平面一般力系,不难推广得到

$$\boldsymbol{F}'_R = \sum_{i=1}^{n} \boldsymbol{F}'_i = \sum_{i=1}^{n} \boldsymbol{F}_i \tag{4-1a}$$

$$M_O = \sum_{i=1}^{n} M_i = \sum_{i=1}^{n} M_O(\boldsymbol{F}_i) \tag{4-2a}$$

式中,$\sum_{i=1}^{n} \boldsymbol{F}_i$ 为平面力系各力的矢量和,称为该平面力系的<u>主矢</u>,记做

$$\boldsymbol{F}'_R = \sum_{i=1}^{n} \boldsymbol{F}_i \tag{4-1b}$$

$\sum_{i=1}^{n} M_O(\boldsymbol{F}_i)$ 为平面力系各力对简化中心之矩的代数和,称为该平面力系对简化中心 O 的<u>主矩</u>,记做

$$M_O = \sum_{i=1}^{n} M_O(\boldsymbol{F}_i) \tag{4-2b}$$

由此可得结论:<u>平面一般力系向其作用面内任一点简化,可以得到一个力和一个力偶,这个力的大小和方向等于该力系的主矢,作用线过简化中心;这个力偶的力偶矩等于该力系对简化中心的主矩。</u>

力系的主矢是一个具有大小和方向的矢量,它只代表力系中各力矢的矢量和,并不涉及作用点。平面力系无论向作用面内哪一点简化,主矢 $\boldsymbol{F}'_R$ 均由式 (4-1b) 给出。所以,主矢 $\boldsymbol{F}'_R$ 与简化中心的位置选择无关。

主矢的计算可采用解析法,任意选取坐标系 Oxy,

$$F'_{Rx} = F_{1x} + F_{2x} + \cdots + F_{nx} = \sum F_x$$
$$F'_{Ry} = F_{1y} + F_{2y} + \cdots + F_{ny} = \sum F_y$$

于是,主矢 $\boldsymbol{F}'_R$ 的大小和方向分别由下式确定

$$\left.\begin{array}{l}F'_R=\sqrt{F_{Rx}^2+F_{Ry}^2}=\sqrt{(\sum F_x)^2+(\sum F_y)^2}\\ \cos\alpha=\dfrac{F'_{Rx}}{F'_R},\quad \cos\beta=\dfrac{F'_{Ry}}{F'_R}\end{array}\right\} \qquad (4\text{-}3)$$

α 和 β 分别为主矢与 x 和 y 轴正向的夹角。

主矩是力系中各力对简化中心力矩的代数和,其大小和转向由式 (4-2b) 确定。在一般情况下,力系的主矩随简化中心的不同而改变。因此,表明主矩时,应指明是对哪个简化中心的。

作为平面力系简化理论的应用实例,下面分析固定端约束的约束力。

固定端或称插入端是一种常见的约束形式,它由刚体的一部分嵌入并固定在另一刚体内而形成。例如,输电线的电杆(图 4-5a)、固定在刀架上的车刀(图 4-5b)、车床上卡盘对工件的固定(图 4-5c)等都是固定端约束的实例,其简图如图 4-5d 所示。

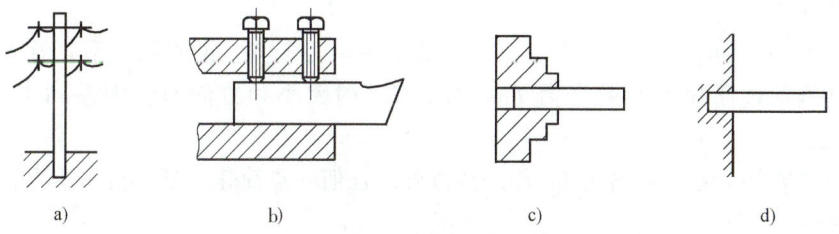

图 4-5

固定端约束的特点是连接处不允许构件与约束之间发生任何相对运动(移动或转动)。可以想象,固定端约束必然提供了阻止移动的约束力和阻止转动的约束力偶。下面用力系简化理论进行分析。固定端约束对物体的作用是在接触面上作用了一群约束力。在平面问题中,这些力为一平面一般力系,如图 4-6a 所示。将这群力向作用面内点 A 简化,得到一个力和一个力偶(图 4-6b)。一般情况下,这个力的大小和方向都是未知量,可用两个分力来表示(图 4-6c)。所以,在平面问题中,固定端 A 处的约束力可用两个约束力 $\boldsymbol{F}_{Ax}$、$\boldsymbol{F}_{Ay}$ 和一个约束力偶 M_A 表示。

固定端约束与固定铰支座的区别是固定端约束多了一个限制转动的约束力偶。

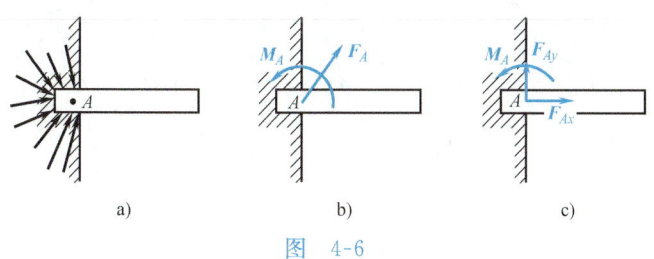

图 4-6

4.3 简化结果分析

平面一般力系向简化中心简化,其主矢 F'_R 和对简化中心的主矩 M_O 可能有四种情况,下面分别加以讨论。

1) $F'_R = 0$,$M_O = 0$ 主矢和主矩都等于零。说明简化后的平面汇交力系和平面力偶系都处于平衡状态,因而原平面一般力系是一个平衡力系。这种情况将在下节详细讨论。

2) $F'_R = 0$,$M_O \neq 0$ 主矢等于零,主矩不等于零。说明原力系简化为一个合力偶,其力偶矩等于原力系对简化中心的主矩。若将力系再向其他简化中心简化,其主矩应等于此合力偶对新简化中心之矩,由力偶理论知,两者是相同的。说明原力系与一个同平面内的力偶等效。此时,力系的主矩与简化中心的选择无关。

3) $F'_R \neq 0$,$M_O = 0$ 主矢不等于零,主矩等于零。说明原力系等效于一个作用线通过简化中心的合力 F_R,合力 F_R 的大小和方向与该力系的主矢 F'_R 相同。

若将该力系再向合力 F_R 作用线以外的任何一点简化,都必得一个力和一个力偶。

4) $F'_R \neq 0$,$M_O \neq 0$ 主矢和主矩都不等于零(图 4-7a)。这并非是原力系的最简结果,还可以进一步简化:

将矩为 M_O 的力偶用两个力 F_R 和 F''_R 表示,且使 $F_R = -F''_R = F'_R$,如图 4-7b 所示。显然,F'_R 与 F''_R 是一对平衡力。去掉该平衡力系并不改变原力系对刚体的作用效果,所以,原力系与作用在点 O' 的合力 F_R 等效,如图 4-7c 所示。合力 F_R 等于平面力系的主矢 F'_R,合力的作用线到点 O 的垂直距离 d 为

$$d = \frac{M_O}{F'_R} \tag{4-4}$$

至于合力作用线在原简化中心点 O 的哪一侧,应由主矩的转向和主矢的方向来判定,合力 F_R 在主矢 F'_R 沿 M_O 的反方向转动的一边。

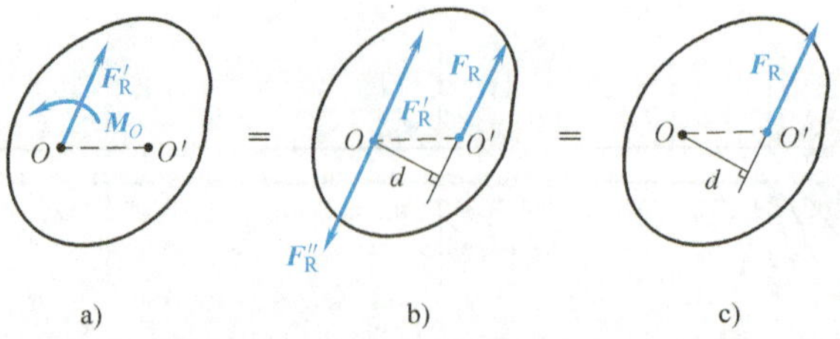

a)　　　　　b)　　　　　c)

图 4-7

上述过程也给出了一种求解平面一般力系合力的方法。

综上所述，平面任意力系简化的最后结果有三种可能：(1) 一个力偶；(2) 一个合力；(3) 平衡。

由图 4-7c 及式 (4-4) 可知，合力 F_R 对点 O 之矩为
$$M_O(F_R) = F_R d = M_O$$
而 M_O 是原平面力系对点 O 的主矩，它等于原力系中各力对点 O 之矩的代数和，所以有
$$M_O(F_R) = \sum M_O(F_i) \tag{4-5}$$

这就是平面一般力系的合力矩定理，即平面一般力系的合力对作用面内任一点的矩，等于力系中各分力对同一点之矩的代数和。

例 4-1 铆接薄钢板，铆钉 A、B、C 分别受力 F_1、F_2、F_3 的作用（图 4-8a）。已知 $F_1 = 200\text{N}$，$F_2 = 150\text{N}$，$F_3 = 100\text{N}$。图中尺寸单位为 m。求：(1) 这个力系向点 A、D 简化的结果；(2) 这个力系合成的最终结果。

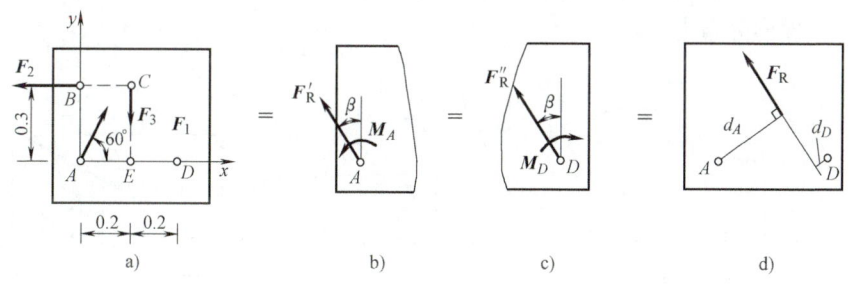

图 4-8

解 (1) 向点 A 和点 D 简化所得的主矢 F'_R 沿 x、y 轴的投影分别为
$$F'_{Rx} = \sum F_x = F_1 \cos 60° - F_2 = (200 \times 0.5 - 150)\text{N} = -50\text{N}$$
$$F'_{Ry} = \sum F_y = F_1 \sin 60° - F_3 = (200 \times 0.866 - 100)\text{N} = 73.21\text{N}$$

由式 (4-3)，主矢 F'_R 的模和方向余弦为
$$F'_R = \sqrt{F'^2_{Rx} + F'^2_{Ry}} = \sqrt{(-50)^2 + (73.21)^2}\ \text{N} = 88.65\text{N}$$
$$\cos\alpha = \cos(F'_R, i) = \frac{F'_{Rx}}{F'_R} = -\frac{50}{88.65} = -0.5640$$
$$\cos\beta = \cos(F'_R, j) = \frac{F'_{Ry}}{F'_R} = \frac{73.21}{88.65} = 0.8258$$

故 $\alpha = 124.33°$，$\beta = 34.32°$

力系向点 A 和点 D 简化所得的主矩 M_A、M_D 是各不相同的。由式 (4-2)，得
$$M_A = \sum M_A(F_i) = F_2 \times AB - F_3 \times BC = (150 \times 0.3 - 100 \times 0.2)\text{N} \cdot \text{m} = 25\text{N} \cdot \text{m}$$
$$M_D = \sum M_D(F_i) = -F_1 \sin 60° \times AD + F_2 \times AB + F_3 \times ED$$
$$= (-200 \times 0.866 \times 0.4 + 150 \times 0.3 + 100 \times 0.2)\text{N} \cdot \text{m} = -4.282\text{N} \cdot \text{m}$$

力系向点 A 和点 D 简化的结果分别表示于图 4-8b、c。

(2) 由于 $F'_R \neq 0$，$M_A \neq 0$（或 $M_D \neq 0$），故此力系最终合成为一个合力。由式（4-4）知，合力 F_R 的作用线到点 A 的垂直距离为

$$d_A = \frac{M_A}{F'_R} = \frac{25}{88.65} \text{m} = 0.282 \text{m}$$

合力 F_R 的作用线到点 D 的垂直距离

$$d_D = \frac{M_D}{F'_R} = \frac{-4.282}{88.65} \text{m} = -0.0483 \text{m}$$

由 M_A 或 M_D 的转向可以判断合力 F_R 的作用线位置如图 4-8d 所示。图 4-8 中的四种表示是等效的。

沿直线分布的同向平行力的合成 在工程中经常遇到如图 4-9 所示的沿直线分布的同向平行力，又称分布载荷，用载荷集度 q 表示，其单位为 N/m。若分布力的载荷集度处处相同，称为均匀分布力或均布载荷，如图 4-10 所示，否则称为非均布载荷。特殊的非均布载荷为线性分布力即三角形分布力（图 4-11）和梯形分布力。

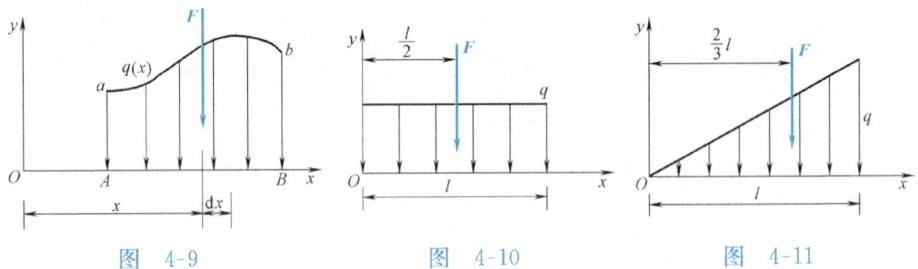

图 4-9　　　　　图 4-10　　　　　图 4-11

沿同向分布的平行力必然可以合成为一个合力。对图 4-9 所示的分布载荷，设距点 O 为 x 处的载荷集度为 $q(x)$，该处微小长度 dx 上力的大小为 $dF = q(x)dx$，于是线段 AB 上所受的分布力的合力 F 的大小为

$$F = \int_{x_A}^{x_B} q(x) dx$$

它是分布载荷集度曲线与 x 轴所围成的曲边梯形的面积，F 的方向仍沿原分布力的方向。由合力矩定理，可以得到合力的作用线位置

$$x_C = \frac{\int_{x_A}^{x_B} q(x) x dx}{F}$$

所以，沿直线分布的同向平行力合力的大小等于分布载荷集度曲线下的面积，合力的作用线通过该曲边梯形的形心，方向不变。对均布力，$F = ql$，$x_C = l/2$（图 4-10）；对线性分布力，$F = ql/2$，$x_C = 2l/3$（图 4-11），对梯形分布力可分为均布力和线性分布力迭加计算。

4.4 平面一般力系的平衡条件及平衡方程

从上节的讨论可知，若平面一般力系向作用面内点 O 简化的主矢和主矩都等于零，说明作用于简化中心 O 的力 F_1'、F_2'、…、F_n' 相互平衡，并且附加力偶 M_1、M_2、…、M_n 也相互平衡。所以，$F_R'=0$，$M_O=0$ 时，刚体处于平衡状态，它是刚体平衡的充分条件；若刚体处于平衡状态，则作用于刚体的力系必须要满足向任意点简化的主矢和主矩都为零的条件。事实上，假如 F_R' 和 M_O 有一个不等于零，平面力系就可以简化为合力或合力偶，于是刚体就不能保持平衡。由此得到结论：平面一般力系平衡的必要与充分条件是：力系的主矢和对作用面内任一点的主矩都等于零。即

$$F_R'=0,\quad M_O=0 \tag{4-6}$$

由式(4-2b)和式(4-3)，上式等价于以下解析条件：

$$\sum F_x=0,\quad \sum F_y=0,\quad \sum M_O(F_i)=0 \tag{4-7}$$

平面一般力系平衡的解析条件是：力系中各分力在作用面内任意两个相交坐标轴上投影的代数和分别等于零，以及各分力对作用面内任一点的矩的代数和也等于零。式(4-7)称为平面一般力系的一矩式（基本式）平衡方程。

应当指出，投影轴和矩心是可以任意选取的。在解决实际问题时选取适当的坐标轴和力矩中心，可以使计算得到简化。一般情况下，矩心应取在未知力的交点上，而坐标轴应当与尽可能多的未知力相垂直。

例 4-2 起重机如图 4-12 所示，横梁 AB 水平，A 端以铰链固定，B 端用拉杆 BC 拉住，拉杆自重不计。若梁重 $F_1=4\mathrm{kN}$，电葫芦连同重物共重 $F_2=7.5\mathrm{kN}$。几何尺寸如图所示。试求拉杆的拉力和铰链 A 的约束力。

解 选横梁 AB 及重物一起为研究对象。作用于梁上的力除已知力 F_1 和 F_2 外，还有未知力 F_T 和 F_A。因拉杆 BC 是二力杆，故拉力 F_T 沿 BC 连线方向；铰链 A 的约束力 F_A 方向未知，分解为 F_{Ax} 和 F_{Ay}。受力及坐标系如图 4-12 所示。应用平面一般力系的平衡方程，有

$$\sum M_A(F_i)=0,\quad F_T\times AB\sin30°-F_1\times AD-F_2\times AE=0$$

解得 $F_T=\dfrac{F_1\times AD+F_2\times AE}{AB\sin30°}=14\mathrm{kN}$

$$\sum F_x=0,\quad F_{Ax}-F_T\cos30°=0$$

将 F_T 值代入有 $F_{Ax}=F_T\cos30°=14\times0.866\mathrm{kN}$
$=12.124\mathrm{kN}$

$$\sum F_y=0,\quad F_{Ay}+F_T\sin30°-F_1-F_2=0$$

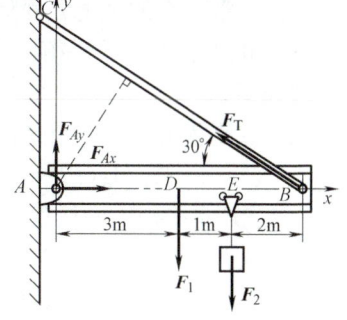

图 4-12

将已知值代入，得

$$F_{Ay}=F_1+F_2-F_T\sin30°=(4+7.5-14\times0.5)\text{kN}$$
$$=4.5\text{kN}$$

未知力皆为正值，说明图示方向与实际受力方向一致。

例 4-3 图 4-13 所示的悬臂刚架中，均布力集度 $q_1=4\text{kN/m}$，三角形分布力的最大值 $q_2=2\text{kN/m}$，集中力 $F=5\text{kN}$，力偶的矩 $M=8\text{kN}\cdot\text{m}$。试求固定端 A 处的约束力。

解 以刚架 ABD 为研究对象。已知力如图所示。A 端为固定端，约束力有三个：F_{Ax}、F_{Ay} 和 M_A。分布力的合力分别为

$$F_1=q_1l_1=8\text{kN}$$
$$F_2=\frac{1}{2}q_2l_2=3\text{kN}$$

作用位置及受力如图 4-13 所示。

由方程（4-7），有

$$\sum F_x=0,\quad F_{Ax}+F_2=0$$

则 $\quad F_{Ax}=-F_2=-3\text{kN}$

$$\sum F_y=0,\quad F_{Ay}+F-F_1=0$$

得 $\quad F_{Ay}=F_1-F=(8-5)\text{kN}=3\text{kN}$

$$\sum M_A(\boldsymbol{F}_i)=0,$$

$$M_A-M+Fl_1-F_1\times\frac{l_1}{2}-F_2\times\frac{l_2}{3}=0$$

所以 $\quad M_A=F_1\times\frac{l_1}{2}+F_2\times\frac{l_2}{3}-Fl_1+M=(8\times\frac{2}{2}+3\times\frac{3}{3}-5\times2+8)\text{kN}\cdot\text{m}$

$$=9\text{kN}\cdot\text{m}$$

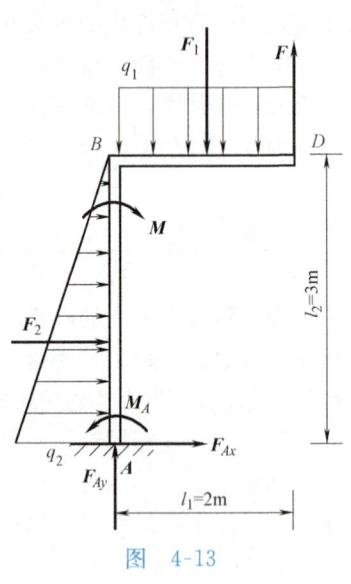

图 4-13

解得 F_{Ax} 为负值，说明 A 处实际受的水平约束力与图示方向相反。其余约束力与图示方向相同。

平面一般力系的平衡方程除了基本形式方程（4-7）以外，还有其他两种形式，它们和基本形式的平衡方程（4-7）是等价的，但往往应用起来更方便一些，现介绍如下。

二矩式平衡方程 三个平衡方程中有两个力矩方程和一个投影方程，即

$$\sum M_A(\boldsymbol{F}_i)=0,\quad \sum M_B(\boldsymbol{F}_i)=0,\quad \sum F_x=0 \qquad (4\text{-}8)$$

式中，A、B 是平面内的任意两点，但其连线 AB 不能与投影轴 x 垂直。这是因为力系若满足方程 $\sum M_A(\boldsymbol{F}_i)=0$，则这个力系不可能简化为一个力偶，只可能是作用线通过点 A 的合力或平衡。同理，力系再满足方程 $\sum M_B(\boldsymbol{F}_i)=0$，该力系的简化结果只可能是通过 A、B 两点的一个合力或平衡。但当力系又满足方

程 $\sum F_x=0$ 时，AB 连线又不垂直于 x 轴，则显然力系不可能有合力。这表明，只要满足以上三个方程以及 AB 连线不垂直于投影轴的附加条件，力系必平衡。

三矩式平衡方程 三个平衡方程全为力矩形式的方程，即

$$\sum M_A(\boldsymbol{F}_i)=0, \quad \sum M_B(\boldsymbol{F}_i)=0, \quad \sum M_C(\boldsymbol{F}_i)=0 \tag{4-9}$$

式中，A、B、C 是平面内不在同一直线上的任意三点。从二矩式方程可以很方便地分析得到，若力系满足式（4-9），则所讨论的力系必为平衡力系。

平面一般力系的三组平衡方程式（4-7）~式（4-9）都可用来解决平面一般力系的平衡问题。选用哪一组方程须根据具体条件确定。对受平面力系作用的单个刚体，最多只可写出三个独立的平衡方程，求解三个未知量。任何第四个方程都是不独立的，但可以用来校核计算的结果。

例 4-4 T 形刚架 ABC 受均布载荷 q、集中力 $\boldsymbol{F}$ 和矩为 M 的力偶作用，如图 4-14 所示。若 $F=14\text{kN}$，$M=20\text{kN}\cdot\text{m}$，$q=0.5\text{kN/m}$，$\alpha=45°$，$a=2\text{m}$，试求 A、B 处的约束力。

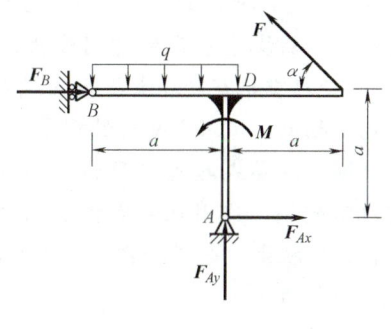

图 4-14

解 以整个刚架为研究对象。主动载荷如图所示，约束力为固定铰支座 A 处的约束力 $\boldsymbol{F}_{Ax}$ 和 $\boldsymbol{F}_{Ay}$，以及活动铰支座 B 处的约束力 $\boldsymbol{F}_B$。总共 3 个未知力。由平面一般力系的二矩式平衡方程，有

$$\sum F_y=0, \quad F_{Ay}+F\sin\alpha-qa=0$$

$$F_{Ay}=qa-F\sin\alpha$$
$$=(0.5\times 2-14\times\sin 45°)\text{kN}$$
$$=-8.899\text{kN}$$

$$\sum M_A(\boldsymbol{F}_i)=0, \quad -F_B a+\frac{qa^2}{2}+M+Fa\sin\alpha+Fa\cos\alpha=0$$

$$F_B=\frac{qa}{2}+\frac{M}{a}+\sqrt{2}F=\left(\frac{0.5\times 2}{2}+\frac{20}{2}+\sqrt{2}\times 14\right)\text{kN}=30.29\text{kN}$$

$$\sum M_D(\boldsymbol{F}_i)=0, \quad F_{Ax}a+M+\frac{qa^2}{2}+Fa\sin\alpha=0$$

$$F_{Ax}=-\left(\frac{M}{a}+\frac{qa}{2}+F\sin\alpha\right)=-\left(\frac{20}{2}+\frac{0.5\times 2}{2}+14\times\frac{\sqrt{2}}{2}\right)\text{kN}=-20.399\text{kN}$$

F_{Ay} 和 F_{Ax} 解出为负值，表明该两力的实际作用方向与图中所设方向相反。若用三矩式平衡方程，同样可以得到以上结果，请读者自行练习。

平面平行力系的平衡方程 平面平行力系是平面一般力系的特殊情况。它是各力作用线在同一平面内且相互平行的力系，如图 4-15 所示。如选 x 轴与各

力垂直,则不论力系是否平衡,每个力在 x 轴上的投影恒等于零,即 $\sum F_x=0$ 的条件自动满足,于是平面平行力系独立的平衡方程的数目只有两个,即

$$\sum F_y=0, \quad \sum M_O(\boldsymbol{F}_i)=0 \quad (4\text{-}10)$$

或用二矩式的形式表示

$$\sum M_A(\boldsymbol{F}_i)=0, \quad \sum M_B(\boldsymbol{F}_i)=0 \quad (4\text{-}11)$$

式中,A、B 两点的连线不能与各力平行。

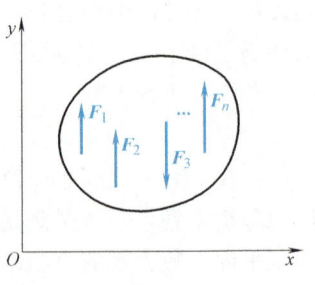

图 4-15

例 4-5 塔式起重机如图 4-16 所示。设起重机架的重力 W 的作用线离右轨 B 的距离为 e,轨距为 b,载重 P 离右轨 B 的最远距离为 l。并设所选定的平衡块重力 G 的作用线离左轨 A 的距离为 a。要使起重机空载和满载而且载重 P 在最远位置时均不翻倒,试求平衡块的重量 G。

解 以塔式起重机整体为研究对象。欲使起重机不翻倒,作用在起重机上的力系应满足平衡条件。整机受力分析如图 4-16 所示,所有力构成平面平行力系。

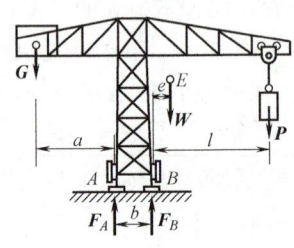

图 4-16

当满载时,为使起重机不绕点 B 翻倒,必须 $F_A \geq 0$。由平衡方程

$$\sum M_B(\boldsymbol{F}_i)=0, \quad -Pl-We+G(a+b)-F_A b=0$$

求得

$$F_A = \frac{G(a+b)-Pl-We}{b} \tag{a}$$

由条件 $F_A \geq 0$,可得到平衡块的重量应为

$$G \geq \frac{Pl+We}{a+b}$$

空载时,$P=0$,如平衡块太重,起重机有绕点 A 向左翻倒的趋势,要使起重机不向左边翻倒,必须 $F_B \geq 0$。由平衡方程

$$\sum M_A(\boldsymbol{F}_i)=0, \quad -W(b+e)+Ga+F_B b=0$$

求得

$$F_B = \frac{W(b+e)-Ga}{b} \tag{b}$$

由条件 $F_B \geq 0$,可以求出 G 所允许的值为

$$G \leq \frac{W(b+e)}{a}$$

总结上述两种情况,为了保证起重机在满载和空载时都不致翻倒,平衡块重量 G 应满足的条件为

$$\frac{Pl+We}{a+b} \leq G \leq \frac{W(b+e)}{a}$$

有了 W、P、l、b、e 等数据后，确定 G 时，一般还应考虑选择合适的 a 值，即应考虑平衡臂的长短，a 值不能过大，否则起重机将不能平衡或者很不安全。

4.5 物体系统的平衡

由几个物体通过约束彼此连接起来所组成的系统称为物体系统。在研究物体系统的平衡问题时，不仅要研究物体系统以外的物体对这个系统的作用，同时还要分析系统内各物体之间的相互作用。系统以外的物体对系统的作用力称为该系统的外力；系统内各物体之间相互作用的力称为该系统的内力。就整个物体系统而言，内力总是成对出现的，所以在研究整体平衡时，不考虑内力的作用；当研究物体系统中某一个物体或某几个物体所组成的子系统的平衡问题时，物体系统中其他物体对它们的作用力就成为外力，必须予以考虑。

当物体系统平衡时，组成该系统的每一个物体也必然处于平衡状态。因此在研究物体系统的平衡问题时，既可以取系统中的某个物体研究，也可以取几个物体的组合，或以整个系统研究，这要根据所研究问题的具体情况，以便于求解为原则作出恰当的选取。对每一个受平面一般力系作用的研究对象，通常可写出三个独立的平衡方程。若系统由 n 个物体组成，则该系统最多可以写出 $3n$ 个独立的平衡方程，因而最多能确定 $3n$ 个未知量。如果系统中的物体不是受平面一般力系的作用，则独立平衡方程的总数目相应地减少。

由前面的讨论可以看到，每一种力系独立的平衡方程的数目都是一定的。因此，对每一种力系来说，能求解的未知量的数目也是一定的。如果所研究问题的未知量的数目等于独立平衡方程的数目，则所有未知量都能由平衡方程求出，这样的问题称为静定问题。如图 4-17a 所示的三铰拱问题中有 6 个未知数，共有 6 个独立的平衡方程，是静定问题。如果所研究问题的未知量数目多于独立的平衡方程的数目，则未知量不能全部由刚体静力学平衡方程求出，这样的问题称为超静定问题。例如图 4-17b、c、d 所示的重物、拱架和横梁 AB 都是超静定的，因为它们的未知量数目都多于独立的平衡方程的数目。

必须指出，超静定问题并不是不能解决的问题，而是不能仅用静力学平衡方程来解决的问题。求解超静定问题，需考虑到作用于物体上的力与物体变形之间的关系，列出补充方程才能解决。求解超静定问题超出了静力学的研究范围，将留待第二篇研究。

在求解物体系统的平衡问题时，要根据问题的特点，灵活而恰当地选取研究对象。列平衡方程的原则是：使每一个平衡方程中的未知量尽可能地少，最好是一个方程只含有一个未知量，以避免求解联立方程。所以，选择合适的研究对象是求解物体系统平衡问题的关键所在。

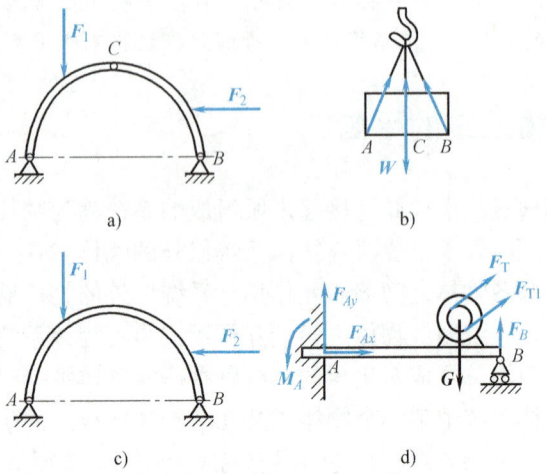

图 4-17

下面通过实例来说明物体系统平衡问题的解法。

例 4-6 图示静定多跨梁由 AB 梁和 BC 梁用中间铰 B 连接而成，支承和载荷情况如图 4-18a 所示。已知 $F=20\text{kN}$，$q=5\text{kN/m}$，$\alpha=45°$。求支座 A、C 的约束力和中间铰 B 处的压力。

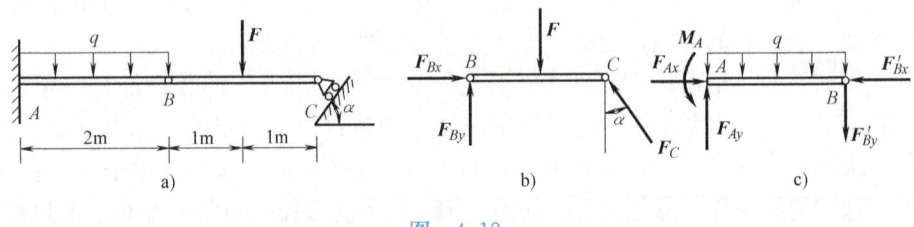

图 4-18

解 (1) 以 BC 梁为研究对象，受力分析如图 4-18b 所示，列平衡方程并求解，得到

$$\sum M_B(\boldsymbol{F}_i)=0, \quad -F\times\frac{BC}{2}+F_C\cos\alpha\times BC=0$$

$$F_C=\frac{F}{2\cos\alpha}=\frac{20}{2\cos45°}\text{ kN}=14.14\text{kN}$$

$$\sum F_x=0, \quad F_{Bx}-F_C\sin\alpha=0$$

$$F_{Bx}=F_C\sin\alpha=14.14\sin45°\text{kN}=10\text{kN}$$

$$\sum F_y=0, \quad F_{By}-F+F_C\cos\alpha=0$$

$$F_{By}=F-F_C\cos\alpha=(20-14.14\cos45°)\text{kN}=10\text{kN}$$

(2) 再以 AB 梁为研究对象，受力分析如图 4-18c 所示，其中 B 处的作用力应与 BC 梁中 B 处的受力相对应。由该物体的平衡，有

$$\sum F_x = 0, \quad F_{Ax} - F'_{Bx} = 0$$
$$F_{Ax} = F'_{Bx} = 10\text{kN}$$
$$\sum F_y = 0, \quad F_{Ay} - q \times AB - F'_{By} = 0$$
$$F_{Ay} = 2q + F'_{Bx} = (2 \times 5 + 10)\text{kN} = 20\text{kN}$$
$$\sum M_A(\boldsymbol{F}_i) = 0, \quad M_A - \frac{1}{2}q \times AB^2 - F'_{By} \times AB = 0$$
$$M_A = 2q + 2F'_{By} = (2 \times 5 + 2 \times 10)\text{kN} \cdot \text{m} = 30\text{kN} \cdot \text{m}$$

本题第二个研究对象也可不取梁 AB，而是在求得 C 处约束力后再以整体 ABC 为研究对象，同样可以得到上述结果。

例 4-7 三铰拱架如图 4-19a 所示，其支座 A、B 在同一水平线上，受均布载荷 q 作用，右半部分 BC 还受一向右的集中力 F 作用。结构尺寸如图所示，求支座 A、B 的约束力。

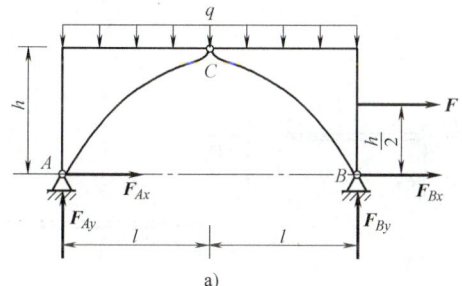 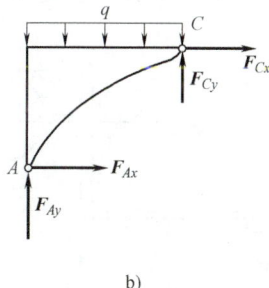

图 4-19

解 (1) 取三铰拱架整体为研究对象，受力分析如图 4-19a 所示。它有 4 个未知数，独立的平衡方程只有 3 个，不能将全部未知数解出。但由于 A、B 在同一个水平线上，所以可以解出一部分未知数。列平衡方程，有

$$\sum M_A(\boldsymbol{F}_i) = 0, \quad F_{By} \times 2l - F\frac{h}{2} - 2ql^2 = 0$$
$$F_{By} = ql + \frac{Fh}{4l}$$
$$\sum M_B(\boldsymbol{F}_i) = 0, \quad -F_{Ay} \times 2l + 2ql^2 - F\frac{h}{2} = 0$$
$$F_{Ay} = ql - \frac{Fh}{4l}$$
$$\sum F_x = 0, \quad F_{Ax} + F_{Bx} + F = 0 \tag{a}$$

(2) 再以左半拱 AC 为研究对象。受力分析如图 4-19b 所示。其中约束力有 4 个，但 F_{Ay} 已经求得，剩下的 3 个未知力可以全部求得。由平衡条件

$$\sum M_C(\boldsymbol{F}_i) = 0, \quad F_{Ax}h - F_{Ay}l + \frac{ql^2}{2} = 0$$

解得
$$F_{Ax} = \frac{ql^2}{2h} - \frac{F}{4}$$

将 F_{Ax} 代入式 (a),得到
$$F_{Bx} = -\left(\frac{ql^2}{2h} + \frac{3}{4}F\right)$$

到此已得出本题所要求的解答。若题目还要求中间铰 C 处的内力 F_{Cx}、F_{Cy} 的大小,继续对研究对象 AC 应用另外两个平衡方程即可解得。读者可自行解之。

本题若先分析 AC 或 BC 半拱,将需要解复杂的联立方程。

例 4-8 构架尺寸如图 4-20a 所示。已知 $l = 2R$,$BD = 2l$,C 为 BD 的中点,物重为 G。各杆及滑轮的重量不计,铰链均为光滑,绳子不可伸长。试求 A、B 处的约束力及 C 处所受的力。

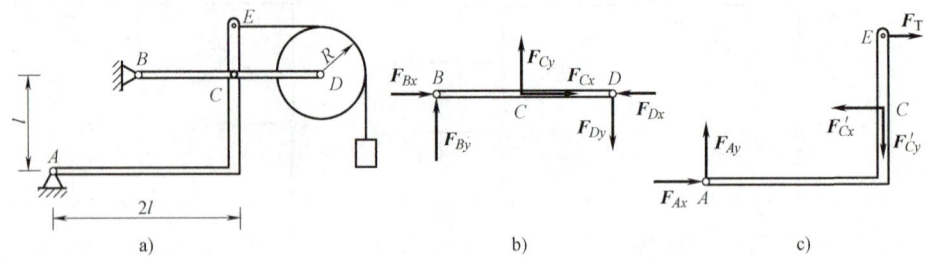

图 4-20

解 本题先取整体不能解出任何未知数,而对各个构件的研究应以能解出部分未知数者为先,故

(1) 先以 BD 杆为研究对象。受力分析如图 4-20b 所示,其中 F_{Dx} 和 F_{Dy} 由对滑轮的分析可知其大小均为 G,所以 BD 杆上的未知力有 4 个。由平衡方程得

$$\sum M_C(\mathbf{F}_i) = 0, \quad -F_{By}l - F_{Dy}l = 0 \tag{a}$$
$$F_{By} = -F_{Dy} = -G$$

$$\sum M_B(\mathbf{F}_i) = 0, \quad F_{Cy}l - 2lF_{Dy} = 0 \tag{b}$$
$$F_{Cy} = 2F_{Dy} = 2G$$

$$\sum F_x = 0, \quad F_{Bx} + F_{Cx} - F_{Dx} = 0 \tag{c}$$

式 (c) 中有两个未知量 F_{Bx} 和 F_{Cx},由此不能解出任何一个,还需应用其他方程。

由式 (a) 解得 F_{By} 为负值,说明 F_{By} 的实际方向与图示方向相反。

(2) 再取 ACE 杆为研究对象,受力分析如图 4-20c 所示,其中 F_T 为绳子

拉力，大小与物块重量 G 相等，F'_{Cy} 已求出。由平衡方程

$$\sum M_A(\boldsymbol{F}_i)=0, \quad F'_{Cx}l-2lF'_{Cy}-F_T(l+R)=0$$

得

$$F'_{Cx}=F_{Cx}=2F_{Cy}+\frac{3}{2}G=\frac{11}{2}G$$

将 F_{Cx} 代入式（c），即得

$$F_{Bx}=F_{Dx}-F_{Cx}=-\frac{9}{2}G$$

由

$$\sum F_x=0, \quad F_{Ax}+F_T-F'_{Cx}=0$$

得

$$F_{Ax}=F'_{Cx}-G=\frac{9}{2}G$$

由

$$\sum F_y=0, \quad F_{Ay}-F'_{Cy}=0$$

得

$$F_{Ay}=F'_{Cy}=2G$$

  本题的研究对象还可按如下方法选取：先取 BD 杆及滑轮一起为研究对象；再取 ACE 杆为研究对象；或第二个研究对象取整体等多种方式。请读者自行练习。

  求解物体系统的平衡问题与求解单个刚体的平衡问题并无本质的差别。一般都遵循如下步骤：1) 恰当地选取研究对象；2) 作受力图；3) 列平衡方程并求解。无论物体系统怎样复杂，只要问题是静定的，则采取把组成系统的各个构件依次作为研究对象进行分析的方法，其平衡问题总能求解。但若能根据问题的具体情况，依次选择合适的研究对象和恰当的平衡方程，将会使求解过程大大简化。这就是求解物体系统和单个刚体平衡问题的差别，即按何种顺序选择什么样的研究对象，有多种可能性。为得到比较简便的解题方案，应注意：

  (1) 首先考虑是否可选择整体为研究对象。一般来说，当整体的外约束力不超过 3 个，或虽超过 3 个却可通过选择合适的平衡方程，先求出一部分未知量时，应首先选取整体为研究对象。

  (2) 若以整体研究不能求得任何未知量或者题目还要求解内力时，则应考虑取系统中的某单个刚体或若干刚体组成的子系统来研究。这时一般应先取受力较简单、未知力较少且包含已知力的部分为研究对象。

  (3) 解题方案确定后，应正确地画出受力图，应注意：1) 必须单独取出研究对象画受力图。不能几个受力图都画在一起，以免混淆；2) 应特别注意各力之间的统一和协调。例如在整体受力图上已经假定了某力的方向，则在单个刚体或局部物体的受力图上，这些力的方向和符号必须前后保持一致；再例如作用力和反作用力一定要表示正确，因为这是求解物体系统平衡问题的桥梁。

  (4) 对于平衡方程的选择，要注意勿需建立与求解无关的方程，并尽量做到一个方程解一个未知数。解题时最好用符号运算，得到结果后再代入数据。

解题结束后，应进行校核。

4.6 平面简单桁架的内力计算

桁架是指一种由若干细直杆在其端部用铰链联接而成的几何形状不变的结构。杆件端部铰链联接处称为节点。所有的杆件都在同一平面的桁架称为平面桁架。

工程实际中，许多结构物都属于桁架结构，例如油田的井架、电视塔架、桁架桥梁、房屋架等。实际的桁架比较复杂，各杆件端部的连接通常采用铆接、焊接或螺栓联接。但为了简化计算，在满足精度要求的前提下，工程实际中对桁架采用了以下几个假设：

（1）桁架的杆件都是直杆。
（2）桁架各杆件的两端都用光滑铰链联接。
（3）桁架受到的所有外力（载荷及支座约束力）都作用在节点上。
（4）桁架杆件的重力略去不计。如果要计，应将杆件的重力平均分配到杆件两端的节点上。

根据这些假设可知，桁架的杆件仅受到其两端铰链中销钉的作用力。因此，桁架中所有杆件都是二力杆，其所受之力必沿着杆的轴线，不是拉力就是压力。在计算桁架杆件内力时，一般都先假设杆件受拉，按拉力画其受力图，待计算出杆的内力值为正时，说明该杆就是拉杆；内力值为负时，该杆为压杆。求解桁架杆件内力有两种最基本的方法——节点法和截面法。

4.6.1 节点法

平面桁架的每个节点都受一个平面汇交力系的作用，若求每根杆件的内力，可以依次以桁架的各节点为研究对象，通过其平衡条件，求出该节点所连杆件的内力。

解题过程中，为避免解联立方程，一般先选取有已知力作用，且所连杆件中只有两个内力未知的节点为研究对象，通常在选取节点之前应计算出桁架的支座约束力。

例 4-9 试求图 4-21a 所示桁架各杆的内力。图中 a 为已知。

解 首先取整体为研究对象，由平衡条件求出支座约束力 $F_A = F_H = 2F$。由于桁架的结构对称，所受的外力也对称，所以桁架杆件内力也是对称的，故只需求出半个桁架各杆内力即可。

首先取节点 H 为研究对象，其受力如图 4-21c 所示，未知量只有杆 HJ 和杆 HG 的内力 F_{HJ} 和 F_{HG}。列平衡方程

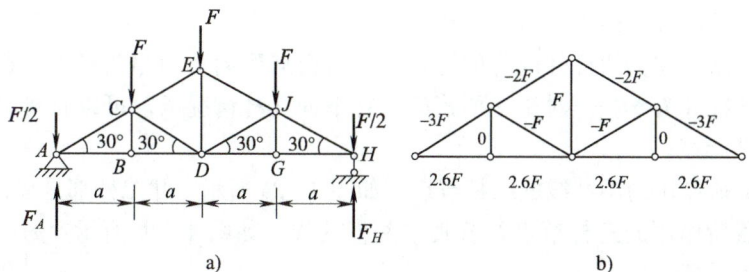

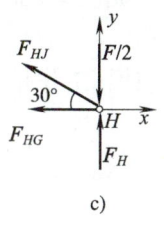 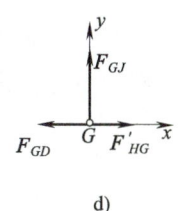 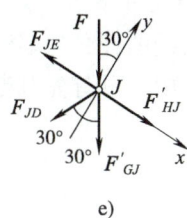 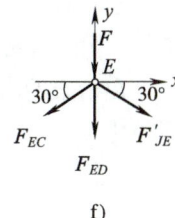

c)　　　　　　　　d)　　　　　　　　e)　　　　　　　　f)

图 4-21

$$\sum F_x = 0, \quad -F_{HG} - F_{HJ}\cos 30° = 0$$
$$\sum F_y = 0, \quad F_H - \frac{F}{2} + F_{HJ}\sin 30° = 0$$

将已知量代入方程，解得

$$F_{HJ} = -3F, \quad F_{HG} = 2.6F$$

其次取节点 G 为研究对象，其受力如图 4-21d 所示，其中 $F'_{HG} = F_{HG} = 2.6F$。由平衡方程解出

$$F_{GJ} = 0, \quad F_{GD} = F'_{HG} = 2.6F$$

再取节点 J 为研究对象，其受力如图 4-21e 所示。其中 $F'_{GJ} = F_{GJ} = 0$，$F'_{HJ} = F_{HJ} = -3F$。列平衡方程

$$\sum F_x = 0, \quad F'_{HJ} + F\sin 30° - F_{JE} - F_{JD}\sin 30° = 0$$
$$\sum F_y = 0, \quad -F_{JD}\cos 30° - F\cos 30° = 0$$

将已知量代入方程，解出

$$F_{JD} = -F, \quad F_{JE} = -2F$$

最后取节点 E 为研究对象，其受力如图 4-21f 所示。其中 $F'_{JE} = F_{JE} = -2F$。列平衡方程

$$\sum F_x = 0, \quad F'_{JE}\cos 30° - F_{EC}\cos 30° = 0$$
$$\sum F_y = 0, \quad -F - F_{ED} - F'_{JE}\sin 30° - F_{EC}\sin 30° = 0$$

将已知量代入方程，解出

$$F_{EC} = F_{EJ} = -2F, \quad F_{ED} = 0$$

根据对称可知左半桁架各杆内力。为了直观地看出各杆内力，将杆的内力

值标注在相应的杆上，如图 4-21b 所示。

零杆的判断　在桁架杆件内力的计算中，常会遇到内力为零的杆件。通常称内力为零的杆件为**零杆**。对于平面桁架，在下面几种情况下，可以直接判断出零杆，不必计算。

（1）无载荷作用的不共线的二杆节点，如图 4-22a 所示，此二杆都是零杆。

（2）无载荷作用的三杆节点，若其中两杆共线，如图 4-22b 所示，另一不共线的杆必为零杆。

（3）有外力作用的二杆节点，若其中一杆与外力作用线共线，如图 4-22c 所示，另一与外力不共线的杆必为零杆。

在桁架的内力计算中，可首先判断哪些杆件为零杆。这样会使计算工作得到简化。

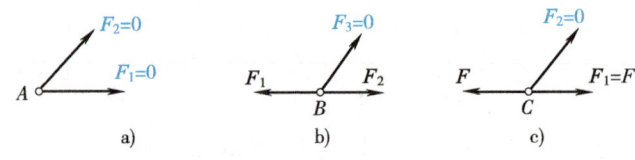

图　4-22

4.6.2　截面法

用适宜的截面，将桁架的某些杆件截断，使桁架一分为二，取其中任一部分作为研究对象，根据其平衡条件列平衡方程，求解被截断杆件的内力。这种求内力的方法，称为**截面法**。应用截面法时，一般应先求出桁架的支座约束力。

截面法求解平面桁架内力时，所取的研究对象通常是平面一般力系，最多可列三个独立的平衡方程，因此，应用截面法时，一般所截断的杆件不超过三个。但在某些特殊情况下，也可以多于三个，例如截面所截断的除一根杆件外，其余杆件都汇交于一点，则可应用力矩方程求出这根不汇交杆件的内力。

例 4-10　试求图 4-23a 所示桁架中 1、2、3 杆的内力。图中 F、a、h 为已知量。

解　首先取桁架整体为研究对象，其受力如图 4-23a 所示。

由 $\sum M_A(\boldsymbol{F}_i) = 0$，解出

$$F_K = \frac{F}{5}$$

为求 1、2、3 杆内力，用截面 $m-m$ 将 1、2、3 杆截断，如图 4-23a 所示。以截面右侧部分桁架为研究对象，受力如图 4-23b 所示。其中 F_1、F_2、F_3 即为所求杆件内力。

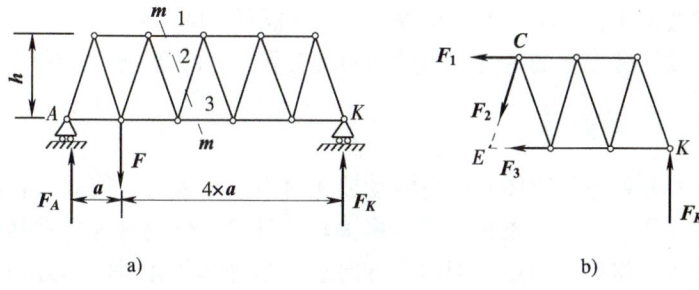

图 4-23

列平衡方程

$$\sum M_C(\boldsymbol{F}_i) = 0, \qquad F_K \times \frac{5}{2} \times a - F_3 \times h = 0$$

$$\sum F_x = 0, \qquad F_1 + F_3 + F_2 \frac{a}{2\sqrt{h^2+\frac{a^2}{4}}} = 0$$

$$\sum F_y = 0, \qquad F_K - F_2 \frac{h}{\sqrt{h^2+\frac{a^2}{4}}} = 0$$

解方程得 $F_1 = -\dfrac{3Fa}{5h}$, $F_2 = \dfrac{F\sqrt{4h^2+a^2}}{10h}$, $F_3 = \dfrac{Fa}{2h}$

节点法和截面法是求解桁架杆内力的基本方法，具体解题时可灵活应用，有时将节点法和截面法联合使用可使解题更为简便。

4.7 考虑摩擦时的平衡问题

摩擦是一种普遍存在于机械运动中的自然现象，人行走、车行驶、机器运转等无一不存在摩擦。但是在前面的讨论中都假设物体之间的接触是完全光滑的，这当然是对问题的一种理想化的处理方式。事实上，所有物体都具有不同程度的粗糙面，当物体沿接触面运动或有相对运动趋势时，由于接触面间的不平整，便产生了对运动的阻力，这种阻力称为**摩擦力**。当物体的接触面间足够光滑或有良好的润滑时，摩擦力对所研究的问题不起主要作用，这时忽略摩擦力是允许的。但在某些情况下，摩擦力对物体的平衡有着重要的作用，忽略摩擦将对计算结果造成较大误差，此时必须考虑摩擦。

摩擦在生产和生活中起着很重要的作用。摩擦既有对人们有利的一面，例如：机床的卡盘靠摩擦力夹紧工件；皮带靠摩擦力传递运动；制动器靠摩擦刹车；没有摩擦力人就不能走路，车辆就不能行驶等。摩擦又有其不利的一面，例如:摩擦会使机件磨损,使机械发热、消耗能量、降低效率并减少使用寿命。因此,有必要研究摩擦的特性,尽量利用其有利的一面而减少其不利的影响。

4.7.1 滑动摩擦

当两个相互接触的物体有相对滑动或相对滑动趋势时,彼此间存在着阻碍滑动的机械作用,这种现象称为**滑动摩擦**,这种机械作用称为**滑动摩擦力**。滑动摩擦力作用在接触面的切平面内,方向总是与物体的相对滑动方向或相对滑动趋势方向相反。滑动摩擦又分为两种:静滑动摩擦和动滑动摩擦。

1. 静滑动摩擦 当两接触物体间仅有相对滑动趋势,但仍保持相对静止时,彼此间存在的阻碍作用称为**静滑动摩擦**。阻碍运动的阻力称为**静滑动摩擦力**,简称静摩擦力。静摩擦力的特性可用图 4-24 来说明。在固定的水平面上放置一重为 W 的物体,今在其上作用一水平向右的推力 F_1,当力 F_1 的大小在一定范围内变化时,物体仅有滑动趋势而仍处于平衡状态。此时,固定

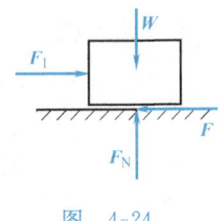

图 4-24

面除对物体作用有法向反力 F_N 外,还作用有阻碍其运动的静摩擦力 F,F 随力 F_1 的改变而改变,其大小由平衡方程决定。当力 F_1 达到其临界值 F_{1u} 时,F 也达到它的最大值 F_{max}。力 F_1 一旦超过临界值 F_{1u},平衡即被破坏,物体将沿支承面滑动。由此可见,静摩擦力 F 是一个范围值

$$0 \leqslant F \leqslant F_{max} \tag{4-12}$$

F_{max} 是物体达到临界状态时的摩擦力,称为**极限摩擦力**,其大小 F_{max} 即两接触物体间静摩擦力的最大值。

实验表明,极限摩擦力与接触面间的正压力 F_N 成正比,即

$$F_{max} = f F_N \tag{4-13}$$

这就是静摩擦定律。式中,f 称为静摩擦因数,是一个量纲为一的量。它与两接触物体的材料、接触面的粗糙程度、温度、湿度和表面的润滑情况等因素有关,而与接触面积的大小无关。表 4-1 列出了部分常用材料在常温下的摩擦因数。应该指出,式(4-13)是由实验得到的近似公式,但由于公式简单,计算方便,并有足够的准确性,所以在工程中被广泛采用。

表 4-1 常用材料的摩擦因数

材料名称	摩 擦 因 数			
	静摩擦因数(f)		动摩擦因数(f')	
	无润滑剂	有润滑剂	无润滑剂	有润滑剂
钢—钢	0.15	0.10~0.12	0.15	0.05~0.10
钢—铸铁	0.30		0.18	0.05~0.15

(续)

材料名称	摩 擦 因 数			
	静摩擦因数（f）		动摩擦因数（f'）	
	无润滑剂	有润滑剂	无润滑剂	有润滑剂
钢—青铜	0.15	0.10~0.15	0.15	0.10~0.15
铸铁—铸铁		0.18	0.15	0.07~0.12
青铜—青铜		0.10	0.20	0.07~0.10
皮革—铸铁	0.30~0.50	0.15	0.60	0.15
橡皮—铸铁			0.80	0.50
木—木	0.40~0.60	10	0.20~0.50	0.07~0.15

2. 动滑动摩擦 当两接触物体间有相对滑动时，彼此间的阻碍作用称为**动滑动摩擦**，其阻力称为**动滑动摩擦力**，简称动摩擦力，用 F' 表示。由实验可知，动滑动摩擦力是一个确定的值，其大小与接触面间的正压力 F_N 成正比：

$$F' = f' F_N \tag{4-14}$$

上式即是动摩擦定律，式中，f' 称为动摩擦因数，它与两接触物体的材料、表面状况以及相对速度有关，其值一般略小于静摩擦因数，即 $f' < f$。常见材料的动滑动摩擦因数列于表 4-1 中。有时当计算精度要求不高时，可近似认为 $f' = f$。

式（4-13）和式（4-14）统称为库仑摩擦定律。

3. 摩擦角与自锁现象 对静摩擦，支承面提供的约束力包括法向约束力 F_N 和静摩擦力 F，它们的合力 F_R 称为支承面的**全约束力**。全约束力的作用线相对接触面的法线有一偏角 φ（图 4-25a）。在平衡的临界状态，$F_R = F_N + F_{max}$，上述偏角达到最大值 φ_m，φ_m 角称为**摩擦角**，如图 4-25b 所示。则

$$\tan\varphi_m = \frac{F_{max}}{F_N} = \frac{fF_N}{F_N} = f \tag{4-15}$$

即摩擦角的正切 $\tan\varphi_m$ 等于静摩擦因数 f。

根据上述关系，可以很方便地用实验的方法测定两物体间的静摩擦因数。把要测定摩擦因数的两种材料做成物块和斜面板。将物块放在斜面板上，逐渐增大斜面板的倾角 α，如图 4-26 所示。当物块刚开始下滑时的 α 角就是要测定的摩擦角 φ_m。再由式（4-15）即可得到该两物体间的静摩擦因数 f。

物体平衡时，由于静摩擦力不可能超出其最大值 F_{max}，因而全约束力的作用线不可能超出摩擦角以外，即全约束力必在摩擦角以内。所以，如果作用于物体上的全部主动力的合力 F_e 的作用线在摩擦角以内，则无论这个力有多大，总会有一个全约束力 F_R 与之等值反向，使物体保持静止。这种现象称为**自锁现象**。力 F_e 作用线与接触面法线间的夹角 α 满足的条件 $\alpha \leq \varphi_m$ 称为自锁条件。自

锁条件仅与主动力系合力的方位有关，而与其大小无关。

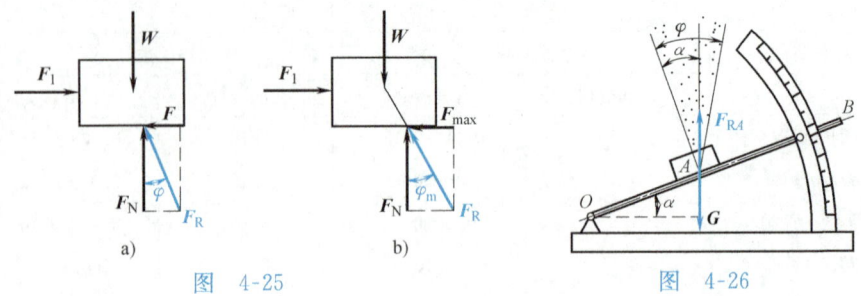

图 4-25　　　　　　　　　　　　　　图 4-26

如果全部主动力的合力 F_e 的作用线在摩擦角以外，则无论这个力怎样小，物体一定不能平衡。因为在这种情况下，支承面的全约束力 F_R 与 F_e 不可能满足二力平衡条件。

求解考虑摩擦的平衡问题时，基本方法和步骤与前面平面一般力系情形平衡问题的求解相同，只是在受力分析和建立平衡方程时需要将摩擦力考虑在内。因此，正确分析摩擦力是解决此类问题的关键。静摩擦力的方向总是与被阻碍物体的运动趋势方向相反，其大小是一个范围值，$0 \leqslant F \leqslant fF_N$。因此，分析清楚物体接触处的摩擦力是否达到平衡的临界状态颇为重要。如未达到临界状态，则静摩擦力作为切向约束力，是个未知量，其指向可以任意假设，大小由平衡方程求出；若平衡达到临界状态，此时的摩擦力达到最大值 F_{max}，其值由库仑摩擦定律 $F_{max} = fF_N$ 确定，其方向与相对滑动趋势方向相反，应尽量作出正确判断。工程实际中的许多问题需要分析平衡的临界状况，确定物体的平衡范围。

例 4-11　均质杆 AB 重 $G = 400\text{N}$，两端分别与不计重量的两个滑块 A、B 铰接，滑块 A、B 分别置于水平和铅直滑槽内，滑块 A 与挂有重物的绳子相连，重物的重量 $W = 100\text{N}$，如图 4-27a 所示。若 B 处光滑，A 处粗糙，试求平衡时：(1) A 块所受的摩擦力为多少？(2) 保证 A 块不滑动所需摩擦因数的最小值。

解　(1) 以杆 AB 及滑块 A、B 为研究对象，受力分析如图 4-27b 所示。未知力共有三个，F_{NB}、F_{NA} 和 F。由平衡方程：

$$\sum F_y = 0, \quad F_{NA} - G = 0$$

求得

$$F_{NA} = G = 400\text{N}$$

再由

$$\sum M_B(F_i) = 0,$$

$$\frac{4}{5}F_T \times AB - \frac{4}{5}F \times AB + \frac{3}{5}G \times \frac{AB}{2} - \frac{3}{5}F_{NA} \times AB = 0$$

将 $F_T = W = 100\text{N}$ 代入，可以解得

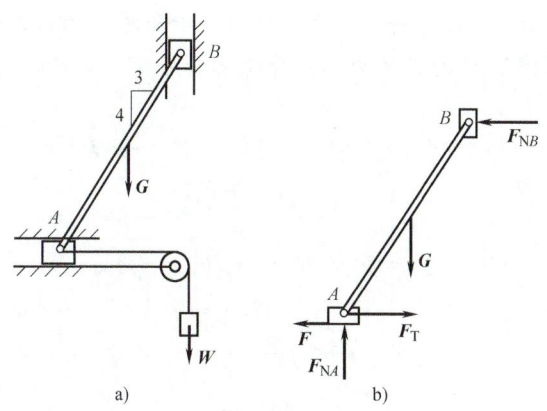

图 4-27

$$F = F_T + \frac{3}{8}G - \frac{3}{4}F_{NA} = -50\text{N}$$

负号说明滑块 A 实际受到的摩擦力是向右的。此题中，由于摩擦力未达到最大值，方向可以任意假设。

(2) 由于 $fF_N = F_{max} \geqslant F$，故保证滑块 A 不滑动的摩擦因数为

$$f \geqslant \frac{F}{F_N} = \frac{50}{400} = 0.125$$

因而

$$f_{min} = 0.125$$

例 4-12 图 4-28a 为一制动装置。制动块与定滑轮表面的摩擦因数为 f，作用在定滑轮上的力偶的矩大小为 M，方向如图 4-28a 所示，几何尺寸如图所示。试求制动滑轮所需的最小力 $F_{1,min}$。

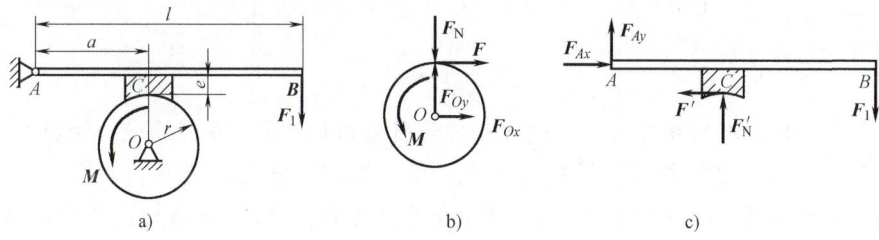

图 4-28

解 (1) 先以滑轮为研究对象，受力分析如图 4-28b 所示。在逆时针力偶 M 的作用下，滑轮有逆时针转动的趋势，摩擦块 C 作用于滑轮的力有正压力 F_N 和向右的摩擦力 F。由力矩平衡方程，有

$$\sum M_O(\boldsymbol{F}_i) = 0, \quad M - Fr = 0$$

解得

$$F = \frac{M}{r}$$

(2) 再以制动杆 AB 为研究对象，受力分析如图 4-28c 所示。其中 F'_N 和 F' 分别为滑轮对摩擦块 C 的正压力和静摩擦力，是 F_N 和 F 的反作用力。由力矩平衡方程

$$\sum M_A(\boldsymbol{F}_i)=0, \quad F'_N a - F'e - F_1 l = 0$$

解得

$$F'_N = \frac{F'e + F_1 l}{a}$$

考虑到

$$F_N = F'_N, \quad F = F' \leqslant F_{max} = fF_N$$

有

$$\frac{M}{r} \leqslant f \frac{\dfrac{M}{r}e + F_1 l}{a}$$

或

$$F_1 \geqslant \frac{M(a-fe)}{lrf}$$

故

$$F_{1,\min} = \frac{M(a-fe)}{lrf}$$

例 4-13 图 4-29a 所示为一凸轮机构。已知推杆与滑道间的摩擦因数为 f，滑道宽度为 b。问 a 为多大推杆才能不被卡住。凸轮与推杆接触处的摩擦忽略不计。

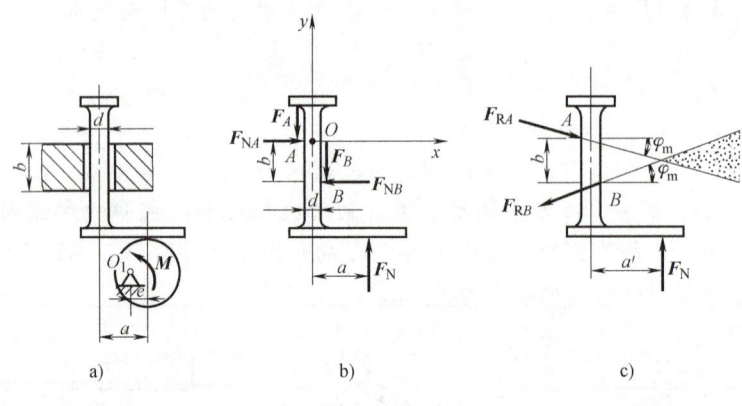

图 4-29

解 以推杆为研究对象，受力分析如图 4-29b 所示。推杆除受凸轮推力 F_N 作用外，由于推杆与滑道间略有间隙，可以认为推杆与滑道在 A、B 处接触，因而受到滑道的法向约束力 F_{NA}、F_{NB} 和摩擦力 F_A、F_B。设推杆处于平衡状态（被卡住），由平衡方程，得

$$\sum F_x = 0, \quad F_{NA} - F_{NB} = 0 \tag{a}$$

$$\sum F_y = 0, \quad -F_A - F_B + F_N = 0 \tag{b}$$

$$\sum M_O(\boldsymbol{F}_i) = 0, \quad F_N a - F_{NB} b - F_B \times \frac{d}{2} + F_A \times \frac{d}{2} = 0 \tag{c}$$

考虑推杆平衡时，

$$F_A \leqslant F_{A\max} = fF_{NA} \tag{d}$$

$$F_B \leqslant F_{B\max} = fF_{NB} \qquad (e)$$

联立以上各式可以解得
$$a \geqslant \frac{b}{2f}$$

它与凸轮作用于推杆的力 F_N 及推杆直径 d 无关。要保证机构不发生自锁（即不被卡住），必须使 $a < \dfrac{b}{2f}$。

本题也可用摩擦角的概念求解。将 A、B 处的摩擦力和法向约束力分别用全约束力 F_{RA} 和 F_{RB} 表示，对临界情况，最大全约束力 F_{RA} 和 F_{RB} 方向如图 4-29c 所示。全约束力 F_{RA} 和 F_{RB} 的交点只可能在图示阴影部分，当推杆受三力 F_N、F_{RA} 和 F_{RB} 作用，且力 F_N 的作用线通过阴影部分时，推杆自锁；相反，当力 F_N 的作用影线落于阴影之外时，三力不可能平衡，推杆可动。F_N、F_{RA}、F_{RB} 三力的交点 O 到推杆中心线的距离是推杆被卡住的最小值 $a_{\min}$。由图中几何关系，可得推杆不被锁住的条件为

$$a < \frac{b}{2}\cot\varphi_m = \frac{b}{2f}$$

4.7.2 滚动摩阻的概念

滚动摩阻是指一个物体沿另一个物体的表面作相对滚动或具有相对滚动趋势时的阻碍作用。由实际经验知道，滚动比滑动容易，这表明滚动比滑动受到的阻碍小。所以在实践中，为了提高效率，减轻劳动强度，经常用滚动代替滑动。例如，搬运重物时在下面垫上滚杆，就是此类应用的实例。下面分析滚动摩阻的特性。

设在水平面上有一滚子，重量为 W，半径为 r，在其中心作用一水平力 F_1（图 4-30）。当力 F_1 不大时，滚子仍保持静止。由滚子的受力情况可知，滚子在与平面接触点处所受的法向约束力 F_N 与滚子重力 W 平衡；而阻碍滚子滑动的静摩擦力 F 与力 F_1 等值反向，作用线平行。如果支承面的约束力仅有 F_N 和 F，滚子将不能保持平衡，因为 F_1 和 F 组成的力偶将使滚子发生滚动。实际上，当力 F_1 不大时滚子是平衡的，这是因为滚子和支承面接触处都会发生局部变形所致。滚子在接触处一定的面积内受到分布的约束力作用（图 4-30a），将该分布力系向滚子最低点 A 简化，得一合力 F'_R，其可分解为 F_N 和 F，还有一个力偶 M_f。由此可见，支承面除了有 F_N 和 F 之外，还有阻碍滚子产生滚动的约束力偶，这个约束力偶称为**滚动摩阻力偶**，其力偶矩为 M_f，它与主动力偶 (F_1, F) 相平衡，并随力 F_1 的增加而增加，但有一个极限值。当 M_f 达到极限值 $M_{f,\max}$ 时，如力 F_1 继续增加，滚子则开始滚动。由此可知，滚动摩阻力偶矩是一个范围值，介于零与最大值之间，即

$$0 \leqslant M_f \leqslant M_{f,\max} \qquad (4\text{-}16)$$

式中，$M_{f,\max}$ 称为**最大滚动摩阻力偶矩**。实验表明：最大滚动摩阻力偶矩与滚子半径无关，而与法向约束力成正比，即

$$M_{f,\max} = \delta F_N \tag{4-17}$$

这就是滚动摩擦定律。式中，δ 为比例常数，称为滚动摩阻系数，它的值与接触面的材料及其硬度有关，与滚子半径无关。应当注意，δ 具有长度的量纲，单位一般用 mm 或 cm，其物理意义为：在滚子即将开始滚动时，法向反力 F_N 偏离中心线的最远距离（如图 4-31）。

由于滚动摩阻系数较小，在大多数情况下滚动摩阻可以忽略不计。

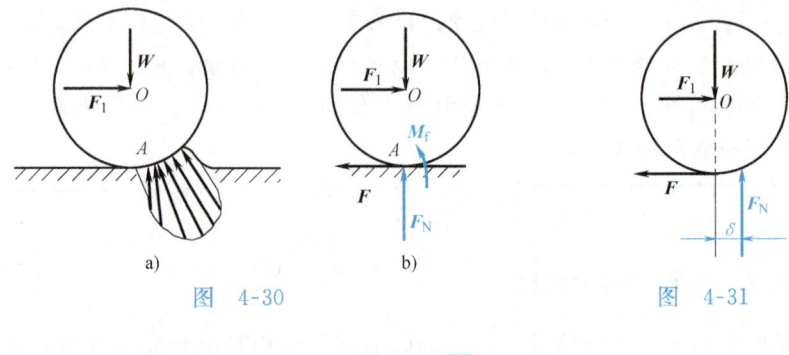

图 4-30　　　　　　　　　　　　　　图 4-31

习　题

4-1　若一平面力系的各力在 x 轴上投影的代数和为零，对 A、B 两点的主矩分别为 $M_A = 12\text{N}\cdot\text{m}$，$M_B = 15\text{N}\cdot\text{m}$，$A$、$B$ 两点的坐标分别为 $(2,3)$、$(4,8)$，坐标值的单位为 m，试求该力系的合力。

4-2　重力坝受力情况如图 4-32 所示，设 $G_1 = 450\text{kN}$，$G_2 = 200\text{kN}$，$F_1 = 300\text{kN}$，$F_2 = 70\text{kN}$，$AB = 5.7\text{m}$，图中长度单位为 m。求该力系的合力 F_R 及合力作用线与 x 轴的交点的坐标。

4-3　钢柱受到一偏心力 F 作用，$F = 10\text{kN}$，如图 4-33 所示。如将此力向中心线平移，可得一力和一力偶。已知力偶矩为 $800\text{N}\cdot\text{m}$，求偏心距 d。

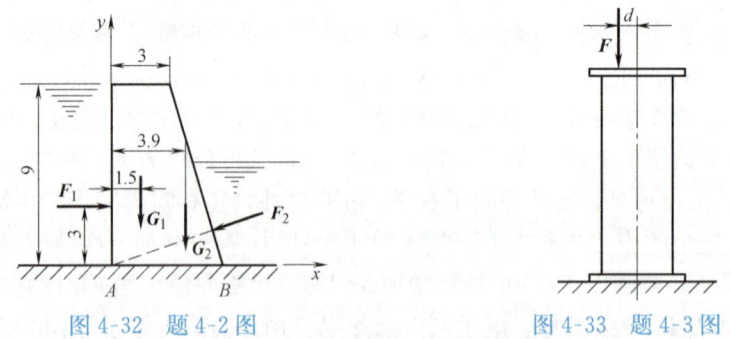

图 4-32　题 4-2 图　　　　　　　图 4-33　题 4-3 图

4-4　图 4-34 所示一平面力系，$F_1 = 200\text{N}$，$F_2 = 100\text{N}$，$M = 300\text{N}\cdot\text{m}$。欲使力系的合力通过点 O，则水平力 F_3 的大小应为多少？

4-5 如图 4-35 所示，AB 段作用有梯形分布力系。试求该力系的合力及合力作用线的位置，并在图上标出。

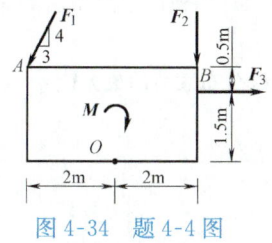

图 4-34 题 4-4 图

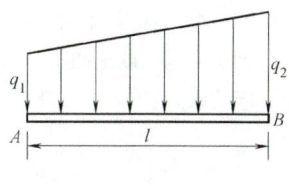

图 4-35 题 4-5 图

4-6 回转式起重机如图 4-36 所示，已知自重 $G_1=5kN$，重物重 $G=8kN$，试求 A、B 处的约束力。

4-7 如图 4-37 所示，对称屋架 ABC 的节点 A 用铰链固定，节点 B 搁在光滑的水平面上。屋架重 100kN，AC 边承受风压，风力平均分布，并垂直于 AC，其合力为 8kN。若 $AC=6m$，$\angle CAB=30°$，求 A、B 两处的约束力。

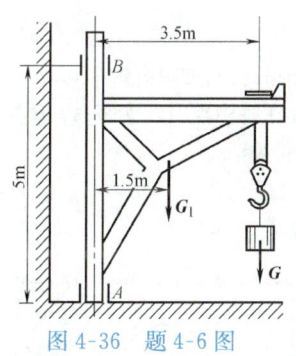

图 4-36 题 4-6 图

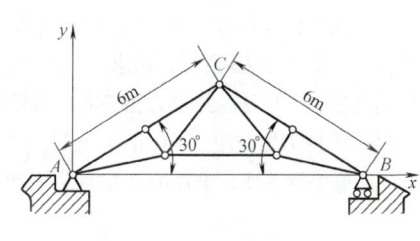

图 4-37 题 4-7 图

4-8 图 4-38 中两杆自重不计，AB 杆的 B 端挂有重 $G=600N$ 的物体。试求 CD 杆的内力及 A 处的约束力。

4-9 求图 4-39 所示刚架支座 A、B 的约束力。已知：a) $M=2.5kN·m$，$F=5kN$；b) $q=1kN/m$，$F=3kN$。

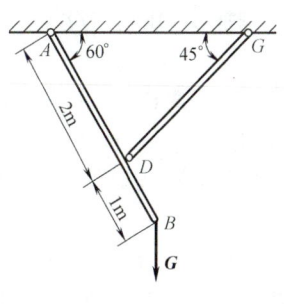

图 4-38 题 4-8 图

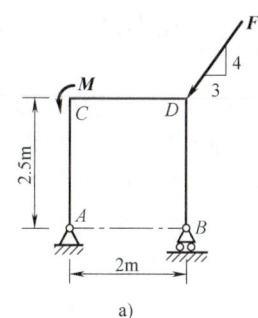

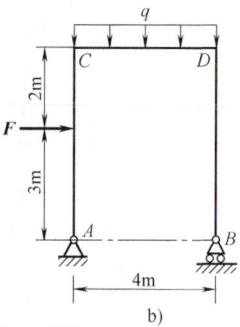

图 4-39 题 4-9 图

4-10 悬臂刚架受力如图 4-40 所示。已知 $q=4\text{kN/m}$，$F_1=5\text{kN}$，$F_2=4\text{kN}$，求固定端 A 的约束力。

4-11 水平梁的支承和载荷如图 4-41 所示。已知力 F，力偶的矩为 M 和均布载荷的集度为 q。求支座 A、B 的约束力。

4-12 梁的支承和载重如图 4-42 所示，$F=2\text{kN}$，线分布载荷的最大值 $q=1\text{kN/m}$。如不计梁重，求约束力。

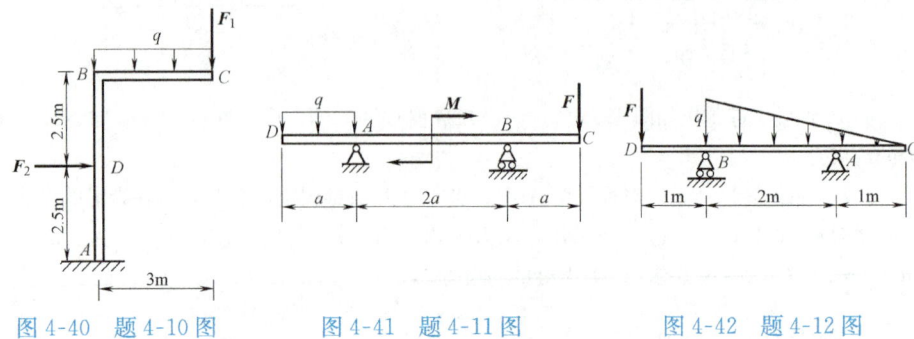

图 4-40 题 4-10 图　　图 4-41 题 4-11 图　　图 4-42 题 4-12 图

4-13 汽车前轮荷载为 10kN，后轮荷载为 40kN，前后轮间的距离为 2.5m，行驶在长 10m 的桥上，如图 4-43 所示。试求：(1) 当汽车后轮处在桥中点时，支座 A、B 处的约束力；(2) 支座 A、B 处的约束力相等时，后轮到支座 A 的距离 x。

4-14 重物悬挂如图 4-44 所示，已知 $G=1.8\text{kN}$，$AD=20\text{cm}$，$DB=40\text{cm}$，$r=10\text{cm}$，$\alpha=45°$。其他重量不计，求铰链 A 的约束力和杆 BC 所受的力。

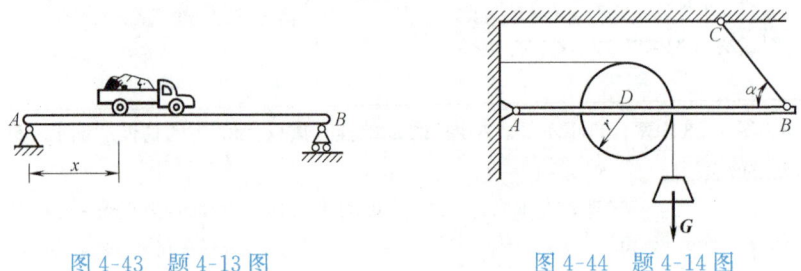

图 4-43 题 4-13 图　　　　　图 4-44 题 4-14 图

4-15 如图 4-45 所示，用支架 ABC 承托斜面上的圆球，球重 $G=1\text{kN}$，若各处摩擦不计，试求 BC 所受的压力。

4-16 梯子的两部分 AB 和 AC 在 A 点铰接，D、E 两点用水平绳连接，如图 4-46 所示。梯子放在光滑水平面上，力 F 作用如图。不计梯重，求绳的拉力 F_T。

4-17 图 4-47 所示构架由滑轮挂一重量为 G 的重物，另一端系在 AB 杆的 E 处，尺寸如图所示，试求铰链 A、B、C 和 D 处的约束力。

4-18 如图 4-48 所示一台秤，空载时，台秤及其支架 BCE 的重量与杠杆 AB 的重量恰好平衡；当台秤上有重物时，在 AO 上加一秤锤，设秤锤重量为 G_1，$OB=a$，求 AO 上的刻度 l 与重量 G_2 之间的关系。

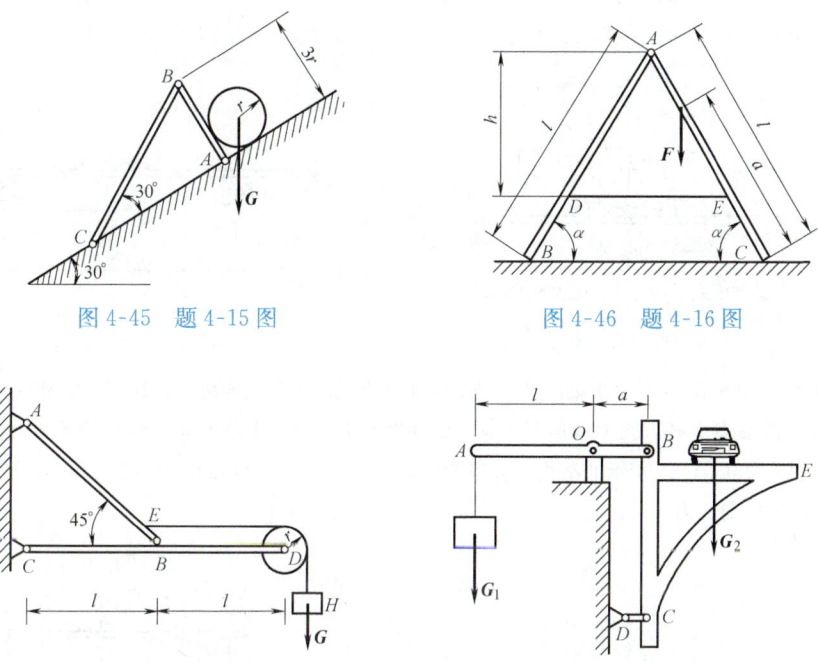

图 4-45　题 4-15 图　　　　　图 4-46　题 4-16 图

图 4-47　题 4-17 图　　　　　图 4-48　题 4-18 图

4-19　如图 4-49 所示，机构由 AB、CD 两杆组成，固连在杆 AB 上的销钉 E 可沿杆 CD 上的光滑直槽滑动。机构在图示位置处于平衡，杆 AB 铅直。若 $F_1=3$kN，求 F_2 及 A、C 处的约束力。

4-20　图 4-50 所示构架由两等长直杆 AB、BC 铰接而成。已知 $\theta=60°$，$F_1=0.4$kN，$F_2=1.5$kN，两力分别作用在两杆的中点 D、E，杆重不计。求支座 A、C 的约束力。

4-21　起重构架如图 4-51 所示。滑轮 E 直径 $d=200$mm，钢丝绳的倾斜部分平行于杆 BE，吊起载荷 $W=20$kN，其他重量不计。求固定铰支座 A、B 处的约束力。

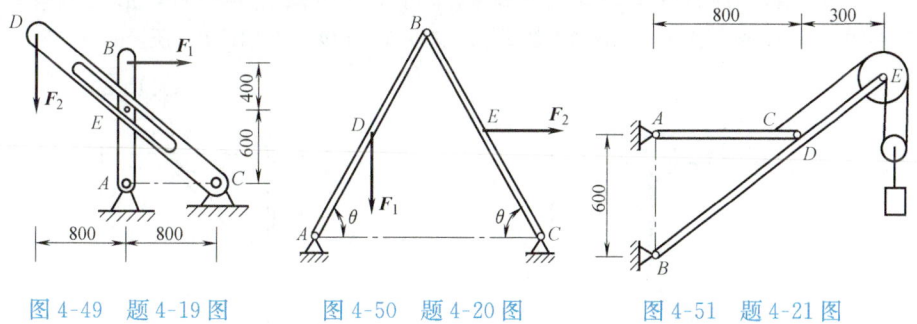

图 4-49　题 4-19 图　　　图 4-50　题 4-20 图　　　图 4-51　题 4-21 图

4-22　如图 4-52 所示，组合梁由 AC 和 DC 两段铰接而成，起重机放在梁上。已知起重机重 $W_1=500$N，重心在 EC 连线上，起重载荷 $W_2=10$kN。如不计梁重，求 A、B、D 处的约束力。

4-23 由 AC 和 CD 构成的组合梁通过铰链 C 铰接，如图 4-53 所示。已知 $q=10\text{kN/m}$，$M=40\text{kN}\cdot\text{m}$，几何尺寸如图。不计梁重，求支座 A、B、D 的约束力和铰链 C 处所受的力。

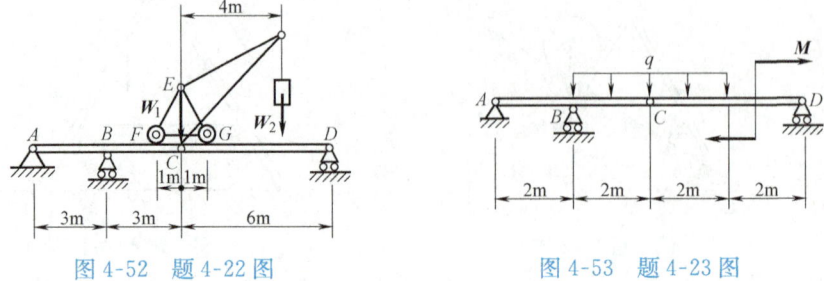

图 4-52 题 4-22 图　　　　　　　　图 4-53 题 4-23 图

4-24 图 4-54 所示水平梁由 AC、BC 两部分组成，A 端插入墙内，B 端以活动铰支座支撑。梁上受有力 F 和力偶矩为 M 的力偶。已知 $F=4\text{kN}$，$M=6\text{kN}\cdot\text{m}$，求 A、B 处的约束力。

4-25 在图 4-55 所示的结构计算简图中，已知 $F_1=F_1'=12\text{kN}$，$F=10\sqrt{2}\text{kN}$，试求 A、B、C 三处所受的力。

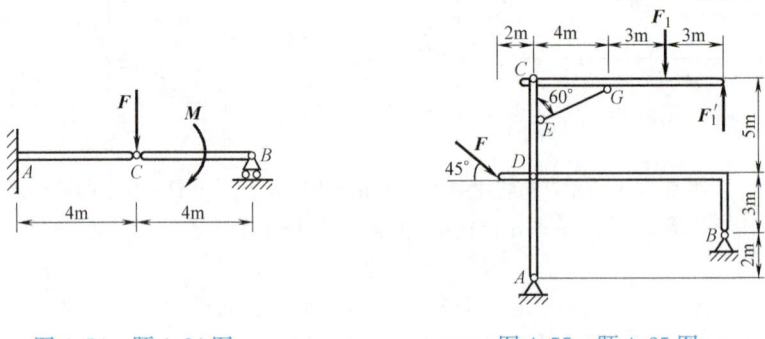

图 4-54 题 4-24 图　　　　　　　　图 4-55 题 4-25 图

4-26 图 4-56 所示钢架 ACB 和梁 CD 连接。已知 $F=5\text{kN}$，$q=200\text{N/m}$。求支座 A、B 的约束力。

4-27 图 4-57 所示支架 CDE 上受均布载荷作用，载荷集度 $q=100\text{N/m}$，E 端悬挂重 $W=500\text{kN}$ 的物体，几何尺寸及约束如图。求支座 A 的约束力及撑杆 BD 所受的力。

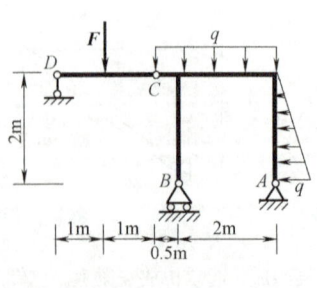 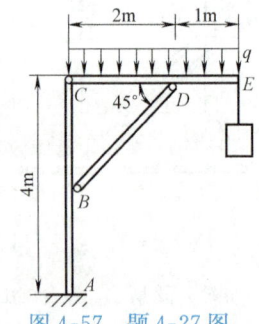

图 4-56 题 4-26 图　　　　　　　　图 4-57 题 4-27 图

4-28 AC、BD、CE 三杆用光滑铰链连成图 4-58 所示构架。A 为固定铰支座，E 点放在光滑水平面上，W=1kN，钢丝绳拉力 F_T 方向水平，杆重不计，求销钉 C 对滑轮及左、右两杆的作用力。

4-29 小型推料机简图如图 4-59 所示。电动机转动曲柄 OA，借连杆 AB 使推料板 O_1C 绕 O_1 轴转动。已知装有销钉 A 的圆盘重 W=200N，均质杆 AB 重 W_1=300N，推料板 O_1C 重 G=600N。设作用在推料板 O_1C 上 B 点的力 F=1000N，且与板垂直，OA=20cm，AB=200cm，O_1B=40cm，α=45°，机构在图示位置平衡，求作用于曲柄 OA 上的力偶矩 M 的大小。

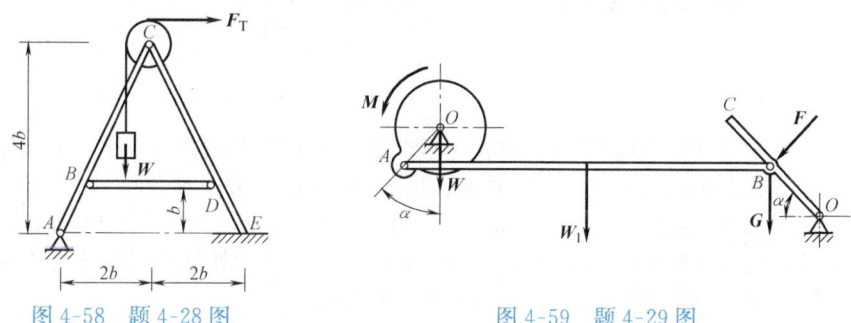

图 4-58 题 4-28 图　　　　　　　图 4-59 题 4-29 图

4-30 图 4-60 所示机构，C、D、E、H、K 处为铰接。已知 F_1 = 60kN，F_2 = 40kN，F_3 = 70kN，尺寸如图，求 1、2、3 杆所受的力。

4-31 如图 4-61 所示，欲转动一置于 V 形槽中的棒料，需作用一力偶，当作用的力偶的矩增大到 M = 1500N·cm 时，棒料开始转动。已知棒料重 G = 400N，直径 D = 25cm，试求棒料与 V 形槽间的摩擦因数 f。

4-32 梯子 AB 靠在墙上，其重 G=200N，梯子长 l，与水平面夹角 θ=60°，如图 4-62 所示。已知 A、B 处摩擦因数均为 0.25。今有一重 650N 的人沿梯子上爬，问人所能到达的最高点 C 到 A 的距离 s 应为多少？

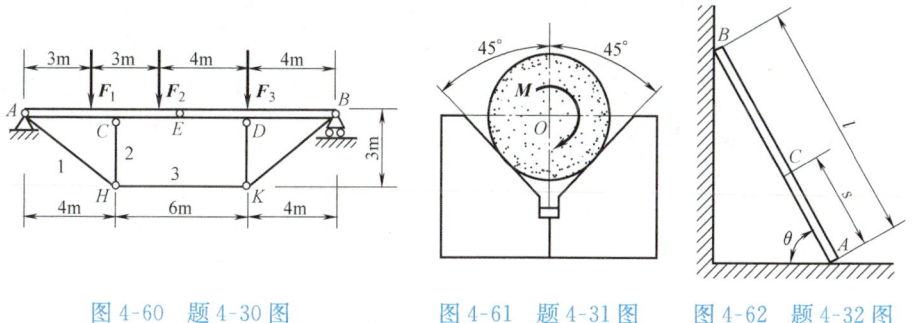

图 4-60 题 4-30 图　　　　图 4-61 题 4-31 图　　　图 4-62 题 4-32 图

4-33 图 4-63 所示鼓轮 B 重 500N，放在墙角。已知鼓轮与水平面间的摩擦因数为 0.25，铅直墙壁是绝对光滑的。鼓轮上的绳索下端挂有重物。设 R=20cm，r=10cm，求平衡时重物的最大重量。

4-34 图 4-64 所示摇臂钻床的衬套能在位于离轴心 $b=22.5$cm 远的垂直力 F 的作用下沿铅直轴滑动，设摩擦因数 $f=0.1$。试求能保证滑动的衬套高度 h。

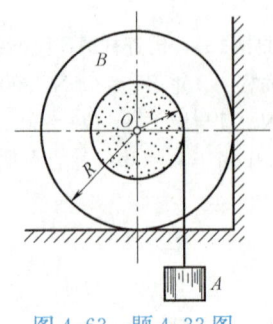

图 4-63 题 4-33 图

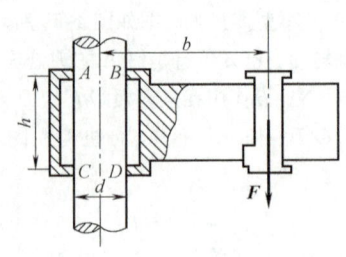

图 4-64 题 4-34 图

4-35 尖劈顶重装置如图 4-65 所示。重物与尖劈间的摩擦因数为 f。若 α、F_1 值已知，求：(1) 顶住重物所需的力 F_2；(2) 使重物不向上移动所需的力 F_2 的值。

4-36 机床上为迅速装卸工件，常采用如图 4-66 所示的偏心轮夹具。已知偏心轮直径为 D，偏心轮与台面间的摩擦因数为 f，今欲使偏心轮手柄上的外力去掉后，偏心轮不会自动脱落，试求偏心距 e 应为多少？各铰链处摩擦均不计。

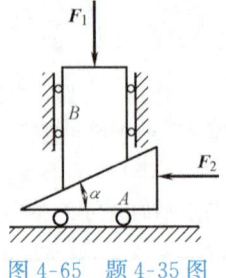

图 4-65 题 4-35 图

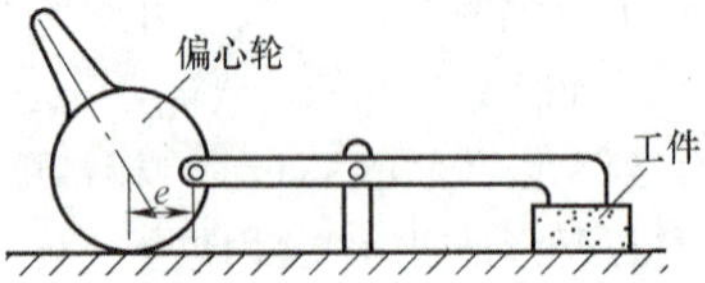

图 4-66 题 4-36 图

第5章 空间一般力系和重心

空间一般力系是各力作用线在空间任意分布的力系,也称为空间任意力系。显然,这是力系中最一般的情况,其他各种力系都是它的特殊情况。本章将研究空间一般力系的简化与平衡问题。

与平面力系的研究方法相似,空间一般力系的简化也是应用力向一点平移的方法将空间一般力系分解为两个基本力系:空间汇交力系和空间力偶系,再应用这两个力系的简化结果简化原力系,建立空间一般力系的平衡条件并导出平衡方程。

5.1 力对轴之矩

在第3章中,我们建立了平面内力对点之矩的概念。设有一平面 L,其上力 $\boldsymbol{F}$ 对平面内 O 点之矩将使刚体绕 O 点转动,如图 5-1a 所示。从空间的观点看,这一转动效应实际上就是空间物体绕通过 O 点且与该平面垂直的空间轴 z 轴的转动。所以,平面内力对点之矩实际上就是空间问题中的力对轴之矩。此时,力 $\boldsymbol{F}$ 的作用线须与 z 轴在空间相互垂直。力 $\boldsymbol{F}$ 对 z 轴之矩度量了力 $\boldsymbol{F}$ 使刚体绕 z 轴转动的效应。

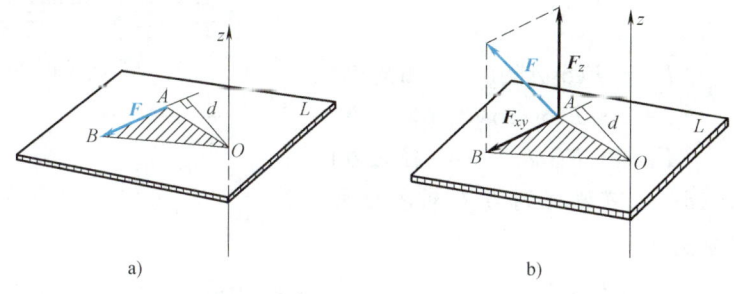

图 5-1

若力 $\boldsymbol{F}$ 不在垂直于 z 轴的平面内,如图 5-1b 所示,要考察力 $\boldsymbol{F}$ 使刚体绕 z 轴转动的效应,需将力 $\boldsymbol{F}$ 分解为两个分力 $\boldsymbol{F}_z$ 和 $\boldsymbol{F}_{xy}$(图 5-1b)。分力 $\boldsymbol{F}_z$ 平行于 z 轴,它对刚体绕 z 轴的转动不起作用;分力 $\boldsymbol{F}_{xy}$ 在垂直于 z 轴的平面内,$\boldsymbol{F}_{xy}$ 对 z 轴的矩表示了力 $\boldsymbol{F}$ 使刚体绕 z 轴转动的效应。由此可得如下定义:**空间力对轴之矩是使刚体绕此轴转动效应的度量,它等于此力在垂直于轴的任一平面上的投影对轴与平面交点之矩**。若以 $M_z(\boldsymbol{F})$ 表示力 $\boldsymbol{F}$ 对 z 轴之矩,上述定义

可表示为

$$M_z(\boldsymbol{F}) = M_O(\boldsymbol{F}_{xy}) = \pm F_{xy}d \tag{5-1}$$

式中，正负号按右手螺旋规则确定，即从 z 轴的正向朝负向看，若 $\boldsymbol{F}_{xy}$ 使刚体绕该轴作逆时针转动，取正号；反之则取负号。显然，力对轴之矩是代数量。

由上述定义可知：(1) 当力沿其作用线滑移时，力对轴之矩不变；(2) 当力的作用线与轴相交（$d=0$）或平行（$F_{xy}=0$）时，力对该轴之矩等于零。

与平面问题中力对点之矩一样，力对轴之矩也有合力矩定理，即**合力对任一轴之矩等于各分力对同一轴之矩的代数和**。

力对轴之矩也可用解析式表示。设力 $\boldsymbol{F}$ 在三个坐标轴上的投影分别为 F_x、F_y、F_z，力 $\boldsymbol{F}$ 的作用点 A 的坐标为（x、y、z），如图 5-2 所示。由力对轴之矩的定义和合力矩定理，可得

$$\left. \begin{array}{l} M_x(\boldsymbol{F}) = yF_z - zF_y \\ M_y(\boldsymbol{F}) = zF_x - xF_z \\ M_z(\boldsymbol{F}) = xF_y - yF_x \end{array} \right\} \tag{5-2}$$

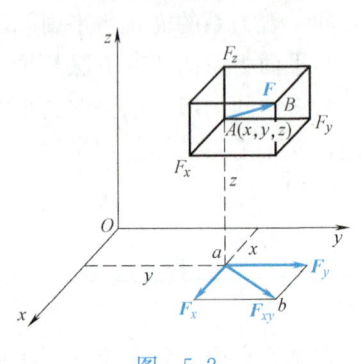

图 5-2

例 5-1 半径为 r 的斜齿轮，其上作用有力 $\boldsymbol{F}$，如图 5-3 所示。求力 $\boldsymbol{F}$ 沿坐标轴的投影和对三个轴的矩。

解 先求力 $\boldsymbol{F}$ 在三个轴上的投影，采用二次投影法

$$F_x = F\cos\alpha\sin\beta \quad \text{(圆周力)}$$
$$F_y = -F\cos\alpha\cos\beta \quad \text{(轴向力)}$$
$$F_z = -F\sin\alpha \quad \text{(径向力)}$$

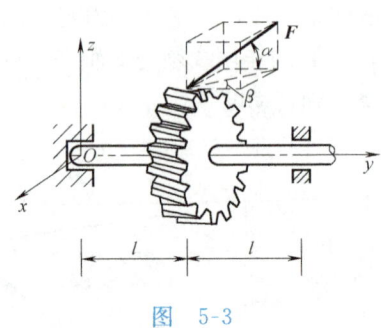

图 5-3

由式 (5-2) 可以得到力 $\boldsymbol{F}$ 对各坐标轴之矩分别为

$$M_x(\boldsymbol{F}) = F_y r - F_z l = F(r\cos\alpha\cos\beta - l\sin\alpha)$$
$$M_y(\boldsymbol{F}) = F_x r = Fr\cos\alpha\sin\beta$$
$$M_z(\boldsymbol{F}) = -F_x l = -Fl\cos\alpha\sin\beta$$

5.2 力对轴之矩与力对点之矩的关系

由第 3 章已知，空间力对点之矩是一个矢量，可用力的作用点到矩心的矢径 $\boldsymbol{r}$ 与力 $\boldsymbol{F}$ 的矢积表示

$$M_O(F) = r \times F \tag{5-3a}$$

将此式用解析形式表示，可以得到

$$M_O(F) = \begin{vmatrix} i & j & k \\ x & y & z \\ F_x & F_y & F_z \end{vmatrix} = (yF_z - zF_y)i + (zF_x - xF_z)j + (xF_y - yF_x)k \tag{5-3b}$$

因此，力对点之矩矢 $M_O(F)$ 在三个坐标轴上的投影分别为

$$[M_O(F)]_x = yF_z - zF_y$$
$$[M_O(F)]_y = zF_x - xF_z$$
$$[M_O(F)]_z = xF_y - yF_x$$

比较式 (5-2) 和式 (5-3) 不难看到：**力对点之矩矢在通过该点的任一轴上的投影，等于力对该轴之矩。**

上述结论也可用几何法证明。用 $M_O(F)$ 表示力 F 对点 O 的矩矢，用 $M_z(F)$ 表示力 F 对通过点 O 的 z 轴之矩，如图 5-4 所示。$M_O(F)$ 的大小为

$$|M_O(F)| = 2\triangle OAB \text{ 面积}$$

力 F 对 z 轴之矩也可用相应的三角形面积表示为

$$M_z(F) = 2\triangle OA'B' \text{ 面积}$$

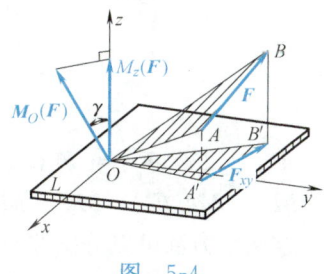

图 5-4

$\triangle OA'B'$ 是 $\triangle OAB$ 在坐标面 Oxy 上的投影。该两三角形平面间的夹角即是这两个平面法线间的夹角 γ，也就是矢量 $M_O(F)$ 与 z 轴之间的夹角，如图 5-4 所示。由几何学关系有

$$\triangle OA'B' = \triangle OAB \cos\gamma$$

即

$$[M_O(F)]_z = M_z(F) \tag{5-4a}$$

同理可得对 x 轴和 y 轴的相应关系

$$[M_O(F)]_x = M_x(F) \tag{5-4b}$$
$$[M_O(F)]_y = M_y(F) \tag{5-4c}$$

5.3 空间一般力系向任意点简化及其结果的讨论

5.3.1 空间一般力系向任意点简化

与平面一般力系的简化方法一样，用力的平移定理，可以把空间一般力系向任意一点简化。要注意的是，由于空间一般力系中各力的作用线不

在同一平面内，故将力系中各分力向一点平移时，附加力偶的力偶矩应当用矢量表示。

设一空间一般力系（F_1、F_2、$\cdots$、F_n）作用在刚体上，如图 5-5a 所示。将力系中各力分别向任选的简化中心 O 平移，可以得到一空间汇交力系（F'_1、F'_2、$\cdots$、F'_n）和一空间力偶系，该力偶系的各分力偶矩矢分别为 M_1、M_2、$\cdots$、M_n，如图 5-5b 所示。其中

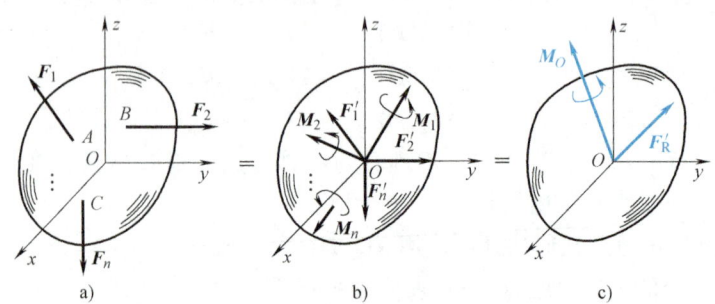

图 5-5

$$F'_1 = F_1,\ F'_2 = F_2,\ \cdots,\ F'_n = F_n$$
$$M_1 = M_O(F_1),\ M_2 = M_O(F_2),\ \cdots,\ M_n = M_O(F_n)$$

这两个力系可以分别按空间汇交力系和空间力偶系的合成方法合成为通过简化中心的一个力和一个力偶。力矢量为

$$F'_R = \sum F'_i = \sum F_i \tag{5-5}$$

力偶的力偶矩矢为

$$M_O = \sum M_i = \sum M_O(F_i) \tag{5-6}$$

F'_R 称为空间一般力系的主矢，M_O 称为空间一般力系对简化中心的主矩。同样地，力系的主矢与简化中心的位置选择无关；而主矩与简化中心的位置选择有关。与平面力系不同的是，空间力系的主矩是矢量而不是代数量。

于是得到结论：空间一般力系向任意点简化，可以得到一个力和一个力偶。这个力通过简化中心，大小和方向等于此空间一般力系的主矢；这个力偶的力偶矩矢等于此空间一般力系对简化中心的主矩。

在实际计算中，常采用解析式。过简化中心建立直角坐标系 $Oxyz$。用 F'_{Rx}、F'_{Ry}、F'_{Rz} 和 F_{ix}、F_{iy}、F_{iz} 分别表示主矢 F'_R 和空间一般力系中各分力 F_i 在坐标轴上的投影，由合力投影定理有

$$F'_{Rx} = \sum F_{ix},\quad F'_{Ry} = \sum F_{iy},\quad F'_{Rz} = \sum F_{iz} \tag{5-7}$$

空间一般力系的主矢 F'_R 的大小和方向为（为便于书写，下标 i 可略去）

$$F'_R = \sqrt{(\sum F_x)^2 + (\sum F_y)^2 + (\sum F_z)^2} \tag{5-8}$$

$$\cos(\boldsymbol{F}'_R, \boldsymbol{i}) = \frac{F'_{Rx}}{F'_R} = \frac{\sum F_x}{\sqrt{(\sum F_x)^2 + (\sum F_y)^2 + (\sum F_z)^2}}$$

$$\cos(\boldsymbol{F}'_R, \boldsymbol{j}) = \frac{F'_{Ry}}{F'_R} = \frac{\sum F_y}{\sqrt{(\sum F_x)^2 + (\sum F_y)^2 + (\sum F_z)^2}} \quad (5\text{-}9)$$

$$\cos(\boldsymbol{F}'_R, \boldsymbol{k}) = \frac{F'_{Rz}}{F'_R} = \frac{\sum F_z}{\sqrt{(\sum F_x)^2 + (\sum F_y)^2 + (\sum F_z)^2}}$$

若用 M_{Ox}、M_{Oy}、M_{Oz} 分别表示空间一般力系对简化中心 O 的主矩 $\boldsymbol{M}_O$ 在 x、y、z 轴上的投影，由式（5-4）及合矢量投影定理知：

$$M_{Ox} = \sum M_x(\boldsymbol{F}), \quad M_{Oy} = \sum M_y(\boldsymbol{F}), \quad M_{Oz} = \sum M_z(\boldsymbol{F}) \quad (5\text{-}10)$$

主矩 $\boldsymbol{M}_O$ 的大小和方向为

$$M_O = \sqrt{[\sum M_x(\boldsymbol{F})]^2 + [\sum M_y(\boldsymbol{F})]^2 + [\sum M_z(\boldsymbol{F})]^2} \quad (5\text{-}11)$$

$$\cos(\boldsymbol{M}_O, \boldsymbol{i}) = \frac{M_{Ox}}{M_O} = \frac{\sum M_x(\boldsymbol{F})}{\sqrt{[\sum M_x(\boldsymbol{F})]^2 + [\sum M_y(\boldsymbol{F})]^2 + [\sum M_z(\boldsymbol{F})]^2}}$$

$$\cos(\boldsymbol{M}_O, \boldsymbol{j}) = \frac{M_{Oy}}{M_O} = \frac{\sum M_y(\boldsymbol{F})}{\sqrt{[\sum M_x(\boldsymbol{F})]^2 + [\sum M_y(\boldsymbol{F})]^2 + [\sum M_z(\boldsymbol{F})]^2}} \quad (5\text{-}12)$$

$$\cos(\boldsymbol{M}_O, \boldsymbol{k}) = \frac{M_{Oz}}{M_O} = \frac{\sum M_z(\boldsymbol{F})}{\sqrt{[\sum M_x(\boldsymbol{F})]^2 + [\sum M_y(\boldsymbol{F})]^2 + [\sum M_z(\boldsymbol{F})]^2}}$$

与平面问题中固定端约束的反力的简化方法类似，空间问题的固定端约束的反力可用 6 个量来表示，如图 5-6 所示。它所限制的位移是：既不能沿任何方向移动，也不能绕任意轴转动。

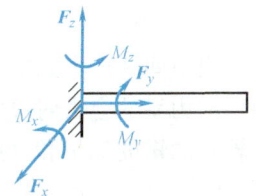

图 5-6

5.3.2 简化结果分析

空间一般力系向任意一点简化，可能出现下列 4 种情况：

(1) $F'_R = 0$，$M_O = 0$，此时，原空间一般力系为一平衡力系。

(2) $F'_R = 0$，$M_O \neq 0$，原空间一般力系合成为一合力偶，其矩等于空间一般力系对简化中心的主矩 M_O。在这种情况下，该空间一般力系的主矩与简化中心的位置无关。

(3) $F'_R \neq 0$，$M_O = 0$，原空间力系合成为作用线过简化中心的合力。合力矢 $\boldsymbol{F}_R$ 等于力系的主矢 $\boldsymbol{F}'_R$。当简化中心恰好选在合力的作用线上时，就是这种情况。

(4) $F'_R \neq 0$，$M_O \neq 0$，根据它们之间位置的关系，又分为 3 种情形。

1) $\boldsymbol{F}'_R \perp \boldsymbol{M}_O$，这时主矢 $\boldsymbol{F}'_R$ 的作用线所在的平面与主矩 $\boldsymbol{M}_O$ 所表示的力偶的

作用面是同一平面，它们还可进一步合成为一个合力。合力的作用线到简化中心的距离为

$$d = \frac{M_O}{F'_R}$$

2) $F'_R // M_O$，此时主矢 F'_R 和主矩 M_O 所表示的力偶的作用面相垂直，如图 5-7 所示，这是一种最简结果，不能再进一步合成。从而形成力学中又一个基本量，称为力螺旋。例如，钻孔时的钻头和用螺钉旋具拧螺钉时对工件的作用就是力螺旋。

3) 主矢 F'_R 和主矩 M_O 两者既不平行也不垂直。这是最一般的情况。这时可将 M_O 分解为两个分力偶 M''_O 与 M'_O，它们分别与 F'_R 垂直和平行。与 F'_R 垂直的力偶 M''_O 与 F'_R 可进一步合成为一个合力 F_R，由于力偶矩矢是自由矢量，则可将 M'_O 表示在 F_R 处，从而得到一个力螺旋。可见，一般情形下空间一般力系可简化为力螺旋，如图 5-8 所示。

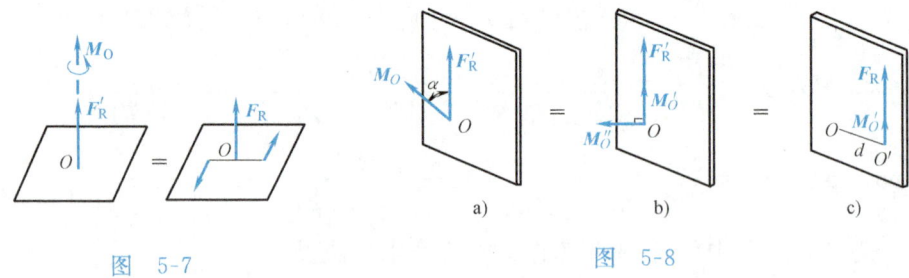

图 5-7　　　　　　　　图 5-8

当空间一般力系能合成为合力时，可以证明合力矩定理仍然成立，即：空间一般力系的合力对位意一点（或轴）的矩等于力系中各分力对同一点（或同一轴）的矩的矢量和（或代数和）。

即　　　　　　　　$M_O(F_R) = \sum M_O(F)$　　　　　　(5-13)

或　　　　　　　　$M_z(F_R) = \sum M_z(F)$　　　　　　(5-14)

5.4　空间一般力系的平衡条件及其应用

若空间一般力系的主矢和对任意点的主矩都等于零，则该力系向任意点简化所得的空间汇交力系和附加的空间力偶系分别自成平衡，这表明原空间一般力系是平衡力系。反之，若空间一般力系是平衡的，则该力系的主矢和对任意点的主矩必定都等于零。因为，当力系的主矢和对任意点的主矩有一个不为零时，原空间一般力系将等效于一个力或一个力偶或力螺旋，它们都不是平衡力系。由此得出空间一般力系平衡的必要与充分条件是：空间一般力系的主矢和对任一点的主矩都等于零。即

$$
\left.\begin{aligned}
\boldsymbol{F}'_{\mathrm{R}} &= \sum \boldsymbol{F} = \boldsymbol{0} \\
\boldsymbol{M}_O &= \sum \boldsymbol{M}_O(\boldsymbol{F}) = \boldsymbol{0}
\end{aligned}\right\} \tag{5-15}
$$

根据式（5-8）和式（5-11），可将上述条件写成解析形式的平衡条件

$$
\left.\begin{aligned}
&\sum F_x = 0, \quad \sum F_y = 0, \quad \sum F_z = 0 \\
&\sum M_x(\boldsymbol{F}) = 0, \quad \sum M_y(\boldsymbol{F}) = 0, \quad \sum M_z(\boldsymbol{F}) = 0
\end{aligned}\right\} \tag{5-16}
$$

所以，空间一般力系平衡的必要与充分条件是：**力系中各力在三个坐标轴上投影的代数和分别等于零；以及这些力对于三个坐标轴之矩的代数和分别等于零。上式也称为空间一般力系基本式（三矩式）的平衡方程。**

研究刚体受空间力系作用的平衡问题时，由于只有 6 个独立的平衡方程，因此只能求解 6 个未知量。若未知量数目超过 6 个，就是超静定问题。

前面所遇到的各种力系都是空间一般力系的特殊情况，例如，汇交力系、力偶系和平面一般力系等等。我们可以由空间一般力系的平衡方程（5-16）导出各种特殊力系的平衡方程。例如，对空间平行力系，如图 5-9 所示，令 z 轴与各力线平行，则各力对 z 轴之矩为零；又由于所有力均与 x 和 y 轴垂直，它们在这两个轴上的投影恒等于零，式（5-16）中的第一、二、六三个方程成为恒等式，所以，空间平行力系的平衡方程为

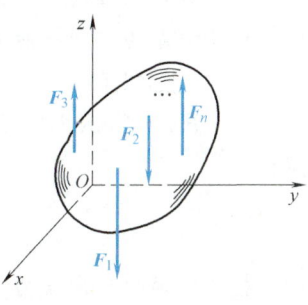

图 5-9

$$\sum F_z = 0, \quad \sum M_x(\boldsymbol{F}) = 0, \quad \sum M_y(\boldsymbol{F}) = 0 \tag{5-17}$$

例 5-2 三轮货车自重 $W = 8\text{kN}$，载重 $G = 10\text{kN}$，作用点位置如图 5-10 所示。求静止时地面作用于三个轮子的约束力。图中长度单位为 m。

解 以三轮货车为研究对象，受力分析如图。作用于车上的所有力组成空间平行力系，取坐标系如图。由平衡方程得

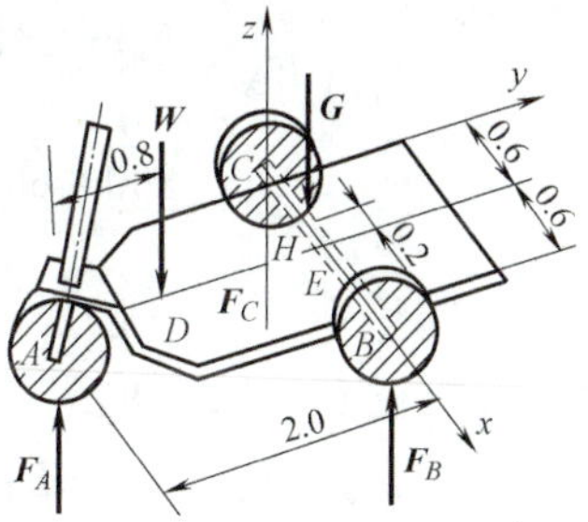

图 5-10

$$\sum M_x(\boldsymbol{F}) = 0,$$

$$W \times DE - F_A \times AE = 0$$

$$F_A = 4.8\text{kN}$$

$\sum M_y(\boldsymbol{F}) = 0, \quad W \times EC - F_B \times BC - F_A \times EC + G \times HC = 0$

$$F_B = 4.93\text{kN}$$

$$\sum F_z = 0, \quad F_A + F_B + F_C - G - W = 0$$

$$F_C = 8.27\text{kN}$$

例 5-3 传动轴 AB 上装有斜齿轮 C 和带轮 D（图 5-11），斜齿轮的节圆半

径 $r = 60\text{mm}$，压力角 $\alpha = 20°$，螺旋角 $\beta = 15°$，带轮半径 $R = 100\text{mm}$，皮带拉力 $F_{T1} = 2F_{T2} = 1300\text{N}$，皮带的紧边水平，松边与水平成 $\theta = 30°$ 角，A 为向心轴承，B 为推力轴承，$a = b = 100\text{mm}, c = 150\text{mm}$。设轴在带轮带动下作匀速转动，不计轮、轴的重量，求齿轮所受的周向力 F_t 及轴承 A、B 处的约束力。

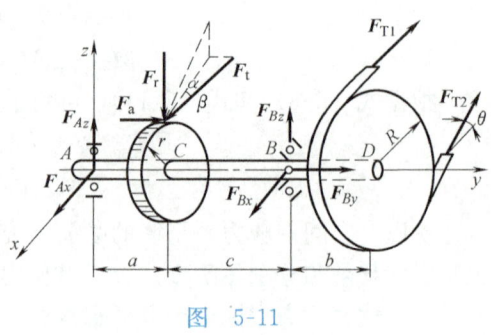

图 5-11

解 取传动轴连同斜齿轮及带轮为研究对象，选坐标系 $Axyz$，受力分析如图。所受力系为空间一般力系。由平衡方程

$$\sum M_y(F) = 0,$$
$$F_t r - F_{T1} R + F_{T2} R = 0$$

解得

$$F_t = \frac{F_{T1} - F_{T2}}{r} R = 1083\text{N}$$

根据斜齿轮中周向力 F_t、径向力 F_r 和轴向力 F_a 间的关系，可以得到

$$F_a = F_t \tan\beta = 1083\tan15° \text{kN} = 290\text{N}$$

$$F_r = \frac{F_t}{\cos\beta}\tan\alpha = \frac{1083}{\cos15°}\tan20° \text{kN} = 408\text{N}$$

再由 $\quad \sum F_y = 0, \quad F_{By} + F_a = 0$

得 $\quad F_{By} = -F_a = -290\text{N}$

$$\sum M_x(F) = 0, \quad F_{Bz}(a+c) - F_a r - F_r a + F_{T2}\sin\theta(a+c+b) = 0$$

$$F_{Bz} = \frac{F_a r + F_r a - F_{T2}\sin\theta(a+c+b)}{(a+c)}$$

$$= \frac{290 \times 60 + 408 \times 100 - 650\sin30°(100+150+100)}{100+150}\text{N}$$

$$= -222\text{N}$$

$$\sum F_z = 0, \quad F_{Az} + F_{Bz} - F_r + F_{T2}\sin\theta = 0$$

$$F_{Az} = F_r - F_{Bz} - F_{T2}\sin\theta = (408+222-650\sin30°)\text{kN} = 305\text{N}$$

$$\sum M_z(F) = 0, \quad (F_{T1}+F_{T2}\cos\theta)(a+c+b) - F_t a - F_{Bx}(a+c) = 0$$

$$F_{Bx} = \frac{(F_{T1}+F_{T2}\cos\theta)(a+c+b) - F_t a}{(a+c)}\text{N}$$

$$= \frac{(1300+650\cos30°)(100+150+100) - 1083 \times 100}{100+150}\text{N}$$

$$=2175\text{N}$$

$$\sum F_x=0, \quad F_{Ax}+F_{Bx}+F_t-F_{T1}-F_{T2}\cos\theta=0$$

$$F_{Ax}=F_{T1}+F_{T2}\cos\theta-F_{Bx}-F_t$$
$$=(1300+650\cos30°-2175-1083)\text{N}=-1395\text{N}$$

F_{Ax}、F_{Bx} 和 F_{Bz} 为负值，表明力 F_{Ax}、F_{Bx} 和 F_{Bz} 的实际方向与图示的方向相反。

例 5-4 均质矩形板 ABCD 重量 $F=800\text{N}$，重心在其对称中心。矩形板用球铰 A 和蝶铰 B 固定在墙上，并用绳子 CE 系住，静止在水平位置。已知 $\alpha=30°$（图 5-12），求绳子的拉力和 A、B 处的约束力。

解 以矩形板 ABCD 为研究对象。球铰 A 的约束力用三个分力 F_{Ax}、F_{Ay}、F_{Az} 表示，蝶形铰链 B 的约束力有两个，F_{Bx} 和 F_{Bz}，受力分析如图 5-12 所示。这是一个空间一般力系的平衡问题，由平衡方程，有

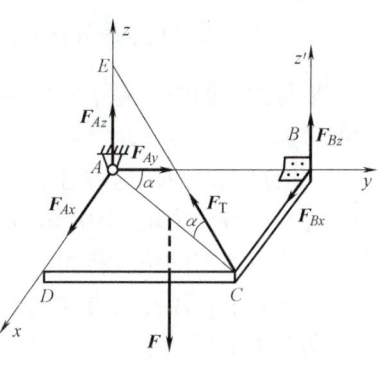

图 5-12

$$\sum M_y(\boldsymbol{F})=0, \quad F\times\frac{BC}{2}-F_T\sin\alpha\times BC=0 \tag{a}$$

$$F_T=\frac{F}{2\sin\alpha}=\frac{800}{2\sin30°}\text{kN}=800\text{N}$$

$$\sum M_x(\boldsymbol{F})=0, \quad F_{Bz}\times AB+F_T\sin\alpha\times AB-F\times\frac{AB}{2}=0 \tag{b}$$

$$F_{Bz}=\frac{F}{2}-F_T\sin\alpha=0$$

$$\sum M_z(\boldsymbol{F})=0, \quad -F_{Bx}\times AB=0 \tag{c}$$

$$F_{Bx}=0$$

$$\sum F_x=0, \quad F_{Ax}+F_{Bx}-F_T\cos\alpha\sin\alpha=0 \tag{d}$$

$$F_{Ax}=F_T\cos\alpha\sin\alpha=346\text{N}$$

$$\sum F_y=0, \quad F_{Ay}-F_T\cos\alpha\cos\alpha=0 \tag{e}$$

$$F_{Ay}=F_T\cos^2\alpha=600\text{N}$$

$$\sum F_z=0, \quad F_{Az}+F_{Bz}-F+F_T\sin\alpha=0 \tag{f}$$

$$F_{Az}=F-F_T\sin\alpha=400\text{N}$$

以上解题应用了空间力系平衡方程的基本形式，也可以用其他形式的平衡方程，例如用 $\sum M_z'(\boldsymbol{F})=0$，代替式（d）求出 F_{Ax}，即是用四矩式方程；还有五矩式方程，六矩式方程等等。

在求解空间力系的平衡问题时，解题步骤与平面问题一样：首先选取研究

对象，画受力图，然后列出平衡方程，解出未知量。

投影轴和力矩轴应选择适当，尽量使一个方程只包含一未知量，以简化方程的求解。

5.5 平行力系的中心与重心

5.5.1 平行力系的中心

平行力系的中心是平行力系合力的作用点。在 3.2 节中已阐述了两个平行力的合成问题。若作用于某刚体上的任意个平行力（所组成的平行力系）有合力时，则可顺次应用这种合成法求出该平行力系的合力。该合力作用线仍平行于原力系中各分力的作用线，其大小等于该平行力系中所有各分力的代数和；合力作用点所在的位置称为平行力系的中心，用点 C 表示。若将原力系中各分力绕其各自的作用点同方向转过同样角度，使它们仍保持相互平行，则合力将仍与各分力平行，也绕点 C 转过相同的角度。

由此可知，平行力系中心 C 的位置仅与各平行力的大小和作用点的位置有关，而与各平行力的方位无关。

设有空间平行力系（F_1、F_2、…、F_n）分别作用于刚体上的 A_1、A_2、…、A_n 各点，取直角坐标系 $Oxyz$，如图 5-13 所示。各力作用点的坐标分别为（x_1，y_1，z_1）、（x_2，y_2，z_2）、…、（x_n，y_n，z_n），平行力系中心（即合力作用点 C）的坐标为（x_C，y_C，z_C）。

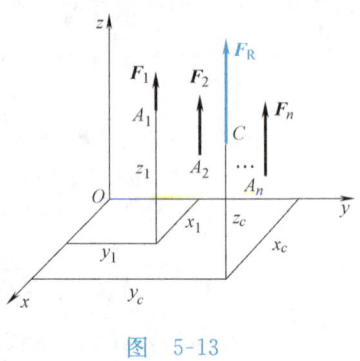

图 5-13

先令所有各分力的作用线与 z 轴平行，利用对 x 轴的合力矩定理，有

$$M_x(\boldsymbol{F}_R)=\sum M_x(\boldsymbol{F}_i)$$

将计算力矩的解析计算式（5-2）代入上式，并注意到 $\boldsymbol{F}_R=\sum \boldsymbol{F}_i$，则 C 点的 y 坐标为

$$y_C=\frac{\sum F_i y_i}{\sum F_i}$$

同理，利用对 y 轴的合力矩定理，可以求出坐标 x_C 的表达式。再将力系转到和 y 轴（或 x 轴）平行，再利用对 x 轴（或 y 轴）的合力矩定理，可求出点 C 的另外一个坐标 z_C 的表达式。这些公式是相似的，所以空间平行力系中心 C 的坐标公式如下：

$$x_C = \frac{\sum_{i=1}^{n} F_i x_i}{\sum_{i=1}^{n} F_i}, \quad y_C = \frac{\sum_{i=1}^{n} F_i y_i}{\sum_{i=1}^{n} F_i}, \quad z_C = \frac{\sum_{i=1}^{n} F_i z_i}{\sum_{i=1}^{n} F_i} \tag{5-18}$$

5.5.2 重心

重力是地球对物体的引力，如果将物体视为由无数质点所组成，则各质点的重力便组成空间汇交力系。但由于地面上的物体与地球本身相比是很小的，而且离地心又极远，因此可近似地认为各质点的重力组成一个空间平行力系。该平行力系合力的大小就是物体的重量；该平行力系的中心就是物体的<u>重心</u>。不论物体如何放置，其重力系的合力作用线相对物体总是通过一个确定的点，即物体的重心。重心的位置在工程中有重要意义。例如要使起重机保持稳定，其重心的位置应满足一定的条件；飞机、轮船及车辆等的运动稳定性也与重心的位置有密切关系；高速转动的飞轮的重心如果不在轴线上，将引起剧烈的振动，从而影响机器的寿命。因此，工程中常要确定物体重心的位置。

1. 重心坐标公式 如将物体分割成许多微小单元体，每个微小单元体的重力为 G_i，其作用点为 M_i (x_i, y_i, z_i)，如图 5-14 所示。

由式（5-18）可以直接得到物体重心 C (x_C, y_C, z_C) 的坐标公式为

$$x_C = \frac{\sum_{i=1}^{n} G_i x_i}{G}, \quad y_C = \frac{\sum_{i=1}^{n} G_i y_i}{G}, \quad z_C = \frac{\sum_{i=1}^{n} G_i z_i}{G} \tag{5-19}$$

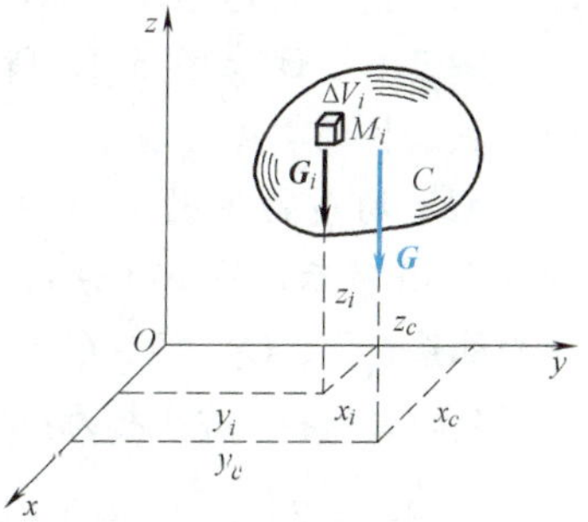

图 5-14

若物体是均质的，其单位体积的重量为 γ，各微小单元体体积为 ΔV_i，整个物体的体积为 $V = \sum \Delta V_i$，则 $G_i = \gamma \Delta V_i$，$G = \gamma V$，代入上式，得

$$x_C = \frac{\sum_{i=1}^{n} x_i \Delta V_i}{V}, \quad y_C = \frac{\sum_{i=1}^{n} y_i \Delta V_i}{V}, \quad z_C = \frac{\sum_{i=1}^{n} z_i \Delta V_i}{V} \tag{5-20}$$

这时，物体重心的位置完全取决于物体的几何形状，而与重量无关。物体几何形状的中心称为形心。均质物体的重心与形心重合；对非均质物体，两者一般不重合。

若物体是均质薄壳或均质细杆，其形心坐标公式可表示为

$$x_C = \frac{\sum_{i=1}^{n} x_i \Delta A_i}{A}, \quad y_C = \frac{\sum_{i=1}^{n} y_i \Delta A_i}{A}, \quad z_C = \frac{\sum_{i=1}^{n} z_i \Delta A_i}{A} \quad (5-21)$$

$$x_C = \frac{\sum_{i=1}^{n} x_i \Delta L_i}{L}, \quad y_C = \frac{\sum_{i=1}^{n} y_i \Delta L_i}{L}, \quad z_C = \frac{\sum_{i=1}^{n} z_i \Delta L_i}{L} \quad (5-22)$$

式中，A、L 分别为物体的总面积和总长度；ΔA_i、ΔL_i 分别为微小单元体的面积和长度。

对于连续分布的物体和图形，可将整个物体或图形无限细分，式(5-19)～式(5-22)可表示为积分的形式。

若均质物体具有对称面、对称轴或对称中心，则其重心一定在对称面、对称轴或对称中心上。几种常用简单物体的重心列于表 5-1 中。

2. 组合形物体的重心

1) 分割法　工程中一些比较复杂的物体往往可以看成几个简单形状物体的组合，称这类物体为组合形体。若这类形体中每一个简单体的重力 F_i 及其重心坐标（x_{iC}，y_{iC}，z_{iC}）是已知的，利用式（5-19）～式（5-22）中相应的公式，即可求得整个组合形体的重心。下面举例说明其计算方法。

例 5-5　试求图 5-15 所示等厚、均质薄平板工件的重心位置。

解　均质物体的重心即是物体的形心。如图 5-15 所示，将工件分割为四部分。取图示坐标系。C_1、C_2、C_3、C_4 为各部分的形心。各部分的面积和形心坐标为：

$A_1 = 2a^2$，$x_1 = 0$，$y_1 = \frac{5}{2}a$

$A_2 = a^2$，$x_2 = \frac{-1}{3}a$，$y_1 = \frac{4}{3}a$

$A_3 = 2a^2$，$x_3 = \frac{1}{2}a$，$y_1 = a$

$A_4 = a^2$，$x_4 = \frac{3}{2}a$，$y_1 = \frac{1}{2}a$

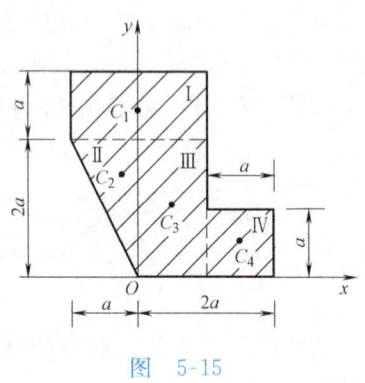

图　5-15

由式（5-21）可以求得该工件的重心坐标为

$$x_C = \frac{x_1 A_1 + x_2 A_2 + x_3 A_3 + x_4 A_4}{A_1 + A_2 + A_3 + A_4} = \frac{-\frac{1}{3}aa^2 + \frac{1}{2}a2a^2 + \frac{3}{2}aa^2}{2a^2 + a^2 + 2a^2 + a^2} = \frac{13}{36}a$$

$$y_C = \frac{y_1 A_1 + y_2 A_2 + y_3 A_3 + y_4 A_4}{A_1 + A_2 + A_3 + A_4} = \frac{\frac{5}{2}a2a^2 + \frac{4}{3}aa^2 + a2a^2 + \frac{1}{2}aa^2}{2a^2 + a^2 + 2a^2 + a^2} = \frac{53}{36}a$$

表 5-1　简单几何形状物体的重心

图　形	重心位置	图　形	重心位置
三角形	在中线的交点 $y_C = \dfrac{1}{3}h$	扇形	$x_C = \dfrac{2}{3}\dfrac{r\sin\alpha}{\alpha}$ 对于半圆 $x_C = \dfrac{4r}{3\pi}$
梯形	$y_C = \dfrac{h}{3}\dfrac{(2a+b)}{(a+b)}$	部分圆环	$x_C = \dfrac{2}{3}\dfrac{R^3-r^3}{R^2-r^2}\dfrac{\sin\alpha}{\alpha}$
圆弧	$x_C = \dfrac{r\sin\alpha}{\alpha}$ 对 $\alpha = \dfrac{\pi}{2}$，则 $x_C = \dfrac{2r}{\pi}$	抛物线面	$x_C = \dfrac{3}{5}a$ $y_C = \dfrac{3}{8}b$
弓形	$x_C = \dfrac{2}{3}\dfrac{r^3\sin^3\alpha}{A}$ A 为面积	抛物线面	$x_C = \dfrac{3}{4}a$ $y_C = \dfrac{3}{10}b$
半圆球	$z_C = \dfrac{3}{8}r$	正圆锥体	$z_C = \dfrac{1}{4}h$

2) 负面积法　若在物体内切去一部分（例如有空穴或孔的物体），要求剩余部分物体的重心时，仍可用与分割法相同的公式，只是切去部分的面积（或体积）应取做负值。

例 5-6　在均质薄圆板上钻一圆孔，如图 5-16 所示，已知 $R=30\text{cm}$，$r=10\text{cm}$，求板的重心位置。

解　取坐标系如图。将圆板分割成两部分：半径为 R，未钻孔的圆板和被挖去的半径为 r 的小圆板。

由于第二部分被挖去，其面积取负值。圆板关于 x 轴对称，其重心在对称轴上，所以

$$y_C = 0$$

所分两部分的面积和形心坐标为

$$A_1 = \pi R^2,\ x_1 = 0$$
$$A_2 = -\pi r^2,\ x_2 = r$$

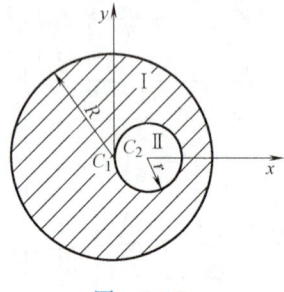

图 5-16

于是，圆板的重心标为

$$x_C = \frac{x_1 A_1 + x_2 A_2}{A_1 + A_2} = \frac{-\pi r^3}{\pi(R^2 - r^2)} = \frac{-\pi \times 10^3}{\pi(30^2 - 10^2)}\text{cm} = -1.25\text{cm}$$

3) 实验法求重心　工程中经常会遇到外形复杂的物体，用计算的方法求重心位置将非常困难。实验法则可比较方便地确定出重心的位置，而且具有足够的准确度。常用的实验方法有两种。

悬挂法　对于具有对称面或平板形状的物体，可将该物体先悬挂在任一点 A，如图 5-17a 所示，根据二力平衡原理，重心在过悬挂点 A 的铅垂线上，标出此线。然后再将它悬于另一点 D，同样可标出另一铅垂线（图 5-17b）。这两条铅垂线的交点 C 就是该物体的重心。

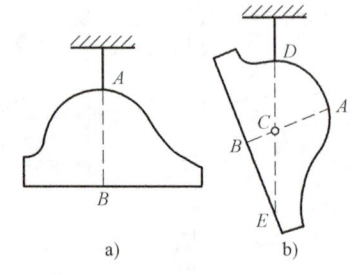

图 5-17

称重法　对于形状复杂或体积较大的物体有时用称重法测定其重心。例如曲柄连杆机构中的连杆，因为具有对称轴，所以只要确定重心在此轴上的位置即可。先称得连杆的重量 W，并测得连杆两端轴心 A、B 间的距离 l。将 B 端放在台称上，A 端尖角支承，并使 AB 水平（图 5-18），测得 B 端约束力

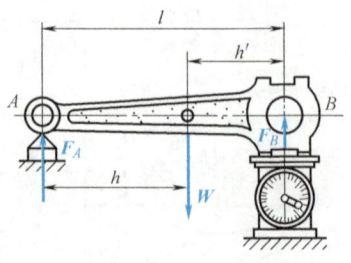

图 5-18

F_B 的大小，由力矩方程

$$\sum M_A(\boldsymbol{F}) = 0, \quad F_B l - W h = 0$$

可得
$$h = \frac{F_B}{W} l$$

对于空间形状非对称的物体，可通过三次称重的方法确定其重心位置。

习　题

5-1　如图 5-19 所示，已知 $F = 20\text{N}$，求力 $\boldsymbol{F}$ 在 x、y、z 轴上的投影，以及对该三轴的力矩。

5-2　如图 5-20 所示，已知 $F_T = 10\text{kN}$，求：(1) 力 $\boldsymbol{F}_T$ 对 x、y 轴的矩；(2) $\boldsymbol{F}_T$ 对 OA 轴之矩。

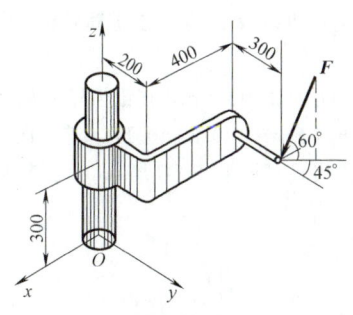

图 5-19　题 5-1 图

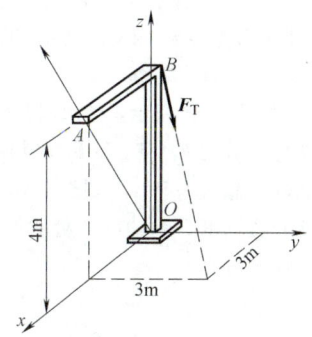

图 5-20　题 5-2 图

5-3　图 5-21 所示力系中 $F_1 = 100\text{N}$，$F_2 = 100\text{N}$，$F_3 = 100\text{N}$，各力作用线的位置如图所示。试将该力系向原点 O 简化。

5-4　如图 5-22 所示，一力系由四个力组成，若 $F_1 = 60\text{N}, F_2 = 400\text{N}, F_3 = 50\text{N}, F_4 = 200\text{N}$。试求该力系向点 A 简化的结果。

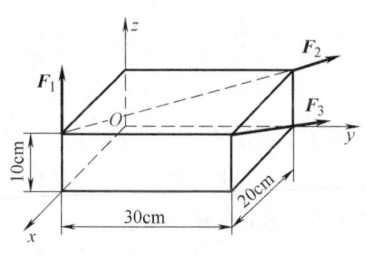

图 5-21　题 5-3 图

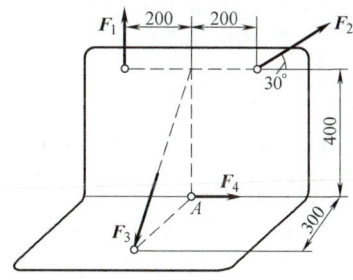

图 5-22　题 5-4 图

5-5　图 5-23 所示三轮车连同上面的货物共重 $G = 3000\text{N}$，重力作用线通过点 C，求车子静止时各轮对水平地面的压力。

5-6　如图 5-24 所示，三脚圆桌的半径 $r = 50\text{mm}$，重 $W = 600\text{N}$。圆桌的三个脚 A、

B、C 形成一等边三角形。若在中线 CD 上距圆心为 a 的点 M 处作用铅直力 $F = 1500\text{N}$，求使圆桌不致翻倒的最大距离 a。

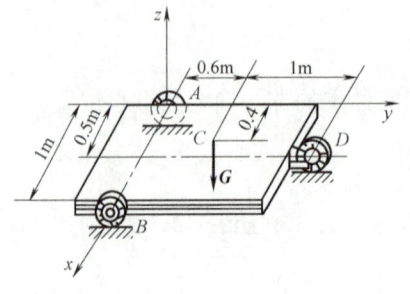

图 5-23 题 5-5 图

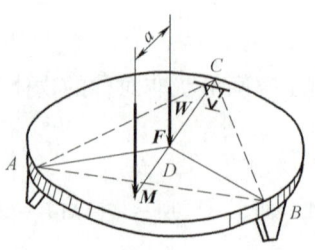

图 5-24 题 5-6 图

5-7 图 5-25 所示水平轴支承在轴承 A、B 上，轴上轮子半径为 20cm，重物 $W = 250\text{N}$，重锤 E 重 $G = 1\text{kN}$。尺寸如图。平衡时 DE 与铅垂线成 30°角，求重锤到轴的距离以及轴承 A、B 处的约束力。

5-8 如图 5-26 所示，使水涡轮转动的力偶矩为 $M_z = 1200\text{N·m}$，在锥齿轮 B 处受到的力分解为三个分力 F_t、F_a 和 F_r，其比例关系为 $F_t : F_a : F_r = 1 : 0.32 : 0.17$。若水涡轮连同轴和锥齿轮的总重为 $W = 12\text{kN}$，作用线沿轴 Cz，锥齿轮平均半径 $OB = 0.6\text{m}$，其余尺寸如图，求止推轴承 C 和轴承 A 处的约束力。

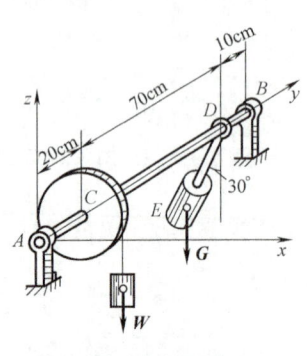

图 5-25 题 5-7 图

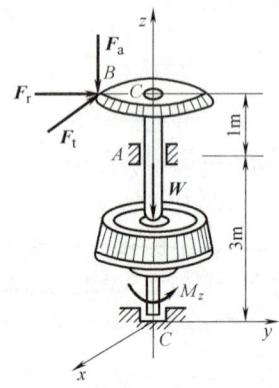

图 5-26 题 5-8 图

5-9 如图 5-27 所示，水平轴上装有两个带轮 C 和 D，轮的半径 $r_1 = 20\text{cm}$，$r_2 = 25\text{cm}$，轮 C 的皮带是水平的，拉力 $F_{T1} = 2F_{t1} = 5000\text{N}$，轮 D 的皮带与铅垂线成 30°角，拉力 $F_{T2} = 2F_{t2}$；不计轮、轴的重量，求平衡时 F_{T2} 和 F_{t2} 的大小及轴承的约束力。

5-10 图 5-28 所示矩形薄板 $ABDC$ 重量不计，用球铰链 A 和蝶铰链 B 固定在墙上，另用细绳 CE 维持水平位置。板在 D 点受到一个平行于 z 轴的力 $G = 500\text{N}$，角度关系如图，求细绳的拉力和 A、B 处的约束力。

5-11 图 5-29 所示均质正方形薄板 $ABCD$ 重 $W = 50\text{N}$，每边长 $a = 30\text{cm}$，点 A 用球铰固定，点 B 用蝶铰固定。AB 边水平，点 E 搁在尖角上，在薄板的点 H 作用一平行于 AB

边的力 F，其大小为 100N，若 $CE = ED$，$BH = 10$cm，板与水平面成 30°角，求支座 A、B 和 E 的约束力。

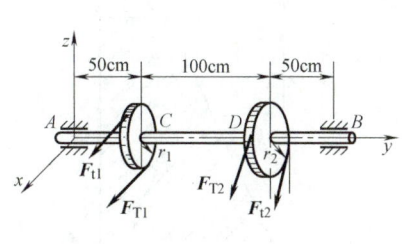

图 5-27　题 5-9 图

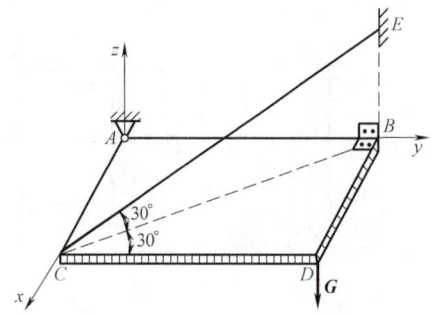

图 5-28　题 5-10 图

5-12　图 5-30 所示均质杆 AB 重 W，长为 l，A 端靠在光滑墙面上并用一绳 AC 系住，AC 平行于 x 轴，B 端用球铰连于水平面上。求杆 A、B 两端所受的力。

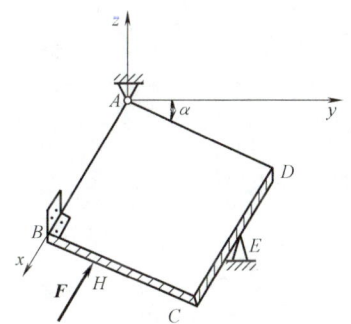

图 5-29　题 5-11 图

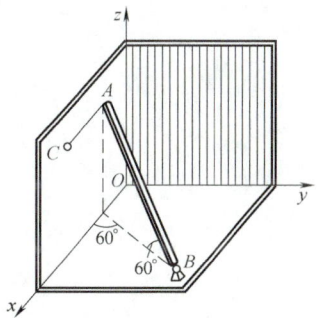

图 5-30　题 5-12 图

5-13　图 5-31 所示平板 $ABCD$ 由六根无重杆支承，若板重 $W = 10$kN，$AB = DC = 100$cm，$AD = BC = Aa = 50$cm，求各杆的内力。

5-14　如图 5-32 所示，两球各重 W_1 和 W_2。证明：两球总重的重心 C 位于连心线 O_1O_2 上，并且 C 与球心的距离和球的重量成反比，即 $CO_1/CO_2 = W_2/W_1$。

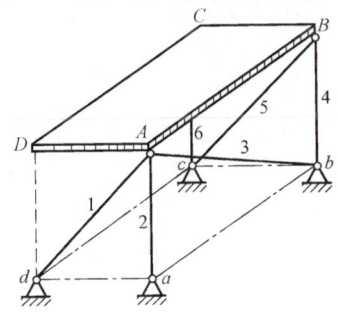

图 5-31　题 5-13 图

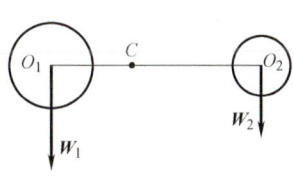

图 5-32　题 5-14 图

5-15　求图 5-33 所示截面等厚度物体重心的位置。

5-16　将图 5-34 所示梯形板 ABED 在点 E 挂起，欲使 AD 边保持水平，BE 应等于多少？设 AD=a。

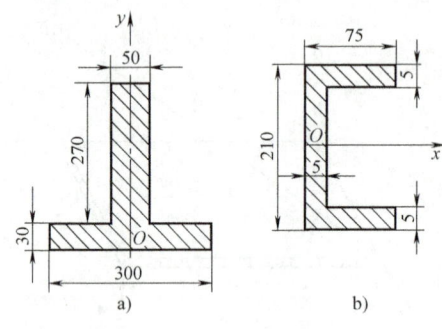

图 5-33　题 5-15 图

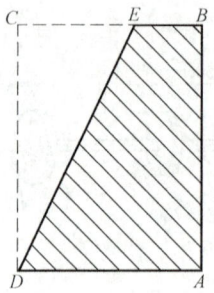

图 5-34　题 5-16 图

第二篇

材料力学

　　机器或结构都是由若干构件组成的。在第一篇静力学中，通过力的平衡关系，已经解决了构件外力的计算问题。本篇分析构件在外力作用下，如何保证正常地工作的问题。

　　在工程实际中，常常遇到这样的情况，当构件受力过大时，会发生破坏而造成事故；或者受力后产生过大的变形而影响机器或结构物正常工作。因此在设计中要求每个构件都有足够的抵抗破坏的能力，即要求构件有足够的强度；同时也要求构件有必要的抵抗变形的能力即必要的刚度。此外，有时还会有这样的问题：例如一根受压的细长直杆，当沿杆轴方向压力增大到一定程度后，若受到微小的干扰，杆就会由原来的直线状态突然变弯，这种突然改变原有平衡状态的现象，称为丧失稳定（失稳）这也是工程中所不允许的。因此对此类构件，还要求其工作时能保持原有的平衡状态，即要求其有足够的稳定性。强度、刚度和稳定性，这是设计构件必须考虑的几个问题。

　　在设计构件时，除了要求构件能正常地工作外，同时还应考虑合理地使用和节约材料，即考虑经济方面的要求。一般来说，前者要求用较多或较好的材料；后者则要求少用材料或用便宜材料。二者常常是矛盾的。本篇的主要任务就是为受力构件提供强度、刚度和稳定性计算的理论基础，从而为构件选用适当的材料，确定合理的形状和尺寸，以达到既经济又安全的要求。

　　在研究构件的强度、刚度等问题时，物体的变形是一个不可忽略的因素。因此在本篇中将构件的材料皆视为可变形固体。对可变形固体作以下的基本假设：

1. 均匀连续假设　即认为在整个体积内都毫无空隙地充满着物质，而且物体内任何部分的性质都是完全一样的。

2. 各向同性假设　即认为材料沿各个不同方向的力学性质均相同。

还必须指出，工程中的实际构件受力后变形一般都很小，它相对于构件的原始尺寸要小得多，因此在分析构件上力的平衡关系时，变形的影响可忽略不计，仍用构件原有尺寸进行计算。

构件的几何外观形式是多种多样的，但最常见最基本的形式是杆件。所谓杆件，就是纵向（长度方向）尺寸远大于横向（垂直于长度方向）尺寸的构件。

在工作时杆件受力情况各不相同，因之所产生的变形也随之而异。杆件受力后所产生的变形，有以下几种基本形式：

1) 拉伸和压缩（图Ⅱ-1）；2) 剪切（图Ⅱ-2）；3) 扭转（图Ⅱ-3）；4) 弯曲（图Ⅱ-4）。对于变形比较复杂的杆件，也不外于这几种基本变形的组合。

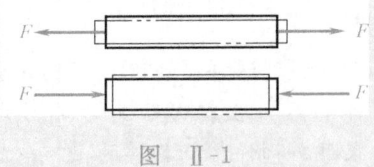

图　Ⅱ-1

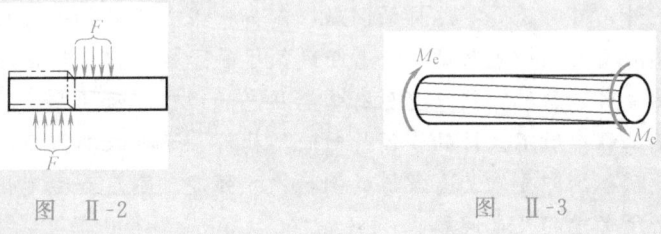

图　Ⅱ-2　　　　　　　　　　图　Ⅱ-3

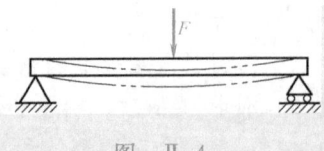

图　Ⅱ-4

第6章 轴向拉伸与压缩

6.1 轴向拉伸与压缩的概念

在工程实际中,有许多受轴向拉伸或压缩的杆件。例如:简易起重机(图 6-1a)中的 AB 杆和 AC 杆,内燃机(图 6-1b)中的连杆等。

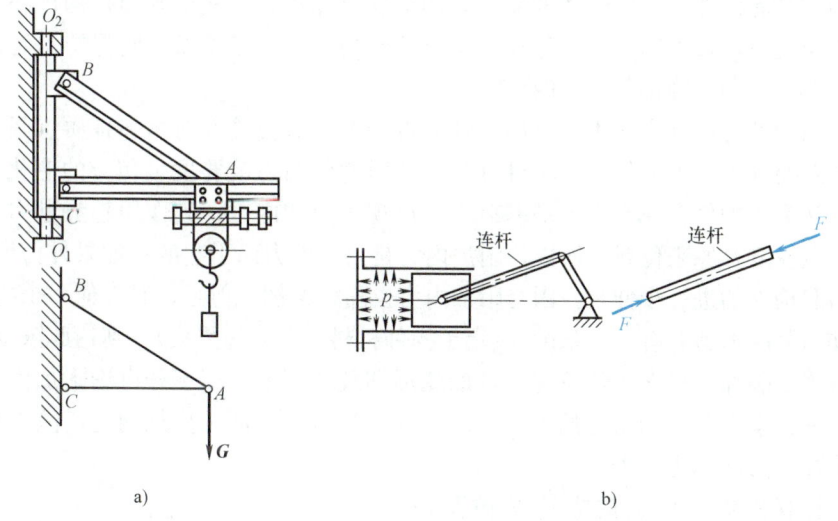

图 6-1

虽然这些杆件的形状以及所受到的外力方式并不完全相同,但是它们共同的特点是:作用在杆件上外力合力的作用线通过杆件的轴线,使杆件发生沿轴线方向的伸长或缩短的变形(图 6-2),杆件的这种变形形式称为**轴向拉伸或轴向压缩**。

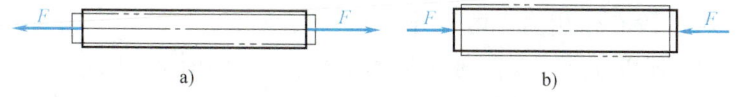

图 6-2

6.2 轴向拉伸与压缩杆件的内力

内力的计算是分析构件的强度、刚度和稳定性的基础,为了对拉压杆件进行强度和变形计算,首先介绍内力的概念和计算方法。

在静力学中,研究某一物系时,将这一物系受到其他物系给予的作用力称之为外力,而将此物系内部各物体之间的相互作用力称为内力。材料力学在讨论强度和刚度等问题时,一般总是以某一构件(不能再拆的结构元件)作为研究对象,因此,其他构件对此构件的作用力,就称为它所受到的外力。而内力,则指的是此构件内部之间或各质点之间的相互作用力。我们知道,构件在未受外力作用时,其中即有内力存在,正是这些内力,使各质点之间保持一定的相对位置,使构件维持其一定的形状。

当构件受到外力作用,例如受轴向拉伸时,沿轴线方向相邻各质点间的相对位置要远离,因而使整个构件伸长。这时构件内力就要发生相应的变化,也可以认为,构件在原有内力的基础上,出现了附加内力,其作用趋势是力图使各质点恢复其原来位置。所以,附加内力是由于外力而引起的;如果外力增加,将引起构件的进一步伸长,因之附加内力也随之增加。但是,对任何一个构件,附加内力的增加总有一定限度(决定于构件材料、尺寸等因素),到达此限度时,构件就要破坏。材料力学研究构件的变形和破坏问题,离不开讨论附加内力与外力的关系以及附加内力的限度。因为我们的讨论只涉及附加内力,故以后即把附加内力简称为内力。

计算构件的内力的方法是截面法。现以拉杆为例来说明用截面法计算其内力的方法。

图 6-3a 所示为一受拉杆件,现欲求杆件的任一横截面 m—m 上的内力,先假想用一沿 m—m 的截面将杆截开成Ⅰ、Ⅱ两段,取其中任一段(例如取Ⅰ段)为研究对象,根据作用力与反作用力定律,Ⅱ段对Ⅰ段有作用力,由于外力是沿轴线作用,所以在 m—m 截面上内力的合力 F_N 的作用线也应与杆轴线重合,内力的合力 F_N 称为杆件的轴力(图 6-3b)。用截面法求内力的步骤可以归纳如下:

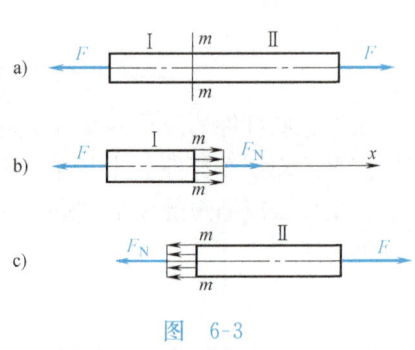

图 6-3

1. 假想地用一截面将杆件分为两部分,取其中一部分为研究对象,舍去另一部分,将舍去部分对研究部分的作用以截面上的轴力 F_N 代替;

2. 根据研究对象的平衡条件确定轴力的大小。

对于轴向拉压的构件来说，横截面上的轴力皆垂直于截面，且通过截面的形心，轴力是一代数量。**规定轴力的方向背离截面为正，称为拉力，用正号表示；轴力的方向指向截面为负，称为压力，用负号表示。**

由于整个杆件是平衡的，则Ⅰ段也是平衡的，根据平衡方程可以计算出各个截面的轴力。

对于杆件的轴线有多个力作用时，则各部分横截面上轴力一般不同，为了能够表示各个截面的轴力变化情况，往往要画出杆件的轴力图，画轴力图的方法一般是用沿轴线的坐标轴表示各个截面的位置，垂于轴线的坐标轴表示轴力的大小。下面举例说明。

例 6-1 已知直杆的受力如图 6-4a 所示，绘制其轴力图。

解 （1）求支座约束力　为了求轴力方便，可先求出 A 端的支座约束力 F_A。取整体为研究对象（图 6-4b），由平衡方程

$$\sum F_x=0, \quad F_1-F_2+F_3-F_A=0$$

得
$$F_A=F_1-F_2+F_3=5\text{kN}$$

（2）求各段的轴力　首先计算 AB 段的轴力，沿截面 1—1 将杆假想地截开，取左段杆为研究对象，假设该截面的轴力 F_{N1} 为拉力（图 6-4c），由平衡方程

$$\sum F_x=0, \quad F_{N1}-F_A=0$$

得
$$F_{N1}=F_A=5\text{kN}$$

结果为正值，表示所设 F_{N1} 的方向与实际受力方向一致，即为拉力。

再求 BC 段的轴力，考虑截面 2—2 左段杆的平衡，假设轴力 F_{N2} 为拉力（图 6-4d）。由平衡方程

$$\sum F_x=0, \quad F_{N2}+F_1-F_A=0$$

得
$$F_{N2}=F_A-F_1=(5-20)\text{ kN}=-15\text{kN}$$

结果为负值，表示所设 F_{N2} 的方向与实际受力方向相反，即为压力。

计算 CD 段的轴力 F_{N3} 时，取截面 3—3 右段杆为研究对象比较简单（图 6-4e）。同理可得

$$F_{N3}=10\text{kN}$$

（3）绘制轴力图　取平行于杆轴线的 x 轴为横坐标轴，以坐标 x 表示横截面的位置；取垂直于 x 轴的 F_N 轴为纵坐标轴，以坐标 F_N 表示相应截面的轴力。按适当比例将正值轴力绘于 x 轴的上侧，负值轴力绘于下侧，可得轴力图如图 6-4f 所示。这样，轴力图不但可显示出杆件各段内轴力的大小，而且还可以表示出各段内的变形是拉伸还是压缩以及最大轴力所在的位置。由图可见，绝对值最大的轴力在 BC 段内，其值为

$$F_{N,\max}=15\text{kN}$$

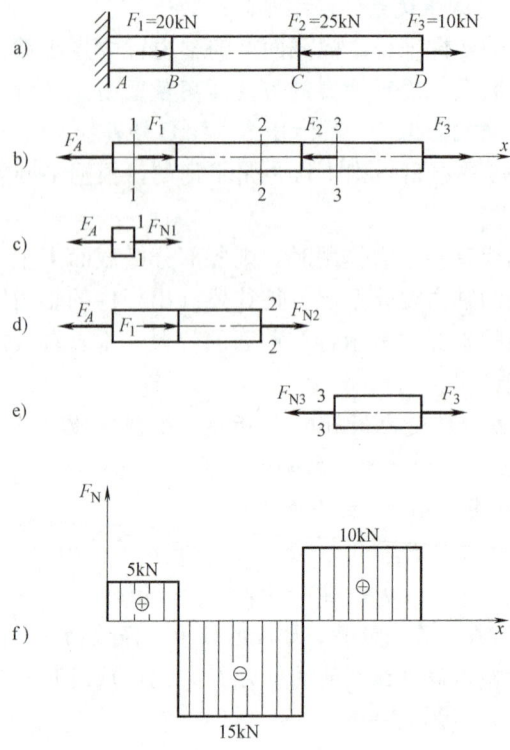

图 6-4

由例 6-1 可以看出，应用截面法研究留下部分的平衡时，可对未知轴力均假设为拉力，因为这样可使答案中的正号或负号具有双重含义，既表明该轴力所设指向与实际受力方向是否一致，又表明该轴力是拉力还是压力。

例 6-2 图 6-5a 所示铅垂悬吊的直杆 AB。设杆长 $l=10\text{m}$，横截面面积 $A=0.1\text{m}^2$，材料的体积质量 $\rho=7.96\times10^3\text{kg/m}^3$，试作轴力图。

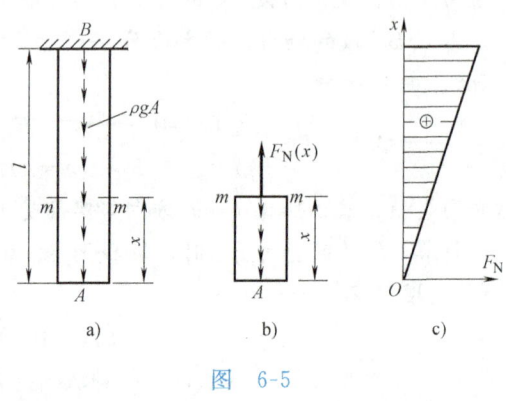

图 6-5

解 杆件的自重可看做沿杆轴线作用的均匀分布连续载荷，为了计算方便，取下端 A 截面中点为 x 坐标原点，在距 O 点为 x 处，用 m—m 截面假想地将杆截成上下两段，现取其下段为研究对象。设 m—m 截面上的轴力 $F_N(x)$ 为拉力（图 6-5b），根据下段的平衡条件

$$\sum F_x=0, \quad F_N(x)-\rho gAx=0$$

得
$$F_N = \rho g A x$$

上式表示轴力 $F_N(x)$ 是 x 的一次函数,根据上式作出轴力图如图 6-5c 所示,可以确定出杆中的最大轴力发生在 B 截面上,其值为

$$F_{Nmax} = \rho g A l = (7.96 \times 10^3 \times 9.8 \times 0.1 \times 10) N = 78 kN$$

6.3 轴向拉压杆截面上的应力

6.3.1 杆横截面上的应力

通过截面法,可以求出杆各截面的轴力。但是,只求出轴力还不能解决杆的强度问题。因为同样的轴力作用在不同截面上,会产生不同的结果。例如,两根材料相同、横截面面积不同的直杆,若两端所受的轴向外力相同,根据求轴力的方法可知,两根杆的横截面上轴力也相同,随着外力的增加,横截面较小的杆将先被拉断。这说明,杆件的危险程度取决于横截面上内力的聚集程度,而不是取决于轴力的大小。因此,在讨论杆件的强度问题时,还必须了解杆件横截面上的内力聚集程度,以分布在单位面积上的内力来衡量它,称之为**应力**。在国际单位制中,应力的单位是帕,其符号为 Pa。1 帕等于 1 牛每平方米 ($1Pa = 1N/m^2$)。工程实际中常使用帕的倍数单位兆帕、吉帕来表示,其符号分别为 MPa、GPa。其单位的换算关系为:$1MPa = 10^6 Pa$,$1GPa = 10^9 Pa$。

为了确定杆横截面上的轴力与应力间的关系以及横截面上的应力分布情况,常根据实验中观察到的变形现象,先作出变形分布规律的假设,然后据此推出应力的计算公式。为了观察杆在轴向拉伸时的变形情况,取如图 6-6 所示的等截面直杆,在加载前,先在杆上描画出几条平行于杆轴线的纵向线段和与

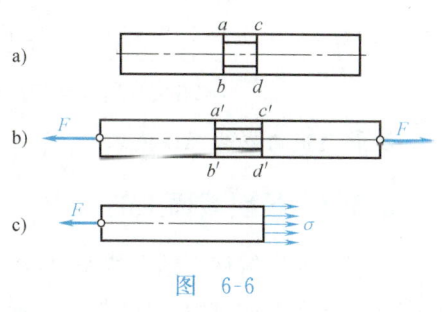

图 6-6

轴线相垂直的横向线段 ab、cd(图 6-6a),然后在杆的两端沿轴线施加一对拉力 F,使其产生拉伸变形(图 6-6b),这时可观察到:横向线段 ab、cd 分别平移到了 $a'b'$ 和 $c'd'$,但仍然垂直于杆的轴线;各纵向线段的伸长皆相等。可以认为,这一现象是杆的变形在其表面的反映,从而假设杆内部的变化也是如此,即杆变形后其横截面仍保持为平面。这个假设称为**平面假设**。再假想杆由无数纵向纤维所组成,则在任意两截面间的各纤维的伸长相同,由此可知每根纤维所受到的内力也相等,也就是说横截面上的内力是均匀分布的,进而得知横截面上的应力也必然是均匀的(如图 6-6c)。实践证明,除集中力作用点附近以外,这

一结论是正确的。

根据应力的定义和横截面上应力均匀分布的规律，可以得到杆横截面上的内力与应力的关系为

$$F_N = \int_A \sigma dA = \sigma A$$

或 $$\sigma = \frac{F_N}{A}$$ (6-1)

式中，σ 为横截面上的应力；F_N 为横截面上的轴力；A 为横截面面积。

当杆两端只受一对拉力 F 作用时，因 $F_N = F$，故上式又可写成

$$\sigma = \frac{F}{A}$$ (6-2)

式(6-1)即为轴向拉伸时横截面的应力计算公式。当杆上有多个轴向外力作用时，可根据各截面的轴力来求杆中的应力。

例 6-3 一阶梯直杆如图 6-7a 所示，已知 $F_1 = 100\text{kN}$，$F_2 = 50\text{kN}$，$F_3 = 150\text{kN}$，AB 段横截面面积 $A_1 = 10\text{cm}^2$，BC 段横截面面积 $A_2 = 20\text{cm}^2$，求各段的正应力。

解 画轴力图如图 6-7b 所示。其中，

AB 段的应力 $\sigma = \dfrac{F_{N1}}{A_1} = \dfrac{100 \times 10^3}{10 \times 10^{-4}}$ Pa

$= 100 \times 10^6 \text{Pa} = 100 \text{MPa}$

BC 段的应力 $\sigma = \dfrac{F_{N2}}{A_2} = \dfrac{150 \times 10^3}{20 \times 10^{-4}}$ Pa

$= 75 \times 10^6 \text{Pa} = 75 \text{MPa}$

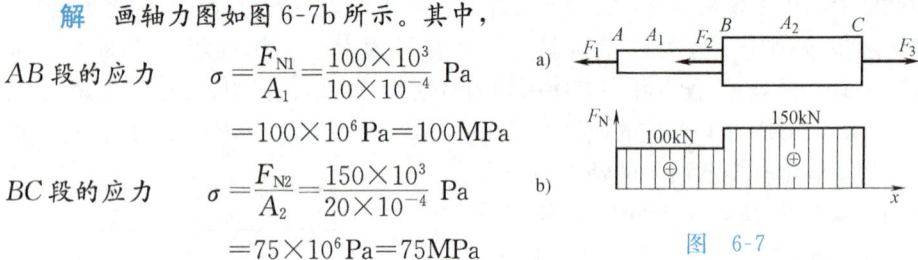

图 6-7

故最大应力发生 AB 段。

6.3.2 杆斜截面上的应力

为了全面了解杆在轴向拉伸(压缩)时各点沿不同方向的应力情况，还需要研究其斜截面上的应力。如图 6-8a 所示一轴向受拉杆，假想用一斜截面 m—m 将杆截开，取其左边部分为研究对象，并设斜面的外法线 n 与轴线方向夹角为 α (也就是斜截面与横截面间的夹角)，斜截面上的轴力用 $F_{N\alpha}$ 表示(图 6-8b)。

根据静力平衡方程 $\sum F_x = 0$，可得到 α 截面的轴力为

$$F_{N\alpha} = F$$

根据平面假设可知直杆受轴向拉伸时，所有的纵向纤维的伸长相等，故可推断出斜截面上各点的应力 p_α 也是均匀分布的，它与轴力 $F_{N\alpha}$ 平行，故可得

$$p_\alpha = \frac{F_{N\alpha}}{A_\alpha}$$

式中，A_α 是斜截面 m—m 的面积，由图可得斜截面的面积 A_α 与横截面的面积 A 之间的关系为

$$A_\alpha \cos\alpha = A \text{ 或 } A_\alpha = \frac{A}{\cos\alpha}$$

代入上式便得斜截面上的应力为

$$p_\alpha = \frac{F_{N\alpha}}{A_\alpha} = \frac{F}{A}\cos\alpha = \sigma\cos\alpha$$

式中，σ 为横截面上的正应力。

为了便于研究，通常将应力 p_α 分解为沿斜截面法线方向的正应力 σ_α 和沿斜截面切线方向应力 τ_α（称 τ_α 为斜截面上的切应力）（图 6-8c）。

由图可知

$$\sigma_\alpha = p_\alpha \cos\alpha = \sigma\cos^2\alpha \tag{6-3}$$

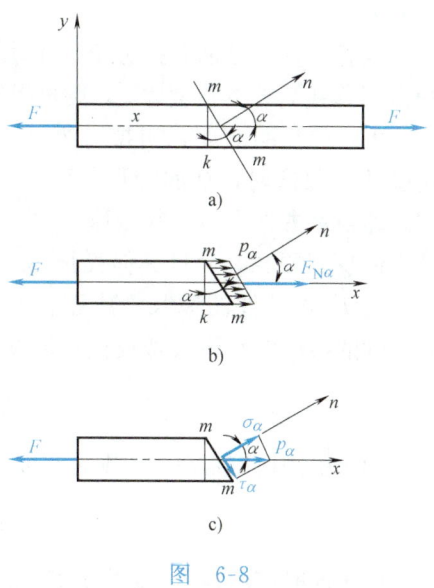

图 6-8

$$\tau_\alpha = p_\alpha \sin\alpha = \sigma\cos\alpha\sin\alpha = \frac{\sigma}{2}\sin2\alpha \tag{6-4}$$

从以上公式看出，σ_α 和 τ_α 都是 α 的函数，所以斜截面的方位不同，其上的应力也就不同。当 $\alpha=0°$ 时，斜截面 m—m 成为垂直于轴线的横截面，σ_α 达到最大值，且

$$\sigma_{\max} = \sigma, \quad \tau_\alpha = 0$$

当 $\alpha=45°$ 时，τ_α 达到最大值，且

$$\tau_{\max} = \frac{\sigma}{2}$$

即直杆受轴向拉伸（压缩）时，在与横截面成 45°角的斜截面上的切应力值最大，它的值等于横截面上正应力数值的一半。

当 $\alpha=90°$ 时，$\sigma_{90°}=0$，$\tau_{90°}=0$，即直杆受轴向拉伸（压缩）时，与横截面垂直的纵截面上不存在应力。

6.4 轴向拉压时的变形 胡克定律

6.4.1 纵向变形

在前节中指出轴向受拉杆的变形主要是轴向伸长，实际上，除了轴向伸长外，杆的横截面的尺寸也有缩小。对于受压杆来说，轴线方向的变形是缩短，横截面的尺寸则增大，称沿轴线方向的变形为**纵向变形**，横截面尺寸的变形为

横向变形。

设有一直杆受轴向拉力 F 的作用，如图 6-9 所示，变形前杆的长度为 l，受力 F 作用后杆的长度为 l'，则可得纵向伸长量为 $\Delta l = l' - l$。

大量的实验表明，当拉力 F 不超过某一限度时，杆的变形是弹性的，即当除去外力后，其变形消失，杆件恢复到原状，而且其伸长量 Δl 与拉力 F 和杆件的原长 l 成正比，

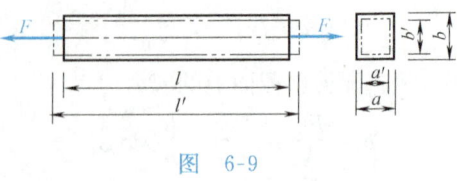

图 6-9

与杆件的横截面面积 A 成反比，可以用数学式表示为：

$$\Delta l \propto \frac{Fl}{A}$$

如果引进比例常数 E，则可写成：

$$\Delta l = \frac{Fl}{EA}$$

由于此时杆的轴力 F_N 等于 F，故又可表示为：

$$\Delta l = \frac{F_N l}{EA} \tag{6-5}$$

当杆拉伸时，Δl 为伸长量，用正号表示；当杆压缩时，Δl 为缩短量，用负号表示。

式(6-5)就是轴向拉伸与压缩变形的计算公式，也称为**拉压胡克定律**。其中的比例常数 E 与材料的性质有关，称为材料的**弹性模量**，其值越大，则杆件的变形越小，故它是衡量材料抵抗变形能力的一个指标，其单位与应力的单位相同，用 Pa 表示，工程中通常用 GPa 表示。

由上式还可以看出，对于长度相等、受力相同的两杆，EA 愈大，杆的变形就愈小，所以，EA 代表了杆件抵抗拉伸（或压缩）变形的能力，称为杆件**抗拉（压）刚度**。

由上式还可以看出，在 E、F_N、A 相同的情况下，杆件的长度 l 愈大，其伸长量 Δl 也愈大，故 Δl 还不能说明杆的变形程度，因此，需要应用相对伸长的概念，即以单位长度的伸长量来衡量杆件变形的程度

$$\varepsilon = \frac{\Delta l}{l} \tag{6-6}$$

式中，ε 称为**纵向线应变**，是一量纲为一的量，伸长时用正号表示，缩短时用负号表示。如果将式(6-5)代入式(6-6)，则可以得到胡克定律的另一种形式

$$\varepsilon = \frac{\Delta l}{l} = \frac{F_N}{EA} = \frac{\sigma}{E} \text{ 或 } \sigma = E\varepsilon \tag{6-7}$$

式(6-7)表明：当正应力不超过某一限度时，应力与应变成正比，比例系

为弹性模量 E。

6.4.2 横向应变

设拉杆的横截面为矩形(图 6-9)轴向受拉后，其矩形截面的边长分别缩小到 a' 与 b'，此时可以得到矩形的两个方向的横向变形分别为：

$$\Delta b = b - b', \quad \Delta a = a - a'$$

并且两横向的相对变形相等，同为：

$$\varepsilon' = \frac{\Delta b}{b} = \frac{\Delta a}{a}$$

式中，ε' 称为横向线应变，大量的实验表明，其横向线应变 ε' 与纵向线应变 ε 的绝对值之比为一常数，即

$$\left| \frac{\varepsilon'}{\varepsilon} \right| = \mu$$

该比例常数 μ 称为横向变形因数或称为泊松比，它是一个随材料而异的常数，是一个量纲为一的量。利用这一关系，可以通过杆的纵向线应变来求得其横向线应变，即

$$\varepsilon' = -\mu \varepsilon \tag{6-8}$$

式中的负号表示：当纵向线应变为伸长时，横向线应变为缩短，当纵向线应变为缩短时，横向线应变为伸长，它们之间的正负号总是相反的。将式（6-7）代入上式，又可得：

$$\varepsilon' = -\mu \frac{\sigma}{E} \tag{6-9}$$

利用式（6-9），可由正应力求得横向线应变。

弹性模量 E 和泊松比 μ 是材料的两个常数，可以由实验测定，表 6-1 给出了一些常用材料的 E 和 μ 的大约数值。

表 6-1 一些常用材料的弹性模量及泊松比的约值

材料名称	牌号	E/GPa	μ
低碳钢	Q235	200～210	0.24～0.28
中碳钢	45	205	
低合金钢	16Mn	200	0.25～0.30
合金钢	40CrNiMoA	210	
灰口铸铁		60～162	0.23～0.27
球墨铸铁		150～180	
铝合金	LY12	71	0.33
硬质合金		380	
混凝土		15.2～36	0.16～0.18
木材(顺纹)		9～12	

例 6-4 图 6-10a 所示阶梯形钢杆，AC 段横截面面积 $A_1=500\text{mm}^2$，CD 段横截面面积 $A_2=200\text{mm}^2$，材料的弹性模量 $E=200\text{GPa}$。试求杆的总伸长量。

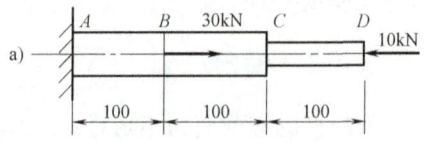

解 用截面法计算各段轴力，画轴力图如图 6-10b 所示。

式（6-5）是计算等直杆且轴力为常量的轴向变形公式。对于阶梯杆或轴力沿轴线变化的杆，需分段计算变形，再求各段绝对变形的代数和。本题根据轴力沿截面的变化情况，应分成 AB、BC、CD 三段计算。杆的总变形为

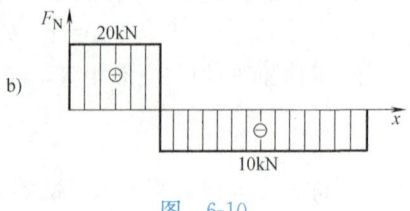

图 6-10

$$\Delta l = \Delta l_{AB} + \Delta l_{BC} + \Delta l_{CD}$$
$$= \frac{F_{NAB}l_{AB}}{EA_1} + \frac{F_{NBC}l_{BC}}{EA_1} + \frac{F_{NCD}l_{CD}}{EA_2}$$
$$= \frac{1}{200\times10^9}\left(\frac{20\times10^3\times100\times10^{-3}}{500\times10^{-6}} - \frac{10\times10^3\times100\times10^{-3}}{500\times10^{-6}}\right.$$
$$\left. - \frac{10\times10^3\times100\times10^{-3}}{200\times10^{-6}}\right)\text{m}$$
$$= -0.015\times10^{-3}\text{m} = -0.015\text{mm}$$

计算结果为负值，说明杆的总长度缩短了 0.015mm。

例 6-5 在图 6-11a 所示起重机中，已知起吊重量 $W=130\text{kN}$，钢的弹性模量 $E=200\text{GPa}$，杆 AB 长 2m。两杆截面面积为 $A_1=21.7\text{cm}^2$，$A_2=25.48\text{cm}^2$。试求 AB 和 AC 两杆的变形，以及节点 A 的位移。

解 将杆 AB、AC 截断，取右半部分如图 6-11b 所示，根据静力平衡方程

$$\sum F_y = 0, \quad F_{N1}\sin30° - W = 0$$

得
$$F_{N1} = 2W = 260\text{kN （拉）}$$

$$\sum F_x = 0, \quad -F_{N1}\cos30° + F_{N2} = 0$$

得
$$F_{N2} = \sqrt{3}W = 224.9\text{kN （压）}$$

由式（6-5）可求出 AB 和 AC 两杆的纵向变形分别为

$$\Delta l_1 = \frac{F_{N1}l_1}{EA_1} = \frac{260\times10^3\times2}{200\times10^9\times21.7\times10^{-4}}\text{m} = 1.198\times10^{-3}\text{m} = 1.198\text{mm（伸长量）}$$

$$\Delta l_2 = \frac{F_{N2}l_2}{EA_2} = \frac{224.9\times10^3\times2\times\cos30°}{200\times10^9\times25.48\times10^{-4}}\text{m} = 7.64\times10^{-4}\text{m} = 0.764\text{mm（压缩量）}$$

从上述结果可见，在弹性范围内杆件的变形是很小的。

为了计算节点 A 的位移，可假想地将 AB 和 AC 两杆在 A 点拆开，并在其

原长上分别增加和减去长度 Δl_1 和 Δl_2，然后分别以 B、C 点为圆心，以两杆变形后的长度 BA_1、CA_2 为半径作两弧，它们的交点 A' 就是点 A 在两杆变形后的新位置。因两杆的变形很微小，故该两圆弧可分别用垂直于 BA_1 和 CA_2 的垂线来代替，两垂线的交点就是 A'（图 6-11a）。显然，AA' 就是节点 A 的位移。

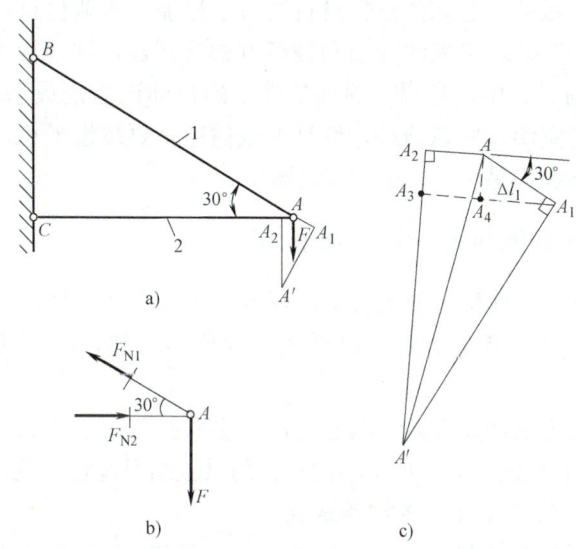

图 6-11

将表示变形几何关系的图画得大些，如图 6-11c 所示。节点 A 的位移 AA'，可根据几何图形求得。

画辅助线 $A_1A_3 /\!/ AA_2$ 及 $AA_4 /\!/ A_2A_3$。节点 A 的水平位移为

$$\delta_H = AA_2 = \Delta l_2 = 0.764 \text{mm}（向左）$$

节点 A 的垂直位移为

$$\begin{aligned}
\delta_V &= A_2A' = A_2A_3 + A_3A' \\
&= \Delta l_1 \sin 30° + (\Delta l_1 \cos 30° + \Delta l_2) \cot 30° \\
&= [1.198\sin 30° + (1.198\cos 30° + 0.764)\cot 30°] \text{mm} \\
&= 3.719 \text{mm}（向下）
\end{aligned}$$

节点 A 的总线位移 AA' 为

$$AA' = \sqrt{\delta_H^2 + \delta_V^2} = \sqrt{(0.764)^2 + (3.719)^2} \text{mm} = 3.797 \text{mm}$$

由上述计算可见，由于杆件的变形而引起点的位移，点的位移是指点位置的移动，其值根据杆件的变形，并由变形的几何相容条件求得。因此，变形与位移既有联系又有区别。变形是标量，而位移则是矢量。

6.5 拉伸和压缩时材料的力学性能

构件的强度和变形不仅与应力有关,还与材料本身的性质有关。在工程实际中,对各种构件材料的选取,产品的质量分析和研究都需要具有材料力学性能的有关知识,因此,必须要研究材料的力学性能。所谓材料的力学性能是指材料在外力作用下表现出来的变形和破坏方式等特性,这些特性是通过各种试验方法来测定的。其中,常温、静载条件下的拉伸试验是最基本的一种方法,所谓常温就是指室温;所谓静载,就是加载的速度要缓慢平稳,材料的许多重要的力学性能指标都是由这一试验方法测出。

6.5.1 低碳钢拉伸时的力学性能

低碳钢是在工程实际中使用极为广泛的材料,它在拉伸试验中所表现出的力学性能比较典型,因此,首先以低碳钢为典型材料,研究其拉伸时的力学性能。

拉伸试验的方法和要求,在国家标准《金属拉伸试验方法》(GB/T 228—1987)中有详细的规定。为了便于不同材料的试验结果进行比较,试验前应按国家标准规定的形状和尺寸,将材料做成标准的试件。对于金属材料通常采用圆柱形试件,其形状如图 6-12 所示。在试件等直部分的中段划取一段 l_0 作为**标距长度**,或称工作长度。标距长度有两

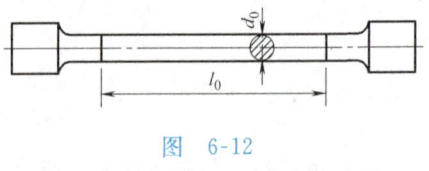

图 6-12

种,对于长试件取 $l_0=10d_0$;对于短试件取 $l_0=5d_0$。式中,d_0 为试件的直径。

试验所用的主要设备是:对试件施加载荷的万能材料试验机和测量试件变形的引伸仪。试验时将试件的两端装在试验机的夹头中,对试件缓缓地施加拉力;同时在试件上安装引伸仪测量试样在标距长度内的伸长。在试验过程中,观察试件的变形情况和出现的各种现象,记录出有关的数据,便可看出材料受力后的某些特性和测出反映材料某种能力的性能指标。

通过低碳钢的拉伸试验可以看到,随着拉力 F 的逐渐增加,标距长度的伸长 Δl 作有规律的变化。如果取一个直角坐标系,以横坐标表示变形 Δl,纵坐标表示拉力 F,则在试验机的自动绘图装置上可以画出 Δl 与 F 之间的关系曲线如图 6-13 所示。这条曲线称为低碳钢

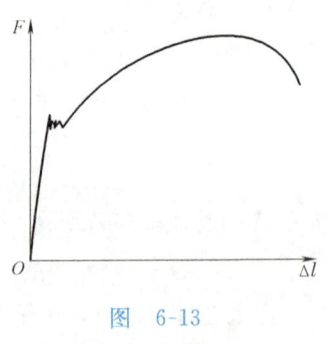

图 6-13

的拉伸图。

拉伸图只反映了试件受力过程中的现象，还不能直接反映材料的力学性能，因为这一曲线是受试件的几何尺寸影响的。为了消除试件尺寸的影响，使试验结果能反映材料的性质，将拉力 F 除以试件的原横截面积 A_0，即以应力 $\sigma = F/A_0$ 来衡量材料的受力情况；将标距的绝对伸长 Δl 除以标距原有长度 l_0，即以应变 $\varepsilon = \Delta l / l_0$ 来衡量材料的变形情况。这样就将图 6-13 的拉伸图改为图 6-14 所示的以应力和应变为坐标的曲线图，称为应力-应变曲线，其形状与拉伸图相似。

根据低碳钢的应力-应变曲线的特点，可将其分为 Oa、bc、cd 和 de 四个阶段：

1. 弹性阶段 在 Oa 阶段内，材料的变形是弹性的。当应力 σ 小于点 a 的应力时，如果卸去外力，使应力逐渐减少到零，此时相应的应变 ε 也随之完全消失。材料受外力后变形，卸去外力后变形完全消失的这种性质称为弹性。因此 Oa 阶段称为弹性阶段，相应于点 a 的应力称为弹性极限。在此阶段内，除靠近点 a 的极小一段 $a'a$ 外，应力与应变的关系是沿直线 Oa' 变化的。也就是说，应变 ε 与应力 σ 成正比，其比例常数就是弹性模量 E，即

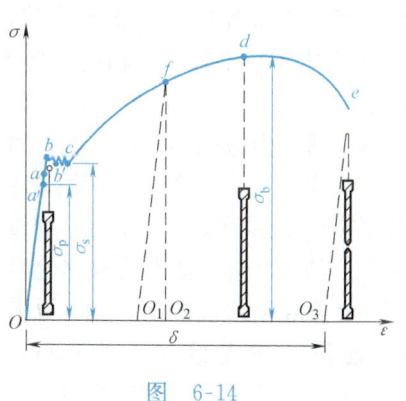

图 6-14

$$\sigma = E\varepsilon \text{ 或 } \varepsilon = \frac{\sigma}{E}$$

这就是前一节中所说的胡克定律。利用这个关系，可由拉伸试验测出材料的弹性模量。对应于点 a' 的应力称为比例极限，以 σ_p 表示。Q 235 钢的比例极限约为 $\sigma_p = 200$ MPa。由于比例极限与弹性极限非常靠近，试验中很难区别，所以实际应用中常将两者视为相等。

2. 屈服阶段 当应力到达点 b 的相应值时，应力不再增加，仅有些微小的波动；而应变却在应力几乎不变的情况下急剧地增长，材料暂时失去了抵抗变形的能力。这个现象一直延续到点 c。如果试件经过抛光，这时可以看到试件表面有许多与试件轴线约成 45°角的条纹，称为滑移线。这种应力几乎不变，应变却不断增加，从而产生明显塑性变形的现象，称为屈服现象，bc 阶段称为屈服阶段。

在屈服阶段，应力 σ 有幅度不大的波动，其最高点 b 对应的应力，称为上屈服点，而最低点 b' 对应的应力称为下屈服点，试验结果指出，加载速度等很多因素对上屈服点的数值有影响，而下屈服点值较为稳定。因此，通常

将下屈服点称为材料的屈服极限或流动极限，并用 σ_s 表示⊖。Q235 钢的屈服极限约为 $\sigma_s = 240\text{MPa}$。

材料的屈服主要是晶体滑移的结果。金属是由无数的晶粒组成的，每一个晶粒又由许多原子按一定的几何规律排列而成，如图 6-15a 所示。塑性变形的产生是由于晶粒中原子与原子间沿着某一方向的结合面产生滑移的结果。图 6-15b 就是单晶体滑移现象的示意图，它正如一叠钱币发生错动一样。大批晶粒滑移积累的结果便造成了材料的屈服。在轴向拉伸的情况下，与轴线成 45°的方向最易于产生滑移，所以滑移线的方向与试件的轴线成 45°角。

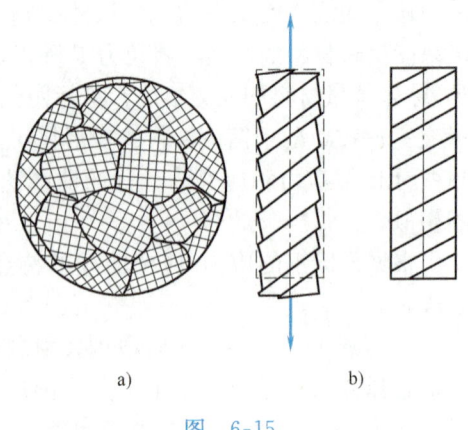

图 6-15

3. 强化阶段　经过屈服阶段以后，从点 c 开始曲线又逐渐上升，材料又恢复了抵抗变形的能力，要使它继续变形，必须增加应力，这种现象称为材料的强化。从点 c 至点 d 称为强化阶段。

在强化阶段内的任一点 f 处若慢慢卸去外力，此时应力应变关系将沿着与 Oa 近乎平行的直线 $O_1 f$ 回到点 O_1（图 6-14）。这说明材料的变形已不能全部消失，其中，能消失的变形称为弹性变形；残留下来的变形称为残余变形或塑性变形。在应变坐标中的 $O_1 O_2$ 即表示材料的弹性应变，OO_1 则表示塑性应变。可见，试件在强化阶段产生了很大的塑性变形。材料能产生塑性变形的这种性质，称为塑性。如果现在再重新加载，应力应变关系将大体上沿着 $O_1 fde$ 的曲线变化，直至断裂。这相当于原材料的应力-应变曲线已转换为图 6-16 所示的曲线。图中同时以虚线表示卸载前的应力应变关系。比较 $Ofde$ 与 $O_1 fde$ 这两条曲线，可以看出，若材料曾一度受力到达强化阶段，然后卸载，则再重新加载时，其比例极限 σ_p 和屈服点 σ_s 将提高，而断裂后的塑性变形将减小，这种现象称为冷作硬化。

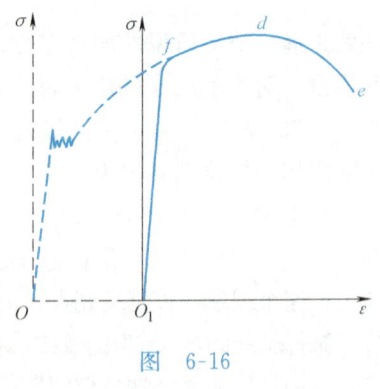

图 6-16

⊖　在国家标准 GB/T 228—1987 中规定。

冷作硬化提高了材料在弹性阶段内的承载能力，但是降低了材料的塑性。工程中有时可以利用它有利的一面，例如用冷拉的方法可以提高钢筋的强度；有时则要消除其不利的一面，例如冷轧钢板或冷拔钢丝时，由于冷作硬化，降低了材料的塑性，使继续轧制和拉拔困难，为了恢复其塑性，则要进行退火处理。

4. 局部变形阶段 在应力到达点 d 的相应值之前，沿试件的长度，变形是均匀的。当应力到达点 d 的相应值后，试件的变形开始集中于某一小段的范围内，横截面面积出现局部迅速收缩，这种现象称为缩颈现象。由于局部的截面收缩，使试件继续变形所需的拉力逐渐减小，所以，由原截面面积 A_0（不是缩颈处的截面面积）除拉力 F 而计算出的名义应力 σ 也渐渐下降，因而曲线过点 d 后向下弯曲，直到点 e，试件断裂。由点 d 到点 e 这个阶段，称为局部变形阶段。相应于点 d 的应力称为强度极限，以 σ_b 表示。Q235 钢的强度极限为 $\sigma_b=(380\sim470)\mathrm{MPa}$。

由上述实验现象可以看到，当应力到达屈服点 σ_s 时，材料会产生显著的塑性变形；当应力到达强度极限 σ_b 时，材料会由于局部变形而导致断裂。这都是工程实际中应当避免的。因此，屈服极限 σ_s 和强度极限 σ_b 是反映材料强度的两个性能指标，也是拉伸试验中需要测定的重要数据。

在图 6-14 中，横坐标值 OO_3 代表了材料拉断后的塑性变形程度，称为材料的伸长率，以 δ 表示，其值为试件拉断后，标距部分所增加的长度与原标距长度的百分比，用下式计算

$$\delta=\frac{l_1-l_0}{l_0}\times100\% \tag{6-10}$$

式中，l_1 为试件拉断后标距的长度；l_0 为原标距长度。

工程实际中也常用断面收缩率来衡量材料的塑性，以 ψ 表示。其值为试件断裂后，断裂处横截面面积的缩减量与原横截面面积的百分比，其计算式为

$$\psi=\frac{A_0-A_1}{A_0}\times100\% \tag{6-11}$$

式中，A_0 为试件原横截面面积；A_1 为试件断裂处的横截面面积。

伸长率 δ 和断面收缩率 ψ 是代表材料塑性的两个性能指标。Q235 钢的塑性指标是：$\delta_5=(25\sim27)\%$；$\psi=60\%$ 左右。δ 和 ψ 的数值愈高，说明材料的塑性愈好。一般 $\delta\geqslant5\%$ 的材料称为塑性材料，如低合金钢、碳素钢和青铜等；$\delta<5\%$ 的材料称为脆性材料，如铸铁、混凝土、石料等。

通过低碳钢的拉伸试验，我们看到了材料在拉伸时的一些力学性能。其中，弹性模量 E 是反映材料抵抗弹性变形能力的指标；屈服极限 σ_s 和强度极限 σ_b 是反映材料强度的两个指标；伸长率 δ 和断面收缩率 ψ 则是反映材料塑性的指标。

值得指出的是应力-应变曲线的纵坐标实质上是名义应力，因为过了屈服阶段后试件的横截面面积会有明显地变化，此时仍以原面积除载荷而求得的应力

已不能代表试件横截面上的真实应力。

6.5.2 其他材料拉伸时的力学性能

在工程实际中所使用的金属材料品种很多，它们的力学性能也各不相同，在这里再作一些简单的介绍。

结合我国的自然资源，近年来我国大量发展了低合金高强度钢（合金元素总含量≤5%的合金钢，简称低合金钢）。这些钢材具有优良的力学性能和很好的使用效果，16锰（16Mn）钢就是其中的一种典型钢种，它拉伸时的应力-应变曲线如图 6-17 所示，与 Q235 钢的应力-应变曲线相似，但其屈服极限 σ_s 和强度极限 σ_b 比 Q235 钢显著提高。它的各种性能指标为 $\sigma_s = (290 \sim 350)$ MPa，$\sigma_b = (480 \sim 520)$ MPa，$\delta_5 = (21 \sim 29)\%$，$\psi = (45 \sim 60)\%$。由此可见，16锰钢的力学性能更优于低碳钢，现在已被广泛使用。

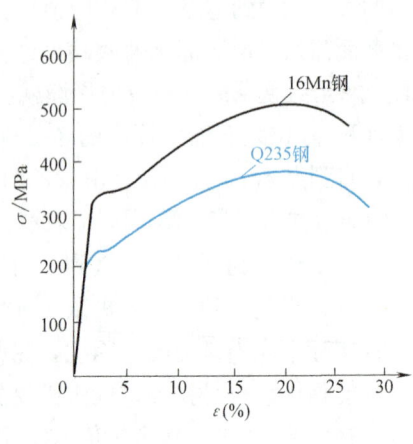

图 6-17

同样试验条件下得到的锰钢、硬铝、退火球墨铸铁和青铜等材料的应力-应变曲线如图 6-18 所示。由这些曲线可以看出，这些材料与低碳钢相同之点是，它们断裂后都具有较大的塑性变形，同属于塑性材料，不同之点是都没有明显的屈服阶段，因此得不到明确的屈服极限。对于这类材料，国家标准规定，取对应于试件产生 0.2% 的塑性应变时的应力值作为材料的屈服极限，用 $\sigma_{0.2}$ 表示，如图 6-19 所示。工程实际中即以此作为材料的强度指标。

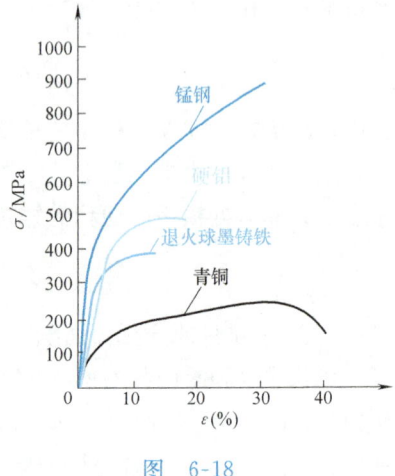

图 6-18

图 6-20 为灰口铸铁和玻璃钢拉伸时的应力-应变曲线。它们的共同特点是：直到拉断，试件的变形很小，断口处的横截面面积几乎没有变化，这种断裂状态称为脆性断裂。这些材料都属于脆性材料。它们的另一特点是没有屈服阶段，所以脆性材料以强度极限 σ_b 作为其强度指标。灰口铸铁的拉伸曲线没有明显的直线部分，对于应力应变不成直线关系的脆性材料，由于其断裂后的变形很小，可近似地认为，在工程实际中所使用

的应力范围内,应力应变仍成直线关系,即用一条割线来代替曲线,如图 6-20 中的虚线。这样胡克定律又近似地可以应用。

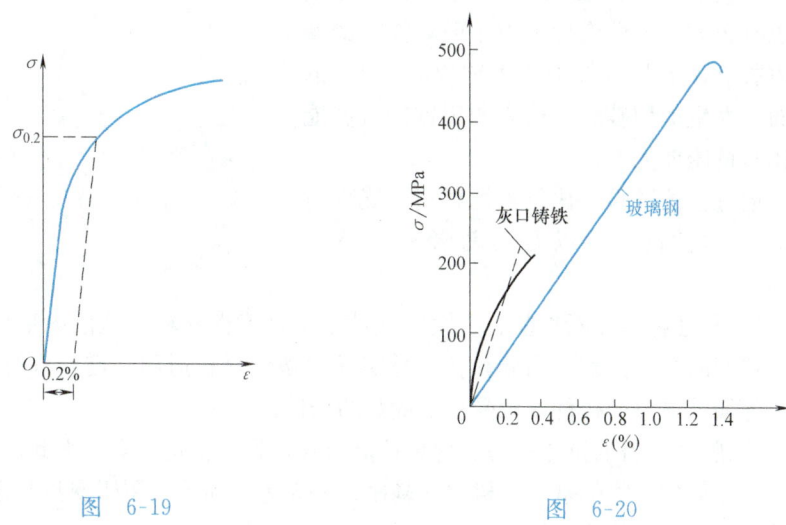

图 6-19   图 6-20

6.5.3 材料压缩时的力学性能

由于材料在受压时的力学性能与受拉时并不完全相同,因此除拉伸试验外,还有必要做压缩试验。金属材料的压缩试件为圆柱形,高度为直径的 1.5～3.0 倍;混凝土、石料等的试件为立方块。

1. 低碳钢的压缩试验

低碳钢在压缩时的应力-应变曲线如图 6-21 所示,与低碳钢拉伸时的应力-应变曲线相比可以看出,这两条曲线的主要部分基本重合,因此低碳钢压缩时的弹性模量 E、屈服极限 σ_s 等都与拉伸试验的结果基本相同。当应力到达屈服阶段以后,试件出现显著的塑性变形,如继续增加压力,其长度明显缩短,截面变粗。由于试件两端面与压头间摩擦力的影响,试件两端的横向变形受到阻碍,所以试件被压成鼓形。

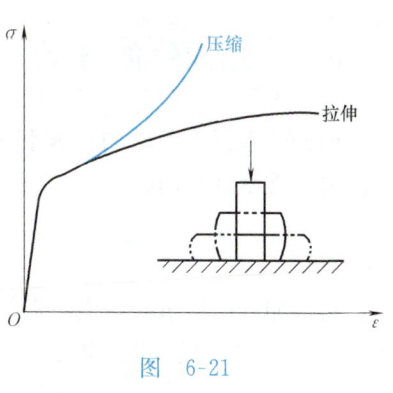

图 6-21

随着外力的增加,愈压愈扁,但并不破坏,因此测不出其强度极限。

2. 铸铁的压缩试验

与塑性材料相反,脆性材料压缩时的力学性能与拉伸时有较大区别。例如铸铁压缩时的应力-应变曲线（图6-22）与拉伸时相比，其抗压强度 σ_{bc} 远比抗拉强度 σ_{bt} 高，约为抗拉强度的2～5倍。铸铁压缩时也有较大的塑性变形，由于破坏面间的摩擦力影响，沿与试件轴线大约成50°～55°的斜面上发生剪切破坏，这表明铸铁的抗剪能力比其抗压能力差。

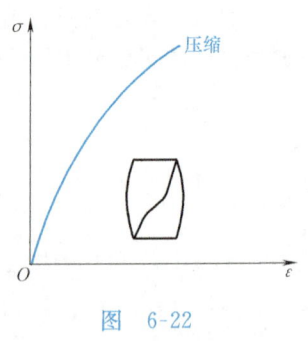

图 6-22

通过上述试验，比较塑性材料与脆性材料的力学性能，可以看出两者有以下的区别：

1) 塑性材料在断裂前有很大的塑性变形，脆性材料断裂前的变形则很小，这是它们的基本区别。因此，在工程实际中塑性材料适用于需要进行锻压、冷加工等加工过程的构件或承受冲击载荷的构件。

2) 脆性材料的抗压能力远比抗拉能力强，且其价格便宜，因此适用于受压的构件，如建筑物的基础、机器的基座、外壳等；而不适用于受拉状态的构件。塑性材料的抗压与抗拉能力相近，适用于受拉的构件。

应该指出，习惯上所指的塑性材料或脆性材料是根据常温、静载下拉伸试验所得的伸长率 δ 的大小来区分的。实际上，材料的塑性和脆性并不是固定不变的。它们会因制造方法、热处理工艺、变形速度、应力情况和温度等条件而变化。例如铸铁拉伸时的塑性变形极小，而压缩时塑性变形则较大；冷加工或淬火可使塑性材料呈现脆性；有的脆性材料高温下也会呈现塑性；铸铁中加入球化剂则可使其变为塑性较好的球墨铸铁等。

6.6　轴向拉伸与压缩时的强度计算

前面分别讨论了轴向拉伸和压缩时，杆件的应力计算和材料的力学性能。下面讨论强度计算问题。

6.6.1　安全因数和许用应力

由拉伸和压缩试验知道，当材料的应力达到强度极限 σ_{bt}（或压缩时达到抗压强度 σ_{bc}）时，就会发生断裂；对塑性材料，当应力达到屈服极限 σ_s 时，就会产生显著的塑性变形。这两种情况在工程实际中都是不允许的，因为构件的断裂显然丧失了工作能力，而过大的变形也会影响构件的正常工作。因此断裂和屈服都属于破坏现象。若要构件能正常工作，对于低碳钢等塑性材料，通常要求其应力不得超过屈服极限 σ_s（或 $\sigma_{0.2}$）；对于铸铁等脆性材料，由于没有屈服阶段，破坏时无明显变形，则要求其应力不超过抗拉强度 σ_{bt}（或抗压强度 σ_{bc}）。这些不允许超过的应力值统称为极限应力，以 σ_u 表示。

但是，仅仅将构件的工作应力限制在极限应力的范围内还不够，这是出于以下的考虑：

1) 主观设定的条件与客观实际之间还存在差距。 例如：材料性质不均匀，由少数试件所测定的力学性能，并不能完全真实地反映构件所用材料的情况；载荷的估计和计算不够精确；对构件的结构、尺寸和受力等情况作了一定程度的简化，计算公式近似；一些加工工艺，如热处理、焊接等对构件强度的影响考虑不全；以及一些影响构件强度的因素尚不为人们所认识等。所有这些，都可能使构件的实际工作条件比设计时所设定的条件更偏于不安全。

2) 构件需有必要的强度储备。 这是为了使构件在工作期间，即使遇到意外的超载情况或其他不利的工作条件时（如温度变化、腐蚀等），也不致于发生破坏。在意外因素相同的条件下，对因破坏而会造成严重后果的构件或工作条件比较恶劣的构件，强度储备需要大一些；反之，则可以小一些。

因此，为了保证构件能安全地工作，还须将其工作应力限制在比极限应力 σ_u 更低的范围内，也就是将材料的破坏应力 σ_u 打一个折扣，即除以一个大于 1 的因数 n 以后，作为构件工作应力所不允许超过的数值。这个应力值称为材料的**许用应力**，以 $[\sigma]$ 表示，这个因数 n 称为**安全因数**，它们之间的关系是

$$[\sigma] = \frac{\sigma_u}{n} \tag{6-12}$$

上式中，如极限应力 σ_u 的依据不同，相应的安全因数也随之而异。对于塑性材料，应取屈服极限 σ_s（或 $\sigma_{0.2}$）为极限应力，其许用应力为

$$[\sigma] = \frac{\sigma_s}{n_s} \tag{6-13}$$

对于脆性材料，其极限应力为抗拉强度 σ_b（或抗压强度 σ_{bc}），因而

$$[\sigma] = \frac{\sigma_b}{n_b} \tag{6-14}$$

上两式中的 n_s 和 n_b 分别为对应于屈服极限和强度极限的安全因数。由于断裂比屈服更危险，所以 n_b 比 n_s 要大些。

安全因数的确定是一项复杂的工作，它受具体构件的工作条件影响很大，还有经济上的考虑。因此，企图对一种材料规定统一的安全因数，从而得到统一的许用应力，并将它用于设计各种工作条件不同的构件，是不科学的。目前，在机械设计和建筑结构设计中，均倾向于根据构件的材料和具体工作条件，并结合过去制造同类型构件的实践经验和现实的技术水平，规定不同的安全因数。对于各种不同构件的安全因数和许用应力，有关设计部门在规范中有具体的规定。

6.6.2 强度条件

前面已述，为保证构件安全可靠地工作，必须使构件的工作应力不超过材料的许用应力。对于轴向拉伸和压缩的杆件，应满足的条件是：

$$\sigma = \frac{F_N}{A} \leqslant [\sigma] \tag{6-15}$$

这就是轴向拉伸和压缩时的**强度条件**。对于等截面杆，如其上同时作用几个轴向外力，应选择最大轴力 $F_{N,\max}$ 所在的横截面来计算；在轴力相同而横截面有变化时，则应计算截面面积最小处的强度。

根据强度条件，可以解决工程实际中有关构件强度的三个方面的问题：

1) 强度校核 已知杆件的材料、截面尺寸和所承受的载荷，校核杆件是否满足强度条件式 (6-15)。若能满足，说明杆件的强度足够；否则，说明杆件不安全。

2) 选择截面 根据杆件所承受的载荷和材料的许用应力，确定杆件的横截面面积和相应的尺寸。这时强度条件可变换为以下的形式：

$$A \geqslant \frac{F_N}{[\sigma]}$$

由此式算出需要的横截面面积，然后确定截面尺寸。

3) 确定许可载荷

根据杆件的截面尺寸和许用应力，确定杆件或整个结构物所能承担的最大载荷。这时可按下式计算杆件所允许的最大轴力

$$F_N \leqslant A[\sigma]$$

从而确定结构物的许可载荷。

例 6-6 图 6-23a 所示等直杆由铸铁制成，其横截面面积为 $A = 50\text{mm}^2$，材料的许用拉应力 $[\sigma_t] = 42\text{MPa}$，许用压应力 $[\sigma_c] = 100\text{MPa}$，校核其强度。

解 对于抗拉、抗压强度不同的材料制成的杆件进行强度计算时，应使其最大拉应力与最大压应力分别都不超过材料的许用拉应力和许用压应力，杆件才能安全地工作。

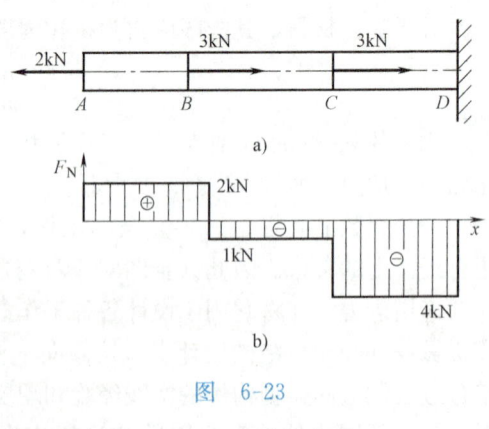

图 6-23

根据杆上受到的外载可画出其轴力图如图 6-23b 所示。可见 AB 段内有最

大拉应力，CD 段内有最大压应力。

根据强度条件式(6-15)可得：

$$\sigma_{tmax} = \frac{F_{NAB}}{A} = \frac{2 \times 10^3}{50 \times 10^{-6}} Pa$$
$$= 40 \text{ MPa} < [\sigma_t]$$

$$\sigma_{cmax} = \frac{F_{NCD}}{A} = \frac{4 \times 10^3}{50 \times 10^{-6}} Pa$$
$$= 80 \text{MPa} < [\sigma_c]$$

所以杆件满足强度条件。

例 6-7 图 6-24a 所示起重机链条由钢材制成，横截面为圆形，受到的最大拉力 $F=15\text{kN}$，已知该钢材的许用应力 $[\sigma]=40\text{MPa}$，若只考虑链条链环的两边的强度，试确定圆钢的直径 d。

解 取截面 Ⅰ—Ⅰ 并计算该截面上的轴力如图 6-24b，因为每个链环有两个横截面面积相同的截面，根据平衡方程可求得每个截面上的轴力为

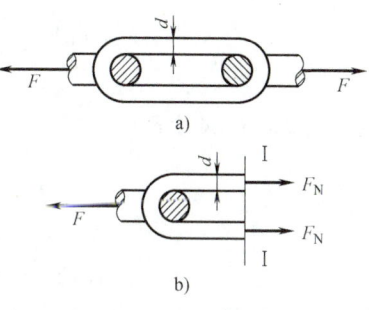

图 6-24

$$F_N = \frac{F}{2} = 7.5\text{kN}$$

根据强度条件，可得其钢环的横截面面积为：

$$A \geqslant \frac{F_N}{[\sigma]} = \frac{7.5 \times 10^3}{40 \times 10^6} \text{m}^2$$
$$= 0.1875 \times 10^{-3} \text{m}^2$$

则

$$d \geqslant \sqrt{\frac{4A}{\pi}} = \sqrt{\frac{4 \times 0.1875 \times 10^{-3}}{\pi}} \text{m} = 15.5\text{mm}$$

故取 $d=16\text{mm}$。

例 6-8 一悬臂起重机如图 6-25a 所示。已知斜杆 AB 的横截面面积为 $A_1=21.7\text{cm}^2$，横杆 AC 的横截面面积为 $A_2=25.48\text{cm}^2$，材料都是 Q235 钢，许用应力 $[\sigma]=120\text{MPa}$，夹角 $\alpha=30°$。忽略自重，试求起重机的许可载荷。

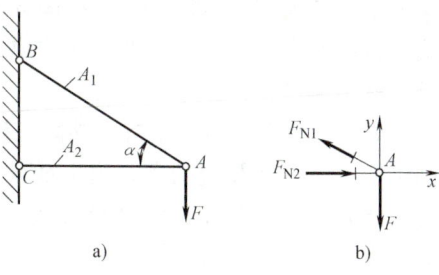

图 6-25

解 （1）受力分析 将 AB 杆、AC 杆截断，取右半部分为研究对象，设二杆的轴力分别为 F_{N1} 和 F_{N2}，其受力

图如图 6-25b 所示。由汇交力系的平衡方程

$$\sum F_x = 0, \quad F_{N2} - F_{N1}\cos\alpha = 0 \qquad (a)$$

$$\sum F_z = 0, \quad F_{N1}\sin\alpha - F = 0 \qquad (b)$$

由式（b）得 $F_{N1} = \dfrac{F}{\sin\alpha} = \dfrac{F}{\sin 30°} = 2F$ (c)

代入式（a）得 $F_{N2} = F_{N1}\cos\alpha = 2F\cos 30° = 1.73F$ (d)

(2) 计算许可载荷　由斜杆 AB 的强度条件，有

$$\sigma_{AB} = \dfrac{F_{N1}}{A_1} = \dfrac{2F}{A_1} \leqslant [\sigma]$$

则 $F \leqslant \dfrac{[\sigma]A_1}{2} = \dfrac{120\times 10^6 \times 21.7 \times 10^{-4}}{2} \text{N} = 130.2 \text{kN}$

由横杆 AC 的强度条件，有

$$\sigma_{AC} = \dfrac{F_{N2}}{A_2} = \dfrac{1.73F}{A_2} \leqslant [\sigma]$$

则 $F \leqslant \dfrac{[\sigma]A_2}{1.73} = \dfrac{120\times 10^6 \times 25.48 \times 10^{-4}}{1.73} \text{N} = 176.7 \text{kN}$

要使二杆都能安全工作，起重机的最大许可载荷 $[F]$ 应在上述两个 F 的许可值中取较小值，即

$$[F] = 130.2 \text{kN}$$

6.7　拉(压)超静定问题

在以上介绍的杆或杆系结构中，所有的约束力或杆件轴力都能通过静力平衡方程求得，这类问题属于静定问题。

在工程实际中，也会遇到另一种情况，例如，图 6-26a 所示杆件两端固定，若要计算杆各段的轴力，则至少要计算出固定端的反力 F_A 或 F_B，由于杆件所受的是一共线力系（图 6-26b），仅有一个独立的平衡方程，因此，仅靠静力平衡方程不能求得全部未知轴力或约束力，这类不能单凭静力平衡方程求解的问题，称为**超静定问题**。

又如图 6-27a 所示结构，共面三根杆铰接于 A 点，若要计算三根杆的内力，则可取结点 A 为研究对象，由于结点 A 所受的是一平面汇交力系，如图 6-27b 所示，故只能列写出两个独立的平衡方程，仅靠两个平衡方程不能求得三杆的内力，因此也属于超静定问题。

超静定问题可分为内力超静定，外力超静定等。而超静定的次数可由系统的未知力总数与系统的独立平衡方程总数之差来确定。以上的两个实例均为一

次超静定问题。

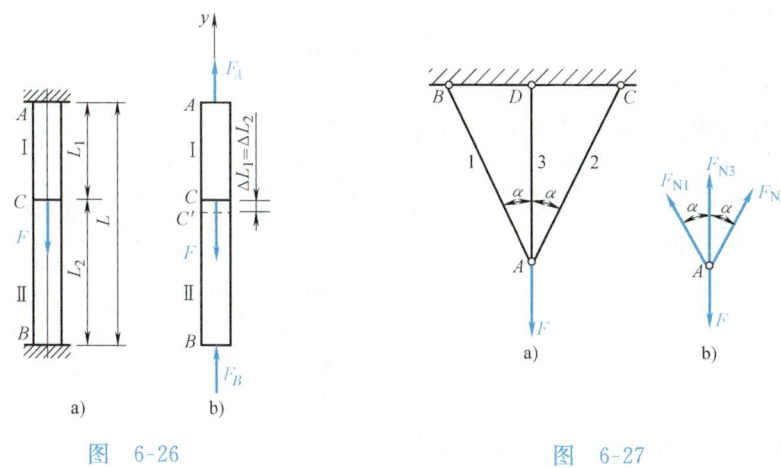

图 6-26 　　　　　　　　　　　图 6-27

6.7.1 超静定问题的解法

超静定结构受外力作用时，除应满足静力平衡方程外，还要考虑杆件受力后的变形应与杆件的约束相适应，各部分的变形之间必存在相互制约的条件作为变形相容条件或变形协调条件，再考虑到变形与力之间的物理关系，就可以根据变形相容方程来得到所需的变形与力之间有关的补充方程，将这些方程与静力平衡方程一起联立求解，就能解决超静定问题。下面以图 6-27a 所示的超静定结构为例来说明超静定问题的解题方法。

首先建立结构的静力平衡方程。根据图 6-27b 所示的受力图可列写出静力平衡方程如下：

$$\sum F_x = 0, \quad F_{N2}\sin\alpha - F_{N1}\sin\alpha = 0 \quad \text{(a)}$$

$$\sum F_y = 0, \quad F_{N1}\cos\alpha + F_{N2}\cos\alpha + F_{N3} - F = 0 \quad \text{(b)}$$

在上面两个方程中有三个未知力，故为一次超静定问题，需要建立一个补充方程。

为此，根据杆件受力后的变形协调条件建立一个变形几何方程。在考虑各杆变形时，应注意变形与受力的一致，前面已假设各杆受拉力，故各杆的相应变形应为伸长。但它们的伸长不能是任意的，由于铰链 A 的约束，变形后的三根杆仍连接于一点。设 1，2 杆的抗拉压刚度相同，均为 EA，3 杆的抗拉压刚度为 E_3A_3。由于结构的几何形状、材料性质及受力情况都是对称的，故节点 A 只有铅垂方向的位移，没有

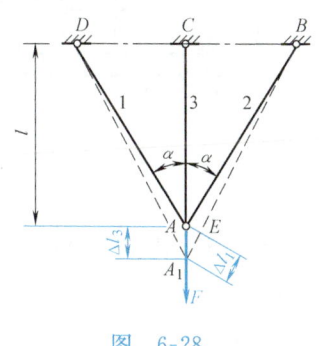

图 6-28

水平方向的位移,图 6-28 中的虚线表示结构变形后的情况。由图可见,各杆变形之间的关系为

$$\Delta l_1 = \Delta l_3 \cos\alpha \qquad (c)$$

式 (c) 就是结构的变形几何方程。

应用胡克定律,将式 (c) 写为

$$\frac{F_{N1} l_1}{EA} = \frac{F_{N3} l_3}{E_3 A_3} \cos\alpha \qquad (d)$$

由图 6-28 可得

$$l_3 = l_1 \cos\alpha$$

故得

$$F_{N1} = F_{N3} \frac{EA}{E_3 A_3} \cos^2\alpha \qquad (e)$$

式 (e) 就是所需的补充方程。

解联立方程组 (a)、(b) 及 (e),得

$$F_{N1} = F_{N2} = \frac{F}{2\cos\alpha + \dfrac{E_3 A_3}{EA\cos^2\alpha}}$$

$$F_{N3} = \frac{F}{1 + 2\dfrac{EA}{E_3 A_3}\cos^3\alpha}$$

例 6-9 图 6-29a 示平行杆系 1、2、3 悬吊着横梁 AB(AB 的变形略去不计),在横梁上作用着载荷 F。如杆 1、2、3 的横截面面积、长度、弹性模量均相同,即分别为 A、l、E。试求 1、2、3 三杆的轴力 F_{N1}、F_{N2}、F_{N3}。

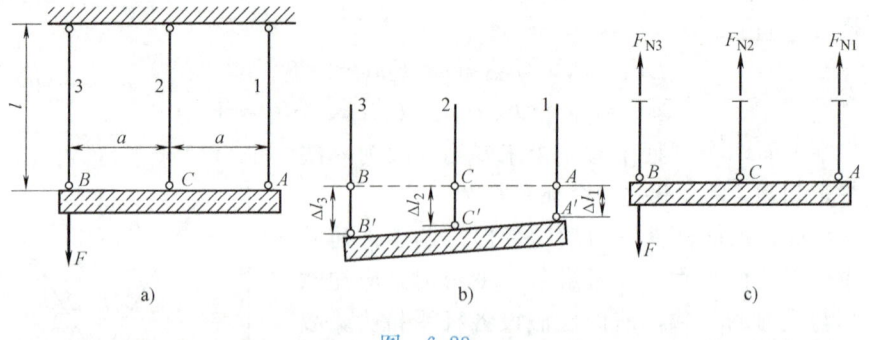

图 6-29

解 设在载荷 F 作用下,横梁移动到 $A'B'$ 位置(图 6-30b),则杆 1、2、3 的伸长量分别为 Δl_1、Δl_2、Δl_3。

取横梁 AB 为分离体,在横梁上除作用着载荷 F 外,还作用着拉力 F_{N1}、F_{N2}、F_{N3},如图 6-30c。

(1) 平衡方程

$$\sum F_y = 0, \quad F_{N1} + F_{N2} + F_{N3} - F = 0 \tag{a}$$

$$\sum M_B(F) = 0, \quad F_{N1} 2a + F_{N2} a = 0 \tag{b}$$

在式(a)、式(b)两式中包含着 F_{N1}、F_{N2}、F_{N3} 三个未知力,故为超静定问题。

(2) 变形几何方程 由变形关系图 6-29b 可明显看出

$$\Delta l_1 + \Delta l_3 = 2\Delta l_2 \tag{c}$$

(3) 物理方程

$$\Delta l_1 = \frac{F_{N1} l}{EA}, \quad \Delta l_2 = \frac{F_{N2} l}{EA}, \quad \Delta l_3 = \frac{F_{N3} l}{EA} \tag{d}$$

将式(d)代入式(c),即得补充方程

$$\frac{F_{N1} l}{EA} + \frac{F_{N3} l}{EA} = 2 \frac{F_{N2} l}{EA}$$

整理得

$$F_{N1} + F_{N3} = 2 F_{N2} \tag{e}$$

将式(a)、式(b)、式(e)三式联立求解,可得

$$F_{N1} = -\frac{F}{6}, \quad F_{N2} = \frac{F}{3}, \quad F_{N3} = \frac{5}{6} F$$

6.7.2 温度应力与装配应力

温度应力:结构或部分杆件往往会遇到温度变化,引起杆件发生轴向伸长或缩短,在静定结构中,由于杆能自由变形,因此,这种由温度引起的变形并不会在杆中产生应力。但在超静定结构中,由于有了多余约束,杆内温度变化引起的杆件变形将受到约束条件的限制,从而产生内力,称这种内力为温度内力,与它相应的应力称为<u>温度应力</u>。因此,温度应力是超静定结构的一种特有现象,求解温度应力问题也是由三个方面考虑,即:静力平衡方程、变形协调方程与物理方程联立求解。

设两端固定的 AB 杆(图 6-29a 所示),杆长为 l,横截面面积为 A,弹性模量为 E,线膨胀系数为 α。求温度升高 Δt 时杆内的温度应力。由杆的平衡方程可知两端的轴向压力相等,但不能确定出反力的数值,因此为一次超静定,应补充变形协调方程。设想解除掉右端约束,杆件将自由伸长。

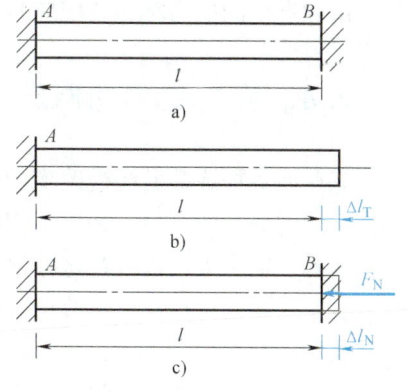

图 6-30

由于原来杆件的两端固定，其变形受到限制，即温度引起杆件的伸长量应等于杆件在 F_N 作用下的缩短量，即得到变形协调方程为：

$$\Delta l_T = \Delta l_N$$

根据物理方程

$$\Delta l_T = \alpha \Delta t l$$

$$\Delta l_N = \frac{F_N l}{EA}$$

可得

$$\alpha \Delta t l = \frac{F_N l}{EA}$$

由此式得出　$F_N = \alpha \Delta t EA$，进而得到温度应力为

$$\sigma_T = \frac{F_N}{A} = \alpha \Delta t E$$

若杆件材料为碳钢，线膨胀系数 $\alpha = 12.5 \times 10^{-6}$ K^{-1}，弹性模量 $E = 200$GPa，当温度升高 $\Delta t = 40$℃（即 $\Delta T = 40$K）时，则得其温度应力为：

$$\sigma_T = 12.5 \times 10^{-6} \times 40 \times 200 \times 10^9 \text{Pa}$$
$$= 100 \text{MPa（压应力）}$$

计算表明，在超静定结构中，温度应力是一个不容忽视的因素。在工程中常要考虑温度的影响，在铁轨接头处、混凝土路面中，通常都留有缝隙，高温管道隔一段距离要设一个弯道，用以调节因温度变化而产生的伸缩等。

装配应力：杆件在制成后，其尺寸有微小误差往往是难以避免的，在静定结构中，这种误差只会使结构的几何形状略有改变，并不会在杆件中产生附加的内力。但在超静定结构中，由于有了多余约束，其变形要受到某些条件的限制，由此产生的应力称为装配应力。

6.8　应力集中的概念

等截面直杆或截面缓慢改变的变截面杆，轴向拉伸与压缩时，横截面上的应力是均匀分布的。但工程中常因结构或工艺需要，有些构件必须有切口、切槽、油孔、轴肩等，以致在这些部位截面尺寸发生突然变化。实验结果和理论分析表明，在构件尺寸突然改变处的截面上，应力并不是均匀分布的。例如开有圆孔和浅槽的杆件（图 6-31a、b）受拉时，在圆孔或浅槽附近的局部区域内，应力剧增，但在离开圆孔或浅槽切口稍远处，应力就迅速降低而趋于均匀。这种因构件局部尺寸急剧变化，而引起局部应力急剧增大的现象，称为**应力集中**。

发生应力集中的截面上的最大应力 σ_{max} 与同一截面上的平均应力 σ 之比，称为**理论应力集中因数**，用 K 表示，即

$$K = \frac{\sigma_{\max}}{\sigma} \qquad (6\text{-}16)$$

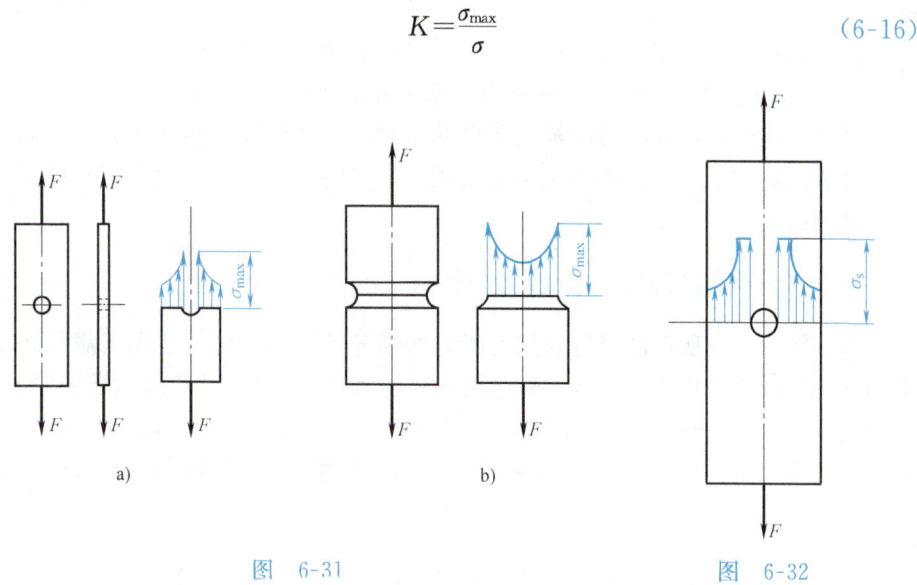

图 6-31　　　　　　　　　　图 6-32

它反映了应力集中的程度,是一个大于 1 的因数。实验结果表明:构件的截面尺寸改变越急剧、缺口角越尖,应力集中的程度就越严重。因此,构件上应尽量避免带尖角、小孔和槽,在阶梯轴的轴肩处要用圆弧过渡,而且应尽量使圆弧半径大一些。

不同材料对应力集中的敏感程度是不相同的。对塑性材料,当孔边的最大应力达到屈服极限 σ_s 时,该处的应力保持不变,而塑性变形可继续增大。当载荷不断增加时,塑性区将逐渐扩大(图 6-32)。从而缓和了应力集中的影响。因此,由塑性材料制成的构件,在静载荷下应力集中的影响不大。对组织均匀致密的脆性材料,因其没有屈服阶段,所以当载荷增加时,应力集中处的最大应力始终领先,最后达到强度极限 σ_b 而开裂。所以对于脆性材料制成的构件,应力集中的危害性显得严重。因此,即使在静载荷下,也应考虑应力集中对构件承载能力的削弱。至于灰铸铁一类的材料,其内部组织的不均匀性和缺陷往往是产生应力集中的主要因素,因此,构件外形改变所引起的应力集中就成为次要因素,对构件的承载能力不一定造成明显的影响。若构件内的应力随时间改变,则对任何材料制成的构件,都必须考虑应力集中的影响。

6.9　剪切与挤压的实用计算

6.9.1　工程中的连接与连接件

工程中构件之间的连接常用铆钉、销钉等,这些连接件主要承受剪切与挤压，如图 6-33 所示。它们的受力特点是：作用在构件两侧面上的横向力大小相等、方向相反、作用线相距很近。其主要变形是两横向力之间的交界面（如图 6-33a、b 中所示的 m—m、n—n 截面，称为剪切面）发生相对错动，这种变形称为剪切。同时，在连接件与被连接件的接触面上还伴随着相互压紧，从而导致构件表面局部受压，这种现象称为挤压。本节将讨论连接件的剪切和挤压强度的计算方法。

6.9.2 剪切与挤压的实用计算

现以图 6-33a 所示的铆钉为例说明剪切强度计算的方法。首先用截面法求剪切面 m—m 上的内力。将铆钉假想沿 m—m 面截开，取下半部分为研究对象，如图 6-34 所示。由平衡条件可知，剪切面 m—m 上必有平行于截面的内力 F_S 存在，且 $F_S = F$。F_S 是与截面相切的内力，称为剪力，它是截面上分布内力的合力。

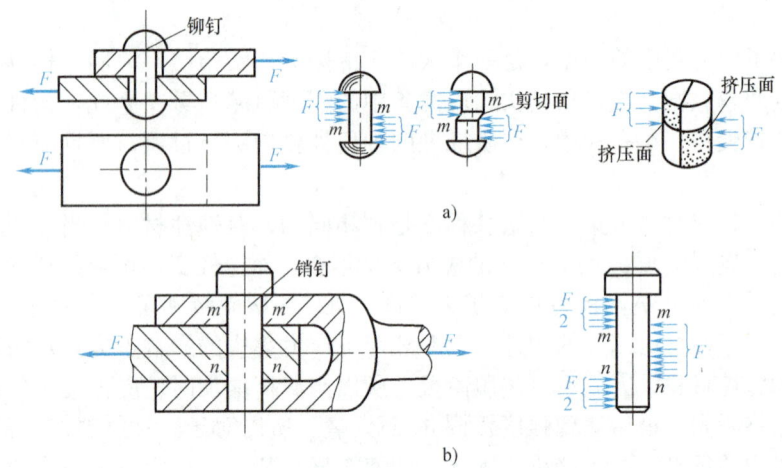

图 6-33

由于受剪面附近的变形极为复杂，切应力在截面上的分布规律很难确定。工程上为简化计算，假设切应力在受剪面上均匀分布。则切应力计算公式为

$$\tau = \frac{F_S}{A_S} \tag{6-17}$$

式中，F_S 为剪切面上的剪力；A_S 为剪切面面积。切应力 τ 的方向与剪力 F_S 相同。必须指出，在线弹性范围内，上式不反映剪切面上切应力的真实分布，因而称为实用计算方法。

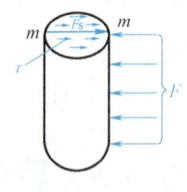

图 6-34

为保证铆钉安全工作，必须使其工作时的切应力不超过材料的许用切应力

[τ]，即

$$\tau = \frac{F_S}{A_S} \leqslant [\tau] \quad (6\text{-}18)$$

式(6-18)称为剪切强度条件。在用实验的方法建立强度条件时，使试样受力尽可能地接近实际连接件的情况，试样失效时的极限载荷 F_u 除以剪切面积 A_S，得材料的极限切应力 $\tau_u = F_u/A_S$，再除以安全因数 n，得到许用切应力[τ]，即

$$[\tau] = \frac{\tau_u}{n} \quad (6\text{-}19)$$

连接构件在承受剪切的同时，连接件和被连接件之间必将在接触面上相互挤压，通常把这种接触面称为**挤压面**，如图 6-33a 所示，挤压面上的压力称为**挤压力**，记作 F_{bs}，挤压面上单位面积的挤压力称为**挤压应力**，记作 σ_{bs}。若挤压应力过大，可能使挤压面的局部区域产生明显的塑性变形，从而导致连接松动而失效。因此工程中也需要建立挤压强度条件。

由于实际挤压应力与连接件挤压接触面的面积、形状等因素有关，挤压应力在挤压面上的分布情况也比较复杂，因此工程上通常也采用实用计算的方法来分析，即假定挤压应力在挤压计算面积上均匀分布，故有

$$\sigma_{bs} = \frac{F_{bs}}{A_{bs}} \quad (6\text{-}20)$$

式中，A_{bs} 为挤压计算面积。挤压面积的计算，要根据接触面的情形而定。如果实际挤压面是平面，A_{bs} 取实际挤压面面积；如果实际挤压面是半圆柱面，如图 6-35a 所示的铆钉，A_{bs} 取该半圆柱面的正投影面，即 $A_{bs} = td$。这样由式(6-20)得出的挤压应力与半圆柱面上的实际最大应力大致相等(图 6-35b 是半圆柱面上挤压应力的大致分布图)。于是，挤压强度条件为

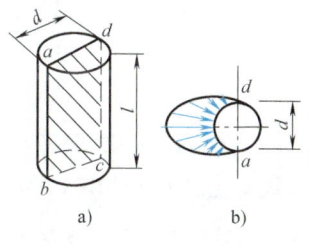

图 6-35

$$\sigma_{bs} = \frac{F_{bs}}{A_{bs}} \leqslant [\sigma_{bs}] \quad (6\text{-}21)$$

式中，$[\sigma_{bs}]$ 为材料的许用挤压应力，是采用与确定许用切应力[τ]类似的方法确定的。若连接件与被连接件材料不同，$[\sigma_{bs}]$ 应按抵抗挤压能力较弱者选取。

上面所建立的剪切和挤压的实用计算方法，从理论上看虽不够完善，但由于计算简便，切合实际，在工程计算中被广泛应用。

与轴向拉压问题一样，利用剪切和挤压强度条件可以解决连接的三类问题，即强度校核、截面设计和确定许可载荷。

例 6-10 某接头部分的销钉如图 6-36a 所示，试计算在拉力 F 作用下，销钉的切应力 τ 和挤压应力 σ_{bs}。

解 剪切面积 A_S 与挤压面积 A_{bs}，如图 6-36b、c 所示，根据平衡方程得剪力 F_S 为

$$F_S = F = 100\text{kN}$$

从而得切应力为

$$\tau = \frac{F_S}{A_S} = \frac{100 \times 10^3}{\pi \times 34 \times 12} = 78.1\text{MPa}$$

挤压力 F_{bs} 为

$$F_{bs} = F = 100\text{kN}$$

从而得挤压应力为

$$\sigma_{bs} = \frac{F_{bs}}{A_{bs}} = \frac{100 \times 10^3}{\frac{\pi}{4}(45^2 - 34^2)} = 146.6\text{MPa}$$

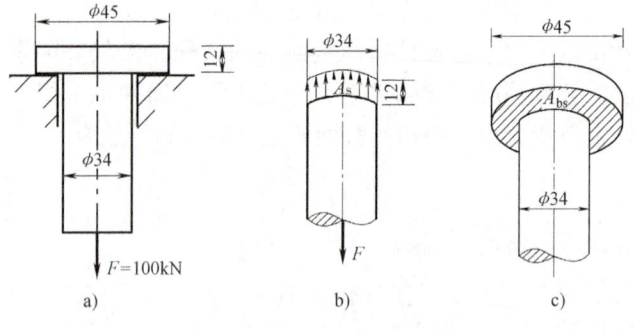

图 6-36

例 6-11 如图 6-37a 所示，主板通过上下两块盖板和十个铆钉连接。铆钉、盖板与主板材料相同，$[\sigma] = 160\text{MPa}$，$[\tau] = 140\text{MPa}$，$[\sigma_{bs}] = 320\text{MPa}$；铆钉直径 $d = 16\text{mm}$，主板厚度 $t_1 = 20\text{mm}$，盖板厚度 $t_2 = 12\text{mm}$，宽度 $b = 120\text{mm}$。在 $F = 240\text{kN}$ 作用下，试校核铆接件强度。

解 （1）分析每个构件的受力并判断它们可能发生哪些形式的破坏。当各铆钉直径相等，且拉力 F 通过该组铆钉的截面形心时，可以假定每个铆钉受力相等。从每个铆钉的受力（图 6-37b）知，它可能发生剪切破坏和挤压破坏，相应地要进行剪切强度和挤压强度校核。

从右主板的受力（图 6-37c）知，它可能发生挤压破坏及在Ⅰ—Ⅰ和Ⅱ—Ⅱ截面上被拉断，所以要进行挤压强度和拉伸强度校核。

从盖板的受力（图 6-37d）知，它可能发生挤压破坏及在Ⅲ—Ⅲ截面上被拉断。因为主板与铆钉相互挤压，挤压力相等，挤压面相同，材料又相同，所以只须校核其中之一的挤压强度。对盖板与铆钉的相互挤压同样只须校核其中之一的挤压强度。由于主板孔上的挤压力是盖板的两倍，但主板孔的挤压计算

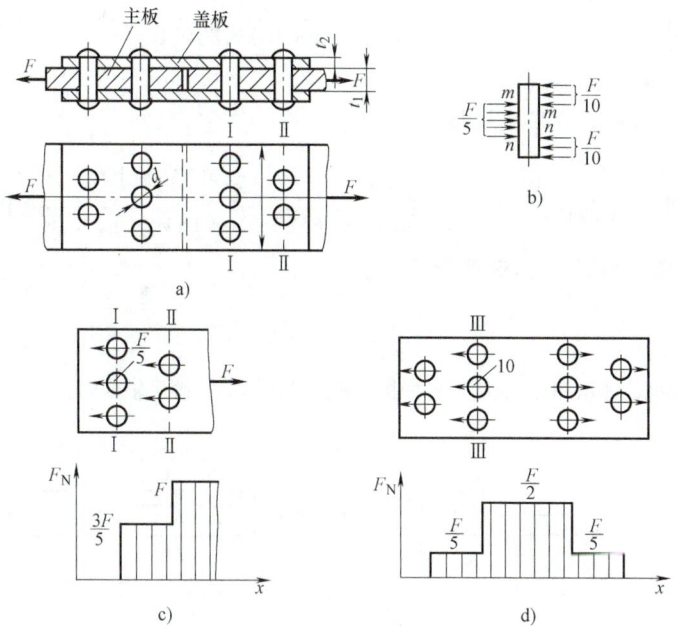

图 6-37

面积不到盖板的两倍,故主板的挤压应力较大,因此只须校核铆钉中间部分的挤压强度。

(2) 铆钉的剪切和挤压强度校核 从图 6-37b 知,剪切面 m—m 或 n—n 的面积为:$A_S = \dfrac{\pi}{4}d^2$,剪切面上的剪力 $F_S = \dfrac{F}{10}$,故

$$\tau = \frac{F_S}{A_S} = \frac{\dfrac{F}{10}}{\dfrac{\pi d^2}{4}} = \frac{240 \times 10^3 \times 4}{10\pi \times 16^2 \times 10^{-6}} \text{Pa} \approx 119\text{MPa} < [\tau]$$

故铆钉剪切强度足够。

从图 6-37b 知,铆钉中间部分挤压面的挤压计算面积 $A_{bs} = t_1 d$,挤压力 $F_{bs} = \dfrac{F}{5}$,故

$$\sigma_{bs} = \frac{F_{bs}}{A_{bs}} = \frac{\dfrac{F}{5}}{t_1 d} = \frac{240 \times 10^3}{5 \times 20 \times 16 \times 10^{-6}} \text{Pa} = 150\text{MPa} < [\sigma_{bs}]$$

故铆钉挤压强度足够。

(3) 主板的抗拉强度校核

对 I—I 截面:$\sigma_t = \dfrac{\dfrac{3}{5}F}{(b-3d)t_1} = \dfrac{\dfrac{3}{5} \times 240 \times 10^3}{(120-3\times16) \times 20 \times 10^{-6}} \text{Pa} = 100\text{MPa} < [\sigma]$

对Ⅱ—Ⅱ截面：$\sigma_t = \dfrac{F}{(b-2d)t_1} = \dfrac{240 \times 10^3}{(120-2 \times 16) \times 20 \times 10^{-6}} \text{Pa} \approx 136 \text{MPa} < [\sigma]$，故主板的强度足够。

（4）盖板的抗拉强度校核

对于Ⅲ—Ⅲ截面：$\sigma_t = \dfrac{\dfrac{F}{2}}{(b-3d)t_2} = \dfrac{\dfrac{1}{2} \times 240 \times 10^3}{(120-3 \times 16) \times 12 \times 10^{-6}} \text{Pa} \approx 139 \text{MPa} < [\sigma]$，故盖板满足抗拉强度条件。

习　题

6-1 用截面法求图 6-38 所示各杆指定截面的内力。并画出轴力图。

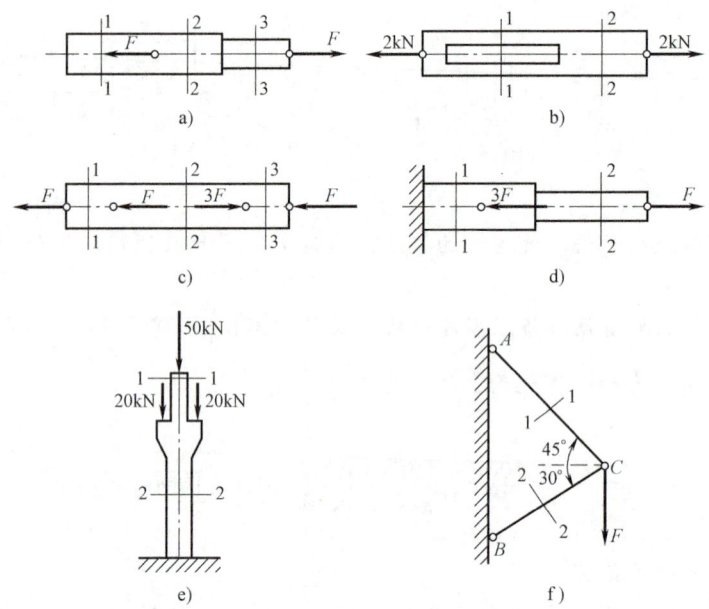

图 6-38　题 6-1 图

6-2 一长为 30cm 的钢杆，其受力情况如图 6-39 所示。已知杆横截面面积 $A = 10 \text{cm}^2$，材料的弹性模量 $E = 200 \text{GPa}$，试求：(1) AC、CD、DB 各段的应力和变形；(2) AB 杆的总变形。

6-3 一圆截面阶梯杆受力如图 6-40 所示，已知材料的弹性模量 $E = 200 \text{GPa}$，试求各段的应力和应变。

6-4 图 6-41 所示拉杆承受轴向拉力 $F = 10 \text{kN}$，杆的横截面面积 $A = 100 \text{mm}^2$，试求当 $\alpha = 30°$、$45°$、$60°$、$90°$ 时各斜截面上的正应力及切应力。

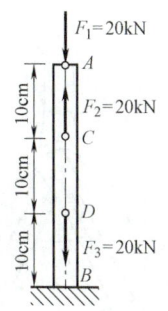

图 6-39 题 6-2 图

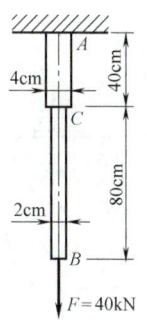

图 6-40 题 6-3 图

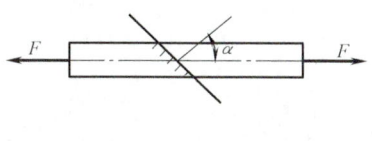

图 6-41 题 6-4 图

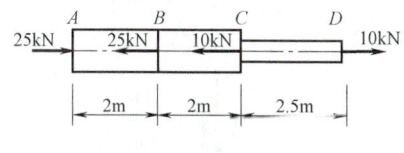

图 6-42 题 6-5 图

6-5 阶梯杆受载如图 6-42 所示。AC 段是铜的，横截面面积 $A_1=20\text{cm}^2$，$E_1=100\text{GPa}$。CD 段是钢的，横截面面积 $A_2=10\text{cm}^2$，$E_2=200\text{GPa}$。试求各段内的应力及杆 AD 的总变形，并绘制轴力图。

6-6 试求习题 6-3 杆件的总变形。已知材料的弹性模量 $E=200\text{GPa}$。

6-7 三角构架，AB 长 30cm，AB、AC 均为钢质杆，弹性模量 $E=210\text{GPa}$，横截面面积均为 $A=5\text{cm}^2$。有三种加载方式，载荷 F 均为 50kN，如图 6-43a、b、c 所示。分别计算三种情况下节点 A 的水平位移和铅垂位移。

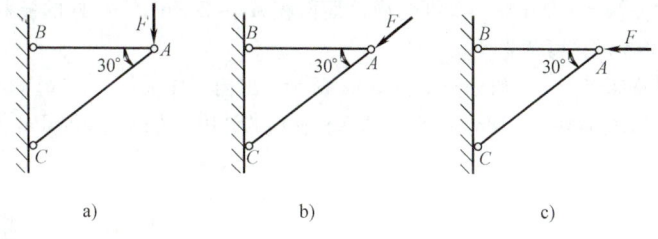

图 6-43 题 6-7 图

6-8 起重机吊钩在上端用螺母固定，如图 6-44 所示。若吊钩材料的许用应力 $[\sigma]=80\text{MPa}$，试校核螺牙处杆的抗拉强度。

6-9 起重吊环如图 6-45 所示，已知 $F=1000\text{kN}$，夹角 $\alpha=30°$，两臂 OA、OB 的横截面为矩形，$h/b=3$，材料的许用应力 $[\sigma]=140\text{MPa}$，试确定两臂的截面尺寸 h 与 b。

6-10 起重链条如图 6-46 所示，链环由 Q235 钢制成，许用应力 $[\sigma]=60\text{MPa}$。需起吊重 $F=30.8\text{kN}$。试根据链环受轴向拉伸部分的强度，选择链环圆钢直径 d。

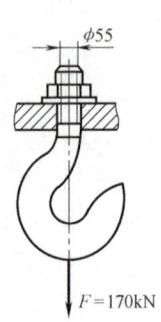

图 6-44　题 6-8 图

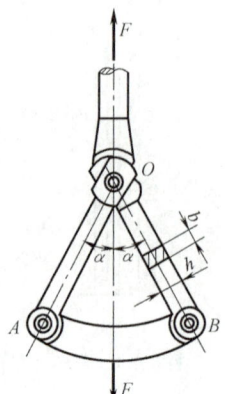

图 6-45　题 6-9 图

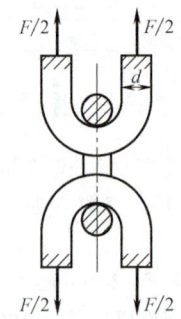

图 6-46　题 6-10 图

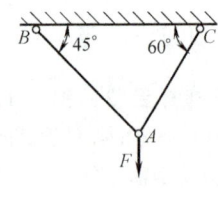

图 6-47　题 6-11 图

6-11　如图 6-47 所示简单构架中，AB 杆为钢质，许用应力 $[\sigma]_{钢}=120\mathrm{MPa}$，$AC$ 杆为铜质，许用应力 $[\sigma]_{铜}=60\mathrm{MPa}$，$AB$ 杆的横截面积 $A_1=20\mathrm{cm}^2$，AC 杆的横截面面积 $A_2=12\mathrm{cm}^2$。求该构架的许可载荷 $[F]$。

6-12　某铣床工作台进给油缸如图 6-48 所示，缸内工作油压 $p=2\mathrm{MN/m}^2$，油缸内径 $D=75\mathrm{mm}$，活塞杆直径 $d=18\mathrm{mm}$。已知活塞杆材料的许用应力 $[\sigma]=50\mathrm{MPa}$，试校核活塞杆的强度。

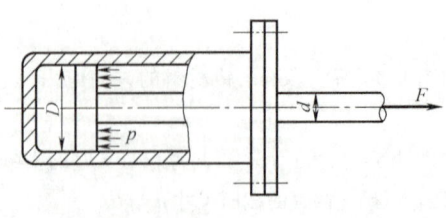

图 6-48　题 6-12 图

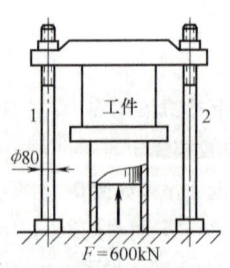

图 6-49　题 6-13 图

6-13 一水压机如图 6-49 所示。若两立柱材料的许用应力 $[\sigma]=80\mathrm{MPa}$，试校核立柱的强度。

6-14 一结构如图 6-50 所示。杆 AB 的重量和变形可忽略不计。钢杆 1 和 2 的许用应力 $[\sigma]=170\mathrm{MPa}$，弹性模量 $E=210\mathrm{GPa}$。试校核两杆的强度，并求刚性杆上点 H 的铅垂位移。

6-15 在两端固定的杆件的截面 C 上，沿轴线作用力 F，如图 6-51 所示。试求两端的约束力。

6-16 图 6-52 所示支架承受载荷 $F=10\mathrm{kN}$，1、2、3 各杆由同一材料制成，其横截面面积分别为 $A_1=100\mathrm{mm}^2$，$A_2=150\mathrm{mm}^2$ 和 $A_3=200\mathrm{mm}^2$。试求各杆的轴力。

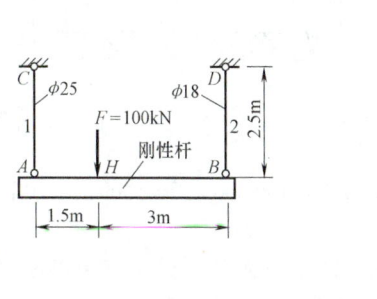
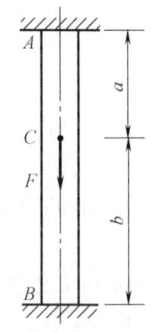
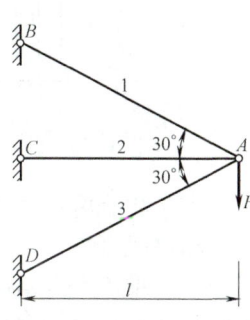

图 6-50　题 6-14 图　　　图 6-51　题 6-15 图　　　图 6-52　题 6-16 图

6-17 刚性杆 AB 的左端铰支，两根长度相等、横截面面积相同的钢杆 CD 和 EF 使该刚性杆处于水平位置，如图 6-53 所示。如已知 $F=50\mathrm{kN}$，两根钢杆的横截面积 $A=1000\mathrm{mm}^2$，试求两杆的轴力和应力。

6-18 试求图 6-54 所示结构的许可载荷 $[F]$。已知杆 AD，CE，BF 的横截面面积均为 A，杆材料的许用应力为 $[\sigma]$，梁 AB 视为刚体。

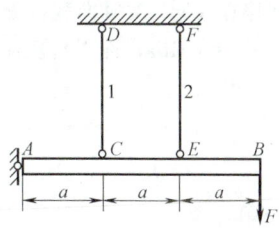
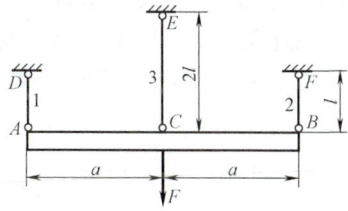

图 6-53　题 6-17 图　　　　　　图 6-54　题 6-18 图

6-19 图 6-55 所示一阶梯形杆，其上端固定，下端与刚性底面留有空隙 $\Delta=0.08\mathrm{mm}$。上段是铜的，$A_1=40\mathrm{cm}^2$，$E_1=100\mathrm{GPa}$；下段是钢的，$A_2=20\mathrm{cm}^2$，$E_2=200\mathrm{GPa}$。在两段交界处，受向下的轴向载荷 F，问：(1) 力 F 等于多少时，下端空隙恰好消失；(2) F=

500kN 时，各段内的应力值。

6-20 图 6-56 所示刚性横梁 AB 悬挂于三根平行杆上，3 杆比名义长度略短 δ。已知 $l=2\text{m}$，$a=1.5\text{m}$，$\delta=0.2\text{mm}$，三杆材料及横截面均相同。$E=200\text{GPa}$，$A=2\text{cm}^2$。试求三根装配后各杆的内力。

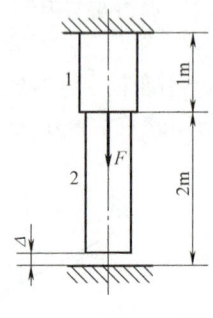

图 6-55　题 6-19 图

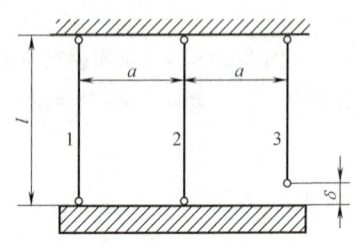

图 6-56　题 6-20 图

6-21 结构如图 6-57 所示，已知 $[\sigma]=120\text{MPa}$，$[\tau]=90\text{MPa}$，$[\sigma_{bs}]=230\text{MPa}$，试计算杆件的允许拉力 $[F]$。

6-22 如图 6-58 所示接头，受轴向载荷 F 作用，试校核其强度。已知：$F=80\text{kN}$，$b=80\text{mm}$，$t=10\text{mm}$，$d=16\text{mm}$，$[\sigma]=160\text{MPa}$，$[\tau]=120\text{MPa}$，$[\sigma_{bs}]=340\text{MPa}$。

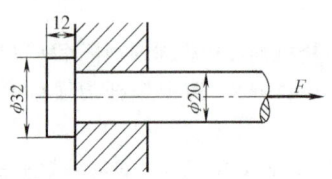

图 6-57　题 6-21 图

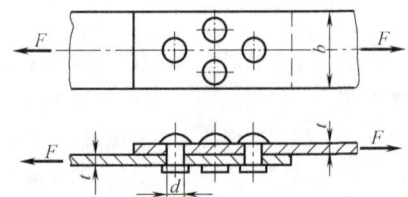

图 6-58　题 6-22 图

6-23 图 6-59 所示矩形截面木杆，用两块钢板连接在一起，受轴向载荷 $F=45\text{kN}$ 作用。已知截面宽度 $b=250\text{mm}$，木材顺纹许用拉应力 $[\sigma_t]=6\text{MPa}$，许用挤压应力 $[\sigma_{bs}]=10\text{MPa}$，许用切应力 $[\tau]=1\text{MPa}$。试确定接头的尺寸 δ、l 和 h。

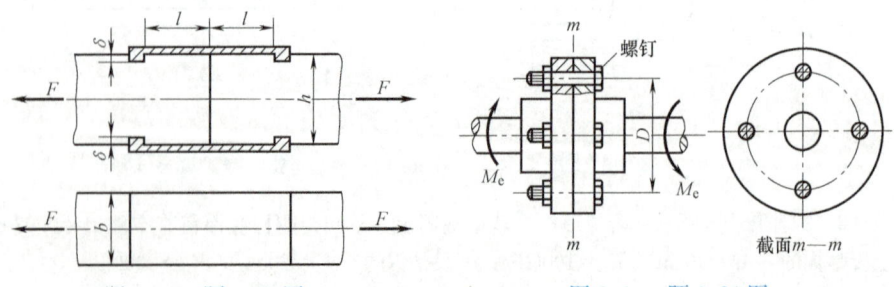

图 6-59　题 6-23 图　　　　图 6-60　题 6-24 图

6-24 图 6-60 所示两轴用凸缘相连接，沿直径 $D=150\text{mm}$ 的圆周上对称地分布着四个连接螺栓来传递力偶 M_e。已知螺栓直径 $d=12\text{mm}$，$M_e=2.5\text{kN}\cdot\text{m}$，凸缘厚度 $t=10\text{mm}$，螺栓材料为 Q235 钢，许用切应力 $[\tau]=80\text{MPa}$，许用挤压应力 $[\sigma_{bs}]=200\text{MPa}$。试校核螺栓的强度。

6-25 图 6-61 所示冲床的最大冲力为 400kN，冲头材料的 $[\sigma_{bs}]=440\text{MPa}$，被冲钢板的剪切强度极限 $\tau_b=360\text{MPa}$。求在最大冲力作用下所能冲剪的圆孔的最小直径 d 和板的最大厚度 t。

6-26 如图 6-62 所示摇臂，试确定轴销 B 的直径。已知：$F_1=50\text{kN}$，$F_2=35.4\text{kN}$，$[\tau]=100\text{MPa}$，$[\sigma_{bs}]=240\text{MPa}$。

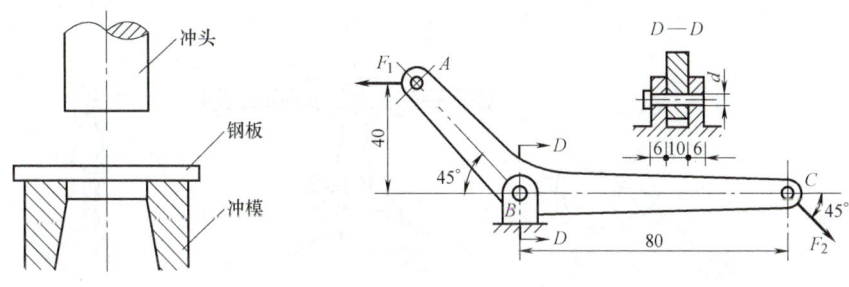

图 6-61 题 6-25 图 　　　　图 6-62 题 6-26 图

6-27 如图 6-63 所示一矩形截面的拉伸试件，试件两端开有可插销钉的圆孔，载荷通过销钉传至试件。若试件和销钉材料相同，$[\tau]=100\text{MPa}$，$[\sigma_{bs}]=320\text{MPa}$，$[\sigma]=160\text{MPa}$，抗拉强度 $\sigma_b=400\text{MPa}$。为了保证试件在中部被拉断，求试件端部所需尺寸 a、b 及销钉直径 d。

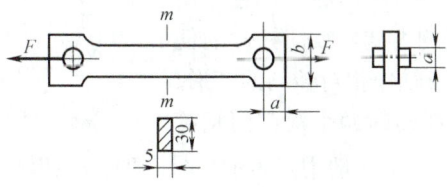

图 6-63 题 6-27 图

第7章 扭 转

7.1 扭转的概念

工程中有些杆件如车床中的主轴、传动轴,汽车方向盘下的转向轴 AB (图7-1a)、攻螺纹用丝锥的锥杆(图7-1b)等,均属于受扭转的杆件。它们都

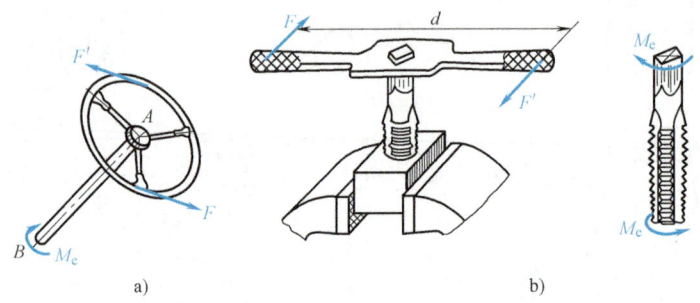

图 7-1

有相同的受力特点和变形形式,从而均可抽象为如图7-2所示的力学模型。由图可见,它们的受力和变形特点是:在杆件的两端作用有两个大小相等、转向相反,且作用面垂直于杆件的轴线的力偶,致使杆件的任意两个横截面发生绕杆轴作相对转动的变形。这种变形称为**扭转**。扭转时两个横截面相对

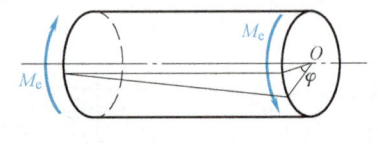

图 7-2

转动的角度,称为**扭转角**,一般用 φ 表示(图7-2)。以扭转变形为主的杆件通常称为**轴**。截面形状为圆形的轴称为**圆轴**,圆轴在工程上是常见的一种受扭转的杆件。

本章主要讨论圆轴扭转时的应力、变形、强度和刚度的计算问题,并简要介绍非圆截面杆的扭转问题。

7.2 外力偶矩的计算 扭矩和扭矩图

7.2.1 功率、转速和外力偶矩间的关系

工程中作用于轴上的外力偶矩有时并不直接给出,而往往给出轴的转速和

所传递的功率,它们的换算关系为

$$\{M_e\}_{\text{N·m}} = 9\ 549\ \frac{\{P\}_{\text{kW}}}{\{n\}_{\text{r/min}}} \tag{7-1}$$

式中,M_e 为外力偶矩,单位为 N·m(牛·米);P 为轴传递的功率,单位为 kW(千瓦);n 为轴的转速,单位为 r/min(转/分)。

7.2.2 扭矩和扭矩图

对于图 7-3a 所示的圆轴,为分析其内力,按截面法,在轴的任一横截面 n—n 处假想地把圆轴截开分成左、右两部分,保留左部分,考虑其平衡。在外力偶矩 M_e 作用下,截面 n—n 上必有与 M_e 转向相反的内力偶,设其矩为 T(图 7-3b),由平衡条件得

$$T = M_e$$

内力偶矩 T 称为**扭矩**。扭矩的符号规定如下:按右手螺旋法则,用拇指指向表示 T 的矢量方向,当扭矩方向与截面的外法线方向一致时定为正号,相反时为负号(图 7-4)。按照这一符号规定,图 7-3b 中所示扭矩 T 为正。当保留右部分时(图 7-3c),所得扭矩的大小、符号与按保留左半部分的计算结果相同。

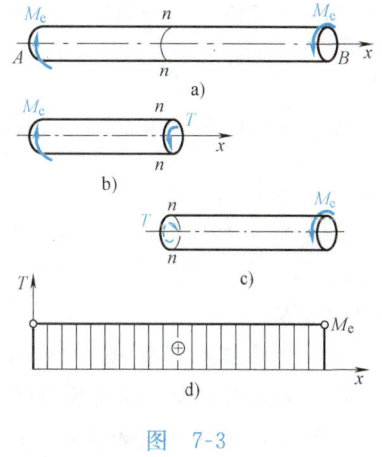

图 7-3

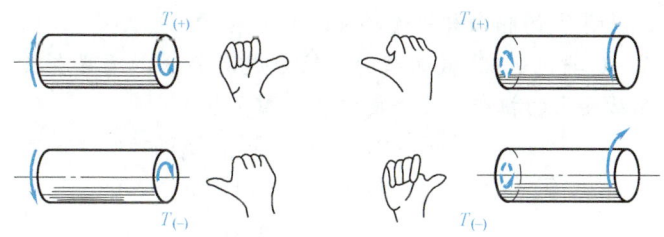

图 7-4

若作用于轴上的外力偶矩多于两个,则在轴各段的横截面上,扭矩不尽相同,这时往往用图线形象地表示截面上扭矩沿轴线变化的情况。如以平行于轴线的坐标表示横截面的位置,垂直于轴线的坐标表示相应截面上的扭矩,这样绘成的图形称为**扭矩图**。图 7-3d 为图 7-3a 所示轴的扭矩图。

例 7-1 一传动系统主轴 AC（图 7-5a），其转速 $n=960$r/min，输入功率 $P_A=27.5$kW，输出功率 $P_B=20$kW，$P_C=7.5$kW，不计轴承摩擦等功率消耗，试作 AC 轴的扭矩图。

解 （1）计算外力偶矩 由式（7-1）得

$$M_{eA}=9549\frac{P_A}{n}=9549\times\frac{27.5}{960}\text{N}\cdot\text{m}$$
$$=274\text{N}\cdot\text{m}$$
$$M_{eB}=9549\frac{P_B}{n}=9549\times\frac{20}{960}\text{N}\cdot\text{m}$$
$$=199\text{N}\cdot\text{m}$$
$$M_{eC}=9549\frac{P_C}{n}=9549\times\frac{7.5}{960}\text{N}\cdot\text{m}$$
$$=75\text{N}\cdot\text{m}$$

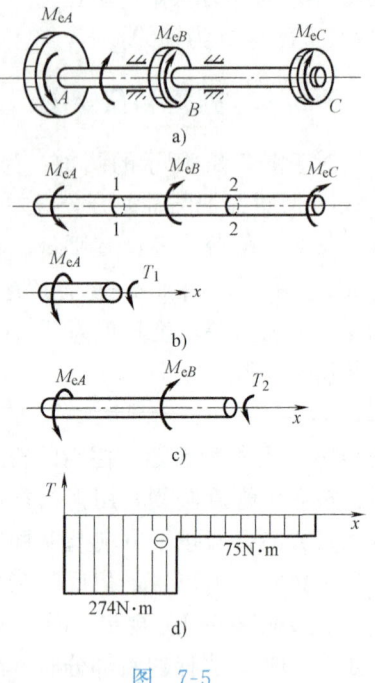

图 7-5

M_{eA} 为主动力偶矩，AC 轴转向与 M_{eA} 相同，M_{eB}、M_{eC} 为阻力偶矩，其转向与 M_{eA} 相反。

（2）计算扭矩 在 AB 段以截面 1—1 将 AC 轴分成两部分，取左段为研究对象，以 T_1 表示 1—1 截面上的扭矩，T_1 的方向按正向设定（图 7-5b），由平衡条件

$$\sum M_x=0, \quad T_1+M_{eA}=0$$

解得 $\quad T_1=-M_{eA}=-274\text{N}\cdot\text{m}$

所得为负数，说明 T 的转向与所设相反。

同样，在 BC 段以 2—2 截面将 AC 轴分成两部分，保留左段为研究对象，以 T_2 为 2—2 截面上的扭矩，由平衡方程（图 7-5c）

$$\sum M_x=0, \quad T_2-M_{eB}+M_{eA}=0$$

解得 $\quad T_2=-M_{eA}+M_{eB}=(-274+199)\text{N}\cdot\text{m}$
$$=-75\text{N}\cdot\text{m}$$

（3）画扭矩图 根据以上结果，按比例画扭矩图（图 7-5d）。

7.3 薄壁圆筒的扭转 切应力互等定理 剪切胡克定律

7.3.1 薄壁圆筒的扭转 切应变的概念

薄壁圆筒指的是壁厚 δ 远小于其平均半径 r_0 的圆筒（图 7-6a）。当其两端

作用一对大小相等、转向相反的外力偶矩 M_e 时，即发生扭转变形。

在施加外力偶矩之前，可先在圆筒表面上画出一系列纵向线和距筒端稍远处的圆周线。施加外力偶矩 M_e 后，当圆筒产生不大的扭转角 φ（图 7-6c）时，可以观察到如下现象：

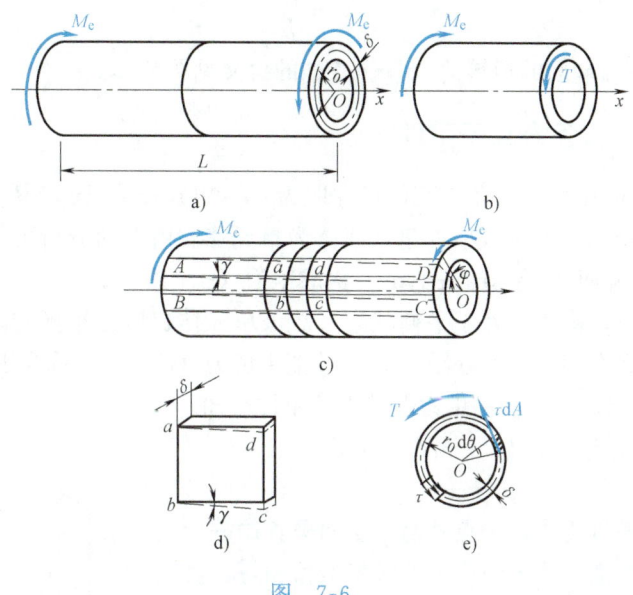

图 7-6

1) 各圆周线形状、大小和间距均无改变，只是绕轴线相对旋转了不同的角度。

2) 各纵向线均倾斜了同一微小角度 γ。

由于圆筒沿纵向和周向均无尺寸改变，且筒沿这两个方向的变形并未受到约束，故它沿纵向和周向将不会有正应力。

若以筒的横截面及径向截面从筒中截取微小的直角六面体 $abcd$ 如图 7-6d 所示，则上述角度 γ 就是此微小直角六面体上原矩形 $abcd$ 的直角改变量。这种直角改变量称为**切应变**。直角六面体发生切应变，在它的侧面上必有切应力作用，根据切应变 γ 的倾斜方位，可以断定切应力 τ 的方向与过该点的半径垂直，其指向顺同 T 的转向。由于所有纵向线的倾角 γ 相同，说明沿圆周上各点的切应变相等，因而可知在同一圆周上各点的切应力 τ 也大小相等。由于筒壁很薄，故可近似地认为切应力沿壁厚均匀分布，如图 7-6e 所示。

在横截面上取一微面积 $dA = \delta r_0 d\theta$，则作用在其上的微内力为 τdA（图 7-6e）。由静力分析可知，在整个截面上所有这些微内力矩之和即为截面上的扭矩 T，即

$$T = \int_A r_0 \tau dA = \int_0^{2\pi} \tau \delta r_0^2 d\theta = 2\pi \delta r_0^2 \tau$$

得薄壁圆筒截面上切应力的计算公式为

$$\tau = \frac{T}{2\pi\delta r_0^2} \tag{7-2}$$

从几何关系可得

$$\gamma = \frac{r\varphi}{L} \tag{7-3}$$

式中，φ 为筒两端面的扭转角；δ、r、r_0、L 的含义见图 7-6a。

7.3.2 切应力互等定理

将图 7-6d 中微小直角六面体尺寸取为 $ab = dy$，$bc = dx$，厚度用 dz 表示，即如图 7-7 所示。称该微小直角六面体为**单元体**。由上面分析可知，该单元体的左、右两侧面上有剪力 $\tau dydz$，构成矩为 $(\tau dydz) dx$ 的力偶，它使单元体具有转动趋势，由于筒处于平衡状态，故该单元体也应是平衡的。因此单元体上、下两面必有切应力 τ'（图 7-7），才能由剪力 $(\tau' dxdz)$ 构成矩为 $(\tau' dxdz) dy$ 的力偶，以保持平衡。由力偶的平衡条件可知

$$(\tau' dxdz) dy = (\tau dydz) dx$$

得

$$\tau' = \tau \tag{7-4}$$

此式表明，**通过物体内一点处两个互相垂直的截面上垂直于两截面交线的切应力，必然数值相等，其方向均指向或背离此交线**。这一关系称为**切应力互等定理**。

图 7-7 所示单元体的四个侧面上，只有切应力而无正应力，这种情况称为**纯剪切应力状态**。切应力互等定理虽然是以纯剪切的情况证明的，但是当单元体上同时存在正应力时，仍然成立，它是具有普遍意义的。

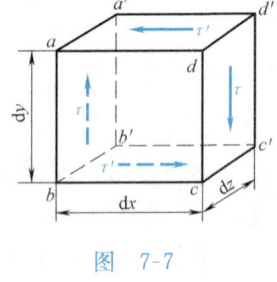

图 7-7

7.3.3 剪切胡克定律

从薄壁圆筒的扭转试验可以得到与拉伸图相似的 T-φ 图（图 7-8），其中有一部分是直线，利用式（7-2）、式（7-3）即可以从此图得到切应力 τ 与切应变 γ 间的关系图线（图 7-9），其中，直线部分说明 τ 与 γ 成正比，即有

$$\tau = G\gamma \tag{7-5}$$

这一关系称为**剪切胡克定律**。式中，比例常数 G 称为材料的**切变模量**，它反映了材料抵抗剪切变形的能力。G 值也随材料而异，可由试验测定。G 和 E 的单位和量纲相同。钢材切变模量的值约为 $G = 80$ GPa。

图 7-9 中直线部分最高点的切应力值称为**剪切比例极限**，用 τ_p 表示，其值

也随材料而不同,需由试验测定。当切应力超过这一极限值时,式(7-5)所表达的关系不再成立。

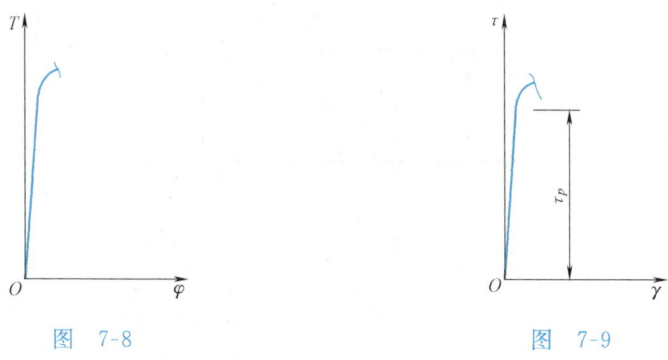

图 7-8　　　　　　　　　　图 7-9

7.4　圆轴扭转时的应力和变形

7.4.1　圆轴扭转时横截面上的应力

工程中最常见的轴是圆截面轴。需要研究其受扭时横截面上应力分布规律,并求出横截面上的最大应力。显然,此种问题仅仅用静力平衡条件是不能解决的,而应像分析轴向拉压和薄壁圆筒扭转应力那样,从研究变形入手,并利用应力应变关系和静力平衡条件,即从几何、物理和静力三个方面综合进行分析。

1. 几何方面　试验说明,扭转时圆轴的表面变形与薄壁圆筒表面变形相似(图 7-10)。当变形很小时,各圆周线的形状、大小和间距均不改变,仅绕轴作相对转动,各纵向线则倾斜同一角度,成为一系列螺旋线。

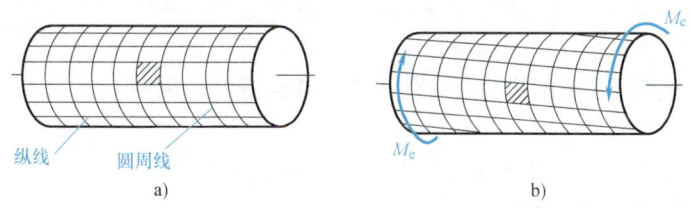

图 7-10

如果认为轴内变形与其表面变形相似,那么可以假定:

变形后横截面仍保持平面,其形状、大小与间距均不改变,半径仍为直线,此假设称为**圆轴扭转的平面假设**。

根据上述假设,若用相距 dx 的两个横截面以及夹角无限小的两个径向截面从轴中切取一楔形体 $O_1O_2\,ABCD$(图 7-11a)则其变形如图 7-11b 所示,轴表

面矩形 $ABCD$ 变为平行四边形 $ABC'D'$，距轴线 ρ 处的矩形 $abcd$ 变为平行四边形 $abc'd'$，即均产生剪切变形。

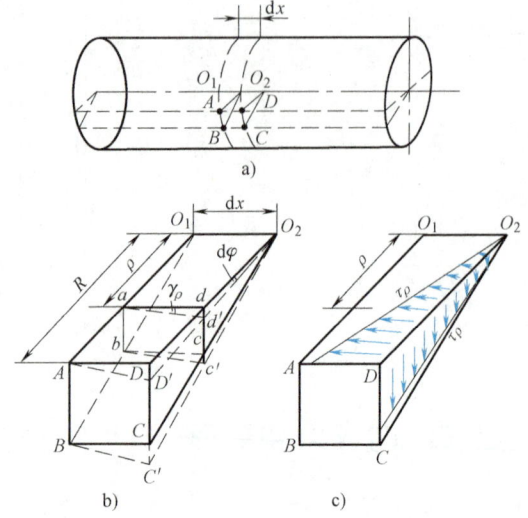

图 7-11

设所切楔形体左、右两截面间相对转角即扭转角为 $\mathrm{d}\varphi$（$\angle DO_2D'$），矩形 $abcd$ 的切应变为 $\gamma_\rho \angle dad'$，则由图中可以看出

$$\gamma_\rho \approx \tan\gamma_\rho = \frac{\overline{dd'}}{\overline{ad}} = \frac{\rho \mathrm{d}\varphi}{\mathrm{d}x}$$

或

$$\gamma_\rho = \rho \frac{\mathrm{d}\varphi}{\mathrm{d}x} \tag{a}$$

式中，$\dfrac{\mathrm{d}\varphi}{\mathrm{d}x}$ 代表扭转角沿杆轴的变化率。对于同一截面，$\dfrac{\mathrm{d}\varphi}{\mathrm{d}x}$ 为常数，可见切应变 γ_ρ 与 ρ 成正比。

2. 物理方面 由剪切胡克定律可知，在线弹性范围内

$$\tau = G\gamma$$

将式（a）代入上式，得横截面上半径为 ρ 处的切应力为

$$\tau_\rho = G\rho \frac{\mathrm{d}\varphi}{\mathrm{d}x} \tag{b}$$

其方向则垂直于半径（图 7-11c），因为剪切变形发生在垂直于半径的平面内。

式（b）表明：圆轴横截面上的扭转切应力 τ_ρ 与到轴心的距离 ρ 成正比，即切应力大小沿半径方向按直线规律变化；在离圆心等远的各点处，切应力值均相等。实心圆截面轴和空心圆截面轴的扭转切应力分布情况分别如图 7-12a 和图 7-12b 所示。

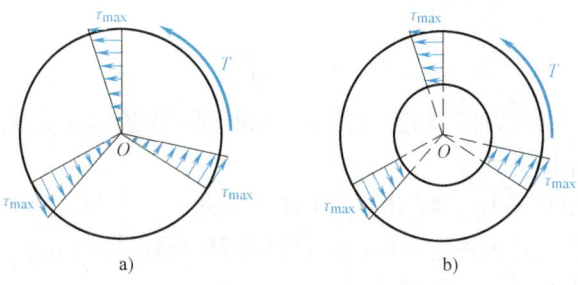

图 7-12

3. 静力学方面　在公式（b）中，由于 $\dfrac{d\varphi}{dx}$ 值尚为未知，故由该式尚不能确定切应力的大小。此问题需利用扭矩 T 与切应力 τ 的静力关系来解决。

如图 7-13 所示，在距圆心 ρ 处的微面积 dA 上作用微剪力 $\tau_\rho dA$，它对圆心的微力矩为 $\rho\tau_\rho dA$。在整个横截面上，所有这些微力矩之和应该等于该截面上的扭矩 T，因此

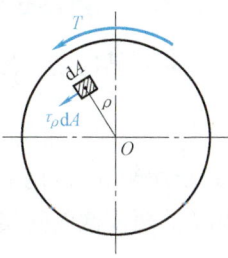

图 7-13

$$\int_A \rho\tau_\rho dA = T$$

将式（b）代入上式，并令

$$I_p = \int_A \rho^2 dA \tag{7-6}$$

则

$$G\frac{d\varphi}{dx}\int_A \rho^2 dA = GI_p \frac{d\varphi}{dx} = T$$

由此得

$$\frac{d\varphi}{dx} = \frac{T}{GI_p} \tag{7-7}$$

此即**圆轴扭转变形的基本公式**。式中，I_p 称为圆截面的**极惯性矩**，它是一个只与横截面几何尺寸有关的量。将式（7-7）代入式（b），于是得

$$\tau_\rho = \frac{T}{I_p}\rho \tag{7-8}$$

式（7-8）为圆轴扭转时，横截面上任意一点处切应力计算公式。

由式（7-8）可以看出，切应力的最大值发生于横截面外边缘 $\rho = \dfrac{D}{2}$ 处，引入定义

$$W_t = I_p \bigg/ \left(\frac{D}{2}\right) \tag{7-9}$$

W_t 称为**抗扭截面系数**，是一个仅与横截面几何尺寸有关的量。

于是，圆轴的最大扭转切应力为

$$\tau_{\max} = \frac{T}{W_t} \tag{7-10}$$

式（7-7）、式（7-8）和式（7-10）都得到了实验的证实，说明在分析中所采用的假设是正确的。

由于在分析中应用了剪切胡克定律，因此式（7-7）、式（7-8）和式（7-10）须在横截面上最大切应力不超过材料的剪切比例极限 τ_p 的条件下使用。同时也须指出它们只适用于圆截面轴。

7.4.2 圆轴扭转时的变形计算

圆轴扭转时的变形用扭转角 φ 表示。从式（7-7）得

$$d\varphi = \frac{T}{GI_p} dx \tag{7-11}$$

$d\varphi$ 表示相距 dx 的两横截面间的相对扭转角（图 7-11b）。沿轴线 x 积分，得到距离 l 的两横截面间相对扭转角为

$$\varphi = \int_l d\varphi = \int_0^l \frac{T}{GI_p} dx$$

当两横截面间扭矩 T 为常量，且轴为同一材料等截面圆轴时，上式即为

$$\varphi = \frac{Tl}{GI_p} \tag{7-12}$$

上式所求扭转角 φ 的单位为弧度。由上式可见 GI_p 越大，在同样扭矩作用下，扭转角 φ 越小，所以称 GI_p 为圆轴的**抗扭刚度**。

上述实心圆轴扭转时的应力与变形公式对空心圆轴同样适用。

7.4.3 极惯性矩与抗扭截面系数

对图 7-14 所示的空心圆截面，极惯性矩

$$I_p = \int_A \rho^2 dA = 2\pi \int_{\frac{d}{2}}^{\frac{D}{2}} \rho^3 d\rho = \frac{\pi}{32}(D^4 - d^4) = \frac{\pi D^4}{32}(1-\alpha^4) \tag{7-13}$$

抗扭截面系数

$$W_t = \frac{I_p}{D/2} = \frac{\pi}{16D}(D^4 - d^4) = \frac{\pi D^3}{16}(1-\alpha^4) \tag{7-14}$$

式中，$\alpha = d/D$，d 和 D 分别为空心圆截面的内径与外径。在式（7-13）和式（7-14）中，令 $\alpha=0$，即可分别得到实心圆截面轴的 $I_p = \frac{\pi D^4}{32}$ 和 $W_t = \frac{\pi D^3}{16}$ 的表达式。

I_p 的量纲为 L^4，W_t 的量纲为 L^3。

例 7-2 一轴 AB 传递功率为 $P = 7.5\text{kW}$，转速 $n = 360\text{r/min}$。轴的 AC 段为

实心圆截面，CB 段为空心圆截面，如图 7-15 所示。已知 $D=3\text{cm}$，$d=2\text{cm}$。试计算 AC 段横截面边缘处切应力以及 CB 段横截面上外边缘和内边缘处的切应力。

解　（1）计算扭矩　由式（7-1），轴所受外力偶矩为

$$M_e = 9549\frac{P}{n} = 9549\times\frac{7.5}{360}\text{N}\cdot\text{m} = 199\text{N}\cdot\text{m}$$

由截面法，各横截面上扭矩均为

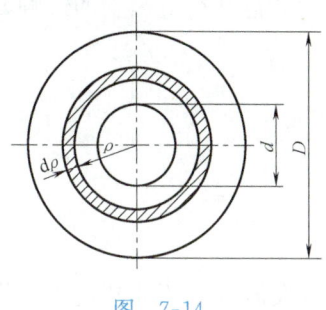

图 7-14

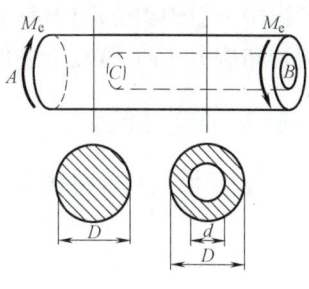

图 7-15

$$T = M_e = 199\text{N}\cdot\text{m}$$

（2）计算极惯性矩　由式（7-13），AC 段和 BC 段的极惯性矩分别为

$$I_{p1} = \frac{\pi D^4}{32} = \frac{3.14\times 3^4}{32}\text{cm}^4 = 7.95\text{cm}^4$$

$$I_{p2} = \frac{\pi}{32}(D^4-d^4) = \frac{3.14}{32}(3^4-2^4)\text{cm}^4 = 6.38\text{cm}^4$$

（3）计算应力　由式（7-8），AC 段轴在横截面外边缘处切应力为

$$\tau_{\text{ou}}^{AC} = \frac{T}{I_{p1}}\frac{D}{2} = \frac{199}{7.95\times 10^{-8}}\times 0.015\text{Pa} = 37.5\times 10^6\text{Pa} = 37.5\text{MPa}$$

CB 段轴横截面内、外边缘处切应力分别为

$$\tau_{\text{in}}^{CB} = \frac{T}{I_{p2}}\frac{d}{2} = \frac{199}{6.38\times 10^{-8}}\times 0.01\text{Pa} = 31.2\times 10^6\text{Pa} = 31.2\text{MPa}$$

$$\tau_{\text{ou}}^{CB} = \frac{T}{I_{p2}}\frac{D}{2} = \frac{199}{6.38\times 10^{-8}}\times 0.015\text{Pa} = 46.8\times 10^6\text{Pa} = 46.8\text{MPa}$$

7.5　圆轴扭转时的强度和刚度计算

7.5.1　强度计算

为保证轴安全地工作，要求轴内最大切应力必须小于材料的许用扭转切应力 $[\tau]$，因此圆轴扭转的强度条件为

$$\tau_{\max} = \frac{T}{W_t} \leqslant [\tau] \tag{7-15}$$

式中的许用扭转切应力 $[\tau]$，是根据扭转试验并考虑适当的安全因数确定的。它与许用拉应力有如下的近似关系：

对于塑性材料　　$[\tau] = (0.5 \sim 0.6)[\sigma_t]$

对于脆性材料　　$[\tau] = (0.8 \sim 1.0)[\sigma_t]$

工程中一般轴类传动构件，考虑到载荷多为非静载荷等因素的影响，所取许用扭转切应力 $[\tau]$ 常较上述值为低。

7.5.2 刚度计算

用 φ' 表示单位长度扭转角，由式（7-7）有

$$\varphi' = \frac{d\varphi}{dx} = \frac{T}{GI_p}$$

为保证轴的刚度，通常规定单位长度扭转角的最大值 $\varphi'_{\max}$ 不能超过许用单位长度扭转角 $[\varphi']$，即

$$\varphi'_{\max} = \frac{T_{\max}}{GI_p} \leqslant [\varphi'] \tag{7-16}$$

式（7-16）称为**扭转刚度条件**，式中，φ' 的单位为 rad/m（弧度/米）。在工程中，$[\varphi']$ 的单位习惯用 (°)/m（度/米）给出，于是有

$$\varphi'_{\max} = \frac{T_{\max}}{GI_p} \times \frac{180°}{\pi} \leqslant [\varphi'] \tag{7-17}$$

许用单位长度的扭转角 $[\varphi']$，是根据载荷性质和工作条件、工作要求等因素决定的。在精密、稳定的传动中，$[\varphi'] = (0.25 \sim 0.5)$ (°)/m；在一般传动中，$[\varphi'] = (0.5 \sim 1)$ (°)/m；在精度要求不高的传动中，$[\varphi'] = (1 \sim 2.5)$ (°)/m。具体数值可在有关设计手册中查到。

类似拉（压）强度条件的应用，强度条件式（7-15）和刚度条件式（7-17）可对受扭圆轴进行三个方面的计算：校核轴的强度和刚度、截面设计和确定许可载荷。下面通过例子说明圆轴的强度和刚度计算。

例 7-3　设有一钢制传动轴受到外力偶矩 $M_e = 4\text{kN} \cdot \text{m}$ 的作用。如已知轴的许可扭转切应力 $[\tau] = 40\text{MPa}$，许用单位长度扭转角 $[\varphi'] = 0.25$ (°)/m，切变模量 $G = 80\text{GPa}$，试设计该轴的直径 d。

解　（1）按强度条件设计直径　由题意知

$$T = M_e = 4\text{kN} \cdot \text{m}$$

由式（7-15）有　　$\tau_{\max} = \dfrac{T}{W_t} = \dfrac{T}{\dfrac{\pi d^3}{16}} = \dfrac{16T}{\pi d^3} \leqslant [\tau]$

求得轴直径为 $d \geqslant \sqrt[3]{\dfrac{16T}{\pi[\tau]}} = \sqrt[3]{\dfrac{16 \times 4 \times 10^3}{3.14 \times 40 \times 10^6}}\text{m} = 79.8\text{mm}$

（2）按刚度条件设计直径　由式（7-17）有

$$\varphi' = \dfrac{T}{GI_p} \times \dfrac{180°}{\pi} = \dfrac{32T}{\pi G d^4} \times \dfrac{180°}{\pi} \leqslant [\varphi']$$

得 $d \geqslant \sqrt[4]{\dfrac{32T \times 180}{G\pi^2[\varphi']}} = \sqrt[4]{\dfrac{32 \times 4 \times 10^3 \times 180}{80 \times 10^9 \times 3.14^2 \times 0.25}}\text{m} = 104\text{mm}$

为同时满足强度和刚度要求，应取较大的一个直径，故取 $d = 104\text{mm}$。

例 7-4　某汽车的传动轴（计算简图为图 7-16），由无缝钢管制成，其外径 $D = 90\text{mm}$，内径 $d = 85\text{mm}$。轴传递的最大力偶矩 $M_e = 1500\text{N}\cdot\text{m}$。已知材料的许用扭转切应力 $[\tau] = 60\text{MPa}$，许用单位长度扭转角 $[\varphi'] = 2\,(°)/\text{m}$，切变模量 $G = 80\text{GPa}$，试校核此轴强度和刚度。若采用实心轴，是否经济？

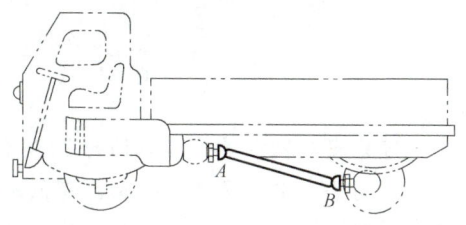

解　（1）校核轴的强度

$T = M_e = 1500\text{N}\cdot\text{m}$

空心圆截面的抗扭截面系数为

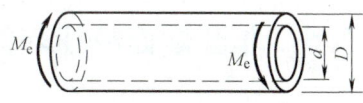

图 7-16

$$W_t = \dfrac{\pi D^3}{16}(1 - \alpha^4)$$

$$\alpha = d/D = \dfrac{85}{90} = 0.94$$

代入强度条件式（7-15）有

$$\tau_{\max} = \dfrac{T}{W_t} = \dfrac{16T}{\pi D^3(1 - \alpha^4)}$$

$$= \dfrac{16 \times 1500}{3.14 \times 90^3 \times (1 - 0.94^4) \times 10^{-9}}\text{Pa}$$

$$= 48\text{MPa} < [\tau] = 60\text{MPa}$$

（2）校核轴的刚度　空心圆截面 $I_p = \dfrac{\pi}{32}(D^4 - d^4)$

由刚度条件式（7-17）有

$$\varphi' = \dfrac{T}{GI_p} \times \dfrac{180\,(°)}{\pi} = \dfrac{32M_e \times 180}{G\pi^2(D^4 - d^4)} = \dfrac{32 \times 1500 \times 180}{80 \times 10^9 \times 3.14^2 \times (90^4 - 85^4) \times 10^{-12}}\,(°)/\text{m}$$

$= 0.816\,(°)/\text{m} < [\varphi'] = 2\,(°)/\text{m}$

经校核，该轴满足强度和刚度要求。

（3）若采用实心轴，分别按强度和刚度条件确定其直径。

按强度条件可求得其直径应为

$$d_1 \geqslant \sqrt[3]{\frac{16T}{\pi[\tau]}} = \sqrt[3]{\frac{16 \times 1500}{3.14 \times 60 \times 10^6}} \text{m} = 50\text{mm}$$

按刚度条件可求得其直径应为

$$d_1 \geqslant \sqrt[4]{\frac{32T \times 180}{G\pi^2[\theta']}} = \sqrt[4]{\frac{32 \times 1500 \times 180}{80 \times 10^9 \times 3.14^2 \times 2}} \text{m} = 49\text{mm}$$

为同时满足强度和刚度条件,应取 $d_1 = 50$mm,在空心轴与实心轴长度相等,材料相同情况下,其重量之比等于截面积之比,于是

$$\frac{G_1}{G} = \frac{A_1}{A} = \frac{\frac{\pi}{4}d_1^2}{\frac{\pi}{4}(D^2-d^2)} = \frac{50^2}{90^2-85^2} = 2.86$$

可见实心轴重量是空心轴的 2.86 倍,采用实心轴不经济。

从例 7-4 中可见,空心轴可有效地减轻轴的重量,节省材料,故工程中多采用空心轴。

7.6　非圆截面杆扭转简介

在工程中也会遇到非圆截面杆的扭转问题,例如内燃机曲轴的曲柄臂。实验表明,非圆截面杆受扭后横截面已不再保持平面,而变成了曲面,这一现象称为<u>截面翘曲</u>,如图 7-17b 所示为矩形截面杆(图 7-17a)受扭后的变形情况。因此,根据平面假设建立的圆轴扭转时的应力和变形公式,对非圆截面杆的扭转均不适用。非圆截面杆扭转时的应力和变形比较复杂。在非圆截面中常见的是矩形截面杆。因此,本节只介绍矩形截面杆扭转时应力与变形的情况。这些都是实验研究和弹性力学分析的结果。

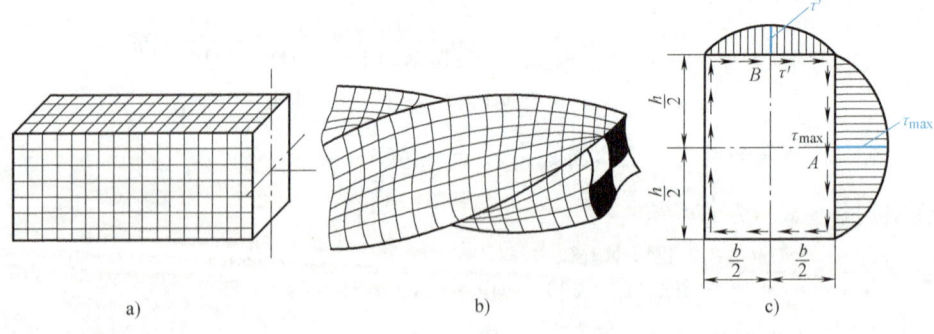

图　7-17

经研究表明：矩形截面杆扭转时横截面上切应力分布规律如图 7-17c 所示。在图中画出了沿横截面边缘和对称轴上的切应力分布情况。从图上可见，截面边缘各点处的切应力的方向均平行于周边（或与周边相切）；角点和中心处切应力为零，最大切应力 $\tau_{\max}$ 发生在长边中点 A 处；在短边中点 B 处的切应力也有相当大的数值。其计算公式如下：

最大切应力

$$\tau_{\max} = \frac{T}{\alpha h b^2} \tag{7-18}$$

短边中点处的切应力

$$\tau_B = \gamma \tau_{\max}$$

单位长度扭转角

$$\varphi' = \frac{T}{\beta h b^3 G} \tag{7-19}$$

式中，$\alpha h b^2$ 为矩形截面的抗扭截面系数；$\beta h b^3$ 为矩形截面的相当极惯性矩；h、b 分别为长边和短边的长度；α、β、γ 为与截面尺寸有关的因数，其值与边长比 h/b 有关，可从表 7-1 中查得。

表 7-1 矩形截面杆扭转时的因数 α、β、γ

$\frac{h}{b}$	1.0	1.2	1.5	2.0	2.5	3.0	4.0	6.0	8.0	10.0	∞
α	0.208	0.219	0.231	0.246	0.258	0.267	0.282	0.299	0.307	0.313	0.333
β	0.141	0.166	0.196	0.229	0.249	0.263	0.281	0.299	0.307	0.313	0.333
γ	1.000	0.930	0.858	0.796	0.767	0.753	0.745	0.743	0.743	0.743	0.743

习　题

7-1　试作图 7-18 所示各杆的扭矩图，并确定最大扭矩。

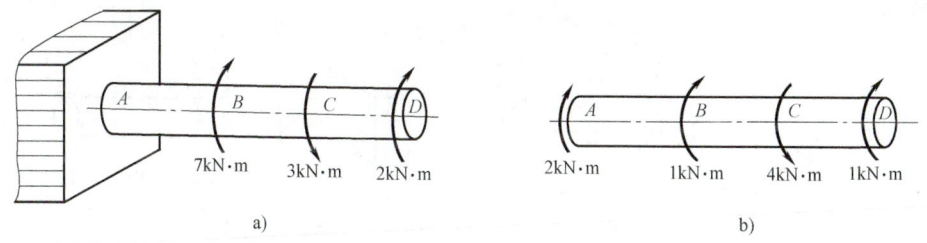

图 7-18　题 7-1 图

7-2　图 7-19 所示圆轴直径 $d=100\text{mm}$，长 $l=1\text{m}$，两端作用外力偶矩 $M_e=14\text{kN}\cdot\text{m}$，材料的切变模量 $G=80\text{GPa}$。试求：（1）图示截面上 A、B、C 三点处的切应力数值及方向；（2）最大切应力。

7-3　用实验方法求钢的切变模量 G 时，其装置的示意图如图 7-20 所示，AB 为长 $l=0.1\text{m}$、直径 $d=10\text{mm}$ 的圆截面钢试件，其 A 端固定，B 端有长 $s=80\text{mm}$ 的杆 BC 与截面固

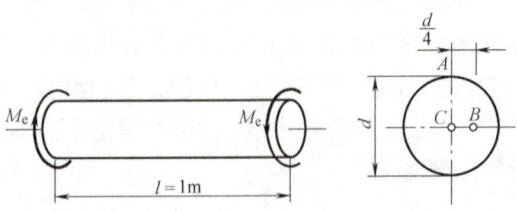

图 7-19 题 7-2 图

结为整体。当 B 端加扭转力偶 $M_e=15\mathrm{N\cdot m}$ 时，测得 BC 杆顶点 C 的位移 $\Delta=1.5\mathrm{mm}$。试求：(1) 切变模量 G；(2) 杆内的最大切应力 τ_{max}；(3) 杆表面的切应变 γ。

7-4 图 7-21 所示空心圆轴外径 $D=80\mathrm{mm}$，内径 $d=62.5\mathrm{mm}$，两端承受扭转力偶 $M_e=1\mathrm{kN\cdot m}$ 的作用。试求：(1) 最大切应力和最小切应力；(2) 在图 7-21b 上绘出横截面上切应力分布图。

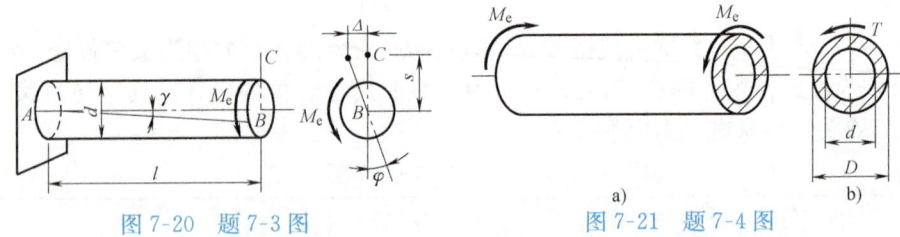

图 7-20 题 7-3 图　　　　　图 7-21 题 7-4 图

7-5 一钢质圆轴长 $l=1\mathrm{m}$，承受内力扭矩 $T=18\mathrm{kN\cdot m}$ 而产生扭转，材料的许用切应力 $[\tau]=40\mathrm{MPa}$，试按强度条件确定圆轴的直径 D。

7-6 图 7-22 所示变截面圆轴受力偶作用而产生扭转变形，已知 $M_{e1}=1.8\mathrm{kN\cdot m}$，$M_{e2}=1.2\mathrm{kN\cdot m}$，圆轴直径 $d_1=75\mathrm{mm}$，$d_2=50\mathrm{mm}$。试求轴内的最大切应力 τ_{max}。

7-7 图 7-23 所示实心圆轴，横截面直径 $d=100\mathrm{mm}$，在自由端受到 $M_e=14\mathrm{kN\cdot m}$ 的外力偶作用。已知 $G=79\mathrm{GPa}$，试求 A、B 两截面相对扭转角 φ_{AB} 及 A、C 两截面的相对扭转角 φ_{AC}。

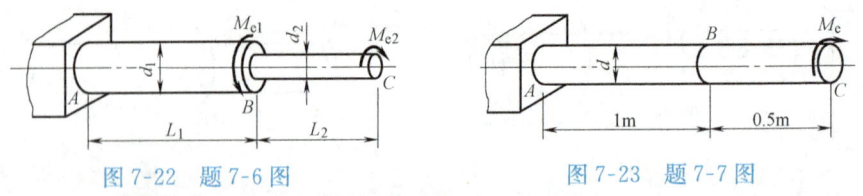

图 7-22 题 7-6 图　　　　　图 7-23 题 7-7 图

7-8 有一圆轴受到扭转后，其轴内最大扭矩 $T=3.7\mathrm{kN\cdot m}$。已知轴材料为低碳钢，$[\tau]=60\mathrm{MPa}$，切变模量 $G=79\mathrm{GPa}$，轴的容许单位长度扭转角 $[\varphi']=0.3(°)/\mathrm{m}$。试确定圆轴应有的最小直径。

7-9 直径为 90mm 的圆轴，其转速 $n=45\mathrm{r/min}$，设截面上最大切应力为 $\tau_{max}=50\mathrm{MPa}$，试求轴所传递的功率。

7-10 某钢轴，转速 $n=250\mathrm{r/min}$，所传递功率 $P=60\mathrm{kW}$，该轴仅在两端受扭转力偶，

许用切应力 $[\tau]=40\text{MPa}$,单位长度的容许扭转角 $[\varphi']=0.8(°)/\text{m}$,切变模量 $G=80\text{GPa}$,试设计该轴直径。

7-11 如将上题中的轴改为 $\alpha=d/D=0.8$ 的空心轴,则其内径 d 和外径 D 应分别为多少?并与原设计实心轴相比较,空心轴重量为原设计重量的百分之几?

7-12 一直径为 $d=100\text{mm}$ 的实心圆轴,转速 $n=120\text{r/min}$,材料的切变模量 $G=80\text{GPa}$,设由试验测得该轴单位长度扭转角为 $\varphi'=0.02\text{rad/m}$,试计算该轴所传递的功率。

7-13 有一直径 $d=25\text{mm}$ 的圆轴,其材料为低碳钢,切变模量 $G=79\text{GPa}$,当两端受扭后两端面间相对扭转角为 $6°$,而此时横截面上最大切应力为 95MPa,试确定该轴的长度。

7-14 图 7-24 所示圆轴通过牙嵌离合器把功率传给空心轴。传递的功率 $P=7.5\text{kW}$,轴的转速 $n=100\text{r/min}$,若材料为钢,$[\tau]=40\text{MPa}$;空心轴的内、外径之比 $d_2/D_2=0.5$。试从强度选择实心轴径 d_1 和空心轴外径 D_2。

7-15 图 7-25 所示船用推进器的轴,一段是实心的,直径为 280mm;另一段为空心的,其内、外径之比为 $d/D=1/2$。从强度要求出发,求合理的空心部分外径 D。

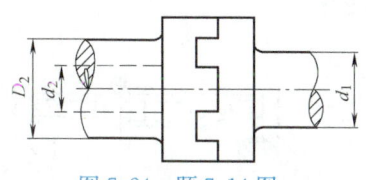

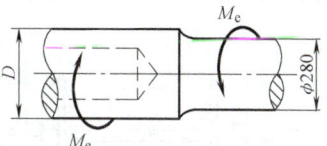

图 7-24 题 7-14 图　　　　　图 7-25 题 7-15 图

7-16 阶梯形圆轴的直径分别为 $d_1=40\text{mm}$, $d_2=70\text{mm}$,轴上装有三个皮带轮如图 7-26 所示,已知由轮 3 输入的功率为 $P_3=30\text{kW}$,轮 1 输出的功率为 $P_1=7\text{kW}$。轴工作时以 $n=200\text{r/min}$ 的转速作匀速转动,若材料的切变模量 $G=80\text{GPa}$,许用切应力 $[\tau]=60\text{MPa}$,轴的单位长度许可扭转角为 $[\varphi']=2(°)/\text{m}$。试校核圆轴的强度和刚度。

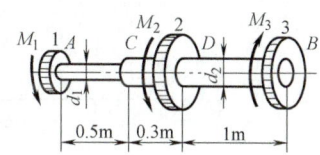

图 7-26 题 7-16 图

第8章 弯曲内力

8.1 对称弯曲的概念 梁的计算简图

8.1.1 对称弯曲的概念

在工程中常遇到这样的直杆，其所受的外力是作用线垂直于杆轴线的横向力（包括力偶）所组成的平衡力系。在这样的受力情况下杆的任意两横截面绕垂直于杆轴线的横向轴作相对转动，同时杆的轴线弯成曲线。杆件的这种变形形式称为**弯曲**。以弯曲为主要变形的杆件称为**梁**。

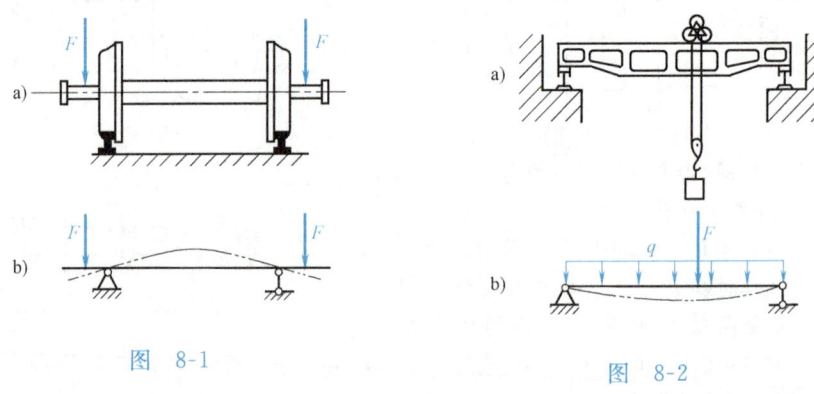

图 8-1　　　　　　　　　图 8-2

工程中常见的梁，例如车轴（图 8-1）、起重机大梁（图 8-2）等，它们具有共同的特点，梁的横截面至少具有一个对称轴，即梁有一个纵向对称面，梁上外力都在此对称面内（图 8-3）。梁变形时，其轴线弯成在此对称面内的平面曲线。这种弯曲称为**对称弯曲**。本章研究对称弯曲时横截面上的内力。

8.1.2 梁的计算简图

在对梁进行计算前，需将实际的梁及其载荷、支座进行简化。通常用梁的轴线代表梁；梁上的载荷一般可简化成三种类型：集中载荷（图 8-4a），集中力偶（图 8-4b）及分布载荷（图 8-4c、d）；对于梁的支座则应根据它对支座处梁的横截面的约束情况加以简化。当载荷是平面力系时，通常将支座简化成以下三种基本形式：

1) **固定铰支座**　　如图 8-5a 所示。它能阻止梁在支座处的截面沿任何方向的线位移，但不能阻止其绕横向轴的转动。因此，这种约束可以用两个约束力表示，如沿梁轴线方向和垂直于轴线的两个约束力。

2) 活动铰支座　如图 8-5b 所示。它只能阻止梁在支座处的截面沿梁的横向移动，但不能阻止其沿纵向的移动和绕横向轴的转动。因此，这种约束只有一个横向约束力。

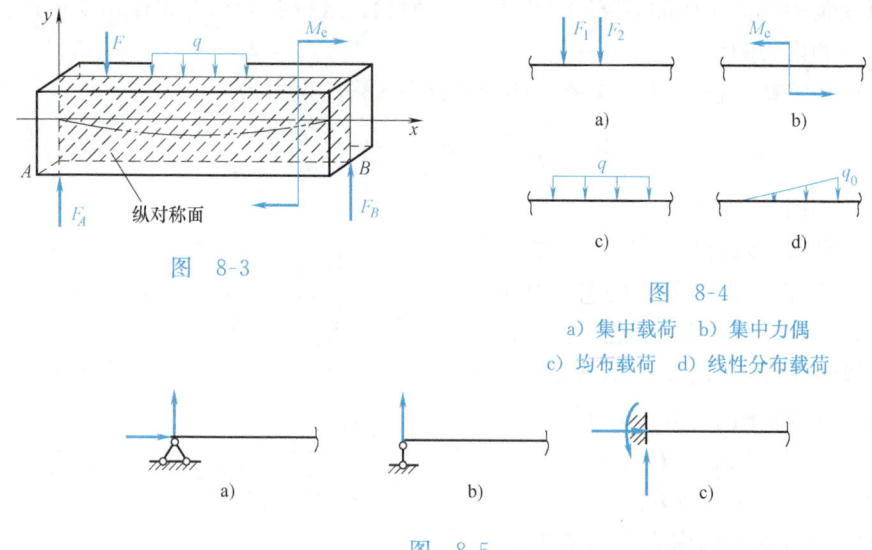

图 8-3

图 8-4
a) 集中载荷　b) 集中力偶
c) 均布载荷　d) 线性分布载荷

图 8-5

3) 固定端　如图 8-5c 所示，它使梁在固定端的截面既不能作任何移动，又不能作转动。因此，这种约束有三个约束力，即沿纵向和横向的两个约束力和一个约束力偶。

根据上述分析，车轴和起重机大梁的计算简图分别如图 8-1b、图 8-2b 所示。

工程中常见的静定梁如图 8-6a、b、c 所示，它们分别称为**简支梁**、**外伸梁**和**悬臂梁**。它们都可用平面力系的三个平衡方程求出其三个未知约束力。

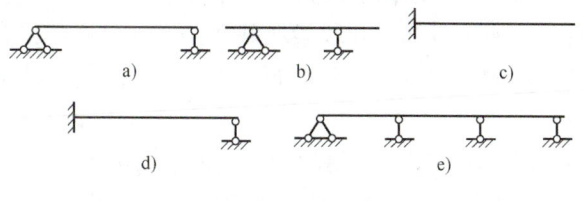

图 8-6

有时为了工程上的需要，可设置较多的支座（图 8-6d、e），从而使梁的约束力数目多于独立的平衡方程数目，这样就不能单凭静力平衡方程求出全部约束力。这种梁称为**超静定梁**。本章仅限于研究静定梁。

梁在两支座间的部分称为**跨**，其长度称为梁的**跨度**。

8.2 剪力和弯矩

为了研究梁的应力和变形，首先要从已知的外力求出梁横截面上的内力。现以受集中载荷作用的简支梁（图 8-7a）为例，来说明梁在外力作用下所产生的内力和内力的计算。

先用平衡方程 $\sum M_B = 0$ 和 $\sum M_A = 0$ 分别求得约束力为

$$F_A = \frac{Fb}{L} \quad \text{和} \quad F_B = \frac{Fa}{L}$$

其指向如图 8-7a 中所示。

计算梁的内力时，仍用截面法。例如在求距离左支座 A 为 x 的横截面 $m\text{—}m$ 上的内力时，沿该截面假想地将梁截分为 Ⅰ、Ⅱ 两段（图 8-7b、c）。现先研究 Ⅰ 段梁（图 8-7b）的平衡。由平衡方程

$$\sum F_y = 0, \quad F_A - F_S = 0$$

可得

$$F_S = F_A$$

这种沿着横截面的内力称为**剪力**。由于剪力 F_S 与外力 F_A 构成力偶，显然，为了使此段梁保持平衡，在截面 $m\text{—}m$ 上必然还有一内力偶，此内力偶的矩用 M 表示。以截面 $m\text{—}m$ 的形心 C 为矩心，由平衡方程

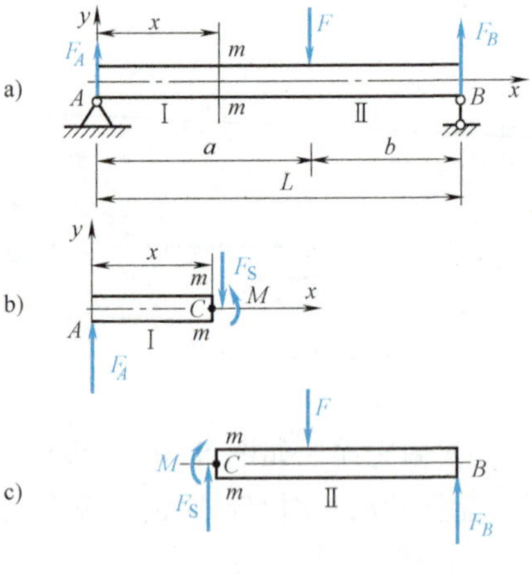

图 8-7

$$\sum M_C = 0, \quad M - F_A x = 0$$

可得

$$M = F_A x$$

这种位于与横截面垂直的平面内的内力偶矩称为**弯矩**。

由作用与反作用原理可知，Ⅱ 段梁在截面 $m\text{—}m$ 上必然也存在有剪力和弯矩，其数值与前述相同，但其方向均相反（图 8-7c）。这一结论也可从 Ⅱ 段梁的平衡方程得到。

为了使从截开后的两段梁所求得的同一截面上的剪力和弯矩具有相同的正、负号，与拉、压、扭转类似，按变形情况来规定它们的正、负。为此，自梁内取出 dx 微段，剪力以使微段发生左端向上和右端向下的错动时为正（图 8-8a），反之为负（图 8-8b）；弯矩以使微段发生上凹下凸的弯曲时为正（图 8-8c），反之为负（图 8-8d）。按照上述规定，图 8-7b、c 中所示的剪力和弯矩都是正的。

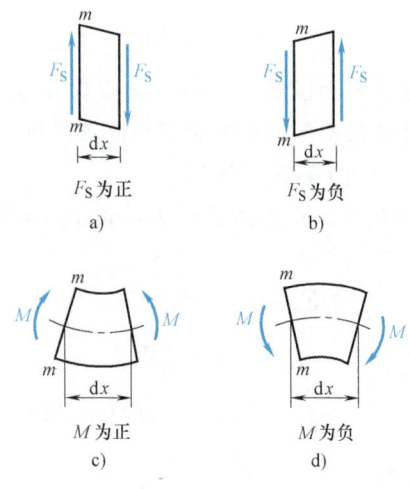

图 8-8

现在举例说明上述符号规定的应用。

例 8-1 如图 8-9a 所示的简支梁,试计算 E、B 截面上的内力。这里 B 截面是指无限接近于 B 截面并位于其左侧的截面。

解 (1) 求约束力

$$\sum M_A = 0, \quad -M_e - F\frac{l}{2} + F_B l = 0$$

得

$$F_B = \frac{5}{2}F$$

$$\sum M_B = 0, \quad -F_A l - M_e + F\frac{l}{2} = 0$$

得

$$F_A = -\frac{3}{2}F$$

这里 F_A 为负,说明它与所设方向相反。

用平衡方程 $\sum F_y = 0$ 校核

$$-\frac{3}{2}F - F + \frac{5}{2}F = 0$$

经校核无误。

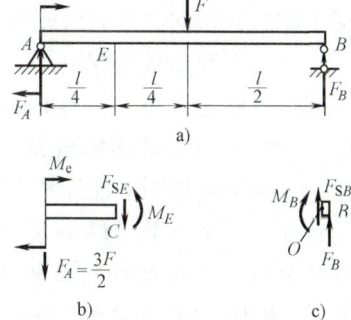

图 8-9

(2) 求 E 截面上的剪力 F_{SE} 和弯矩 M_E:

假想将梁在 E 截面截开,如保留左段,可先设 F_{SE} 与 M_E 皆为正。如图 8-9b 所示。在图 8-9b 中将 F_A 的正确方向画出,由平衡方程

$$\sum F_y = 0, \quad -F_A - F_{SE} = 0$$

得

$$F_{SE} = -\frac{3}{2}F$$

$$\sum M_C = 0, \quad F_A \times \frac{l}{4} - M_e + M_E = 0$$

得
$$M_E = \frac{13}{8}Fl$$

剪力得负号,说明剪力的方向设反了,实际上为负剪力。弯矩为正,说明原先假设的方向是对的,同时又表示该截面的弯矩是正弯矩。

(3) 求 B 截面上的剪力 F_{SB} 和弯矩 M_B:

将梁假想在 B 截面截开,并选右段研究,设 F_{SB} 与 M_B 皆为正,如图 8-9c 所示,由平衡方程

$$\sum F_y = 0, \quad F_{SB} + F_B = 0$$

得

$$F_{SB} = -\frac{5}{2}F$$

$$\sum M_O = 0, \quad -M_B + F_B \times 0 = 0$$

得

$$M_B = 0$$

分析例 8-1 的计算过程,可得出下述结论:

1) 梁的某横截面上的剪力,在数值上等于该截面一侧梁上所有外力的代数和;截面左侧梁上向上的外力或截面右侧梁上向下的外力引起正号的剪力,反之,引起负号的剪力。

2) 梁的某横截面上的弯矩,在数值上等于该截面一侧梁上所有外力对该截面形心力矩的代数和;截面任一侧梁上向上的外力均引起正号的弯矩,截面左侧梁上顺时针转向的外力偶或截面右侧梁上逆时针转向的外力偶引起正号的弯矩,反之,引起负号的弯矩。

按这些结论,可以直接根据梁上在横截面一侧的外力来计算该截面上的剪力和弯矩,下面举例说明上述计算规则的应用。

例 8-2 外伸梁 AD 如图 8-10 所示。试求横截面 C 与支座 B 稍左和稍右的两横截面 B_- 和 B_+ 上的剪力和弯矩。

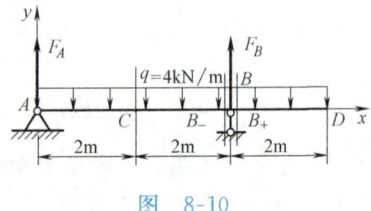

图 8-10

解 (1) 求约束力:

$$\sum M_B = 0, \quad q \times AD \times \frac{BC}{2} - F_A \times AB = 0$$

得

$$F_A = \frac{4 \times 6 \times 1}{4} \text{kN} = 6\text{kN}$$

$$\sum M_A = 0, \quad F_B \times AB - q \times AD \times \frac{AD}{2} = 0$$

得

$$F_B = \frac{4 \times 6 \times 3}{4} \text{kN} = 18\text{kN}$$

校核:

$$\sum F_y = q \times AD - F_A - F_B = (4 \times 6 - 6 - 18)\text{kN} = 0$$

可见计算无误。

(2) 求截面 C 上的剪力 F_{SC} 和弯矩 M_C:

根据剪力和弯矩的计算规则，从截面 C 左侧梁上的外力可得

$$F_{SC} = F_A - q \times AC = (6-4\times2)\text{kN} = -2\text{kN}$$

$$M_C = F_A \times AC - q \times AC \times \frac{AC}{2} = (6\times2-4\times2\times1)\text{kN}\cdot\text{m}$$

$$= 4\text{kN}\cdot\text{m}$$

(3) 求截面 B_- 上的剪力 F_{SB-} 和弯矩 M_{B-}：

从截面 B_- 左侧梁上的外力可得

$$F_{SB-} = F_A - q \times AB = (6-4\times4)\text{kN} = -10\text{kN}$$

$$M_{B-} = F_A \times AB - q \times AB \times \frac{AB}{2} = (6\times4-4\times4\times2)\text{kN}\cdot\text{m}$$

$$= -8\text{kN}\cdot\text{m}$$

这里计算力矩时，因该截面非常靠近 B 点，故力臂均采用外力至 B 点的距离。

(4) 求截面 B_+ 上的剪力 F_{SB+} 和弯矩 M_{B+}：

从截面 B_+ 左侧梁上的外力可得

$$F_{SB+} = F_A - q \times AB + F_B = (6-4\times4+18)\text{kN} = 8\text{kN}$$

$$M_{B+} = F_A \times AB - q \times AB \times \frac{AB}{2} = (6\times4-4\times4\times2)\text{kN}\cdot\text{m}$$

$$= -8\text{kN}\cdot\text{m}$$

这里计算力矩时，力臂也均采用了外力至 B 点的距离。

显然，若从截面右侧的外力计算 F_{SB-} 和 M_{B+} 时，因外力较少而更为方便，此时

$$F_{SB-} = q \times BD = 4\times2\text{kN} = 8\text{kN}$$

$$M_{B+} = -q \times BD \times \frac{BD}{2} = -4\times2\times1\text{kN}\cdot\text{m} = -8\text{kN}\cdot\text{m}$$

8.3　剪力方程和弯矩方程　剪力图和弯矩图

前节讨论了梁上任一截面的剪力和弯矩。在梁上取不同的截面，其剪力和弯矩一般来说是不同的。为了进行强度和变形计算，必须知道沿梁轴线剪力和弯矩的变化规律、最大剪力和最大弯矩的数值及其所在截面。

剪力和弯矩随横截面位置的变化情况可用函数来表示。为此将横截面沿轴线的位置用坐标 x 来表示，这样，梁在各个横截面上的剪力和弯矩就可表示为坐标 x 的函数，即

$$F_S = F_S(x), \quad M = M(x)$$

分别称为**剪力方程**和**弯矩方程**。在列出这些方程时，一般以梁的左端为坐标原点。

将上述方程用图形来表示剪力和弯矩沿梁轴的变化最为方便。作图时常按选定的比例尺，以横截面沿梁轴线的位置为横坐标，以剪力或弯矩为纵坐标。

这样绘出的图形分别称为**剪力图**和**弯矩图**。通常将正值的剪力或弯矩画在横轴的上方，负值的画在下方。

下面通过例题具体地说明如何列出剪力方程和弯矩方程，以及如何按这些方程分别作出剪力图和弯矩图。

例 8-3 一悬臂梁如图 8-11a 所示。试列出此梁的剪力方程和弯矩方程，并按这些方程作剪力图和弯矩图。

解 取梁的左端 A 为坐标原点列出剪力方程和弯矩方程。取距原点为 x 的任意横截面，从该截面左侧梁上的外力，得该截面上的剪力方程和弯矩方程分别为

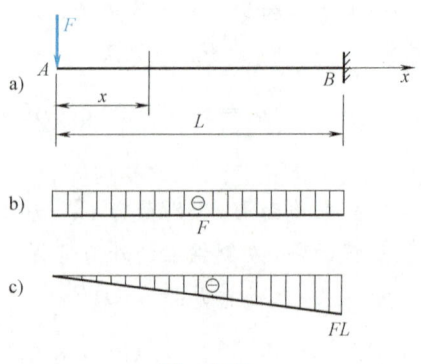

图 8-11

$$F_S(x) = -F \quad (0 < x < l) \tag{a}$$

$$M(x) = -Fx \quad (0 \leqslant x < l) \tag{b}$$

上面两式即为此梁的剪力方程和弯矩方程。

方程（a）表明此梁的剪力与横截面位置无关，故剪力图是一条与 x 轴平行的水平线，如图 8-11b 所示。

方程（b）表明此梁的弯矩为 x 的线性函数，故弯矩图应是一条斜直线，只需定出该直线上的两点即可将 M 图画出，例如

$$x=0,\quad M=0;\quad x=l,\quad M=-Fl$$

根据以上两点可作弯矩图如图 8-11c 所示。由图可见，最大弯矩 $M_{\max}$ 在固定端截面处，其值为 Fl。

例 8-4 一简支梁如图 8-12a 所示，试列出此梁的剪力方程和弯矩方程，并按方程作剪力图和弯矩图。

解 对简支梁必须先求约束力。利用载荷及支座铅垂方向约束的对称性可得

$$F_A = F_B = \frac{ql}{2}$$

取梁的左端 A 为坐标原点，得此梁的剪力方程和弯矩方程分别为

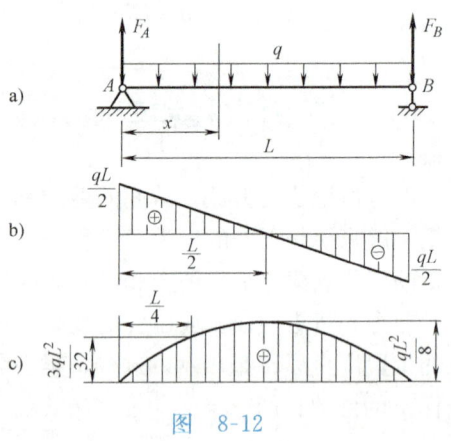

图 8-12

$$F_S(x) = F_A - qx = \frac{ql}{2} - qx \quad (0 < x < l) \tag{a}$$

$$M(x) = F_A x - qx\frac{x}{2} = \frac{ql}{2}x - \frac{qx^2}{2} \qquad (0 \leqslant x \leqslant l) \qquad \text{(b)}$$

方程（a）表明此梁的剪力是 x 的线性函数，故剪力图应是一条斜直线，只需定出该直线上两点，例如

$$x=0, \quad F_S = \frac{ql}{2}; \quad x=l, \quad F_S = -\frac{ql}{2}$$

根据以上两点作剪力图如图 8-12b 所示。由图可知，此梁的最大剪力 $F_{S\max}$ 在支座内侧的横截面上，其值为 $ql/2$。

方程（b）表明此梁的弯矩是 x 的二次函数，弯矩图应是一条二次抛物线。为了作出此抛物线，需定出几个点：

$$x=0, \quad M=0; \quad x=\frac{l}{2}, \quad M=\frac{ql^2}{8}; \quad x=l, \quad M=0 \text{ 等}。$$

根据这些点作弯矩图如图 8-12c 所示。由图可见，最大弯矩 $M_{\max}$ 在梁跨度中点，其值为 $ql^2/8$。应注意：该截面上的剪力等于零。

例 8-5 试作图 8-13a 所示简支梁的剪力图和弯矩图。

解 先求约束力。利用平衡方程 $\sum M_B = 0$ 和 $\sum M_A = 0$ 可分别得

$$F_A = \frac{Fb}{l}, \quad F_B = \frac{Fa}{l}$$

由于 C 处作用集中力，AC 和 CB 两段的剪力方程和弯矩方程是不同的，故必须分别列出，均取梁的左端 A 为坐标原点。

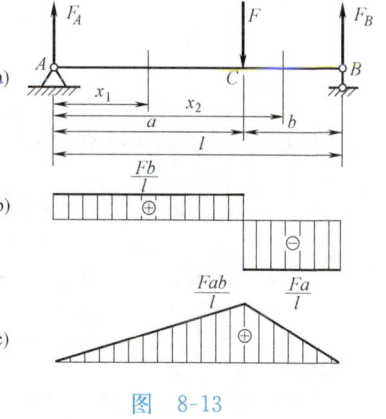

图 8-13

AC 段：
$$F_S(x_1) = F_A = \frac{Fb}{l} \qquad (0 < x_1 < a) \qquad \text{(a)}$$

$$M(x_1) = F_A x = \frac{Fb}{l}x_1 \qquad (0 \leqslant x_1 \leqslant a) \qquad \text{(b)}$$

CB 段：
$$F_S(x_2) = F_A - F = -\frac{Fa}{l} \qquad (a < x_2 < l) \qquad \text{(c)}$$

$$M(x_2) = F_A x_2 - F(x_2 - a) = \frac{Fb}{l}x_2 - F(x_2 - a) \qquad (a \leqslant x_2 \leqslant l) \qquad \text{(d)}$$

根据方程（a）和方程（c）可作出剪力图如图 8-13b 所示。当 $a>b$ 时，CB 段的各横截面上有最大剪力，其值为 $\dfrac{Fa}{l}$。在集中力作用处，剪力图出现突变，突变值等于此集中力 F。

根据方程（b）和方程（d）可作用弯矩图如图 8-13c 所示。最大弯矩 $M_{\max}$

在集中力作用的截面上,其值为 Fab/l。

例 8-6 一简支梁如图 8-14a 所示,试作此梁的剪力图和弯矩图。

解 先求约束力。利用平衡方程 $\sum M_B=0$ 和 $\sum M_A=0$,可得

$$F_A=\frac{M_e}{l}, \quad F_B=\frac{M_e}{l}$$

由于梁上 C 处作用有集中力偶 M_e,故将梁分为 AC 段和 CB 段。均取梁的左端为坐标原点,分别列出剪力方程和弯矩方程。

AC 段: $\quad F_S(x_1)=F_A=\dfrac{M_e}{l}$

$$(0<x_1\leqslant a) \tag{a}$$

$$M(x_1)=F_A x_1=\frac{M_e}{l}x_1$$

$$(0\leqslant x_1<a) \tag{b}$$

CB 段: $\quad F_S(x_2)=F_A=\dfrac{M_e}{l}$

$$(a\leqslant x_2<l) \tag{c}$$

$$M(x_2)=F_A x_2-M_e$$
$$=\frac{M_e}{l}x_2-M_e \quad (a<x_2\leqslant l) \tag{d}$$

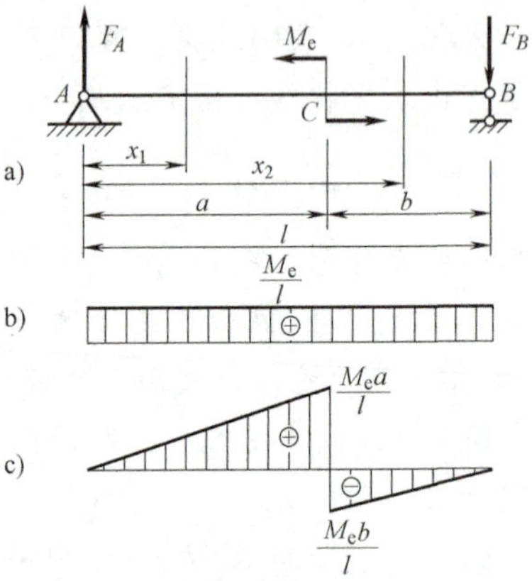

图 8-14

根据方程(a)、方程(c)作出剪力图如图 8-14b 所示。根据方程(b)、方程(d)可作出梁的弯矩图如图 8-14c 所示。在集中力偶作用处,弯矩图出现突变,突变值等于此集中力偶的矩 M_e。当 $a>b$ 时,$M_{\max}=M_e a/l$,出现在集中力偶作用处稍左的横截面上。

8.4 弯矩、剪力与分布载荷集度之间的关系

由上节例 8-4 的结果可知,弯矩 $M(x)$ 对 x 的一阶导数等于剪力 $F_S(x)$,剪力 $F_S(x)$ 对 x 的一阶导数等于载荷集度 q 的值(向上为正)。事实上,这些关系对于直梁来说是普遍存在的,现证明如下。

图 8-15a 所示的梁上作用有任意的分布载荷 $q(x)$,规定载荷向上时为正,并将坐标原点取在梁的左端,由梁中截取长度为 $\mathrm{d}x$ 的微段(图 8-15b)来研究。此微段梁上的载荷集度 $q(x)$ 可认为是不变的。设微段左边截面上的剪力和弯矩分别为 $F_S(x)$ 和 $M(x)$,且均为正号;则右边截面上的剪力和弯矩将分

别为 $F_S(x)+\mathrm{d}F_S(x)$ 和 $M(x)+\mathrm{d}M(x)$，考虑 $\mathrm{d}x$ 段的平衡

$$\sum F_y=0, \quad F_S(x)-[F_S(x)+\mathrm{d}F_S(x)]+q(x)\mathrm{d}x=0$$

得

$$\frac{\mathrm{d}F_S(x)}{\mathrm{d}x}=q(x) \tag{8-1}$$

$$\sum M_C=0, \quad M(x)+F_S(x)\mathrm{d}x-[M(x)+\mathrm{d}M(x)]+q(x)\mathrm{d}x\times\frac{\mathrm{d}x}{2}=0$$

略去二阶微量后可得

$$\frac{\mathrm{d}M(x)}{\mathrm{d}x}=F_S(x) \tag{8-2}$$

由式(8-1)和式(8-2)还可得到

$$\frac{\mathrm{d}^2 M(x)}{\mathrm{d}x^2}=q(x) \tag{8-3}$$

上述三式即是直梁的弯矩、剪力与分布载荷集度之间普遍存在的关系。

从微分学可知以上各式所具有的几何意义：式(8-1)说明了剪力图上某点处的斜率与梁上相应截面处的载荷集度相等；式(8-2)说明了弯矩图上某点处的斜率与梁上相应截面上的剪力相等；从式(8-3)可知，$q(x)$ 的正、负号与弯矩图上曲率的正、负号相同。

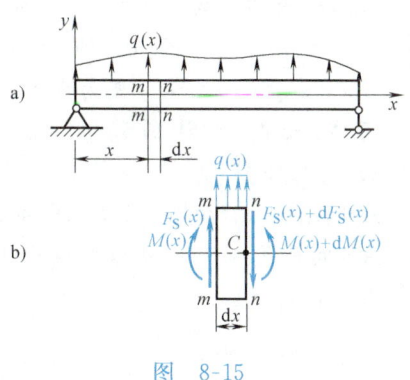

图 8-15

根据上述性质，可得出如下一些规律：

(1) 梁上某段无分布载荷时，则该段剪力图为水平线，弯矩图为斜直线。如剪力图是正号，则弯矩图递增（↗）；如剪力图是负号，则弯矩图递减（↘）；如剪力图为零，则弯矩图为水平线。

(2) 梁上某段有向下的均布载荷时，则该段剪力图为递减斜直线（↘），弯矩图为向上凸的二次抛物线（⌒）；当有向上的均布载荷时，则剪力图为递增斜直线（↗），弯矩图为向下凸的二次抛物线（⌣）。

(3) 在集中力 F 作用处，剪力图有突变(突变值等于集中力 F)，弯矩图有折角。在集中力偶 M_e 作用处，剪力图无变化，弯矩图有突变(突变值等于力偶矩 M_e)。

(4) 某截面 $F_S=0$，则在该截面弯矩取极值。

(5) $|M|_{\max}$ 不但可能发生在 $F_S=0$ 的截面上，也可能发生在集中力作用处或集中力偶作用处的两侧截面上。

利用上述规律可以简捷地绘制和校核剪力图和弯矩图。

例 8-7 外伸梁所受载荷如图 8-16a 所示，试用微分关系作此梁的剪力图和

弯矩图。

解 （1）求支座约束力

由 $\sum M_D = 0$,得 $F_B = 148\text{kN}$

由 $\sum M_B = 0$,得 $F_D = 72\text{kN}$

利用 $\sum F_y = 0$ 校核

$F_B + F_D - F - q \times AC = (148 + 72 - 20 - 200)\text{kN} = 0$,所求约束力无误。

（2）作剪力图

根据梁上的外力情况,将梁分为 AB、BC、CD 三段,从左向右依次画出 F_S 图。

AB 段:有均布载荷作用,故 F_S 图为斜直线。起点:$F_{SA} = -F = -20\text{kN}$,终点:$F_{SB-} = -F - q \times AB = -60\text{kN}$。

BC 段:有均布载荷作用,F_S 图为斜直线。起点:$F_{SB+} = -F - q \times AB + F_B = 88\text{kN}$,终点:$F_{SC-} = -F - q \times BC + F_B = -72\text{kN}$。

CD 段:$q(x) = 0$,F_S 图为水平线,$F_{SC+} = F_{SC-} = -72\text{kN}$。

可画出如图 8-16b 所示的 F_S 图。

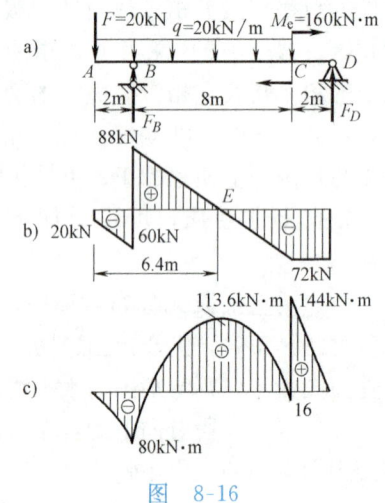

图 8-16

（3）作弯矩图

AB 段:$q(x)$ 向下,故 M 图为上凸曲线。AB 间无 $F_S = 0$ 处,所以弯矩无极值。

起点:$M_A = 0$

终点:$M_{B-} = -F \times AB - q \times AB \times \dfrac{AB}{2}$

$= -80\text{kN} \cdot \text{m}$

BC 段:$q(x)$ 向下,M 图为上凸曲线,在 BC 间截面 E 上 $F_S = 0$,弯矩有极值。由 F_S 图可得 E 至 B 距离 x_0 为

$F_{SB+} - qx_0 = 0$

$x_0 = BE = \dfrac{F_{SB+}}{q} = \dfrac{88}{20}\text{m} = 4.4\text{m}$

起点:$M_{B+} = M_{B-} = -80\text{kN} \cdot \text{m}$,极值点:$M_E = -F \times AE + F_B \times BE - q \times AE \times \dfrac{AE}{2} = 113.6\text{kN} \cdot \text{m}$,终点:$M_{C-} = F_D \times CD - M_e = -16\text{kN} \cdot \text{m}$

CD 段:$q(x) = 0$,且 $F_S \neq 0$,故 M 图为斜直线。

起点:$M_{C+} = F_D \times CD = 144\text{kN} \cdot \text{m}$,终点:$M_D = 0$。

可画出如图 8-16c 所示的 M 图。

本例的演算过程,用文字叙述,显得很繁琐。实际作图时,文字可省略,只须

照此步骤直接画 F_S 图和 M 图即可。

习　题

8-1　试求图 8-17 所示各梁在截面 1—1、2—2、3—3 上的剪力和弯矩。

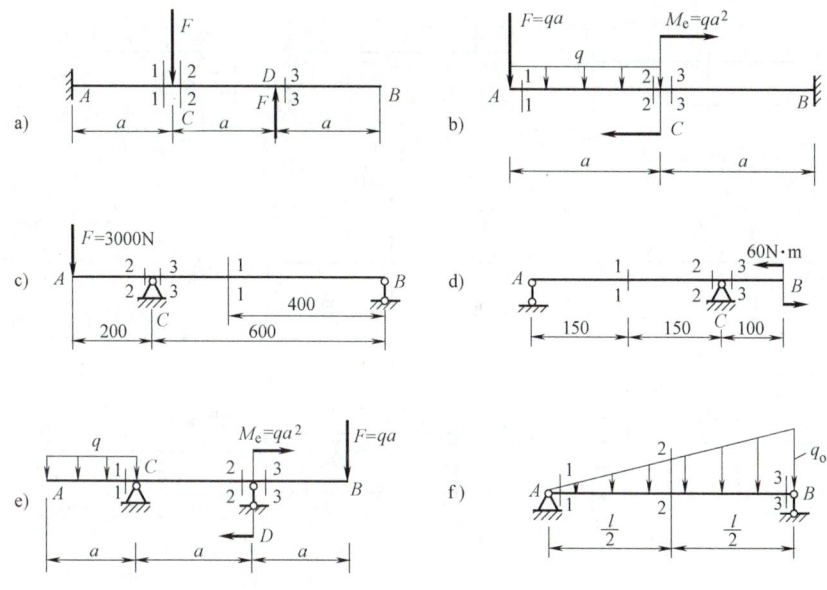

图 8-17　题 8-1 图

8-2　试列出图 8-18 所示各梁的剪力方程和弯矩方程，作出其剪力图和弯矩图，并求

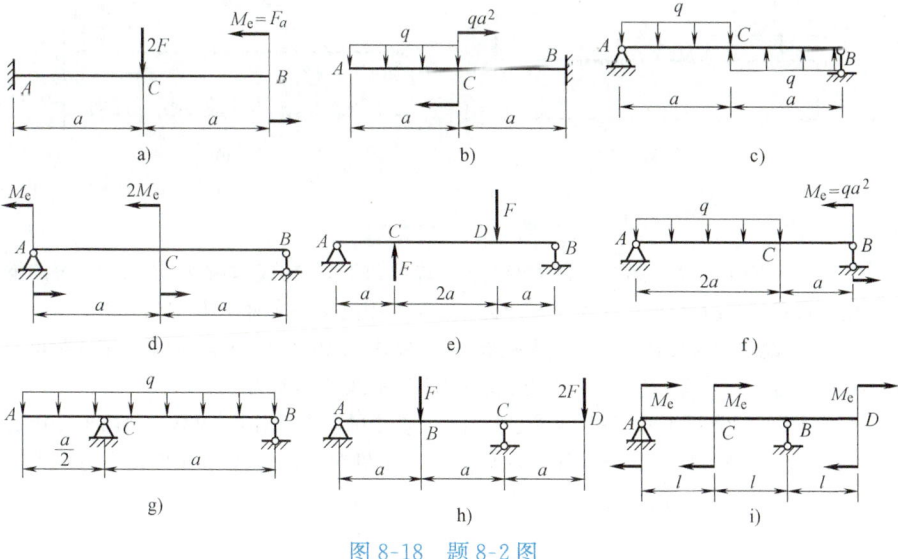

图 8-18　题 8-2 图

$F_{S,max}$ 和 M_{max}。

8-3 利用 q、F_S、M 间的微分关系作出图 8-19 所示各梁的剪力图和弯矩图,并求出 $F_{S,max}$ 和 M_{max}。

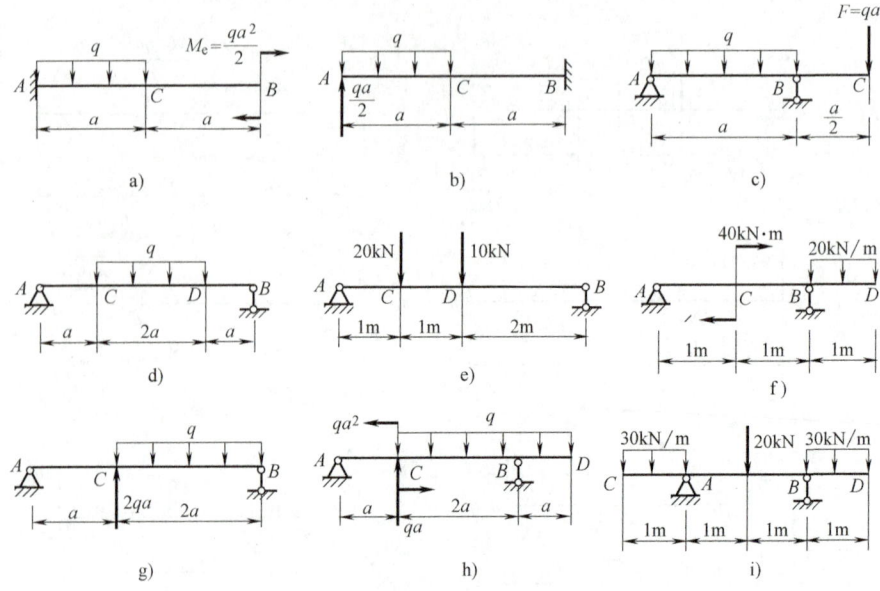

图 8-19 题 8-3 图

8-4 试作图 8-20 所示多跨梁的剪力图和弯矩图。

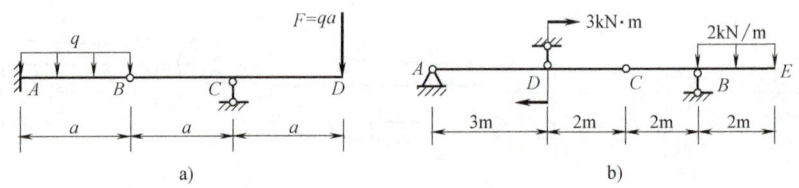

图 8-20 题 8-4 图

8-5 一书架由对称地放置在两支架上的一块长 l 的木板构成,如图 8-21 所示。书的重量可看做均布载荷,设其载荷集度为 q,试求此二支架间距离 x 多大时,结构最为合理?

8-6 一跳水跳板长 l,人从 A 端上跳板,从 C 端跳入水中,如图 8-22 所示。试从弯矩方面考虑支座 B 在什么位置($x=?$),跳板的受力最合理?已知人重量为 G。

8-7 图 8-23 所示起重机梁,承受起重机轮子传来的压力 F 作用,试求:(1)吊车在什么位置时,梁内的弯矩最大?最大弯矩等于多少?(2)起重机在什么位置时,梁的约束力最大?最大约束力和最大剪力各是多少?

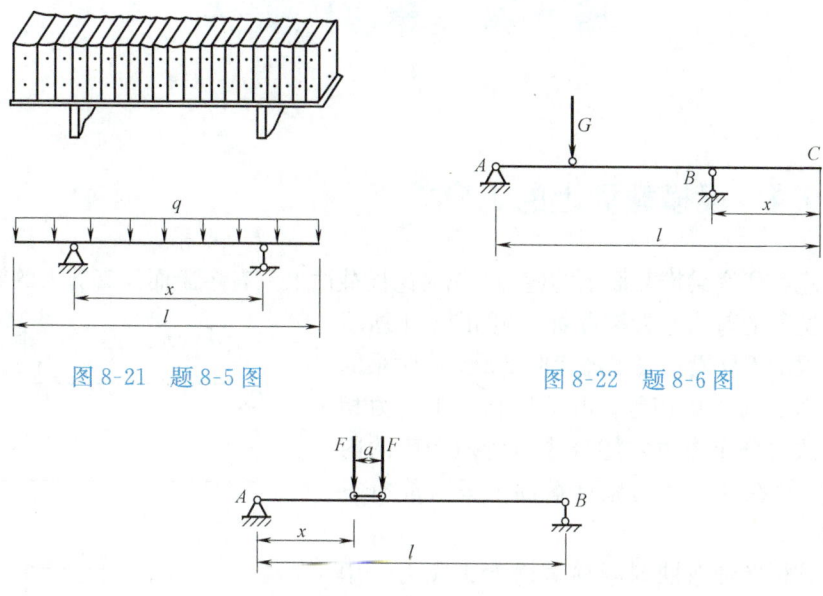

图 8-21　题 8-5 图　　　　　图 8-22　题 8-6 图

图 8-23　题 8-7 图

第 9 章 弯曲应力

9.1 梁横截面上的正应力

现在研究梁横截面上的应力。先讨论横截面上只有弯矩而没有剪力的梁。这种情况下的弯曲称为**纯弯曲**。例如图 9-1 所示简支梁的 CD 段就属于纯弯曲情况。此时梁的各截面上的弯矩相等。由于只有与正应力相应的法向分布内力才能合成与弯矩相应的内力偶,故在纯弯曲时梁横截面上只可能有正应力。

分析在纯弯曲时梁横截面上正应力只用静力学条件解决不了,因此,所研究的问题是超静定的,需先通过实验来研究梁的变形。

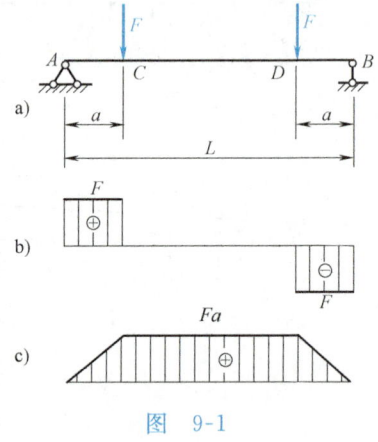

图 9-1

9.1.1 实验

取一矩形截面梁,在梁的表面画上横向线 mm,nn 和纵向线 aa,bb。在梁两端施加一对作用在梁的纵向对称面内的外力偶 M_e,使此梁发生纯弯曲,如图 9-2,则可观察到以下现象:

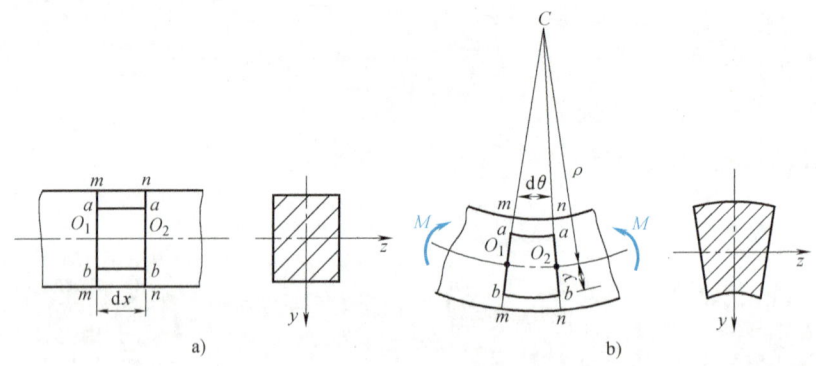

图 9-2

(1) 横向线 mm,nn 仍然是直线,但彼此相对转动了一个角度,仍垂直于弯曲后的纵线。

(2) 纵向线由直线变成曲线，且靠近顶面的 aa 线缩短，靠近底面的 bb 线伸长。

9.1.2 假设

根据所观察到的梁表面的变形现象，可以对梁内部的变形情况作出如下假设：

梁的所有横截面在变形过程中要发生转动，但仍保持为平面，并且和变形后的梁轴线垂直。这就是梁的平面假设。

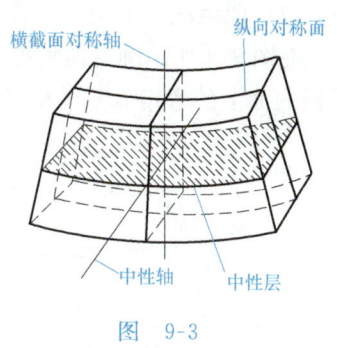

图 9-3

可以设想梁是由无数纵向纤维所组成，弯曲变形后，梁的上层纤维缩短，下层纤维伸长，因为材料是连续的，所以中间必有一层纵向纤维既不伸长也不缩短，这一层称为**中性层**，中性层与横截面的交线称为**中性轴**。由于外力偶作用在梁的纵向对称面内，故梁在变形后的形状也应对称于此平面，因此，中性轴必然垂直于横截面的对称轴（图 9-3）。梁变形时，横截面是绕中性轴转动的。

9.1.3 梁横截面上的正应力

现在来推导纯弯曲时梁的正应力公式。与推导扭转切应力公式相似，也需综合几何、物理和静力学三方面来解决。

1. 变形几何方面 纯弯曲时梁的纵向纤维由直线弯成圆弧，如图 9-2b 所示。相距为 dx 的两相邻截面 $m-m$、$n-n$ 延长交于 C 点，C 即为曲率中心，中性层的曲率半径以 ρ 表示，两平面间的夹角以 $d\theta$ 表示。现求距中性层为 y 处的 bb 纤维的线应变。该纤维变形后的长度为 $(\rho+y)d\theta$，原长为 $\overparen{O_1O_2} = dx = \rho d\theta$。故 bb 纤维的线应变 ε 为

$$\varepsilon = \frac{(\rho+y)d\theta - \rho d\theta}{\rho d\theta} = \frac{y}{\rho} \qquad (a)$$

2. 物理方面 假设各纵向纤维间无挤压，即各纵向纤维只有轴向拉伸或压缩的变形。于是在正应力不超过比例极限时，由胡克定律知

$$\sigma = E\varepsilon = E\frac{y}{\rho} \qquad (b)$$

对于指定横截面，E/ρ 为常数，式(b)就反映了横截面上正应力的分布规律。由此式可知，横截面上任一点处的正应力与该点到中性轴的距离成正比，而在距中性轴等远的同一横线上各点处的正应力相等，如图 9-4 所示。

3. 静力学方面 上面虽已找到应力分布规律，但还不能直接按式(b)计算弯

曲正应力，这是因为曲率半径 ρ 以及中性轴的位置均未确定。这可以从静力学方面来解决。

纯弯曲时梁横截面上仅有正应力（图 9-5）。取横截面对称轴为 y 轴，中性轴取为 z 轴，过 y、z 交点与杆纵线平行的线取为 x 轴。在坐标 (y,z) 处取一微面积 dA，dA 上作用着微内力 σdA。整个横截面上所有这样的微内力构成空间平行力系，故可能组成三个内力分量：轴力 F_N 和绕 y、z 轴之矩 M_y、M_z。从截面法可知，在图 9-4 所示纯弯曲情况下，任意截面上 F_N 和 M_y 都等于零，而 M_z 的矩就是横截面上的弯矩 M。于是得

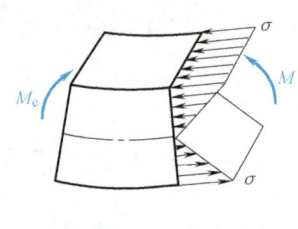

图 9-4

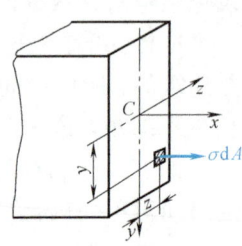

图 9-5

$$F_N = \int_A \sigma dA = 0 \tag{c}$$

$$M_y = \int_A z\,\sigma dA = 0 \tag{d}$$

$$M_z = \int_A y\,\sigma dA = M \tag{e}$$

首先讨论式(c)所表达的物理意义。将式(b)的关系代入式(c)，得

$$F_N = \frac{E}{\rho}\int_A y dA = 0$$

又因 E/ρ 不可能等于零，故必须有

$$\int_A y dA = 0 \tag{f}$$

此式表明整个横截面对于 z 轴的静矩 S_z 等于零，由附录 A.1 中可知，中性轴 z 必然通过横截面的形心。这样，就确定了中性轴的位置。

其次，讨论式(d)，将式(b)的关系代入式(d)，得

$$M_y = \int_A E\frac{y}{\rho}z dA = \frac{E}{\rho}\int_A yz dA = 0 \tag{g}$$

同样，因 E/ρ 不可能等于零，故必须有

$$\int_A yz dA = 0 \tag{h}$$

式(h)表明整个横截面对 y、z 这一对轴的惯性积 I_{yz} 应等于零。因为 y 轴是对称

轴,故由附录 A.2 中有关结论可知,式(h)是自动满足的,因而式(g)也就自动满足。

最后将式(b)的关系代入式(e),得

$$M_z = \int_A E \frac{y}{\rho} y \mathrm{d}A = \frac{E}{\rho} \int_A y^2 \mathrm{d}A = \frac{E}{\rho} I_z = M$$

由此得

$$\frac{1}{\rho} = \frac{M}{EI_z} \tag{9-1}$$

此式是用曲率表示的梁轴线的弯曲变形公式,它是弯曲理论的基本公式。式中,EI_z 称为梁的**抗弯刚度**,它反映了梁抵抗弯曲变形的能力。由上式即可确定中性层的曲率。

以式(9-1)代入式(b),最后求得

$$\sigma = \frac{My}{I_z} \tag{9-2}$$

这就是梁横截面上的正应力公式。式中,M 为横截面的弯矩;y 为欲求应力点至中性轴的距离;I_z 为横截面对中性轴的惯性矩。

在式(9-2)中,对于正应力是拉应力还是压应力虽可以从 M 及 y 坐标的正、负号来确定,但从梁的变形情况来判断更为简便:当弯矩为正时,中性层以下部分纤维伸长,故产生拉应力;中性层以上部分纤维缩短而产生压应力。弯矩为负时,则与上相反。显然,在用这一方法判定正应力是拉或压时,只须将 M 及 y 的绝对值代入式(9-2)即可。

9.1.4 公式的适用范围

(1) 式(9-1)和式(9-2)只适用于梁的材料符合胡克定律,且其拉伸和压缩时的弹性模量相等的情况。为了满足前一个条件,梁内的最大正应力值应不超过材料的比例极限。

(2) 式(9-1)和式(9-2)虽然是以矩形截面梁为例导出的,但在推导过程中,并未用到矩形截面的特殊性质。凡是具有纵向对称面的对称弯曲的梁,都能满足推导过程的各项要求。因此,上两式对于所有横截面存在对称轴的对称弯曲的梁都是适用的。

(3) 式(9-1)和式(9-2)是在纯弯曲的前提下导出的。工程中更常见的弯曲问题多为横力弯曲,即这时梁的横截面上不仅有弯矩,一般来说还有剪力。同时,由于横向力的作用,还使梁的纵向纤维之间发生挤压。这些都与推导公式的前提相矛盾。但是精确的分析表明,对于细长的梁,即梁的跨长与截面高度之比 $l/h > 5$ 时,应用纯弯曲时的公式计算梁横截面上的正应力,还是相当精确的。但应注意,此时应用 $\rho(x)$ 与 $M(x)$ 来代替公式中的 ρ 和 M。

9.2 弯曲正应力的强度条件及其应用

由式(9-2)知等截面梁的最大正应力发生在最大弯矩截面的上、下边缘处，故

$$\sigma_{\max}=\frac{M_{\max}y_{\max}}{I_z}=\frac{M_{\max}}{W_z} \tag{9-3}$$

其中
$$W_z=\frac{I_z}{y_{\max}} \tag{9-4}$$

式中，W_z 称为**抗弯截面系数**，其值只与截面的几何形状和尺寸有关。

对矩形截面(图 9-6a)：

$$W_z=\frac{I_z}{y_{\max}}=\frac{\dfrac{bh^3}{12}}{\dfrac{h}{2}}=\frac{bh^2}{6}$$

对圆形截面(图 9-6b)：

$$W_z=\frac{I_z}{y_{\max}}=\frac{\dfrac{\pi d^4}{64}}{\dfrac{d}{2}}=\frac{\pi d^3}{32}$$

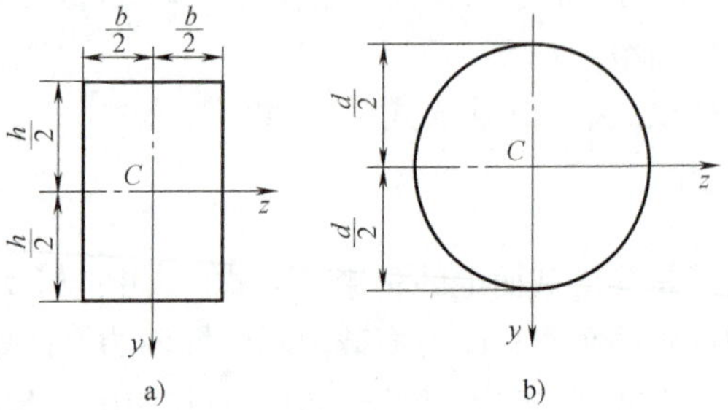

图 9-6

对于各类型钢，其抗弯截面系数可以从型钢规格表查得。

弯曲时正应力的强度条件是

$$\sigma_{\max}=\frac{M_{\max}}{W_z}\leqslant[\sigma] \tag{9-5}$$

对于拉伸许用应力$[\sigma_t]$和压缩许用应力$[\sigma_c]$不同的材料制成的梁应分别按最大拉应力和最大压应力建立其强度条件，即

$$\sigma_{t,\max}\leqslant[\sigma_t],\qquad \sigma_{c,\max}\leqslant[\sigma_c] \tag{9-6}$$

例 9-1 一矩形截面的木制简支梁如图 9-7a 所示。当此梁的截面竖放(图 9-7b)和平放(图 9-7c)时，试分别求出梁跨中点横截面 C 上的最大拉应力，并作截面上正应力沿截面高度的分布图。

解 (1) 计算横截面 C 上的弯矩

$$M_C=\frac{ql^2}{8}=\frac{1\times 10^3\times 4^2}{8}\text{N}\cdot\text{m}=2000\text{N}\cdot\text{m}$$

(2) 计算抗弯截面系数

竖放时：$W_{z1}=\dfrac{bh^2}{6}=\dfrac{100\times 200^2}{6}\text{mm}^3=667\times 10^3\text{mm}^3=0.667\times 10^{-3}\text{m}^3$

平放时：$W_{z2}=\dfrac{hb^2}{6}=\dfrac{200\times 100^2}{6}\text{mm}^3=333\times 10^3\text{mm}^3=0.333\times 10^{-3}\text{m}^3$

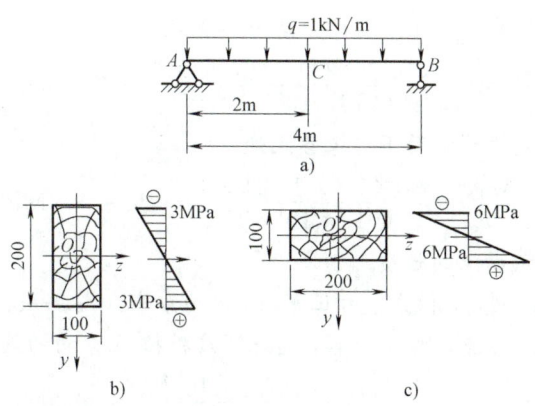

图 9-7

(3) 计算截面 C 上的最大拉应力 最大拉应力应在截面下边缘各点处

竖放时: $\sigma_{\max}=\dfrac{M_C}{W_{z1}}=\dfrac{2000}{0.667\times 10^{-3}}\text{Pa}=3\text{MPa}$

平放时: $\sigma_{\max}=\dfrac{M_C}{W_{z2}}=\dfrac{2000}{0.333\times 10^{-3}}\text{Pa}=6\text{MPa}$

两种情况下截面 C 上正应力沿截面高度的分布图分别如图 9-7b、c 所示。

例 9-2 铸铁梁的载荷及截面尺寸如图 9-8a 所示,C 为 T 形截面的形心,惯性矩 $I_z=6013\times 10^4\text{mm}^4$,材料的许用拉应力 $[\sigma_t]=40\text{MPa}$,许用压应力 $[\sigma_c]=160\text{MPa}$,试校核梁的强度。

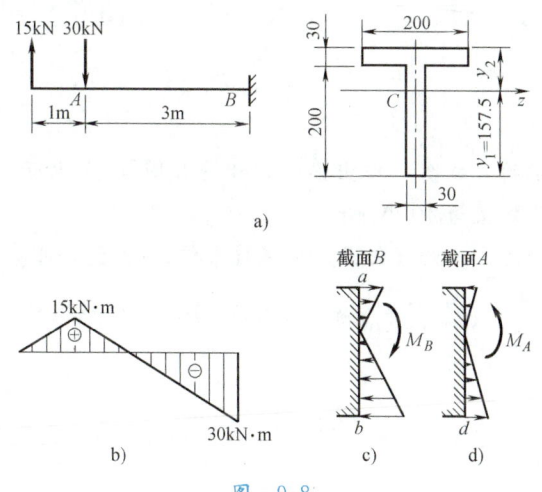

图 9-8

解 (1) 作梁的弯矩图

梁的弯矩图如图 9-8b 所示。绝对值最大的弯矩为负弯矩,发生于 B 截面,应力分布如图 9-8c 所示。

(2) 校核 B 截面上的强度

B 截面最大拉应力发生于截面上边缘各点处

$$\sigma_{t,\max} = \frac{M_B y_2}{I_z} = \frac{30 \times 10^3 \times (230-157.5) \times 10^{-3}}{6013 \times 10^4 \times 10^{-12}} \text{Pa} = 36.2\text{MPa} < [\sigma_t]$$

最大压应力发生于截面下边缘各点处

$$\sigma_{c,\max} = \frac{M_B y_1}{I_z} = \frac{30 \times 10^3 \times 157.5 \times 10^{-3}}{6013 \times 10^4 \times 10^{-12}} \text{Pa} = 78.6\text{MPa} < [\sigma_c]$$

(3) 校核 A 截面上的强度

虽然 $|M_A| < |M_B|$，但 M_A 为正弯矩，应力分布如图 9-8d 所示。最大拉应力发生于截面下边缘各点，因 $y_1 > y_2$，因此还应校核 A 截面的最大拉应力。

$$\sigma_{t,\max} = \frac{M_A y_1}{I_z} = \frac{15 \times 10^3 \times 157.5 \times 10^{-3}}{6013 \times 10^4 \times 10^{-12}} \text{Pa} = 39.3\text{MPa} < [\sigma_t]$$

从以上计算可看出，最大压应力发生于 B 截面下边缘处，最大拉应力发生于 A 截面下边缘处，都满足强度条件，因此是安全的。

例 9-3 一等直悬臂钢梁如图 9-9a 所示。材料的许用应力 $[\sigma] = 170\text{MPa}$。试按正应力强度条件选择下述截面的尺寸：圆截面、高宽比 $h/b=2$ 的矩形截面、工字钢截面，并比较所耗费的材料。

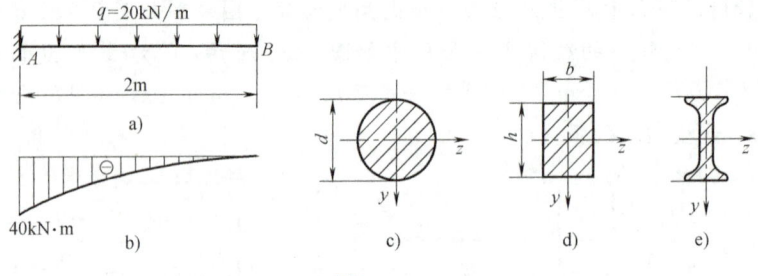

图 9-9

解 (1) 作梁的弯矩图　作出梁的弯矩图如图 9-9b 所示。由图可见，A 为危险截面，其上弯矩值为 40kN·m。

(2) 确定截面尺寸　由弯曲正应力强度条件式(9-5)，可得

$$W_z \geq \frac{M_{\max}}{[\sigma]} = \frac{40 \times 10^3}{170 \times 10^6} \text{m}^3 = 0.235 \times 10^{-3} \text{m}^3 = 235 \times 10^3 \text{mm}^3$$

圆截面

由　$W_z = \frac{\pi d^3}{32}$，可得　$d = \sqrt[3]{\frac{235 \times 10^3 \times 32}{\pi}} \text{mm} = 133.8\text{mm}$

由此直径可算得面积为　$A_1 = \frac{\pi d^2}{4} = \frac{\pi \times 133.8^2}{4} \text{mm}^2 = 14060\text{mm}^2$

矩形截面

由　$W_z = \frac{bh^2}{6} = \frac{b(2b)^2}{6} = \frac{2}{3}b^3$，可得

$$b=\sqrt{\frac{235\times10^3\times3}{2}}\text{mm}=70.6\text{mm}; \quad h=2b=2\times70.6\text{mm}=141.2\text{mm}$$

横截面面积

$$A_2=70.6\times141.2\text{mm}^2=9970\text{mm}^2$$

工字钢截面

根据所需 $W_z \geqslant 235\times10^3\text{mm}^3$，查型钢表，可选 20a 工字钢，其 $W_z=237\text{cm}^3$，横截面面积为 $A_3=35.5\text{cm}^2=3550\text{mm}^2$

由于等直梁的长度是已定的，故所耗费的材料之比就是横截面面积之比。由以上计算结果可得

$$A_1 : A_2 : A_3 = 1 : 0.709 : 0.252$$

由此可见，从满足正应力强度要求的角度，在这几种截面中，工字形截面最省材料，矩形截面次之，实心圆截面最费材料。

9.3 弯曲切应力

在工程中遇到的梁，大多数不是纯弯曲，也就是说梁的内力除了弯矩之外还有剪力，因而截面上还要产生切应力。首先研究矩形截面梁横截面上的切应力。

9.3.1 矩形截面梁

图 9-10a 所示一受横向载荷的矩形截面梁，在求任意横截面上的切应力时，对切应力的分布作如下假设：

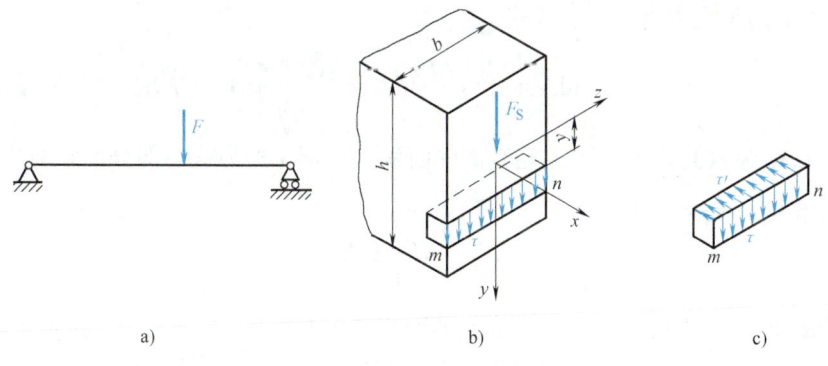

图 9-10

(1) 横截面上任一点处的切应力方向与剪力或截面侧边平行。
(2) 距中性轴等远的各点处的切应力 τ 大小相等。

较精确的研究表明，对于狭长矩形截面，上面两假设能符合实际情况；对于一般的高度 h 大于宽度 b 的矩形截面，上面两假设也近似地反映了实际情况。

根据以上假设,横截面上距中性轴为 y 的各点处应有沿宽度不变的切应力 τ (图 9-10b)。由切应力互等定理可知,在与中性层平行的纵截面上,将有沿横截面宽度不变,方向垂直于横截面的切应力 τ' (图 9-10c),且 $\tau'=\tau$。下面先求 τ'。

在梁上取长为 $\mathrm{d}x$ 的一微段(图 9-11a),设左、右横截面上的弯矩分别为 M 及 $M+\mathrm{d}M$,剪力均为 F_S。再在 1—1、2—2 两截面间距中性层为 y 处作一水平截面,研究此截面以下部分(图 9-11b、c)。在六面体 $31'2'4$ 上只画出左、右侧面上的正应力 σ 和水平截面上的切应力 τ'。在左侧截面上作用的正应力将构成一向左的水平力 F_N1,在右侧截面上作用的正应力将构成一向右的水平力 F_N2,因为两截面上弯矩不同,故 F_N1、F_N2 亦不同,只有在存在水平切应力 τ' 的情况下,才能维持六面体在水平方向的平衡。因此,τ' 可由此六面体的水平方向的平衡得到。

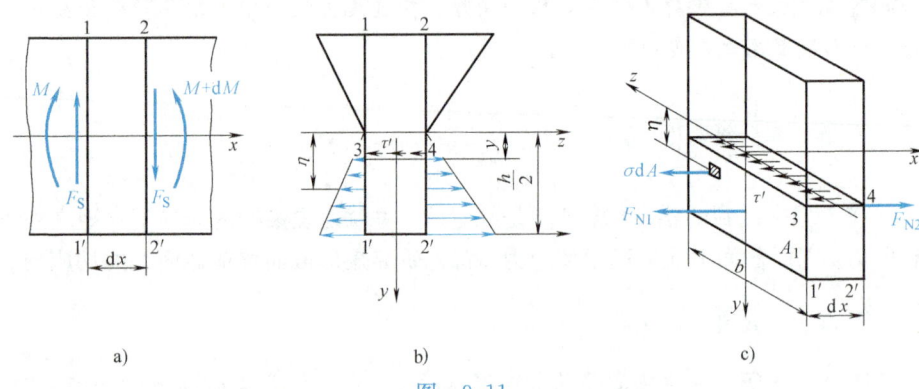

图 9-11

在图 9-11c 所示六面体的左侧截面上,在距中性轴为 η 处取一微面积 $\mathrm{d}A$,则 $\mathrm{d}A$ 上的正应力为 $\sigma=\dfrac{M\eta}{I_z}$,故

$$F_\mathrm{N1}=\int_{A_1}\sigma\mathrm{d}A=\int_{A_1}\dfrac{M\eta}{I_z}\mathrm{d}A=\dfrac{M}{I_z}\int_{A_1}\eta\mathrm{d}A=\dfrac{M}{I_z}S_z^* \tag{a}$$

式中,A_1 为六面体 $31'2'4$ 左侧截面的面积;$\displaystyle\int_{A_1}\eta\mathrm{d}A$ 即为这一部分面积对中性轴的静矩 S_z^*。同理可得

$$F_\mathrm{N2}=\dfrac{M+\mathrm{d}M}{I_z}S_z^* \tag{b}$$

水平截面 3—4 上的切应力 τ' 沿横截面的宽度 b 无变化,沿长度 $\mathrm{d}x$ 也无变化(如梁上有分布力时,τ' 沿长度 $\mathrm{d}x$ 的变化也可略去),故 τ' 所组成的水平力为 $\tau'b\mathrm{d}x$,写出 $31'2'4$ 的 x 向平衡方程

$$F_\mathrm{N2}-F_\mathrm{N1}-\tau'b\mathrm{d}x=0 \tag{c}$$

将求得的 F_N1、F_N2 代入式(c),得

$$\dfrac{M+\mathrm{d}M}{I_z}S_z^*-\dfrac{M}{I_z}S_z^*-\tau'b\mathrm{d}x=0 \tag{d}$$

故
$$\tau' = \frac{\mathrm{d}MS_z^*}{\mathrm{d}x\, I_z b} = \frac{F_S S_z^*}{I_z b} \tag{e}$$

由 $\tau = \tau'$，即得矩形截面梁横截面上距中性轴为 y 的各点处切应力计算公式为

$$\tau = \frac{F_S S_z^*}{I_z b} \tag{9-7}$$

现在根据式(9-7)讨论切应力在横截面上的分布。距中性轴为 y 处横线以外面积(如图 9-12a 中阴影线部分面积 A^*)对中性轴的静矩 S_z^* 为(图 9-12a)

$$S_z^* = A^* y_C^* = b\left(\frac{h}{2} - y\right)\left(y + \frac{\frac{h}{2} - y}{2}\right) = \frac{b}{2}\left(\frac{h^2}{4} - y^2\right) \tag{f}$$

将上式的关系代入式(9-7)，可得

$$\tau = \frac{F_S S_z^*}{I_z b} = \frac{F_S \frac{b}{2}\left(\frac{h^2}{4} - y^2\right)}{\frac{bh^3}{12} b} = \frac{6F_S}{bh^3}\left(\frac{h^2}{4} - y^2\right) \tag{g}$$

式(g)表明，τ 沿矩形截面高度按二次抛物线规律变化(图 9-12b)。在横截面的上、下边缘 $y = \mp\frac{h}{2}$ 处，$\tau = 0$。在 $y = 0$ 处，即在中性轴上，出现最大切应力，为

$$\tau_{\max} = \frac{3}{2}\frac{F_S}{bh} \tag{9-8}$$

式(9-8)说明矩形截面梁的最大切应力为平均切应力的 1.5 倍。

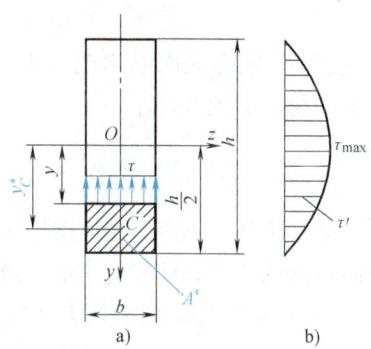

图 9-12

9.3.2 工字形截面梁

工字形截面由翼缘和腹板两部分构成(图 9-13a)。由于腹板是狭长矩形，故仍可用式(9-7)来计算其切应力。此时公式中的 I_z 为整个横截面对中性轴的惯性矩，b 为腹板的宽度 d，S_z^* 为距中性轴为 y 的横线以外部分的面积(如图 9-13a 中有阴影线部分的面积)对中性轴的静矩。如将静矩表示为 y 的函数，代入式(9-7)后可知，切应力沿腹板高度也按抛物线规律变化(图 9-13b)，

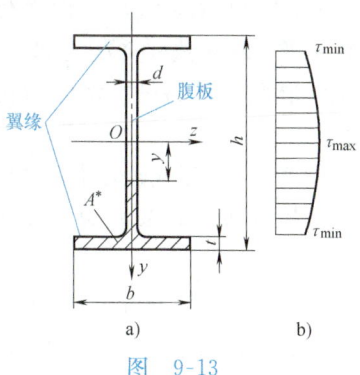

图 9-13

最大切应力也发生在中性轴上各点处。如果腹板的厚度 d 远小于翼缘宽度 b，则腹板上的最大切应力 τ_{max} 和最小切应力 τ_{min} 相差不大，此时腹板上的切应力就接近于均匀分布。

横截面翼缘上的切应力情况较复杂，但其数值比腹板上的切应力小得多，在一般强度计算中并不考虑，故这里不再讨论。

横截面腹板与翼缘的交接处，切应力分布比较复杂，而且存在应力集中现象。为了减小应力集中，宜将交接处作成圆角。

9.3.3 圆形截面梁

对于圆形截面，由切应力互等定理可知，在截面边缘上各点处的切应力必与圆周相切（图 9-14），故对矩形截面梁内切应力方向所作的假设，在这里不再适用。但可以证明，最大切应力 τ_{max} 仍发生在中性轴上，并且对这里各点处的切应力仍可假设其大小相等，方向与 y 轴或剪力 F_S 平行（图 9-14），于是仍可用公式(9-7)来计算 τ_{max}，其结果为

$$\tau_{max} = \frac{4}{3}\frac{F_S}{\pi r^2} \quad (9-9)$$

上式表明，圆形截面梁横截面上的最大切应力比其平均切应力大 33%。

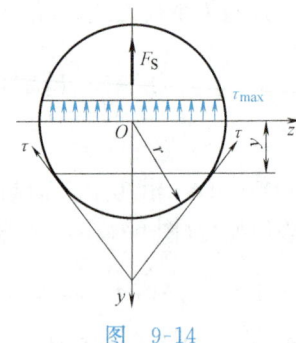

图 9-14

9.3.4 薄壁环形截面梁

对于圆环形截面，当环壁厚度 t 远小于环的平均半径 r_0 时，可以假设切应力方向与圆周相切，且其大小沿壁厚各点处相等（图 9-15）。根据这些假设，即可利用式(9-7)得到环形截面最大切应力的计算公式为

$$\tau_{max} = \frac{F_S}{\pi r_0 t} \quad (9-10)$$

τ_{max} 也在中性轴上，方向平行于剪力 F_S。由于环壁很薄，故横截面面积为 $A = 2\pi r_0 t$；由此可见，薄壁环形截面梁的最大切应力比其平均切应力大 1 倍。

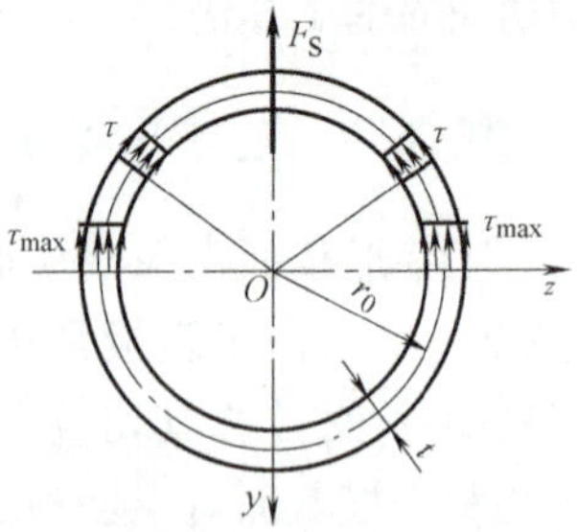

图 9-15

例 9-4 矩形截面的简支梁如图 9-16a 所示。试求此梁横截面上的最大切应力和最大正应力及其比值。

解 (1) 作剪力图和弯矩图

作出剪力图如图 9-16b 所示，可见梁在任一横截面上的剪力值均为 $F_S = \dfrac{F}{2}$。

作出弯矩图如图9-16c所示,从图中可知梁的最大弯矩发生在跨度中点C的横截面上,其值为$M_{max}=\dfrac{Fl}{4}$。

(2) 计算τ_{max}

τ_{max}发生在横截面的中性轴上,由式(9-8)可得

$$\tau_{max}=\frac{3}{2}\frac{F_S}{bh}=\frac{3}{2}\frac{\dfrac{F}{2}}{bh}=\frac{3}{4}\frac{F}{bh} \qquad (a)$$

(3) 计算σ_{max}

数值最大的正应力发生在截面C的顶部和底部,由式(9-5)可得

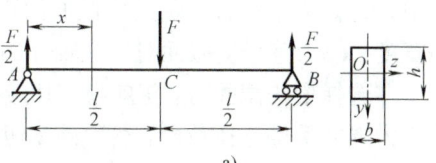

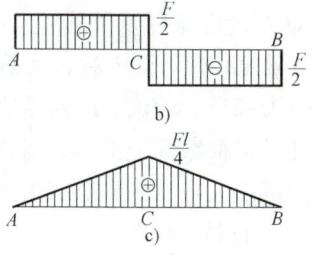

图 9-16

$$\sigma_{max}=\frac{M_{max}}{W_z}=\frac{\dfrac{Fl}{4}}{\dfrac{bh^2}{6}}=\frac{3}{2}\frac{Fl}{bh^2} \qquad (b)$$

(4) 求最大应力的比值

根据式(a)、式(b)可得最大切应力与最大正应力的比值为

$$\frac{\tau_{max}}{\sigma_{max}}=\frac{\dfrac{3}{4}\dfrac{F}{bh}}{\dfrac{3}{2}\dfrac{Fl}{bh^2}}=\frac{h}{2l} \qquad (c)$$

对工程中常见的梁,其跨度l比截面高度h要大得多,例如$l>5h$。在此情况下,由式(c)可见,对于中点受集中力的简支梁,其最大切应力比最大正应力小一个数量级。对于其他受不同载荷的实体截面梁,一般也可得到类似的结论。

9.4 弯曲切应力强度条件

在一般情况下,直梁横截面上最大切应力发生在横截面的中性轴上各点处。由于该处的正应力等于零,故可仿照杆在扭转时的强度条件形式,建立梁的切应力强度条件如下

$$\tau_{max}\leqslant [\tau] \qquad (9-11)$$

对于等直梁,其最大切应力发生在最大剪力$F_{S,max}$所在横截面(危险截面)上,并且一般发生在该截面的中性轴上各点(危险点)处。由此可见,对不同形状的横截面的等直梁,其最大切应力一般可统一表示为

$$\tau_{max}=\frac{F_{S,max}S_{z,max}}{I_z b} \qquad (9-12)$$

式中，$S_{z,max}$ 为中性轴一侧的横截面面积对中性轴的静矩；b 为横截面在中性轴处的宽度；I_z 为整个横截面对中性轴 z 的惯性矩。

在选择梁的截面时，正应力和切应力强度条件都必须得到满足。通常是先按正应力强度条件选择截面，然后再按切应力强度条件作强度校核。对于工程上大多数梁，切应力都比较小，所以，正应力强度条件是主要的，当正应力强度条件满足时，切应力强度条件都能满足，故可不作切应力强度校核。但在某些情况下，例如，当梁比较短，梁上有较大载荷作用在支座附近，或组合截面梁有较薄腹板时，切应力都可能较大，这就需要校核切应力。

必须指出，梁横截面上的其他各点处既有正应力，又有切应力。在某些情况下，如工字形截面梁在翼缘和腹板交界的任一点处，正应力和切应力均较大。对这样的点的强度校核，将在以后进行讨论。

例 9-5 简支梁如图 9-17a 所示，它由工字钢制成。已知材料的许用应力 $[\sigma]=160\text{MPa}$，$[\tau]=100\text{MPa}$，试选择工字钢型号。

解（1）作剪力图和弯矩图

由于对称，支座约束力为

$$F_A = F_B = \frac{1}{2}(75+75+75)\text{kN} = 112.5\text{kN}$$

作出如图 9-17b 所示的剪力图，由图中可知

$$F_{S,max} = 112.5\text{kN}$$

作出如图 9-17c 所示的弯矩图，得出

$$M_{max} = 375\text{kN} \cdot \text{m}$$

（2）按弯曲正应力强度条件选择截面。

由正应力强度条件有

$$W_z \geqslant \frac{M_{max}}{[\sigma]} = \frac{375 \times 10^3}{160 \times 10^6}\text{m}^3$$
$$= 2344 \times 10^{-6}\text{m}^3 = 2344\text{cm}^3$$

（3）按弯曲切应力强度条件校核

由型钢表查得 56b 工字钢的 $\dfrac{I_z}{S_{z,max}} = 47.17\text{cm}$，$d=14.5\text{mm}$，将其代入式（9-12）得梁的最大弯曲切应力

$$\tau_{max} = \frac{F_{S,max}}{\dfrac{I_z}{S_{z,max}}d} = \frac{112.5 \times 10^3}{47.17 \times 10^{-2} \times 14.5 \times 10^{-3}}\text{Pa}$$
$$= 16.5\text{MPa} < [\tau]$$

弯曲切应力强度条件也能满足。因此选用工字钢型号为 56b。

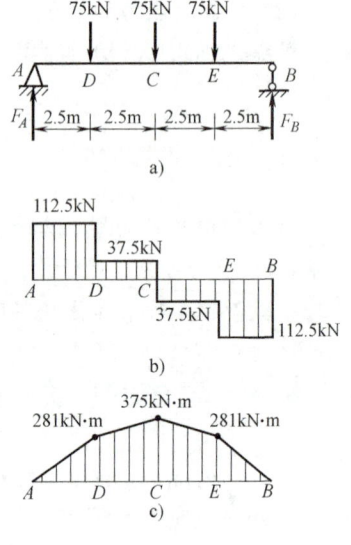

图 9-17

9.5 提高梁弯曲强度的一些措施

对工程中大多数梁来说，正应力强度条件在强度计算时是起主要作用的。根据正应力强度条件中各有关因素的特点，可以采取一定的措施来提高梁的抗弯能力。下面分四个方面进行讨论。

9.5.1 采用合理的截面形状

从正应力强度条件可知，梁截面的抗弯能力取决于抗弯截面系数。因此，在横截面面积相同的情况下，比较合理的截面形状，应该使截面具有较大的抗弯截面系数。例 9-3 中曾讨论了几种截面形状在抗弯截面系数相同时的横截面面积之比，由此可以推知，在横截面面积相同的情况下，必然是工字形截面具有较大的抗弯截面系数，竖放的矩形截面次之，圆截面最小。因此，工字形截面很合理，而圆截面则很差。这也可以从梁横截面上正应力的分布规律来说明。横截面上的正应力沿截面高度是按直线规律分布的，离中性轴愈近，正应力愈小；可见梁在这部分的材料未能得到充分利用。如果将这部分材料放置到离中性轴较远处，就会改变这种状况，从而提高梁的抗弯能力。工字形截面梁靠近中性轴处的材料较少，所以合理，而圆截面靠近中性轴处的材料较多，故不合理。

合理的截面形状还应该使梁弯曲时，横截面上的最大拉应力和最大压应力同时接近拉、压许用应力。对于像低碳钢等塑性材料，其拉、压许用应力相等，故应采用对称于中性轴的截面，如矩形、工字形截面等。对

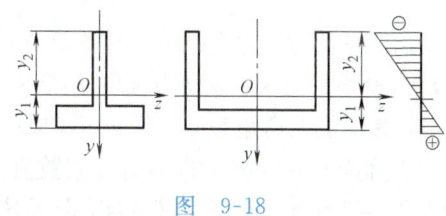

图 9-18

于铸铁等脆性材料，其许用拉应力$[\sigma_t]$低于许用压应力$[\sigma_c]$，因而在选择截面时，最好使中性轴偏于截面受拉的一边。例如可采用 T 形截面或横放的槽形截面（图 9-18）。如果能使截面形心的位置符合下面的条件，即

$$\frac{y_1}{y_2} = \frac{[\sigma_t]}{[\sigma_c]}$$

就能使横截面上的最大拉应力和最大压应力同时接近许用应力。这样的截面就较合理。

9.5.2 采用变截面梁

按正应力强度条件选择等直梁的横截面尺寸时，是以最大弯矩为依据的。因此，除了最大弯矩所在的横截面以外，其他横截面上的正应力都比较小，因而材

料没有得到充分利用。为了克服这样的缺点，工程中有时采用变截面梁，使横截面尺寸的大小，大体上适应弯矩沿梁长的变化，这样可以节约材料和减轻自重。图 9-19a、b 所示机器中的阶梯轴和房屋中的薄腹梁都是变截面梁的例子。最节约材料和减轻自重的情况是使梁各个截面上的最大正应力都等于材料的许用应力，这样的变截面梁称为**等强度梁**。其强度条件为

$$\frac{M(x)}{W(x)} = [\sigma]$$

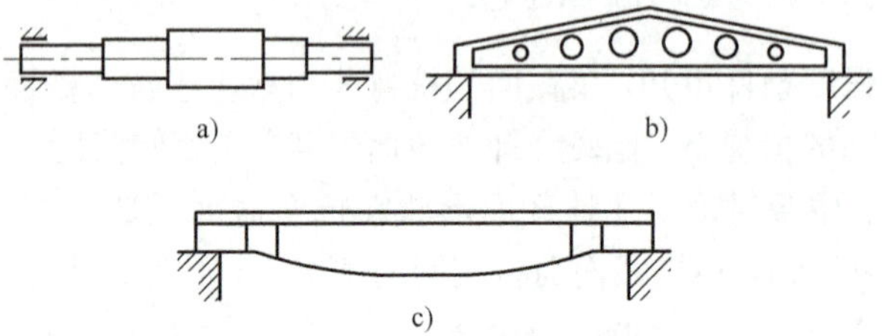

图 9-19

式中，$M(x)$、$W(x)$ 分别表示任意 x 截面的弯矩和抗弯截面系数。由上式，可根据弯矩变化规律来确定等强度的截面变化规律。图 9-19c 所示的鱼腹式起重机梁就是按等强度梁的原理设计的。

9.5.3 合理安排梁的支座和载荷

由正应力强度条件可知，要提高梁的强度，应该减小梁的最大弯矩。首先应合理布置梁的支座。例如长为 l 并受集度为 q 的均布载荷作用的简支梁（图 9-20a），其中最大弯矩为 $0.125\ ql^2$，如果将两支座向里移动 $0.2l$（图 9-20b），则最大弯矩降为 $0.025\ ql^2$，即只有原来数值的 1/5。工程中起吊较长的重物，例如预制大梁，起吊点一般不在其两端，就是这个缘故。

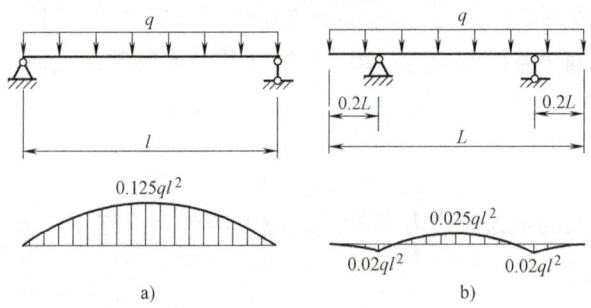

图 9-20

其次，合理布置载荷，也可降低最大弯矩。例如将轴上的齿轮安置得较靠近轴承，就会使齿轮传到轴上的力 F 靠近支座，如图 9-21b 所示，轴的最大弯矩仅

为 $5Fl/36$，如将集中力 F 作用在轴的中点（图 9-21a），则最大弯矩为 $Fl/4$，相比之下，前者的最大弯矩就减少很多。此外，在情况允许的条件下，应尽可能将较大的集中力分散成较小的力，如把作用于跨度中点的集中力分散成图 9-21c 所示的两个集中力，则最大弯矩将降为 $Fl/8$。

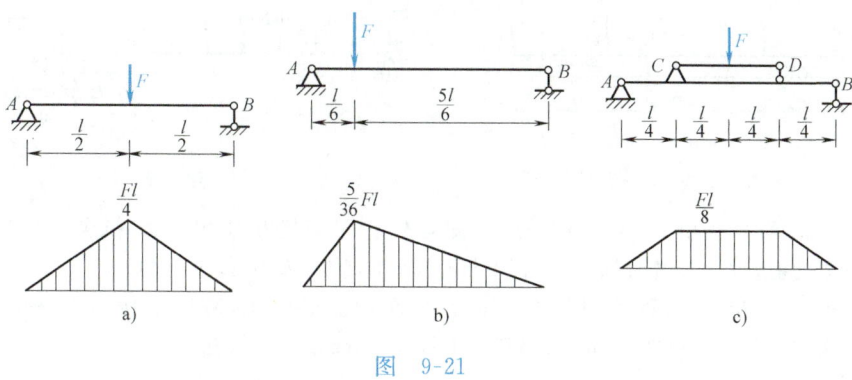

图 9-21

9.5.4 合理使用材料

不同材料的力学性能不同，应该尽量利用每一种材料的长处。例如混凝土的抗拉能力远低于它的抗压能力，在用它制造梁时，可在梁的受拉区放置钢筋，组成钢筋混凝土梁。在这种梁中，钢筋承受拉力，混凝土承受压力，它们合理地组成一个整体，共同承担了载荷的作用。又如夹层梁，它由表层和芯子所组成。芯子通常用轻质低强度的填充材料，表层则用高强度的材料。这种梁既能大大降低自重，又能有足够的强度和刚度。

习　题

9-1 把直径 $d=1\text{mm}$ 的钢丝绕在直径为 $D=2\text{m}$ 的卷筒上，试计算该钢丝中产生的最大应力，设 $E=200\text{GPa}$。

9-2 空心圆截面的等直梁如图 9-22 所示，求横截面 1—1 上 k 点处的正应力，并问哪个截面上相应于此 k 点位置的正应力最大，其值等于多少？

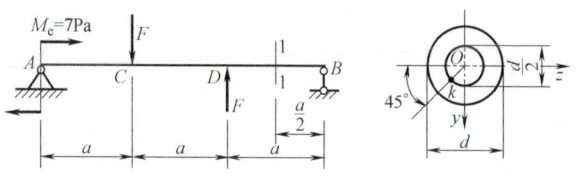

图 9-22　题 9-2 图

9-3 某圆轴的外伸部分系空心圆截面，所受横向载荷如图 9-23 所示。试作该轴的弯矩图，并求轴内的最大正应力。

9-4 球墨铸铁梁，受力和截面尺寸如图 9-24 所示，已知横截面对中性轴的惯性矩 $I_z = 2980\text{cm}^4$。(1)作出最大正弯矩和最大负弯矩所在截面的应力分布图；(2)求全梁的最大拉应力和最大压应力。

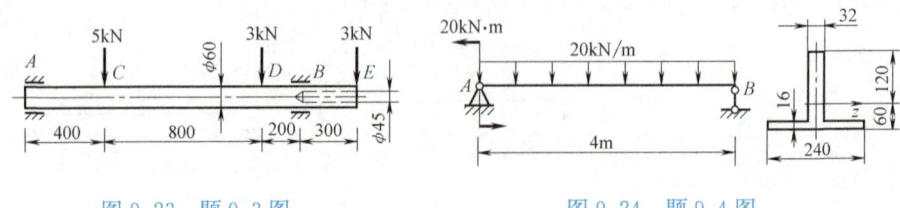

图 9-23 题 9-3 图   图 9-24 题 9-4 图

9-5 图 9-25 所示 T 字形截面梁，已知梁的最大正弯矩为 3100N·m。试求：(1)上、下边缘处的正应力；(2)中性轴以上和以下与横截面垂直的分布内力系的合力。

9-6 一矩形截面梁，尺寸如图 9-26 所示，许用应力$[\sigma]=160\text{MPa}$。试按下列两种情况校核此梁的强度：(1)梁的 120mm 边竖直放置；(2)120mm 边水平放置。

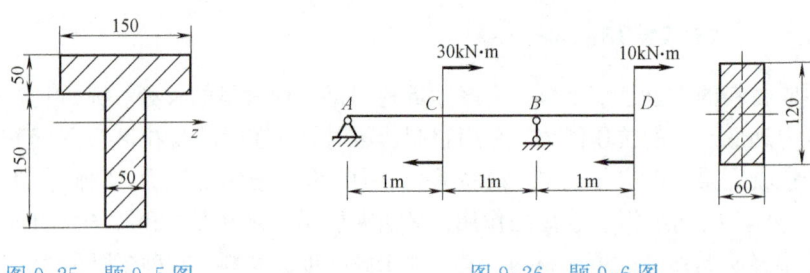

图 9-25 题 9-5 图   图 9-26 题 9-6 图

9-7 如图 9-27 所示简支梁 AB 由 16 工字钢制成，跨度 $l=1.5\text{m}$，在梁中间截面 D 处作用集中力 F。为测得 F 的大小，在距中点 250mm 处，于梁的下沿 C 点装有一杠杆式应变计，梁受力后，由应变计测得 C 点的线应变 $\varepsilon=4.01\times10^{-4}$。已知钢材的弹性模量 $E=210\text{GPa}$，试求载荷 F 的数值。

9-8 空气泵的操纵杆，受力及尺寸如图 9-28 所示，Ⅰ—Ⅰ和Ⅱ—Ⅱ截面尺寸相同，$h/b=3$，试求Ⅱ—Ⅱ截面尺寸 b 和 h。已知$[\sigma]=50\text{MPa}$。

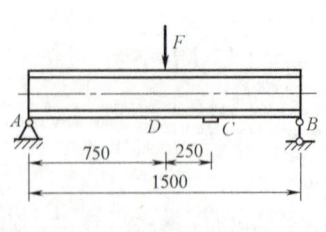 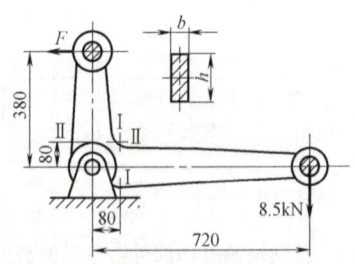

图 9-27 题 9-7 图   图 9-28 题 9-8 图

9-9 如果载荷 F 直接作用于简支梁 AB 的中点,则梁的最大弯曲正应力将超过许用应力值30%。为了避免出现过载现象,在梁上增加一辅助梁 CD,如图9-29所示。试求 CD 梁的最小跨度 a。已知 $l=6$m。

9-10 工厂用两台起重机和一辅助梁共同起吊一重量 $F=300$kN 的设备,如图9-30所示。两台起重机的最大起重量分别为 150kN 和 200 kN。若不计辅助梁的自重,试求:(1) x 在何范围内,才能保证两台起重机都不超载?(2)若用工字钢作此辅助梁,试选工字钢型号。已知许用应力 $[\sigma]=160$MPa。

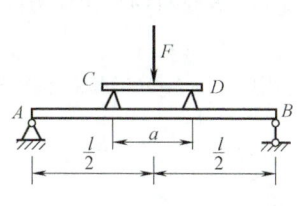
图 9-29 题 9-9 图

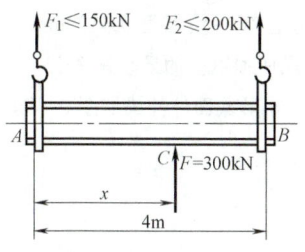
图 9-30 题 9-10 图

9-11 T字形截面铸铁悬臂梁,尺寸及载荷如图9-31所示。设材料的许用应力 $[\sigma_t]=40$MPa,$[\sigma_c]=160$MPa,截面对中性轴 z 的惯性矩 $I_z=10180$cm^4,$h_1=9.64$cm。试计算该梁的许可载荷 $[F]$。

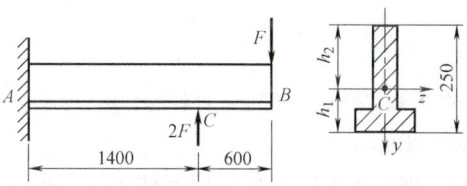
图 9-31 题 9-11 图

9-12 由圆柱形木料锯成的矩形截面简支梁,如图9-32所示。材料的许用应力 $[\sigma]=10$MPa。试求抗弯截面系数为最大时矩形截面的高宽比 h/b,以及锯成此梁所需木料的最小直径 d。

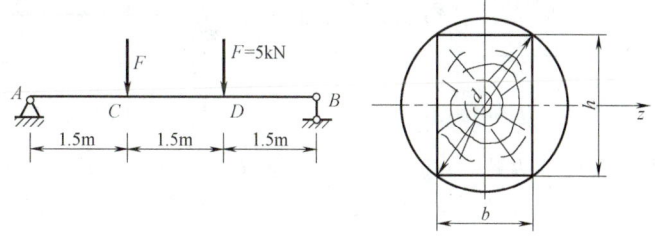
图 9-32 题 9-12 图

9-13 图9-33所示20b槽钢受纯弯曲时,测出 A、B 两点间长度的改变为 $\Delta l=27\times10^{-3}$

mm。试求梁截面上的弯矩 M。已知材料的弹性模量 $E=200$GPa。

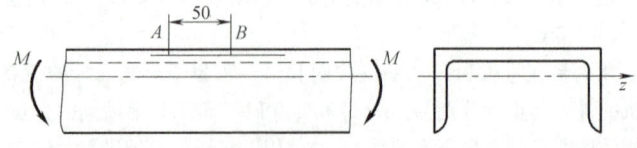

图 9-33　题 9-13 图

9-14　图 9-34 所示简支梁用 20a 工字钢制成。由于正应力强度不足，故在梁中间一段的上、下翼缘上各焊一块截面为 120mm×10mm 的钢板来加强。若材料的许用应力 $[\sigma]=160$MPa，试求所加钢板的最小长度 $2l$。

9-15　一矩形截面外伸梁如图 9-35 所示。已知材料的许用应力 $[\sigma]=100$MPa，试校核梁的强度。

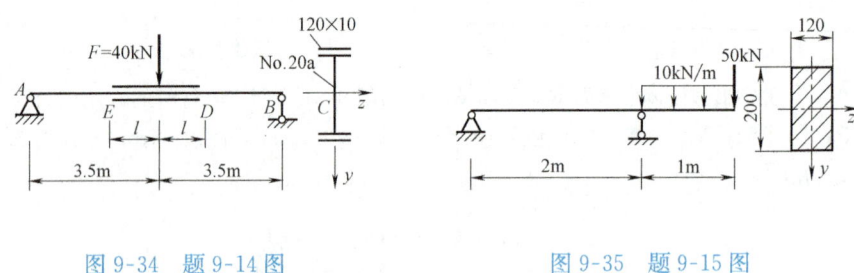

图 9-34　题 9-14 图　　　　　　　　图 9-35　题 9-15 图

9-16　铸铁制成的外伸梁如图 9-36 所示。材料的许用应力 $[\sigma_t]=30$MPa，$[\sigma_c]=90$MPa，$F=8.5$kN，试校核此梁的强度。

9-17　截面为 10 工字钢的梁 AB，在 D 点由圆钢杆 CD 支承，如图 9-37 所示，已知梁和杆的 $[\sigma]=160$MPa。试求许可均布载荷 q 及圆杆的直径 d。

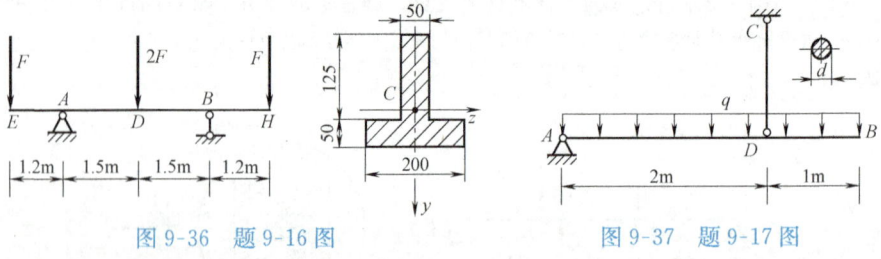

图 9-36　题 9-16 图　　　　　　　　图 9-37　题 9-17 图

9-18　某车间起重机大梁用 28b 工字钢制成，如图 9-38 所示。跨度 $l=6$m，最大起吊重量为 30kN。现需起吊 50kN 的重物，为此设法使小车轮距加大到 $a=1$m，问此时大梁强度是否足够？已知 $[\sigma]=140$MPa。

9-19　矩形截面梁的尺寸如图 9-39 所示。集中力 $F=88$kN，试求：(1) 截面 1—1 上 a、b 两点的切应力和最大切应力；(2) 全梁的 τ_{max} 和 σ_{max}。

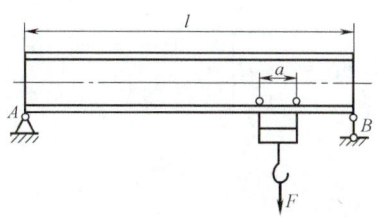
图 9-38　题 9-18 图

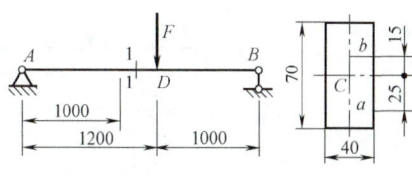
图 9-39　题 9-19 图

9-20　图 9-40 所示简支梁 AB 受均布载荷作用。试求梁内最大切应力与最大正应力之比。

9-21　一钢梁承受载荷如图 9-41 所示。材料的许用应力 $[\sigma]=160\text{MPa}$，试选择工字钢的型号。

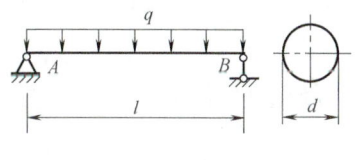
图 9-40　题 9-20 图

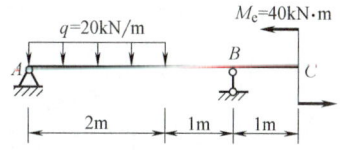
图 9-41　题 9-21 图

9-22　图 9-42 所示外伸梁由两根槽钢组成。已知材料的许用应力 $[\sigma]=150\text{MPa}$，试选择槽钢型号。

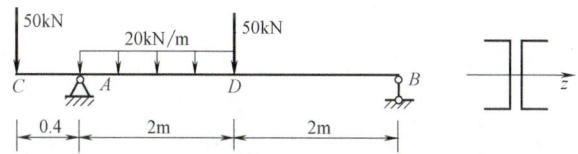
图 9-42　题 9-22 图

9-23　由两根槽钢和上下盖板焊接成的梁，如图 9-43 所示。设 $[\sigma]=160\text{MPa}$，试校核梁的强度。

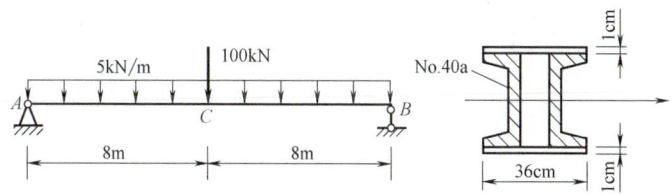
图 9-43　题 9-23 图

9-24　矩形截面的木梁如图 9-44 所示，截面的高度比 $h/b=2$，梁材料的许用应力 $[\sigma]=9\text{MPa}$，$[\tau]=1\text{MPa}$，试确定梁的截面尺寸。

9-25　图 9-45 所示制动装置的杠杆，用直径 $d=30\text{mm}$ 的销钉支承在 B 处。若杠杆的许

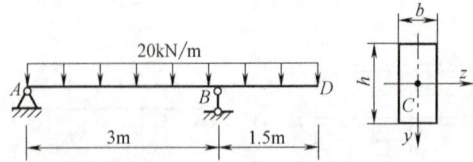

图 9-44 题 9-24 图

用应力$[\sigma]$=137MPa,销钉的许用切应力$[\tau]$=98MPa,试求许可载荷$[F_1]$和$[F_2]$。

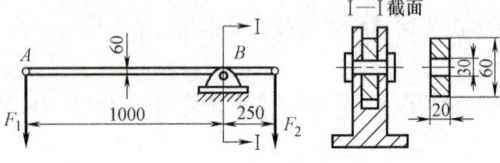

图 9-45 题 9-25 图

第 10 章 弯曲变形与简单超静定梁

10.1 梁的变形和位移

梁在载荷作用下,即使具有足够的强度,如果其变形过大,也可能影响梁的正常工作。例如:齿轮传动轴的变形过大,会影响齿轮的啮合(图 10-1);起重机大梁的变形过大,会在起重机行驶时发生剧烈的振动等。因此,对梁的变形有时需要加以限制,使它满足刚度的要求。

与上述情况相反,有时则要利用梁的变形来达到一定的目的。有些机械零件,例如车辆上的叠板弹簧,就是利用它的变形来减轻撞击和振动的影响的。

此外,在求解超静定梁时,必须考虑梁的已知变形条件才能求解。

为了解决上述问题,需要研究梁的变形。

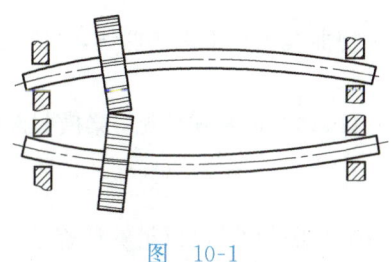

图 10-1

本章将只研究对称弯曲下梁的变形,并主要限于等直梁的情况。

首先说明工程计算中如何度量梁的变形。梁弯曲后的轴线称为**挠曲线**。由于工程中梁的变形大都属于弹性变形,故挠曲线又称为**弹性曲线**。对于对称弯曲下的梁,其挠曲线是一条在外力作用平面内的光滑连续的平面曲线(图 10-2)。梁变形时,轴线上的点即横截面的形心将产生线位移。由于工程中梁的变形一般都很小,挠曲线为一平坦的曲线,因而此位移沿变形前梁轴线方向的分量与其铅垂方向分量相比很小,可以忽略不计。这样就可认为梁轴线上点的线位移垂直于梁变形前的轴线,此线位移称为该点的**挠度**。例如图 10-2 中的 CC' 为梁变形前轴线上 C 点的挠度。

由平面假设可知,梁的横截面在梁

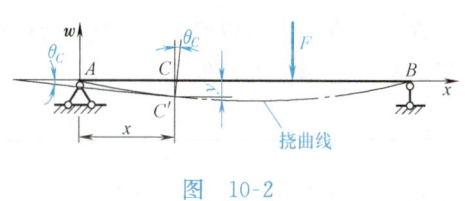

图 10-2

变形后仍保持为平面,它绕中性轴发生转动,但仍垂直于梁变形后的轴线即挠曲线。这说明梁变形时,除了横截面形心有线位移外,横截面本身还有角位移,此角位移称为横截面的**转角**。例如图 10-2 中的 θ_C 为横截面 C 的转角。转角和挠度这两种位移都能反映梁弯曲变形的大小,故工程计算中就用它们来度量梁的变形。挠度的常用单位是 mm(毫米)，转角的单位是 rad(弧度)。

为了描述梁的挠度和转角，须选用一定的坐标系统。一般将坐标原点取在梁的左端，并取梁变形前的轴线为 x 轴，与它垂直且在挠曲线所在平面内的轴为 w 轴，它们分别以向右和向上为正向(图 10-2)。于是，梁的挠曲线可以用函数

$$w = f(x) \tag{a}$$

来表示。它表示了梁变形前轴线上任一点的横坐标 x 与该点挠度 w 之间的关系，通常称为**挠曲线方程**。

由几何学原理及转角定义可知，距原点为 x 处的横截面的转角就等于挠曲线在同一 x 坐标处切线的倾角(例如图 10-2 中的 θ_C)，而此倾角的正切与挠曲线函数有下述关系

$$\tan\theta = \frac{dw}{dx} = \frac{df(x)}{dx} \tag{b}$$

因为挠曲线为一平坦的曲线，θ 值很小，故有

$$\tan\theta \approx \theta \tag{c}$$

由式(b)、式(c)两式可见，梁横截面的转角应为

$$\theta = \frac{dw}{dx} \tag{d}$$

式(d)表明转角 θ 可以足够精确地从挠曲线方程(a)对 x 求一次导数得到。它表示梁横截面位置的 x 与该截面的转角 θ 之间的关系，通常称为**转角方程**。

在图 10-2 所示的坐标系统中，挠度 w 以向上为正，向下为负；转角 θ 则以逆时针转向为正，顺时针转向为负。

10.2 梁的挠曲线近似微分方程及其积分

为了具体求得梁的挠曲线方程和转角方程，还必须建立梁的变形与载荷之间的物理关系。

在上一章中已经得到了梁在纯弯曲情况下和线弹性范围内用曲率表示的梁轴线的弯曲变形公式，即

$$\frac{1}{\rho} = \frac{M}{EI_z}$$

由于式中的弯矩 M 等于外力偶矩 M_e，故结合梁的挠曲线的定义可知，此公式实际上是以曲率表达了梁的挠曲线与载荷之间的关系。

在横力弯曲情况下，梁的横截面上除了有弯矩，还有剪力，后者会使梁产生附加的弯曲变形。由于对常见的细长梁来说，这种附加的弯曲变形可以忽略不计，故上式仍可应用于横力弯曲。但应注意，此时弯矩和曲率半径 ρ 都是 x 的函数，即

$$\frac{1}{\rho(x)} = \frac{M(x)}{EI_z} \tag{a}$$

式中，弯矩 $M(x)$ 是梁任一横截面上的弯矩表达式，它是由梁上载荷表示的。

为了从上式建立弯矩与挠度、转角之间的关系，必须先将曲率与挠度、转角联系起来。由微分学可知，平面曲线上任一点的曲率为

$$\frac{1}{\rho(x)} = \pm \frac{\dfrac{d^2 w}{dx^2}}{\left[1+\left(\dfrac{dw}{dx}\right)^2\right]^{3/2}} \tag{b}$$

将式(b)的关系代入式(a)，可得

$$\pm \frac{\dfrac{d^2 w}{dx^2}}{\left[1+\left(\dfrac{dw}{dx}\right)^2\right]^{3/2}} = \frac{M(x)}{EI_z} \tag{c}$$

上式是二阶非线性微分方程。在平坦的挠曲线中，转角 $\theta = \dfrac{dw}{dx}$ 是个很小的量，故 $\left(\dfrac{dw}{dx}\right)^2$ 与 1 相比就可以忽略不计，于是式(c)可简化为

$$\pm \frac{d^2 w}{dx^2} = \frac{M(x)}{EI_z} \tag{d}$$

现在讨论式(d)中正、负号的选择问题。式中 $\dfrac{d^2 w}{dx^2}$ 的正、负号应根据弯矩正、负号规定与选定的坐标系来确定。由图 10-3a 可见，当弯矩为正值时，挠曲线为凹向，其二阶微分 $\dfrac{d^2 w}{dx^2}$ 亦为正值；由图 10-3b 可见，当弯矩为负值时，挠曲线为凸向，其二阶微分 $\dfrac{d^2 w}{dx^2}$ 为负值。由此可见，对于所选定的坐标系，M 与 $\dfrac{d^2 w}{dx^2}$ 恒为同号。显然在式(d)中应取正号。于是得

$$\frac{d^2 w}{dx^2} = \frac{M(x)}{EI_z} \tag{10-1a}$$

通常称此式为梁的挠曲线近似微分方程。

根据公式(10-1a)，即可进一步计算梁的挠度和转角。下面就等直梁的情况来介绍用积分运算的过程。

对于等直梁，EI_z 为常量，公式(10-1a) 也可改

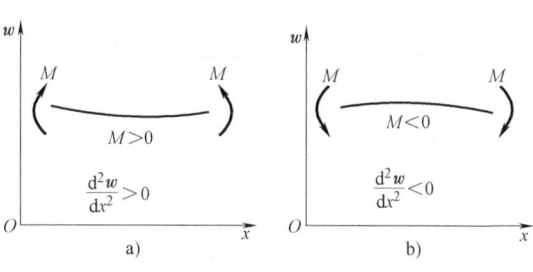

图 10-3

写为

$$EI_z \frac{d^2w}{dx^2} = M(x) \qquad (10\text{-}1\text{b})$$

还可由上节中的式(d)和此式得

$$EI_z \frac{d\theta}{dx} = M(x) \qquad (10\text{-}1\text{c})$$

将上式两边各乘以 dx，然后积分一次，可得

$$EI_z \theta = \int M(x)dx + C \qquad (10\text{-}2\text{a})$$

将 $\theta = \dfrac{dw}{dx}$ 代入上式，再积分一次，即得

$$EI_z w = \int [\int M(x)dx]dx + Cx + D \qquad (10\text{-}2\text{b})$$

上面两式中的积分常数 C、D 可以通过梁上的已知位移（挠度或转角）条件来确定。这种已知条件称为梁的<u>边界条件</u>。例如梁在固定端处的挠度和横截面的转角都等于零，在铰支座截面处的挠度等于零。

积分常数确定以后，将它们代入式(10-2a)和式(10-2b)，即分别得到梁的转角方程和挠曲线方程。于是可进一步确定梁上任一横截面的转角和轴线上任一点的挠度。工程中对于梁在指定截面处的挠度常用 f 表示。

例 10-1　图 10-4a 所示悬臂梁，自由端承受集中荷载 F 作用。梁的抗弯刚度 EI_z 为常数，试求梁的转角方程和挠曲线方程，画出挠曲线的大致形状并确定梁的最大转角和最大挠度。

解　(1) 列弯矩方程

$$M(x) = -F(l-x) \quad (0 \leqslant x \leqslant l) \qquad (a)$$

(2) 建立挠曲线近似微分方程并进行积分

$$EI_z \frac{d^2w}{dx^2} = -F(l-x) \qquad (b)$$

对式(b)一次积分，得

$$EI_z \theta = EI_z \frac{dw}{dx} = -F(lx - \frac{1}{2}x^2) + C \qquad (c)$$

对式(c)再次积分，得

$$EI_z w = -F(\frac{1}{2}lx^2 - \frac{1}{6}x^3) + Cx + D \qquad (d)$$

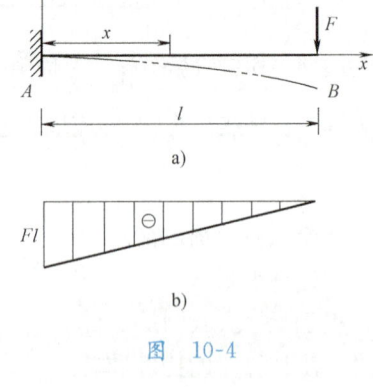

图 10-4

(3) 确定积分常数

在悬臂梁中，已知边界条件为固定端处的挠度和转角均等于零，即

$$x = 0 \text{ 处}, \quad \theta = 0, \quad w = 0$$

将这两个边界条件分别代入式(c)和(d)可解得
$$C=0, \quad D=0$$

(4) 求转角方程和挠曲线方程

将求得的积分常数 C、D 代入式(c)、式(d)，即分别得到转角方程和挠曲线方程为

$$\theta = \frac{F}{EI_z}\left(\frac{x^2}{2} - lx\right) \tag{e}$$

$$w = \frac{F}{EI_z}\left(\frac{x^3}{6} - \frac{lx^2}{2}\right) \tag{f}$$

(5) 画挠曲线的大致形状

由公式(10-1a)可知，弯矩的正或负反映了挠曲线的凸向下或凸向上。因此为了画出挠曲线的大致形状，可先作出弯矩图(图10-4b)。由此图可见，各横截面上的弯矩均为负值，故此梁的挠曲线应全部凸向上。再根据此梁的边界条件，可得挠曲线的大致形状如图10-4a中所示。必须注意，固定端处的截面转角为零，故挠曲线在此处应与梁变形前的轴线相切。

(6) 求梁的最大转角和最大挠度

由图10-4a可见，此梁的最大转角和最大挠度都发生在自由端 B 处，将 $x=l$ 代入式(e)和式(f)，可分别求得最大转角和最大挠度为

$$\theta_{\max} = -\frac{Fl^2}{2EI_z}$$

$$w_{\max} = -\frac{Fl^3}{3EI_z}$$

求得的 $\theta_{\max}$ 为负，说明挠曲轴在 B 点处的斜率为负，即截面 B 沿顺时针方向转动，所得 $w_{\max}$ 为负，说明截面 B 的位移方向与 w 轴的正向相反，即截面 B 的形心的位移铅垂向下。

例 10-2 一简支梁如图10-5a所示，梁的抗弯刚度 EI_z = 常数，试求梁的转角方程和挠曲线方程，画出挠曲线的大致形状，并确定梁的最大挠度。

解 (1) 列弯矩方程 以 A 为原点，建立图示坐标系

$$M(x) = \frac{1}{2}qlx - \frac{1}{2}qx^2 \quad (0 \leqslant x \leqslant l) \tag{a}$$

(2) 建立挠曲线近似微分方程并进行积分

$$EI_z \frac{d^2 w}{dx^2} = \frac{1}{2}qlx - \frac{1}{2}qx^2 \tag{b}$$

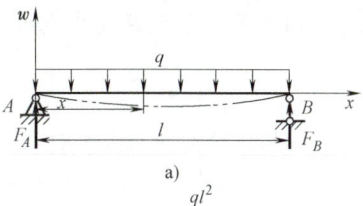

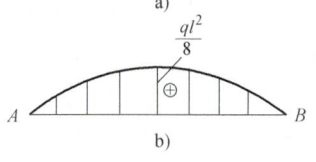

图 10-5

$$EI_z\theta = EI_z\frac{\mathrm{d}w}{\mathrm{d}x} = \frac{1}{4}qlx^2 - \frac{1}{6}qx^3 + C \qquad (c)$$

$$EI_z w = \frac{1}{12}qlx^3 - \frac{1}{24}qx^4 + Cx + D \qquad (d)$$

(3) 确定积分常数

在简支梁中，已知边界条件为两铰在支座处的挠度均为零，即

$$x=0\ 处,\quad w=0$$
$$x=l\ 处,\quad w=0$$

将这两个边界条件分两次代入式(d)，可得

$$D=0$$

和

$$\frac{1}{12}ql^4 - \frac{1}{24}ql^4 + Cl = 0$$

由此得 $\quad C = -\dfrac{ql^3}{24}$

(4) 求转角方程和挠曲线方程

将求得的积分常数 C 和 D 代入式(c)、式(d)，即分别得转角方程和挠曲线方程为

$$\theta = \frac{q}{EI_z}\left(\frac{1}{4}lx^2 - \frac{1}{6}x^3 - \frac{l^3}{24}\right) \qquad (e)$$

$$w = \frac{q}{EI_z}\left(\frac{1}{12}lx^3 - \frac{x^4}{24} - \frac{l^3}{24}x\right) \qquad (f)$$

(5) 画挠曲线的大致形状

作弯矩图如图 10-5b 所示。由于各横截面上的弯矩均为正值，故此梁的挠曲线应凸向下。再根据此梁的边界条件，可得挠曲线的大致形状如图 10-5a 中所示。

(6) 确定梁的最大挠度

简支梁的最大挠度应根据函数求极值的原理来求解，它应发生在

$$\theta = \frac{\mathrm{d}w}{\mathrm{d}x} = 0$$

处，这表示挠曲线在最大挠度处的切线与梁变形前的轴线平行。

令式(e)中 $\theta=0$，即可解得

$$x = \frac{l}{2}$$

将此 x 值代入式(f)可求得

$$w_{\max} = -\frac{5ql^4}{384EI_z}$$

由例 10-2 可见，均布荷载作用下简支梁的最大挠度在跨中。由于梁的挠曲

线是平坦的，而且挠曲线上无拐点，由此可推知，对于简支梁只要挠曲线上无拐点，则不论梁上受到什么荷载作用，都可以近似地用梁跨中点的挠度值来代替最大挠度值，其精确度是工程计算中所允许的。

当梁上的载荷不连续时，弯矩方程必须分段列出，因而挠曲线的近似微分方程也必须分段建立。对各段梁的近似微分方程分别进行积分时，每段都将出现两个积分常数。要确定这些积分常数，除了要利用梁在支座处的边界条件以外，还需要利用相邻两段梁在分界处变形的连续条件。由于挠曲线是光滑连续的曲线，故此条件就是相邻两段梁在分界点处转角相等和挠度相等。

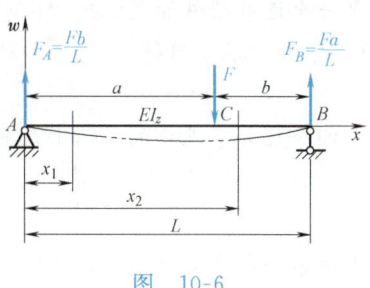

图 10-6

例 10-3 一简支梁如图 10-6 所示。梁的抗弯刚度 EI_z 为常数。试求梁的转角方程和挠曲线方程。

解 （1）列弯矩方程

先求出支反力如图中所示。

左右两段梁的弯矩方程分别为

AC 段 $\quad M(x_1) = \dfrac{Fb}{L} x_1 \quad (0 \leqslant x_1 \leqslant a)$ （a）

CB 段 $\quad M(x_2) = \dfrac{Fb}{L} x_2 - F(x_2 - a) \quad (a \leqslant x_2 \leqslant L)$ （b）

（2）建立挠曲线近似微分方程并进行积分

弯矩方程既然是分段的，挠曲线近似微分方程也须分段建立。

AC 段 $\quad EI_z \dfrac{d^2 w_1}{dx_1^2} = M(x_1) = \dfrac{Fb}{L} x_1$ （c）

CB 段 $\quad EI_z \dfrac{d^2 w_2}{dx_2^2} = M(x_2) = \dfrac{Fb}{L} x_2 - F(x_2 - a)$ （d）

分别逐次积分后得

AC 段 $\quad EI_z \theta_1 = EI_z \dfrac{dw_1}{dx_1} = \dfrac{Fb x_1^2}{L \cdot 2} + C_1$ （e）

$\qquad EI_z w_1 = \dfrac{Fb x_1^3}{L \cdot 6} + C_1 x_1 + D_1$ （f）

CB 段 $\quad EI_z \theta_2 = EI_z \dfrac{dw_2}{dx_2} = \dfrac{Fb x_2^2}{L \cdot 2} - \dfrac{F(x_2 - a)^2}{2} + C_2$ （g）

$\qquad EI_z w_2 = \dfrac{Fb x_2^3}{L \cdot 6} - \dfrac{F(x_2 - a)^3}{6} + C_2 x_2 + D_2$ （h）

（3）确定积分常数

求解四个积分常数需要四个已知条件。其中的两个是在 C 点处的连续条件，即

$$x_1=x_2=a \text{ 处}, \quad \theta_1=\theta_2$$
$$x_1=x_2=a \text{ 处}, \quad w_1=w_2$$

由第一个连续条件和式(e)、式(g)两式，可得 $C_1=C_2$，由第二个连续条件和式(f)、式(h)两式，可得

$$D_1=D_2$$

四个已知条件中的另两个是支座处的边界条件，即

$$x_1=0 \text{ 处}, \quad w_1=0$$
$$x_2=L \text{ 处}, \quad w_2=0$$

将上述第一个边界条件代入式(f)，可得 $D_1=0$，因 $D_1=D_2$，故 $D_2=0$。将上述第二个边界条件代入式(h)，并因 $C_1=C_2$，于是得

$$C_2=-\frac{Fb}{6L}(L^2-b^2)=C_1$$

(4) 求转角方程和挠曲线方程

将求得的积分常数代入式(e)、式(f)、式(g)和式(h)各式，即得两段梁的转角方程和挠曲线方程如下：

AC 段
$$\theta_1=-\frac{Fb}{2LEI_z}\left[\frac{1}{3}(L^2-b^2)-x_1^2\right]$$

$$w_1=-\frac{Fbx_1}{6LEI_z}[L^2-b^2-x_1^2]$$

CB 段
$$\theta_2=-\frac{Fb}{2LEI_z}\left[\frac{L}{b}(x_2-a)^2-x_2^2+\frac{1}{3}(L^2-b^2)\right]$$

$$w_2=-\frac{Fb}{6LEI_z}\left[\frac{L}{b}(x_2-a)^3-x_2^3+(L^2-b^2)x_2\right]$$

此梁的挠曲线的大致形状如图 10-6 中所示。

10.3　叠加法求梁的转角和挠度

从上节几个例题可以看出，梁的转角方程和挠度方程是梁上载荷的线性齐次函数，这是由于梁的变形通常很小，梁变形后，仍可按原始尺寸进行计算，而且梁的材料符合胡克定律。在此情况下，当梁上同时有几个载荷作用时，由每一个载荷所引起的转角和挠度不受其他载荷的影响。这样，就可应用叠加法。用叠加法求梁的转角和挠度的过程是：先分别计算每个载荷单独作用下所引起的转角和挠度，然后分别求它们的代数和，即得这些载荷共同作用时梁的转角和挠度。叠加法虽然不是一个独立的方法，但它对于计算几个载荷作用下梁指定截面

的转角或指定点的挠度是比较简便的。为了便于应用，表 10-1 中节录了简单载荷作用下梁的转角和挠度。

表 10-1　简单载荷作用下梁的挠度和转角

编号	梁的简图	挠曲线方程	挠度和转角
1	悬臂梁，自由端受集中力 F	$w=\dfrac{Fx^2}{6EI}(x-3l)$	$w_B=-\dfrac{Fl^3}{3EI}$ $\theta_B=-\dfrac{Fl^2}{2EI}$
2	悬臂梁，距固定端 a 处受集中力 F	$w=\dfrac{Fx^2}{6EI}(x-3a)\ (0\leqslant x\leqslant a)$ $w=\dfrac{Fa^2}{6EI}(a-3x)\ (a\leqslant x\leqslant l)$	$w_B=-\dfrac{Fa^2}{6EI}(3l-a)$ $\theta_B=-\dfrac{Fa^2}{2EI}$
3	悬臂梁，受均布载荷 q	$w=\dfrac{qx^2}{24EI}(4lx-6l^2-x^2)$	$w_B=-\dfrac{ql^4}{8EI}$ $\theta_B=-\dfrac{ql^3}{6EI}$
4	悬臂梁，自由端受力偶 M_e	$w=-\dfrac{M_e x^2}{2EI}$	$w_B=-\dfrac{M_e l^2}{2EI}$ $\theta_B=-\dfrac{M_e l}{EI}$
5	悬臂梁，距固定端 a 处受力偶 M_e	$w=-\dfrac{M_e x^2}{2EI},\quad (0\leqslant x\leqslant a)$ $w=-\dfrac{M_e a}{EI}\left(\dfrac{a}{2}-x\right),\quad (a\leqslant x\leqslant l)$	$w_B=-\dfrac{M_e a}{EI}\left(l-\dfrac{a}{2}\right)$ $\theta_B=-\dfrac{M_e a}{EI}$
6	简支梁，跨中受集中力 F	$w=\dfrac{Fx}{12EI}\left(x^2-\dfrac{3l^2}{4}\right),$ $\left(0\leqslant x\leqslant \dfrac{l}{2}\right)$	$w_C=-\dfrac{Fl^3}{48EI}$ $\theta_A=-\theta_B=-\dfrac{Fl^2}{16EI}$

(续)

编号	梁的简图	挠曲线方程	挠度和转角
7	(简支梁，集中力 F 作用于距 A 端 a、距 B 端 b 处)	$w = \dfrac{Fbx}{6lEI}(x^2 - l^2 + b^2)$, $(0 \leqslant x \leqslant a)$ $w = \dfrac{Fa(l-x)}{6lEI}(x^2 + a^2 - 2lx)$, $(a \leqslant x \leqslant l)$	$w_{\max} = -\dfrac{Fb(l^2 - b^2)^{3/2}}{9\sqrt{3}lEI}$, (位于 $x = \sqrt{\dfrac{l^2 - b^2}{3}}$ 处) $\theta_A = -\dfrac{Fb(l^2 - b^2)}{6lEI}$ $\theta_B = \dfrac{Fa(l^2 - a^2)}{6lEI}$
8	(简支梁，均布载荷 q)	$w = \dfrac{qx}{24EI}(2lx^2 - x^3 - l^3)$	$w_{\max} = -\dfrac{5ql^4}{384EI}$ $\theta_A = -\theta_B = -\dfrac{ql^3}{24EI}$
9	(简支梁，B端作用力偶 M_e)	$w = \dfrac{M_e x}{6lEI}(l^2 - x^2)$	$w_{\max} = \dfrac{M_e l^2}{9\sqrt{3}EI}$ (位于 $x = l/\sqrt{3}$ 处) $\theta_A = \dfrac{M_e l}{6EI}$ $\theta_B = -\dfrac{M_e l}{3EI}$
10	(简支梁，距 A 端 a、距 B 端 b 处作用力偶 M_e)	$w_{\max} = \dfrac{M_e x}{6lEI}(l^2 - 3b^2 - x^2)$, $(0 \leqslant x \leqslant a)$ $w = \dfrac{M_e(l-x)}{6lEI}(3a^2 - 2lx + x^2)$, $(a \leqslant x \leqslant l)$	$w_1 = \dfrac{M_e(l^2 - 3b^2)^{3/2}}{9\sqrt{3}lEI}$ (位于 $x = \sqrt{l^2 - 3b^2}/\sqrt{3}$ 处) $w_2 = -\dfrac{M_e(l^2 - 3a^2)^{3/2}}{9\sqrt{3}lEI}$ (位于距 B 端 $x = \sqrt{l^2 - 3a^2}/\sqrt{3}$ 处) $\theta_A = \dfrac{M_e(l^2 - 3b^2)}{6lEI}$ $\theta_B = \dfrac{M_e(l^2 - 3a^2)}{6lEI}$ $\theta_C = \dfrac{M_e(l^2 - 3a^2 - 3b^2)}{6lEI}$

例 10-4 一悬臂梁如图 10-7a 所示。梁的抗弯刚度 EI_z 为常数。试用叠加法求自由端的转角和挠度。

解 （1）求集中载荷 F 单独作用下自由端 B 的转角和挠度

它们可分别利用表 10-1 求得为

$$\theta_{BF} = \frac{-F(L/2)^2}{2EI_z} = \frac{-FL^2}{8EI_z}$$

$$w_{BF} = -\frac{F(L/2)^2}{6EI_z}\left(3L - \frac{L}{2}\right) = -\frac{5FL^3}{48EI_z}$$

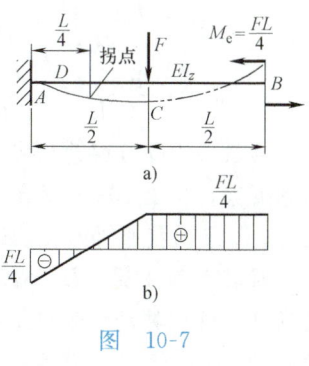

图 10-7

（2）求集中力偶 M_e 单独作用下自由端 B 的转角和挠度

它们可分别利用表 10-1 求得为

$$\theta_{BM} = -\frac{\dfrac{FL}{4}L}{EI_z} = \frac{FL^2}{4EI_z}$$

$$w_{BM} = -\frac{\dfrac{FL}{4}L^2}{2EI_z} = \frac{FL^3}{8EI_z}$$

（3）求在上述载荷共同作用下，自由端 B 的转角和挠度

$$\theta_B = \theta_{BF} + \theta_{BM} = \frac{-FL^2}{8EI_z} + \frac{FL^2}{4EI_z} = \frac{FL^2}{8EI_z}$$

$$w_B = w_{BF} + w_{BM} = \frac{-5FL^3}{48EI_z} + \frac{FL^3}{8EI_z} = \frac{FL^3}{48EI_z}$$

（4）画挠曲线的大致形状

作弯矩图如图 10-7b 所示。由于在 D 截面处弯矩图改变正、负号，故梁的挠曲线在这里应出现拐点，AD 段的曲线凸向上，而 DB 段的曲线则凸向下，再根据梁的边界条件和已求得的 θ_B、w_B 均为正值，可画出挠曲线的大致形状如图 10-7a 中所示。

例 10-5 外伸梁 AD 如图 10-8a 所示。梁的抗弯刚度 EI_z 为常数。试用叠加法求截面 B 的转角 θ_B、AB 段中点 C 的挠度 w_C 和外伸端点 D 的挠度 w_D。

解 表 10-1 所列的各种情况中，只有悬臂梁和简支梁。为了利用此表来求解图 10-8a 所示外伸梁的转角和挠度，可假想地将此梁沿支座 B 处的横截面截开，将梁分成两段，从而求得解答。下面先分别讨论这两段梁的变形情况。

左段梁 AB 为一简支梁，在其 B 端作用有截开面上的弯矩 $M_B = -Fa$ 和剪力 $F_S = F$（图 10-8b）。此简支梁的受力情况与原来外伸梁的 AB 段完全相同。集中力 F 直接作用在支座上，故对梁的变形无影响，在 M_B 作用下，C 点的挠度和 B 截面的转角可利用表 10-1 求得，它们分别为

$$w_C = \frac{Fa(2a)^2}{16EI_z} = \frac{Fa^3}{4EI_z}$$

$$\theta_B = \frac{-Fa(2a)}{3EI_z} = \frac{-2Fa^2}{3EI_z}$$

右段梁 BD 可视为固定在横截面 B 上的悬臂梁，如图 10-8c 所示。在载荷 F 作用下，D 点的挠度为 w_{D_1}。但实际上 B 截面同时属于简支梁 AB，它还要转动一个角度 θ_B，这个转动将带动 BD 段梁作刚体的转动，因而使 D 点产生挠度 w_{D_2}（图 10-8b）。D 点的挠度 w_D 应为这两部分挠度之和，即

$$w_D = w_{D_1} + w_{D_2}$$

由表 10-1 可得

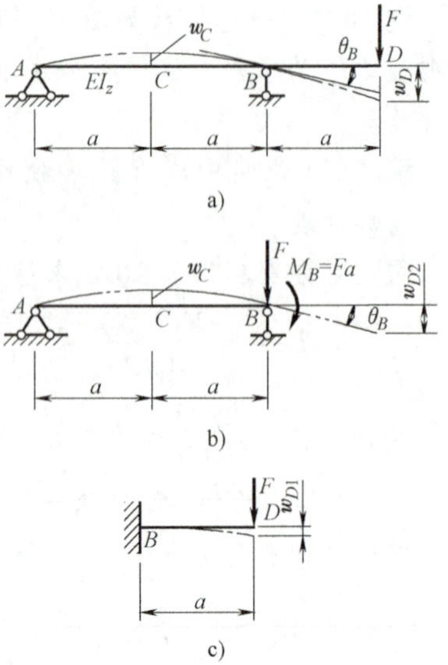

$$w_{D_1} = \frac{-Fa^3}{3EI_z}$$

$$w_{D_2} = \theta_B \times a = -(\frac{Fa \times 2a}{3EI_z})a = \frac{-2Fa^3}{3EI_z}$$

于是得

$$w_D = \frac{-Fa^3}{3EI_z} - \frac{2Fa^3}{3EI_z} = \frac{-Fa^3}{EI_z}$$

图 10-8

10.4 梁的刚度校核　提高梁刚度的一些措施

10.4.1 梁的刚度校核

前已指出，为了保证梁能正常工作，除了应使其满足强度要求外，有时还应使它满足刚度要求。这就要求梁的最大挠度值 w_{max} 或最大转角值 θ_{max} 或某一指定截面的转角值不得超过它们的许用值 $[w]$、$[\theta]$，即

$$w_{max} \leqslant [w] \tag{10-3}$$

或

$$\theta_{max} \leqslant [\theta] \tag{10-4}$$

上面两式即梁的刚度条件。在各类工程中，根据梁的工作要求，在设计规范中对 $[w]$ 或 $[\theta]$ 一般都有具体的规定。例如：吊车大梁的许用挠度 $[w] = (\frac{1}{750} \sim \frac{1}{400})L$，$L$ 为梁的跨度；齿轮轴在装齿轮处的许用转角 $[\theta] = 0.001$ rad。

在工程计算中，一般是根据强度条件选择梁的截面，然后再对梁进行刚度校核。

例 10-6 由 45a 工字钢制成的起重机大梁如图 10-9 所示。材料的许用应力 $[\sigma] = 140\text{MPa}$,弹性模量 $E = 200\text{GPa}$,梁的许用挠度 $[w] = \dfrac{1}{500}L$。若考虑梁的自重,试校核梁的强度和刚度。

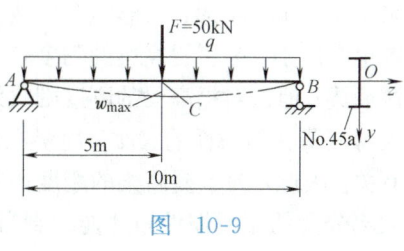

图 10-9

解 查型钢规格表得 $q = 80.4 \times 9.8 \text{N/m} = 0.787\text{kN/m}$,
$$W_z = 1430\text{cm}^3 = 1430 \times 10^{-6}\text{m}^3,$$
$$I_z = 32200\text{cm}^4 = 32200 \times 10^{-8}\text{m}^4。$$

(1)校核梁的正应力强度,梁内最大弯矩为
$$M_{\max} = \frac{FL}{4} + \frac{qL^2}{8} = \left(\frac{50 \times 10^3 \times 10}{4} + \frac{0.787 \times 10^3 \times 10^2}{8}\right)\text{N·m}$$
$$= 134.8 \times 10^3 \text{N·m}$$

梁的最大正应力为
$$\sigma_{\max} = \frac{M_{\max}}{W_z} = \frac{134.8 \times 10^3}{1430 \times 10^{-6}}\text{Pa} = 94.3\text{MPa} < [\sigma]$$

(2)校核梁的刚度

由表 10-1 并用叠加法可算得梁跨度中点的最大挠度为
$$w_{\max} = w_C = \frac{5qL^4}{384EI_z} + \frac{FL^3}{48EI_z}$$
$$= \frac{1}{200 \times 10^9 \times 32200 \times 10^{-8}} \left(\frac{5 \times 0.787 \times 10^3 \times 10^4}{384} + \frac{50 \times 10^3 \times 10^3}{48}\right)\text{m}$$
$$= 17.77 \times 10^{-3}\text{m} = 17.77\text{mm}$$

许用挠度 $[w] = \dfrac{1}{500}L = \dfrac{1}{500} \times 10\text{m} = 20\text{mm}$。可见
$$w_{\max} < [w]$$

由以上结果可见,45a 工字钢截面满足强度和刚度条件。

10.4.2 提高梁刚度的一些措施

当梁的刚度不足时,可以根据影响梁变形大小的各有关因素,采取如下一些措施来提高梁的刚度。

1. 增大梁的抗弯刚度

梁的抗弯刚度包含横截面的惯性矩 I_z 和材料的弹性模量 E 两个因素,下面对它们分别进行讨论。

梁的变形与横截面的惯性矩成反比,故增大惯性矩可以提高梁的刚度,例如

可采用工字形、箱形、环形等合理截面。这与提高梁的强度的办法是类似的。但两者也有区别。为了提高梁的强度，可以将梁的局部截面的惯性矩增大，即采用变截面梁；但这对提高梁的刚度则收效不大。这是因为梁的最大正应力只决定于最大弯矩所在的截面的大小，而梁在任一指定截面处的位移则与全梁的变形大小有关。因此，为了提高梁的刚度，必须使全梁的变形减小，因而应增大全梁或较大部分梁的截面惯性矩才能达到目的。梁的变形还与材料的弹性模量 E 成反比。采用 E 值较大的材料可以提高梁的刚度。但必须注意，在常用的钢梁中，为了提高强度可以采用高强度合金钢，而为了提高刚度，采取这种措施就没有什么意义。这是因为与普通碳素钢相比，高强度合金钢的许用应力值虽较大，但弹性模量 E 值则是比较接近的。

2. 调整跨度

梁的转角和挠度与梁的跨度的 n 次方成正比，跨度减小时，转角和挠度就会有更大程度的减小。例如均布载荷作用下的简支梁，其最大挠度与跨度的四次方成正比，当其跨度减小为原跨度的 1/2 时，则最大挠度将减小为原挠度的 1/16。故减小跨度是提高梁的刚度的一种有效措施。在有些情况下，可以增设梁的中间支座，以减小梁的跨度，从而可显著地减小梁的挠度。但这样就使梁成为超静定梁。图 10-10a、b 分别画出了均布载荷作用下的简支梁与三支点的超静定梁的挠曲线大致形状，可以看出后者的挠度远较前者为小。在有可能时，还可将简支梁改为两端外伸的梁。这样，既减小了跨度，而且外伸端的自重与两支座间向下的载荷将分别使轴线上每一点产生相反方向的挠度（图 10-11a、b），从而相互抵消一部分。这也就提高了梁的刚度。例如桥式起重机的桁架钢梁就常采用这种结构形式（图 10-11c），以达到上述效果。

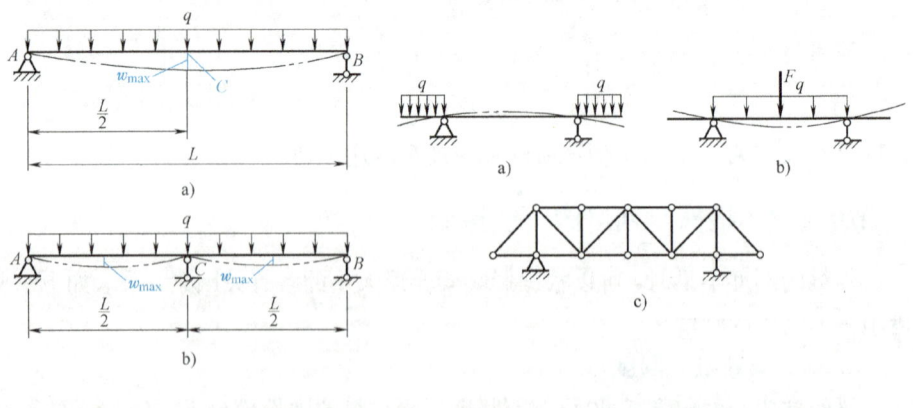

图 10-10

图 10-11

10.5 简单超静定梁的解法

超静定梁与静定梁相比，支座增多了，相应的约束也就增多了。这种增多的约束也就是多余约束。相应的力称为**多余约束力**。通常把具有几个多余约束的梁称为几次超静定梁。图 10-12a、b 中的梁均为一次超静定梁，图 10-12c、d 所示的梁分别为二次和三次超静定梁。

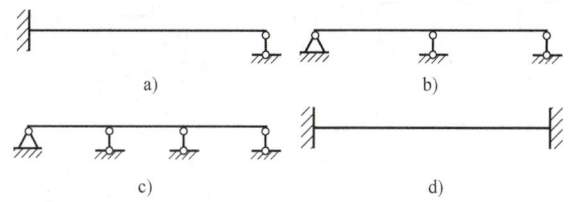

图 10-12

为了求得超静定梁的全部约束力，与求解拉压超静定问题类似，需要综合考虑梁的变形、物理和静力学三个方面。约束力求得以后，其余的计算与静定梁的完全相同。

下面以图 10-13a 所示的等直梁为例，说明超静定梁的解法。

此梁具有一个多余约束，故为一次超静定梁。假设支座 B 为多余约束，并设想将它去掉，而代之以未知的多余约束力 F_B。这样就得到受均布载荷和多余约束力 F_B 作用的悬臂梁（图 10-13b）。这种去除多余约束后，受原来的载荷及多余约束力作用的静定梁称为原超静定梁的**相当系统**。要使相当系统与原超静定梁完全一致，就必须使它们两者的变形情况相同。由于原超静定梁在多余约束 B 处与约束情况相协调的变形条件是该处的挠度等于零，故悬臂梁在 B 点处的挠度也应等于零，即

$$w_B = 0 \tag{a}$$

上述悬臂梁 B 点处的挠度 w_B 可以采用叠加法计算。以 w_{Bq} 和 w_{BF_B} 分别表示均布载荷和 F_B 单独作用时 B 点的挠度（图 10-13c、d），则

$$w_B = w_{Bq} + w_{BF_B} \tag{b}$$

将式(b)的关系代入式(a)，得

$$w_{Bq} + w_{BF_B} = 0 \tag{c}$$

这就是本问题的变形几何方程，式中的 w_{Bq} 和 w_{BF_B} 可以由表 10-1 求得为

$$w_{Bq} = \frac{-qL^4}{8EI_z} \tag{d}$$

$$w_{BF_B} = \frac{F_B L^3}{3EI_z} \tag{e}$$

式(d)、式(e)两式就是本问题的物理关系。将它们代入式(c)，即得补充方程为

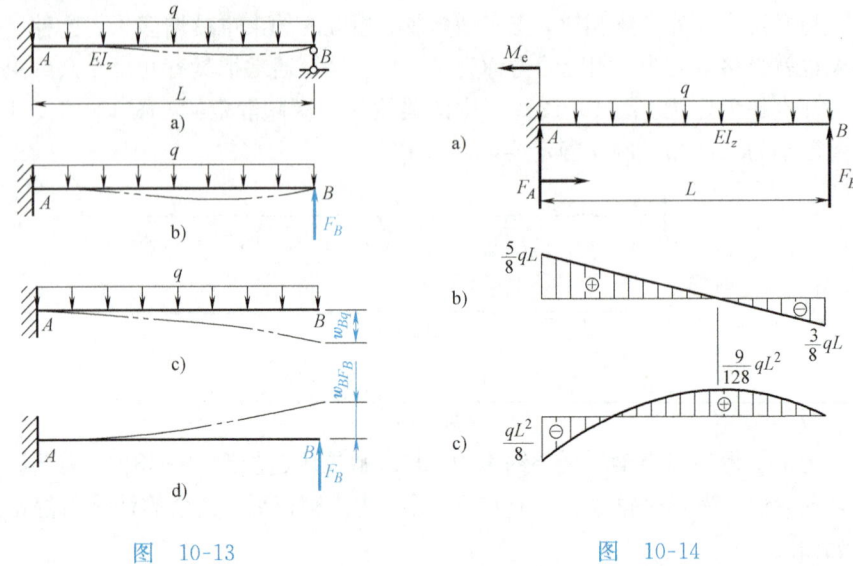

图 10-13　　　　　　　　　图 10-14

$$-\frac{qL^4}{8EI_z}+\frac{F_BL^3}{3EI_z}=0 \qquad (f)$$

由此式可解得多余约束力为

$$F_B=\frac{3}{8}qL$$

多余约束力求得以后，其余的约束力 F_A 和 M_{eA}（图 10-14a）即可在相当系统上按静力平衡方程求得为

$$F_A=\frac{5}{8}qL, \quad M_{eA}=\frac{1}{8}qL^2$$

各个约束力求得以后，即可作梁的剪力图和弯矩图（图 10-14b、c），并进一步求最大应力。至于变形的计算也应在相当系统上进行，这与前面对静定梁的变形计算完全相同。

应该指出，在超静定梁中，多余约束是可以任意选取的，其原则是便于求解。对于同一超静定梁，如果选取的多余约束不同，则相应的相当系统、变形几何方程和补充方程也随之不同，但解得的全部约束力则是相同的。例如对上述超静定梁，也可以选取 A 端阻止转动的约束为多余约束，其相应的多

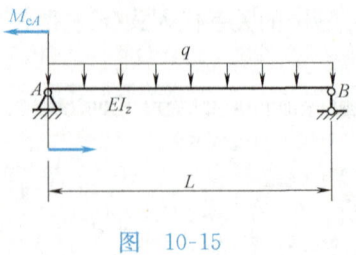

图 10-15

余支座约束力为固定端的约束力偶 M_{eA}。将此约束去除后，其相当系统为如图 10-15 所示的简支梁。根据原超静定梁 A 端横截面转角 $\theta_A=0$ 这一变形条件，即可进而建立补充方程以求解 M_{eA}。建议读者按此自行算出全部结果。

以上解题的方法步骤也适用于解二次超静定梁。此时可建立两个变形几何方程，因而补充方程也就有两个。这样，解多余约束力时就需解二元一次联立方程组。对于三次以上的超静定梁若仍用上述方法求解，则将不够简便，此时就宜采用其他方法。

例 10-7 三支点梁 AB 如图 10-16a 所示。梁的抗弯刚度 EI_z 为常数。试作梁的剪力图和弯矩图。

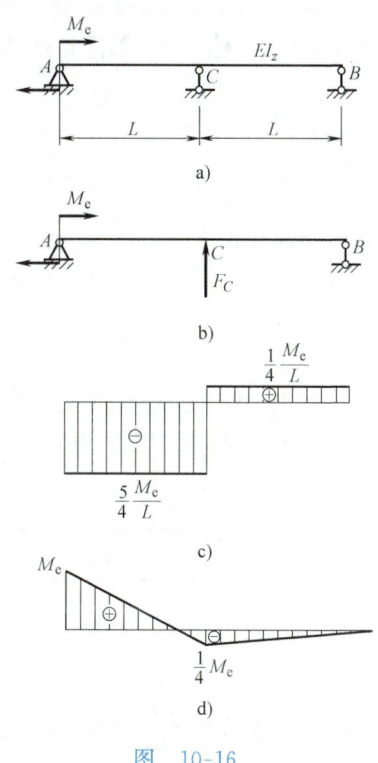

图 10-16

解 此梁具有一个多余约束，故为一次超静定梁。不难看出，在本题中以选取支座 C 为多余约束，利用表 10-1 中的简支梁挠度公式求解，较为简便，与此相应的多余约束力为 F_C。去除支座 C 后，得到如图 10-16b 所示的相当系统，为一简支梁。

(1) 变形几何方程

根据变形条件 $w_C=0$，可得变形几何方程为

$$w_C = w_{CM_e} + w_{CF_C} = 0 \tag{a}$$

式中，w_{CM_e} 和 w_{CF_C} 分别为集中力偶 M_e 与 F_C 使简支梁在 C 点产生的挠度

(2) 物理关系

式(a)中的挠度 w_{CM_e} 和 w_{CF_C} 可以利用表 10-1 求得，于是得本题的物理关系式为

$$w_{CM_e} = \frac{-M_e(2L)^2}{16EI_z} = \frac{-M_e L^2}{4EI_z} \tag{b}$$

$$w_{CF_C} = \frac{F_C(2L)^3}{48EI_z} = \frac{F_C L^3}{6EI_z} \tag{c}$$

(3) 补充方程

将式(b)、式(c)两式的关系代入式(a)，即得补充方程为

$$-\frac{M_e L^2}{4EI_z} + \frac{F_C L^3}{6EI_z} = 0 \tag{d}$$

由此式得

$$F_C = \frac{3}{2}\frac{M_e}{L}$$

（4）平衡方程

多余约束力 F_C 求得以后，即可由相当系统（图 10-16b）的静力平衡方程$\sum M_B = 0$ 和 $\sum F_y = 0$ 求得其余的约束力为

$$F_A = \frac{5}{4}\frac{M_e}{L}$$

$$F_B = \frac{1}{4}\frac{M_e}{L}$$

它们的指向均向下。

各约束力求得以后，即可作出梁的剪力图和弯矩图如图 10-16c、d 所示。

习　题

10-1　图 10-17 所示两梁的抗弯刚度 EI_z 相同，其弯矩方程也相同。试问两梁的挠曲线曲率是否相同？挠曲线方程是否相同？为什么？

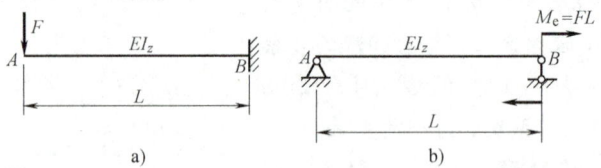

图 10-17　题 10-1 图

10-2　从公式 $\frac{1}{\rho} = \frac{M}{EI_z}$ 来看，在纯弯曲情况下梁的曲率是常数，挠曲线应是一段圆弧，但从表 10-1(4) 中所表示的纯弯曲梁的挠曲线方程来看，却是一段抛物线？为什么？

10-3　图 10-18 所示各梁的抗弯刚度 EI_z 均为常数。试分别画出其挠曲线的大致形状。

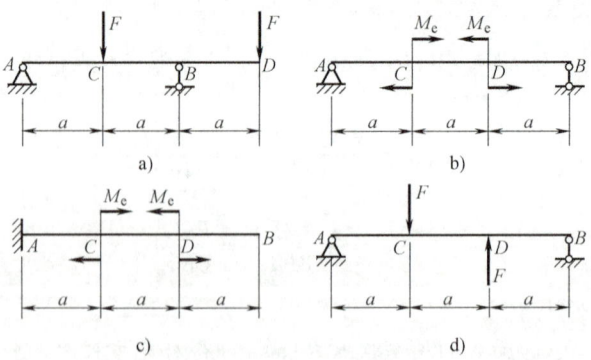

图 10-18　题 10-3 图

10-4　图 10-19 所示两悬臂梁的抗弯刚度 EI_z 均为常数。试用积分法分别求出各梁的转

角方程和挠曲线方程，并确定其自由端的转角和挠度。

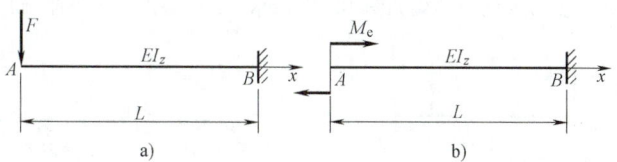

图 10-19　题 10-4 图

10-5　图 10-20 所示两简支梁的抗弯刚度 EI_z 均为常数。试用积分法分别求出各梁的转角方程和挠曲线方程，并确定其最大挠度和 A 端转角。

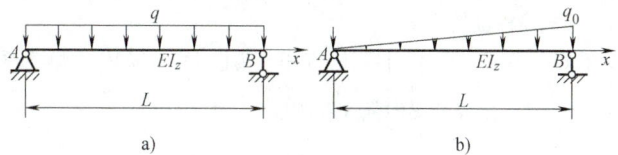

图 10-20　题 10-5 图

10-6　一悬臂如图 10-21 所示。梁的抗弯刚度 EI_z 为常数。当受到集度为 q 的均布载荷作用时，其自由端的挠度 $w = \dfrac{qL^4}{8EI_z}$。若欲使自由端的挠度等于零，试求在自由端应施加多大的向上的集中力 F？

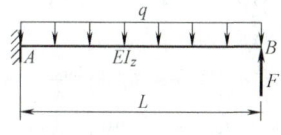

图 10-21　题 10-6 图

10-7　图 10-22 所示两悬臂梁的抗弯刚度 EI_z 均为常数。试用叠加法分别求出各梁自由端的转角和挠度。

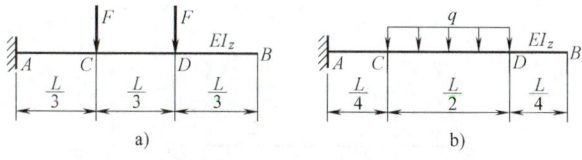

图 10-22　题 10-7 图

10-8　图 10-23 所示两简支梁的抗弯刚度 EI_z 均为常数。试用叠加法分别求出各梁 A 端的转角和跨度中点 G 的挠度。

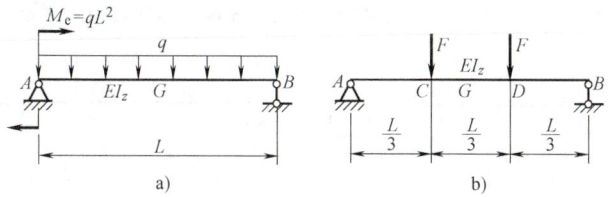

图 10-23　题 10-8 图

10-9　一外伸梁如图 10-24 所示。梁的抗弯刚度 EI_z 为常数。试用叠加法求外伸端的挠度。

10-10 阶梯状变截面的外伸梁如图 10-25 所示。试用叠加法求外伸端的挠度。

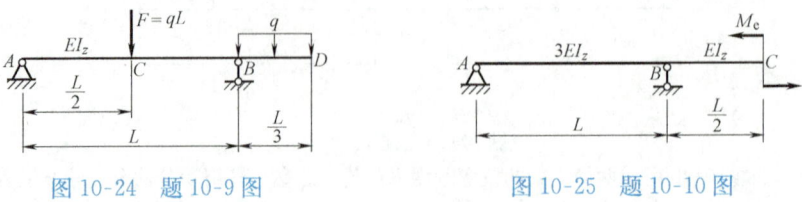

图 10-24　题 10-9 图　　　　图 10-25　题 10-10 图

10-11 圆截面钢轴如图 10-26 所示。材料的弹性模量 $E=200\mathrm{GPa}$，若支座 A 处截面的许用转角 $[\theta]=0.5°$，试校核轴的刚度。

10-12 简支梁如图 10-27 所示。材料的许用应力 $[\sigma]=170\mathrm{MPa}$，弹性模量 $E=210\mathrm{GPa}$，梁的许用挠度 $[w]=\dfrac{1}{600}L$。试校核梁的强度和刚度。

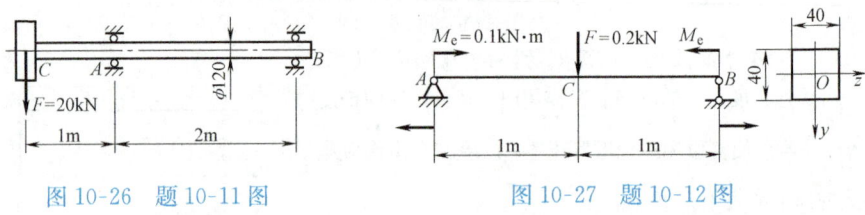

图 10-26　题 10-11 图　　　　图 10-27　题 10-12 图

10-13 由工字钢制成的简支梁如图 10-28 所示。材料的许用应力 $[\sigma]=170\mathrm{MPa}$，弹性模量 $E=200\mathrm{GPa}$，梁的许用挠度为 $[w]=\dfrac{1}{400}L$。试按正应力强度条件选择工字钢的号码，并校核梁的刚度。

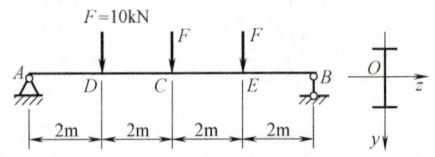

图 10-28　题 10-13 图

10-14 试求图 10-29 所示各等直梁的约束力，并作梁的剪力图和弯矩图。

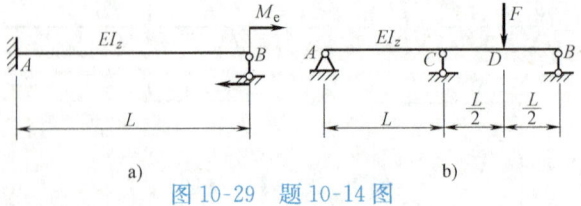

a)　　　　b)

图 10-29　题 10-14 图

10-15 图 10-30 所示结构中，悬臂梁 AB 与简支梁 DG 均用 No.18 工字钢制成，BC 为圆截面钢杆，直径 $d=20$mm，梁与杆的弹性模量均为 $E=200$GPa。若荷载 $F=30$kN，试计算梁与杆内的最大正应力，以及截面 C 的铅垂位移。

10-16 图 10-31 所示材料相同、长度分别为 L_1 和 L_2 的两梁无接触力，垂直交叉地放置在一起，在交叉点处作用有集中载荷 F，两梁的横截面的惯性矩分别为 I_{z1} 和 I_{z2}。试求两梁所受的载荷之比。

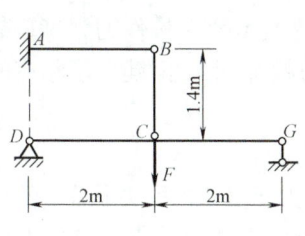

图 10-30　题 10-15 图

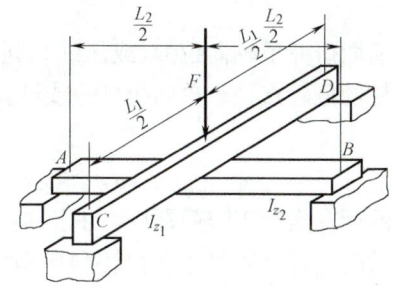

图 10-31　题 10-16 图

第 11 章 应力状态和强度理论

11.1 应力状态的概念

前面研究了轴向拉伸(或压缩)、扭转、弯曲等基本变形构件的强度问题,这些构件的危险点处于单向拉(压)或纯剪切的应力状态,因此,建立了相应的强度条件

$$\sigma_{\max} \leqslant [\sigma], \quad \tau_{\max} \leqslant [\tau]$$

然而在实际工程问题中,许多构件的危险点处于复杂的受力状态。例如矿山牙轮钻的钻杆就同时存在扭转和压缩变形,这时杆横截面上危险点处不仅有正应力 σ,还有切应力 τ。对于这类构件,是否可以仍用上述强度条件分别对正应力和切应力进行强度计算呢?实践证明,这将导致错误的结果。因为在危险点处的正应力和切应力并不是分别对构件起破坏作用,而是有所联系的,因而应考虑它们的综合影响。为此促使人们联系到构件的破坏现象。

事实上,拉压、扭转、弯曲等基本变形情况下的构件,并不都是沿构件的横截面破坏的。例如,在拉伸试验中,低碳钢屈服时在与试件轴线成 45°的方向出现滑移线;铸铁压缩时,试件沿与轴线成接近 45°的斜截面破坏。这表明构件的破坏还与斜截面上的应力有关。因此为分析各种破坏现象,建立组合变形下构件的强度条件,还必须研究构件各个不同斜截面上的应力,对于应力非均匀分布的构件,则必须研究危险点处的应力状态。所谓一点的应力状态,就是通过受力构件内某一点的各个截面上应力情况。

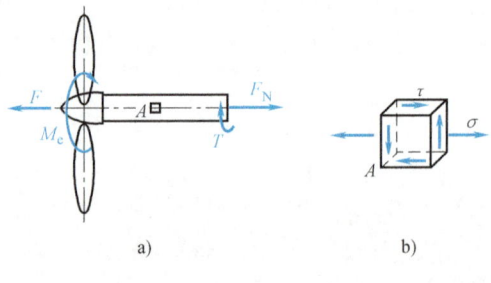

图 11-1

由于构件内的应力分布一般是不均匀的,所以在分析各个不同方向截面上的应力时,不宜截取构件的整个截面来研究,而是围绕构件中的危险点截取一单元体来分析,以此来反映一点的应力状态。例如,螺旋桨轴工作时既受拉、又受

扭(图 11-1a),若围绕轴表面上一点用纵、横截面截取单元体,其应力情况如图 11-1b 所示,即处于正应力和切应力的共同作用下;又如,在导轨和车轮的接触处(图 11-2a),单元体 A 除在垂直方向直接受压外,由于其横向变形受到周围材料的阻碍,因而侧向也受到压力作用,即单元体 A 处于三向受压状态。

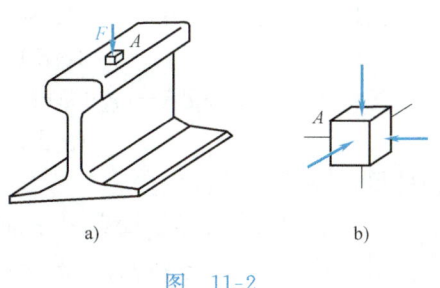

图 11-2

显然,要解决这类构件的强度问题,除应全面研究危险点处各截面的应力外,还应研究材料在复杂应力作用下的破坏规律。前者为应力状态理论的任务,后者则为强度理论所要研究的问题。

11.2 平面应力状态的应力分析

11.2.1 平面应力状态分析的解析法

由于单元体的边长均为无穷小量,因而,当围绕一点所取单元体各截面应力均已知时,则该点处的应力状态亦完全确定。在一般情况下,构件处于平衡状态,在构件中所取的单元体显然也满足平衡条件。因此,可利用静力平衡条件来分析单元体各个平面上的应力。

应力状态的类型有多种,其中较常见的是所谓平面应力状态。以前我们介绍过的纯剪切应力状态和图 11-1b 所示单元体都是平面应力状态。平面应力状态的一般形式如图 11-3 所示,即在单元体的六个侧面中,只有四个侧面上作用有应力,而且它们的作用线均平行于同一平面。图 11-3 所示的单元体,在 x 面(外法线沿 x 轴的面)上作用有 σ_x、τ_x,在 y 面上作用有应力 σ_y、τ_y。现研究与 z 轴平行的任一斜截面 mp 上的应力(图 11-4a)。斜面 mp 的外法线与 x 轴成 α 角,称其为 α 面,α 面上的正应力和切应力分别用 σ_α 和 τ_α 表示。

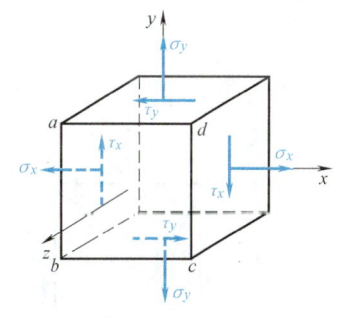

图 11-3

利用截面法,沿 mp 面截单元体为两部分,取左半部分为研究对象。若设斜截面面积为 dA,则截面 mb 和 bp 面积分别为 $dA\cos\alpha$ 和 $dA\sin\alpha$。这样保留部分 mbp 的受力图即为图 11-4b 所示,该部分沿斜面的法向和切向的平衡方程则分别为(参见图 11-4c)

$$\sum F_N = 0, \quad \sigma_\alpha dA + (\tau_x dA\cos\alpha)\sin\alpha - (\sigma_x dA\cos\alpha)\cos\alpha + (\tau_y dA\sin\alpha)\cos\alpha - (\sigma_y dA\sin\alpha)\sin\alpha = 0$$

$$\sum F_T = 0, \quad \tau_\alpha dA - (\tau_x dA\cos\alpha)\cos\alpha - (\sigma_x dA\cos\alpha)\sin\alpha + (\tau_y dA\sin\alpha)\sin\alpha + (\sigma_y dA\sin\alpha)\cos\alpha = 0$$

由此得

$$\sigma_\alpha = \sigma_x\cos^2\alpha + \sigma_y\sin^2\alpha - (\tau_x + \tau_y)\sin\alpha\cos\alpha \tag{a}$$

$$\tau_\alpha = (\sigma_x - \sigma_y)\sin\alpha + \tau_x\cos^2\alpha - \tau_y\sin^2\alpha \tag{b}$$

根据切应力互等定理可知，τ_x 和 τ_y 的数值相等；若将三角函数变换公式

$$\cos2\alpha = 2\cos^2\alpha - 1 = 1 - 2\sin^2\alpha$$

$$\sin2\alpha = 2\sin\alpha\cos\alpha$$

代入式(a)、式(b)，于是可得

$$\sigma_\alpha = \frac{\sigma_x + \sigma_y}{2} + \frac{\sigma_x - \sigma_y}{2}\cos2\alpha - \tau_x\sin2\alpha \tag{11-1}$$

$$\tau_\alpha = \frac{\sigma_x - \sigma_y}{2}\sin2\alpha + \tau_x\cos2\alpha \tag{11-2}$$

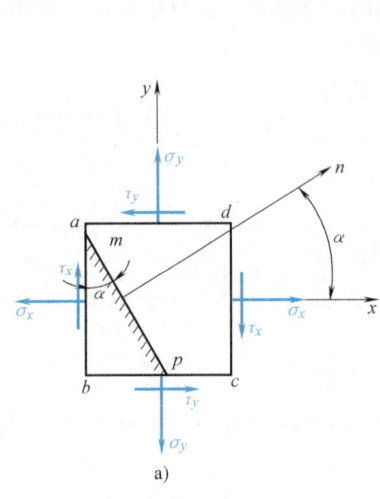
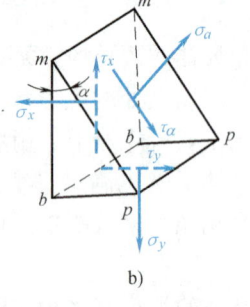
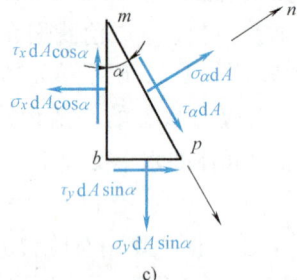

图 11-4

此即为斜截面上应力的一般解析表达式。利用该公式可由已知应力 σ_x、σ_y 和 τ_x，计算任一 α 截面上的应力 σ_α 和 τ_α。必须指出，在使用该式时，正应力拉为正，切应力以绕单元体内一点顺时针旋转者为正，而 α 则以 x 轴正向起，逆时针旋转至斜截面外法向者为正。

11.2.2 平面应力状态分析的图解法

由式(11-1)和(11-2)可知,任一斜截面 α 上的正应力 σ_α 和切应力 τ_α 均随参量 α 变化。所以 σ_α 和 τ_α 间必有确定的函数关系。为建立它们间直接关系式,先将式(11-1)和式(11-2)改写为

$$\sigma_\alpha - \frac{\sigma_x + \sigma_y}{2} = \frac{\sigma_x - \sigma_y}{2}\cos 2\alpha - \tau_x \sin 2\alpha \tag{c}$$

$$\tau_\alpha = \frac{\sigma_x - \sigma_y}{2}\sin 2\alpha + \tau_x \cos 2\alpha \tag{d}$$

式(c)、式(d)两边平方相加,即有

$$(\sigma_\alpha - \frac{\sigma_x + \sigma_y}{2})^2 + \tau_\alpha^2 = (\frac{\sigma_x - \sigma_y}{2})^2 + \tau_x^2 \tag{e}$$

从式(e)可以看出,在以 τ、σ 为纵横坐标轴的平面内,式(e)所对应的曲线为圆(图 11-5),其圆心 C 的坐标为 $(\frac{\sigma_x + \sigma_y}{2}, 0)$,半径为 $\sqrt{(\frac{\sigma_x - \sigma_y}{2})^2 + \tau_x^2}$,而圆上任何一点的纵、横坐标分别代表了单元体上某斜截面上的切应力和正应力。此圆称为**应力圆**。并按以下步骤绘制应力圆。

1) 选取 σ-τ 直角坐标系,横轴 σ 向右为正,纵轴 τ 向上为正,如图 11-6 所示。

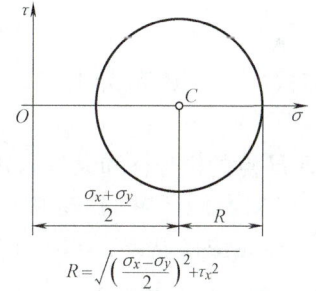

图 11-5

2) 按选定的比例尺,在横轴上量取 $\overline{OF} = \sigma_x$,在纵轴 τ 上量取 $\overline{DF} = \tau_x$ 可得 D 点,再用相同比例尺量取 $\overline{OG} = \sigma_y$,$\overline{GD'} = \tau_y$(此处 τ_y 为负,故向下量取),得 D' 点。

3) 连接 D 和 D' 点的直线交横轴于 C 点,以 C 点为圆心,以 CD 或 CD' 为半

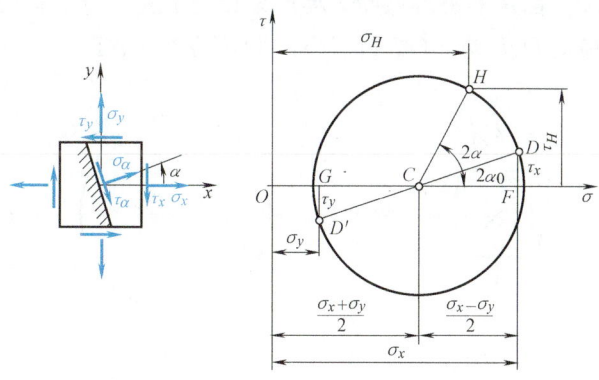

图 11-6

径作圆,即为该单元体所对应的应力圆。

应力圆确定后,若欲求 α 面应力,则只需将半径 $\overline{CD}$ 沿逆时针方向旋转 2α 角至 $\overline{CH}$ 处,所得 H 点横坐标 σ_H 和纵坐标 τ_H,分别代表了 α 面上正应力 σ_α 和切应力 τ_α。

以上用作图法所求 σ_α、τ_α 的正确性可证明如下。

由图 11-6 可以看出:

$$\begin{aligned}\sigma_H &= \overline{OC} + \overline{CH}\cos(2\alpha_0 + 2\alpha) = \overline{OC} + \overline{CD}\cos(2\alpha_0 + 2\alpha) \\ &= \overline{OC} + \overline{CD}\cos2\alpha_0\cos2\alpha - \overline{CD}\sin2\alpha_0\sin2\alpha \\ &= \frac{\sigma_x + \sigma_y}{2} + \frac{\sigma_x - \sigma_y}{2}\cos2\alpha - \tau_x\sin2\alpha\end{aligned} \qquad (f)$$

$$\begin{aligned}\tau_H &= \overline{CH}\sin(2\alpha_0 + 2\alpha) = \overline{CD}\sin(2\alpha_0 + 2\alpha) \\ &= \overline{CD}\sin2\alpha_0\cos2\alpha + \overline{CD}\cos2\alpha_0\sin2\alpha \\ &= \tau_x\cos2\alpha + \frac{\sigma_x - \sigma_y}{2}\sin2\alpha\end{aligned} \qquad (g)$$

将式(f)、式(g)和式(11-1)、式(11-2)比较,可见

$$\sigma_H = \sigma_\alpha, \qquad \tau_H = \tau_\alpha$$

即 H 点的横坐标和纵坐标分别等于 α 面的正应力和切应力。

例 11-1 图 11-7a 所示单元体,$\sigma_x = 100\text{MPa}$,$\tau_x = -20\text{MPa}$,$\sigma_y = 30\text{MPa}$,$\tau_y = 20\text{MPa}$,试求 $\alpha = 40°$ 斜截面上的正应力和切应力。

解 (1) 解析法 由式(11-1)和式(11-2)可得

$$\sigma_{40°} = \left[\frac{100+30}{2} + \frac{100-30}{2}\cos80° - (-20)\sin80°\right]\text{MPa}$$
$$= 90.77\text{MPa}$$

$$\tau_{40°} = \left[\frac{100-30}{2}\sin80° + (-20)\cos80°\right]\text{MPa} = 31\text{MPa}$$

(2) 图解法 在 σ-τ 坐标系中,按选定比例长度,由坐标(100,-200)和(30,20)分别确定 D、E 两点(图 11-7b),以 $\overline{DE}$ 为直径作圆。

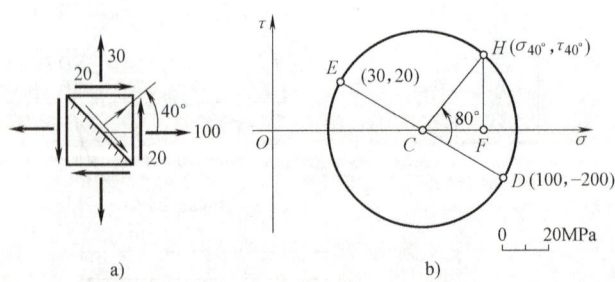

图 11-7

在该圆上半径 $\overline{CD}$ 沿逆时针方向转动 $2\alpha = 80°$ 角至 $\overline{CH}$ 处,所得 H 点坐标即代表 $\alpha = 40°$ 斜截面的应力。按选定的比例尺,量得 $\overline{OF} = 91\text{MPa}$,$\overline{FH} = 31\text{MPa}$,由此得 $\alpha = 40°$ 截面上应力为

$$\sigma_{40°} = 91 \text{ MPa}, \quad \tau_{40°} = 31\text{MPa}$$

说明用解析法和图解法同样可求某斜截面上的应力。

11.2.3 平面应力状态的最大应力和主应力

图 11-8a 为图 11-8b 所示单元体的应力圆,其中 D、E 两点代表了 x、y 面上应力,由图 11-8a 可以看出,应力圆与 σ 轴相交于 A、B 点,由此可得,单元体在平行于 z 轴的各截面中最大正应力和最小正应力分别为

$$\left. \begin{aligned} \sigma_{\max} &= \sigma_A = \overline{OC} + \overline{CA} = \frac{\sigma_x + \sigma_y}{2} + \sqrt{\left(\frac{\sigma_x - \sigma_y}{2}\right)^2 + \tau_x^2} \\ \sigma_{\min} &= \sigma_B = \overline{OC} - \overline{CA} = \frac{\sigma_x + \sigma_y}{2} - \sqrt{\left(\frac{\sigma_x - \sigma_y}{2}\right)^2 + \tau_x^2} \end{aligned} \right\} \quad (11-3)$$

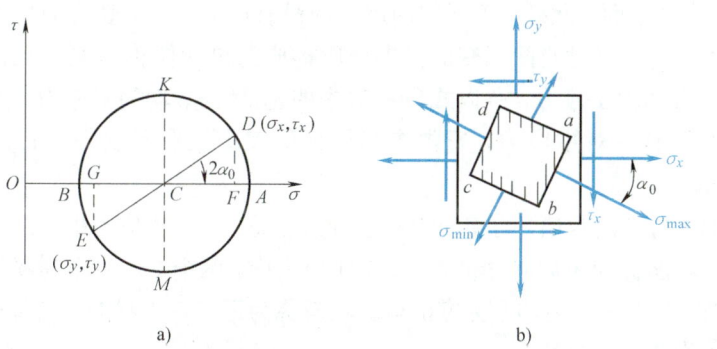

图 11-8

而最大正应力的方位角 α_0 则可由下式确定

$$\tan 2\alpha_0 = -\frac{\overline{DF}}{\overline{CF}} = -\frac{\tau_x}{\frac{\sigma_x - \sigma_y}{2}} = -\frac{2\tau_x}{\sigma_x - \sigma_y} \quad (11\text{-}4)$$

式中,负号表示由 x 面到最大正应力作用面沿顺时针方向旋转。因为 $\tan 2\alpha_0 = \tan(180° + 2\alpha)$,所以式(11-4)给出两个相差 90° 的 α_0 角,即 α_0 和 $\alpha_0' = 90° + \alpha_0$(或 $\alpha_0' = \alpha_0 - 90°$),即这两个面互相垂直。考虑到图 11-8a 中 A、B 两点位于应力圆上同一直径两端,即最大正应力所在截面和最小正应力所在截面互相垂直,所以式(11-4)所求两个 α_0 值即是 A、B 两点所代表截面的方向。它们之间的对应关系可以利用下述规则来确定:在 α_0 和 $\alpha_0 + 90°$ 两个方向中,$\sigma_{\max}$ 的方向总是在 τ_x 所指向的那一侧。所以,最大和最小正应力所在截面的方位如图 11-8b 所示。

从图 11-8a 中还可以看出，应力圆上存在 K、M 两个极值点，由此得单元体在平行于 z 轴的截面中最大和最小切应力分别为

$$\left.\begin{aligned}\tau_{\max}=\tau_K=\frac{1}{2}(\sigma_{\max}-\sigma_{\min})=\sqrt{(\frac{\sigma_x-\sigma_y}{2})^2+\tau_x^2}\\ \tau_{\min}=\tau_M=-\sqrt{(\frac{\sigma_x-\sigma_y}{2})^2+\tau_x^2}\end{aligned}\right\} \quad (11\text{-}5)$$

它们所在的截面也相互垂直，且与最大和最小正应力所在面方位角为 45°。

需要特别指出的是，以上所求的最大正应力和最大切应力，只是平行于 z 轴斜截面上的正应力和切应力的最大值，故该最大切应力可称为极值切应力。它不一定是过一点的所有斜截面上的正应力和切应力的最大值。

以上各结论同样可以由式(11-1)和式(11-2)的分析得到。

由图 11-8a 的应力圆中还可以看出，A、B 两点纵坐标为零。这说明，在正应力取得极值的面上切应力为零。

通常定义切应力为零的面为**主平面**，所以图 11-8b 中所示的截面 ab、bc、cd 和 da 均为主平面。此外，单元体前后两面没有应力作用，切应力也为零，故也是主平面。由这三对两两正交的主平面所构成的单元体称为**主单元体**。主平面上的正应力称为**主应力**，所以式(11-3)中的 $\sigma_{\max}$ 和 $\sigma_{\min}$ 均为主应力。主单元体三对面上作用有三对主应力，通常按其代数值大小依次用 σ_1、σ_2 和 σ_3 表示，即 $\sigma_1 \geqslant \sigma_2 \geqslant \sigma_3$。

根据主应力的数值，可将应力状态分为三类：三个主应力中，只有一个不为零的应力状态称为**单向应力状态**；三个主应力中，两个主应力不为零的称为**二向应力状态**；三个主应力均不为零的应力状态称为**三向应力状态**。二向和三向应力状态统称为**复杂应力状态**。

例 11-2 试计算图 11-9a 所示单元体内的主应力，并指出所在方位。

解 (1) 解析法　从图已知 $\sigma_x=-70\text{MPa}$，$\sigma_y=0$，$\tau_x=50\text{MPa}$，所以，利用式(11-3)可得

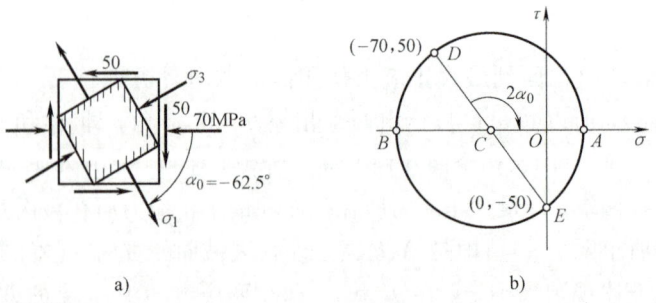

图　11-9

$$\begin{aligned}\sigma_{\max} \atop \sigma_{\min}\end{aligned} = \frac{\sigma_x + \sigma_y}{2} \pm \sqrt{(\frac{\sigma_x - \sigma_y}{2})^2 + \tau_x^2}$$

$$= \left(\frac{-70}{2} \pm \sqrt{(\frac{-70}{2})^2 + 50^2}\right) \text{MPa}$$

$$= {26.03 \atop -96.03} \text{MPa}$$

所以其主应力分别为 $\sigma_1 = 26.03\text{MPa}$, $\sigma_2 = 0$, $\sigma_3 = -96.03\text{MPa}$。

主应力方向可由式(11-4)求出

$$\tan 2\alpha_0 = -\frac{2\tau_x}{\sigma_x - \sigma_y} = -\frac{100}{-70} = 1.42857$$

$$\alpha_0 = 27.5°, \quad \alpha_0' = -90° + \alpha_0 = -62.5°$$

(2) 图解法 同前例作应力圆如图 11-9b，按选定比例尺，量得 $OA = 26\text{MPa}$，$OB = 96\text{MPa}$(压应力)，并从应力圆中量得 $\angle DCA = 125°$，且由半径 CD 至 CA 为顺时针方向，所以 σ_1 的方位角为

$$\alpha_0 = -\frac{1}{2}\angle DCA = -\frac{125°}{2} = -62.5°$$

所以，$\sigma_1 = 26\text{MPa}$，$\sigma_2 = 0$，$\sigma_3 = -96\text{MPa}$，主单元体方位如图 11-9a 中所示。

11.3　三向应力状态的最大应力

设自受力物体内某一点，按主平面方向取出一个单元体(如图 11-10)来研究其各斜截面上的应力。

首先分析与 σ_3 平行的任意斜截面 $abcd$ 上的应力，不难看出图 11-10b 所示斜截面的应力 σ、τ 与 σ_3 无关，而仅仅取决于 σ_1 和 σ_2。所以，在 $\sigma-\tau$ 平面内，该类斜截面对应的点均位于由 σ_1 和 σ_2 所确定的应力圆上(图 11-10c)。同理可知：以 σ_2 和 σ_3 所作应力圆代表单元体中与 σ_1 平行的各斜截面的应力；以 σ_3、σ_1 所作应

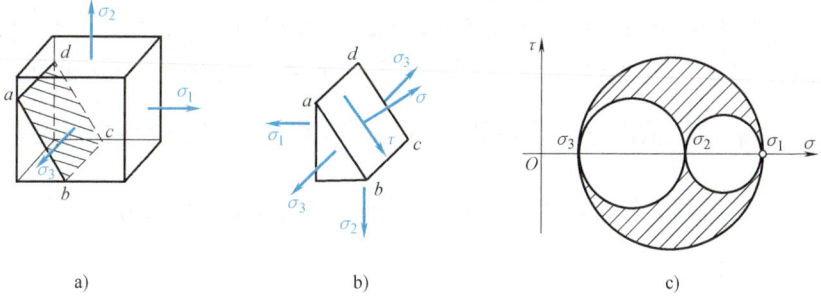

图　11-10

力圆代表单元体中与 σ_2 平行的各斜截面的应力。

还可以证明,对于与三个主应力均不平行的任意斜截面,它们在 σ-τ 平面的对应点必位于由上述三圆所构成的阴影区域内(证明从略)。

综上所述,在 σ-τ 平面内,代表任一斜截面的应力的点或位于应力圆上,或位于由三个应力圆所构成的阴影区域内。

由此可见,在三向应力状态下,最大正应力与最小正应力分别为该点的最大和最小主应力,即

$$\sigma_{\max}=\sigma_1, \quad \sigma_{\min}=\sigma_3 \tag{11-6}$$

而最大切应力则为

$$\tau_{\max}=\frac{1}{2}(\sigma_1-\sigma_3) \tag{11-7}$$

并位于与 σ_1 和 σ_3 均成 45°的截面内。

上述结论同样适用于单向和二向应力状态。

11.4 广义胡克定律

现研究图 11-11 中所示的主应力单元体沿三个主应力 σ_1、σ_2 和 σ_3 方向的三个线应变。这种线应变称为**主应变**,并分别用 ε_1、ε_2 和 ε_3 表示。

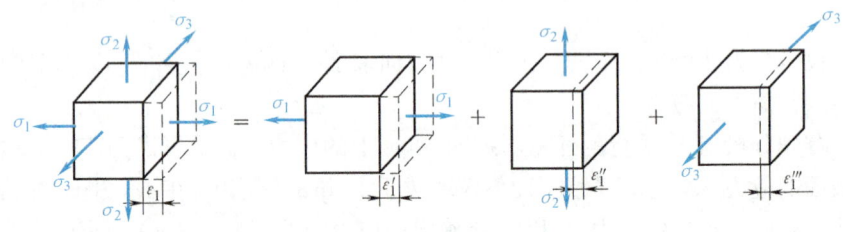

图 11-11

对于各向同性材料,在最大正应力不超过材料的比例极限条件下,可以应用胡克定律及叠加法来求得主应变。为此,将此三向应力状态看做是三个单向应力状态的组合(图 11-11)。首先分析 ε_1。由于对每一个主应力都有与之相应的纵向线应变和横向线应变,故由公式(6-7)可求得在 σ_1 作用下沿 σ_1 方向的纵向线应变为 $\dfrac{\sigma_1}{E}$,再由公式(6-9)可求得 σ_2、σ_3 作用下沿 σ_1 方向的横向线应变分别为 $-\mu\dfrac{\sigma_2}{E}$、$-\mu\dfrac{\sigma_3}{E}$。

将这三项叠加,得

$$\varepsilon_1=\frac{\sigma_1}{E}-\mu\frac{\sigma_2}{E}-\mu\frac{\sigma_3}{E}$$

同理,可得 ε_2 和 ε_3,经整理后即得

$$\left.\begin{array}{l}\varepsilon_1=\dfrac{1}{E}[\sigma_1-\mu(\sigma_2+\sigma_3)]\\[4pt]\varepsilon_2=\dfrac{1}{E}[\sigma_2-\mu(\sigma_3+\sigma_1)]\\[4pt]\varepsilon_3=\dfrac{1}{E}[\sigma_3-\mu(\sigma_1+\sigma_2)]\end{array}\right\} \quad (11\text{-}8)$$

此即复杂应力状态下一点处主应力与主应变之间的关系,它是以主应力表示的**广义胡克定律**。式中,E 和 μ 分别为材料的弹性模量和横向变形因数。

当主应力中有压应力时,应将上式中相应的应力按负值代入。若所得结果 ε_1 等主应变为正号,则此主应变为相对伸长;若为负号,则为相对缩短。

由式(11-8)求得的主应变也应按代数值排列,即 $\varepsilon_1 \geqslant \varepsilon_2 \geqslant \varepsilon_3$,可以证明,$\varepsilon_1$ 是一点处的最大线应变,即

$$\varepsilon_{\max}=\varepsilon_1 \quad (11\text{-}9)$$

当应力单元体的各表面上既有正应力,又有切应力时,由于对各向同性材料,在小变形情况下,线应变只与正应力有关,而与切应力无关,故沿正应力 σ_x、σ_y、σ_z 方向的线应变 ε_x、ε_y、ε_z 与 σ_x、σ_y、σ_z 的关系仍可用公式(11-8)来表达,即只需将该公式中各应力、应变字符的下标 1、2、3 分别改为 x、y、z 即可。

例 11-3 由实验测得圆轴表面一点处与母线成 $45°$ 方向(图 11-12)的线应变 $\varepsilon_{45°}=360\times10^{-6}$,若弹性模量 $E=210\text{GPa}$,横向变形因数 $\mu=0.28$,试求该点处横截面上的切应力 τ。

解 (1) 在 k 点取出单元体如图 11-12b 所示,其上 $\sigma_x=\sigma_y=0 \quad \tau_x=-\tau$

(2) 计算 $\sigma_{45°}$,$\sigma_{-45°}$

$$\sigma_{45°}=-\tau_x\sin90°=\tau$$
$$\sigma_{-45°}=-\tau_x\sin(-90°)=-\tau$$

(3) 利用广义胡克定律求解

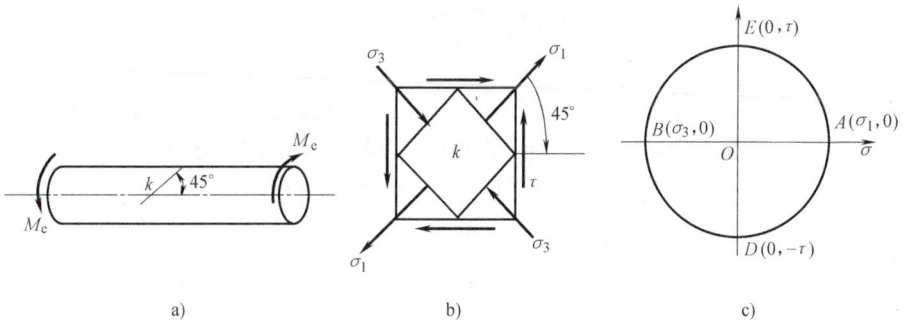

图 11-12

$$\varepsilon_{45°} = \frac{1}{E}(\sigma_{45°} - \mu\sigma_{-45°}) = \frac{1+\mu}{E}\tau$$

$$\tau = \frac{E\varepsilon_{45°}}{1+\mu} = \frac{210\times10^9 \times 360\times10^{-6}}{1+0.28}\text{Pa} = 59.1\text{MPa}$$

圆轴受扭其表面为纯切应力状态，按图解法作应力圆如图 11-12c 示，从应力圆可分析出 $\sigma_1=\tau$，$\sigma_3=-\tau$。

铸铁试件扭转时从与轴线夹角 45°的螺旋面断裂，正是由于该方向为 σ_1 方向，而铸铁材料抗拉能力弱，以致被拉断。

11.5 强度理论的概念

前面各章中，在各基本变形强度分析中，建立了相应的强度条件，它们可以概括为 $\sigma_{max} \leqslant [\sigma]$ 或 $\tau_{max} \leqslant [\tau]$。这里许用应力是从试验测得的极限应力除以安全因数而得到的。这样建立强度条件的方法，对处于单向拉(压)和纯剪切应力状态的危险点是可行的，但对于危险点处于复杂应力状态的情况不再适用。因为复杂应力状态下三个主应力值的配比组合有多种多样的情况，要对每一种组合都用试验的方法来确定极限应力，是不切实际的。所以如何建立材料在复杂应力状态下的强度条件，是工程中的一个重要问题。

为解决这一问题，人们根据工程实践和大量的试验资料，提出了一系列关于材料在复杂应力状态下失效的主要原因的各种假说，称之为**强度理论**。这些假说认为：同一类型的失效是由某一个共同因素引起的，这一共同因素适用于所有的应力状态。显然，若能确定这一因素，就可以利用简单应力状态下的试验(例如拉伸试验)的结果，来建立复杂应力状态下的强度条件。材料的强度失效可分为塑性屈服和脆性断裂这两类形式。强度理论也分为两类，一类是解释材料脆性断裂失效的强度理论，另一类是解释材料塑性屈服失效的强度理论。

11.6 常用的四个强度理论

1. 最大拉应力理论(第一强度理论) 这一理论认为引起材料脆性断裂失效的主要因素是最大拉应力。即无论在何种应力状态下，只要构件内一点处的最大拉应力达到单向应力状态下的极限应力 σ_u，材料就发生脆性断裂失效。于是危险点处于复杂应力状态的构件发生脆性断裂的条件为

$$\sigma_1 = \sigma_u$$

由此即可得出依这一强度理论所建立的强度条件，为

$$\sigma_1 \leqslant [\sigma] \tag{11-10}$$

式中，σ_1 是拉应力；$[\sigma]$ 是由材料在轴向拉伸时强度极限 σ_b 确定的许用应力。

试验表明，脆性材料在二向或三向受拉断裂时，这个理论与试验结果基本一致，而当存在有压应力情况下，只要最大压应力值不超过最大拉应力，这个理论也是正确的。但它对于一点处在任何截面上都没有拉应力的情况就不再适用。

2. 最大拉应变理论（第二强度理论） 这一理论认为引起材料脆性断裂失效的主要因素是最大拉应变。即无论材料处于何种应力状态下，只要构件内一点处最大拉应变 ε_1 达到了单向应力状态下断裂时的最大拉应变值 ε_u，材料就要发生脆性断裂失效。因此，材料发生脆性断裂的条件为

$$\varepsilon_1 = \varepsilon_u$$

若认为材料直到发生脆断失效时都符合胡克定律，则 $\varepsilon_u = \sigma_u/E$；其 σ_u 为材料拉伸时的强度极限 σ_b。又由广义胡克定律知，$\varepsilon_1 = 1/E[\sigma_1 - \mu(\sigma_2 + \sigma_3)]$。因此上述失效条件又可写为

$$\sigma_1 - \mu(\sigma_2 + \sigma_3) = \sigma_u$$

由此即可得出根据这一强度理论所建立的强度条件为

$$\sigma_1 - \mu(\sigma_2 + \sigma_3) \leqslant [\sigma] \tag{11-11}$$

式中，$[\sigma]$ 是由材料在轴向拉伸时的强度极限 σ_b 确定的许用应力。σ_1、σ_2 和 σ_3 是危险点的主应力。

试验表明，脆性材料在二向（拉伸-压缩）应力状态下，当压应力值超过拉应力时，该理论与试验结果比较接近。但在一般情况下，它并不比最大拉应力理论更符合试验结果。

以上两个强度理论是以脆性断裂为失效的标志。适用于砖石、铸铁等脆性材料。

3. 最大切应力理论（第三强度理论） 这一理论认为引起材料塑性屈服失效的主要因素是最大切应力。即无论在何种应力状态下，只要构件一点处的最大切应力 $\tau_{\max}$ 达到单向应力状态下的极限切应力 τ_u，材料就要发生塑性屈服失效。于是，危险点处于复杂应力状态的构件发生塑性屈服的条件为

$$\tau_{\max} = \tau_u$$

由于单向拉伸应力状态下，$\sigma_2 = \sigma_3 = 0$，故 $\tau_u = (\sigma_u - 0)/2 = \sigma_u/2$。又由公式(11-7)可知 $\tau_{\max} = (\sigma_1 - \sigma_3)/2$。因而可将上述屈服条件改写成为

$$\sigma_1 - \sigma_3 = \sigma_u$$

由此即可获得依此强度理论所建立的强度条件为

$$\sigma_1 - \sigma_3 \leqslant [\sigma] \tag{11-12}$$

式中，$[\sigma]$ 是由材料轴向拉伸的屈服极限 σ_s 确定的许用应力。

试验表明，该理论与有关塑性材料的多种试验结果比较接近，计算较简便，

因而应用相当广泛。但试验说明，主应力 σ_2 对材料的屈服是有影响的，而该理论未考虑 σ_2 的影响，这是不够合理的。

4. 畸变能密度理论（第四强度理论） 弹性体在外力作用下发生变形，载荷作用点随之产生位移。因此在弹性体变形过程中，载荷在相应位移上作功。由能量守恒定律可知，若所加外力是静载荷，则载荷所做之功全部转化为积蓄在弹性体内部的能量，称之为**弹性变形能**。处在应力作用下的单元体，其形状和体积一般均发生改变，故变形能又可分解成为体积改变能和畸变能，而单位体积内的畸变能称为**畸变能密度**。在复杂应力状态下，畸变能密度的表达式为（推导略）

$$v_d = \frac{1+\mu}{6E}[(\sigma_1-\sigma_2)^2+(\sigma_2-\sigma_3)^2+(\sigma_3-\sigma_1)^2] \tag{11-13}$$

这一理论认为引起材料塑性屈服的主要因素是畸变能密度。即无论材料处于何种应力状态，只要其畸变能密度 v_d 达到单向拉伸屈服时的畸变能密度 v_{du}，材料即发生塑性屈服，由于单向拉伸应力状态下在屈服时 $\sigma_1=\sigma_u$，$\sigma_2=\sigma_3=0$，故由式(11-13)，可得

$$v_{du} = \frac{1+\mu}{3E}\sigma_u^2$$

因而可得该理论的塑性屈服失效条件为

$$\frac{(1+\mu)}{6E}[(\sigma_1-\sigma_2)^2+(\sigma_2-\sigma_3)^2+(\sigma_2-\sigma_3)^2] = \frac{1+\mu}{3E}\sigma_u^2$$

或

$$\frac{1}{2}[(\sigma_1-\sigma_2)^2+(\sigma_2-\sigma_3)^2+(\sigma_3-\sigma_1)^2] = \sigma_u^2$$

由此可得，依该理论所建立的强度条件为

$$\sqrt{\frac{1}{2}[(\sigma_1-\sigma_2)^2+(\sigma_2-\sigma_3)^2+(\sigma_3-\sigma_1)^2]} \leqslant [\sigma] \tag{11-14}$$

同最大切应力理论一样，式中，$[\sigma]$ 是由拉伸试验的屈服极限 σ_s 所确定的许用应力。

畸变能密度理论是从反映受力和变形的综合影响的变形能出发来研究材料强度的。因此更全面和完善了。试验表明：对塑性材料，该理论较最大切应力理论更符合试验结果，工程上使用也较广泛。

以上四种强度理论的强度条件可以写成统一的形式，即

$$\sigma_r \leqslant [\sigma]$$

式中，σ_r 称为**相当应力**，它代表某一个强度理论在复杂应力状态下的主应力组合表达式。由式(11-10)、式(11-11)、式(11-12)和式(11-14)可知，对不同的强度理论有不同的相当应力表达式，它们分别为

$$\left.\begin{aligned}\sigma_{r1} &= \sigma_1 \\ \sigma_{r2} &= \sigma_1 - \mu(\sigma_2 + \sigma_3) \\ \sigma_{r3} &= \sigma_1 - \sigma_3 \\ \sigma_{r4} &= \sqrt{\frac{1}{2}[(\sigma_1-\sigma_2)^2+(\sigma_2-\sigma_3)^2+(\sigma_3-\sigma_1)^2]}\end{aligned}\right\} \quad (11\text{-}15)$$

应当指出：在常温静载荷下，脆性材料一般发生脆性断裂失效，故宜采用第一或第二强度理论；而塑性材料一般发生塑性屈服失效，故常采用第三或第四强度理论。但是材料的失效形式不仅取决于材料的性质，还与其所处的应力状态、温度和加载速度等有关。例如，三向受拉的应力状态下，即使是塑性材料，也将发生脆性断裂，故常采用第一强度理论；在三向压应力的状态下，即使是脆性材料，也将发生塑性屈服，故应采用第三或第四强度理论。

例 11-4 试按强度理论建立纯剪切应力状态的强度条件，并寻求剪切许用应力$[\tau]$与拉伸许用应力$[\sigma]$之间的关系。

解 (1) 纯剪切应力状态如图 11-13 所示，其主应力值为 $\sigma_1 = \tau$，$\sigma_2 = 0$，$\sigma_3 = -\tau$。为二向应力状态。

(2) 对脆性材料 按第一强度理论得

$$\sigma_1 = \tau \leqslant [\sigma] \quad (a)$$

而剪切强度条件为

$$\tau \leqslant [\tau] \quad (b)$$

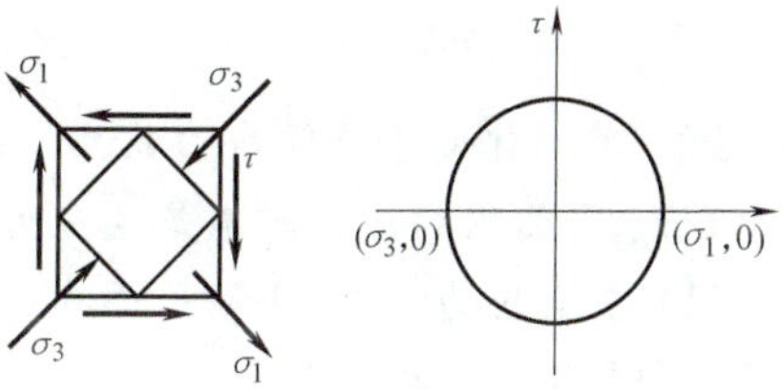

比较式(a)、式(b)，得 $[\tau] = [\sigma]$

按第二强度理论，得

$$\sigma_1 - \mu(\sigma_2 + \sigma_3) = \tau(1+\mu) \leqslant [\sigma]$$

即

$$\tau \leqslant \frac{[\sigma]}{1+\mu} \quad (c)$$

比较式(b)、式(c)，得

$$[\tau] = \frac{[\sigma]}{1+\mu}$$

若取 $\mu = 0.25$，$[\tau] = 0.8[\sigma]$。

所以对于脆性材料，$[\tau] = (0.8 \sim 1.0)[\sigma]$。

(3) 对塑性材料 按第三强度理论得

$$\sigma_1 - \sigma_3 \leqslant [\sigma]$$

即 $\tau \leqslant 0.5[\sigma]$ 得 $[\tau] = 0.5[\sigma]$

按第四强度理论得

$$\sqrt{\frac{1}{2}[(\sigma_1-\sigma_2)^2+(\sigma_2-\sigma_3)^2+(\sigma_3-\sigma_1)^2]} \leqslant [\sigma]$$

图 11-13

即 $\tau \leqslant [\sigma]/\sqrt{3}$ 得 $[\tau] = \dfrac{1}{\sqrt{3}}[\sigma] \approx 0.6[\sigma]$

所以对于塑性材料 $[\tau] = (0.5 \sim 0.6)[\sigma]$。

试验结果也可证明$[\tau]$和$[\sigma]$间的这种比例关系。

例 11-5 从某构件危险点取出一单元体,如图 11-14a 所示,已知钢材屈服极限 $\sigma_s = 280$MPa。试按最大切应力理论和畸变能密度理论计算构件的工作安全因数。

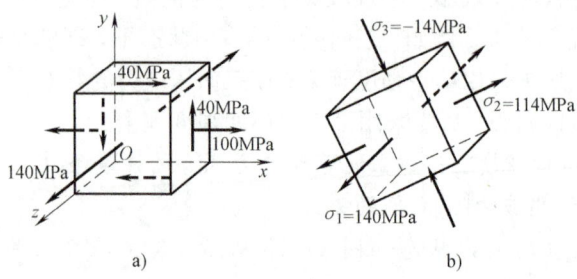

图 11-14

解 单元体处于空间应力状态,在垂直 z 轴平面上的应力 σ_z 是主应力,但位于 Oxy 平面内的应力却不是主应力。

(1) 求主应力 在 Oxy 平面内,已知 $\sigma_x = 100$MPa,$\tau_x = -40$MPa,$\sigma_y = 0$,利用式(11-3),可得

$$\begin{matrix}\sigma_{\max}\\ \sigma_{\min}\end{matrix} = \dfrac{\sigma_x}{2} \pm \sqrt{\left(\dfrac{\sigma_x}{2}\right)^2 + \tau_x^2} = \left(\dfrac{100}{2} \pm \sqrt{\left(\dfrac{100}{2}\right)^2 + 40^2}\right)\text{MPa}$$

$$= \begin{matrix}+114\\ -14\end{matrix}\text{MPa}$$

所以 $\sigma_1 = 140$MPa,$\sigma_2 = 114$MPa,$\sigma_3 = -14$MPa。

其主应力单元体如图 11-14b 所示。

(2) 计算工作安全因数 按第三强度理论

$$\sigma_{r3} = \sigma_1 - \sigma_3 = [140 - (-14)]\text{MPa} = 154\text{MPa}$$

$$n_3 = \dfrac{\sigma_s}{\sigma_{r3}} = \dfrac{280}{154} = 1.82$$

若按第四强度理论,单元体的相当应力为

$$\sigma_{r4} = \sqrt{\dfrac{1}{2}\left[(\sigma_1 - \sigma_2)^2 + (\sigma_2 - \sigma_3)^2 + (\sigma_3 - \sigma_1)^2\right]}$$

$$= \sqrt{\dfrac{1}{2}\left[(140 - 114)^2 + (114 + 14)^2 + (-14 - 140)^2\right]}\text{MPa}$$

$$= 143\text{MPa}$$

单元体的工作安全因数

$$n_4 = \frac{\sigma_s}{\sigma_{r4}} = \frac{280}{143} = 1.95$$

通过计算可知，按最大切应力理论较畸变能密度理论计算的工作安全因数要小些，若设计截面则计算值要大一些，因而第三强度理论较第四强度理论在应用中偏于安全。

习　题

11-1　直径 $d=25\text{mm}$ 的拉伸试件，当与杆轴线成 $45°$ 的斜截面上的切应力 $\tau=150\text{MPa}$ 时，试件所受拉力 F 为多少？

11-2　应力单元体分别如图 11-15a、b、c 所示。试求指定截面上的应力，并标注在单元体上。

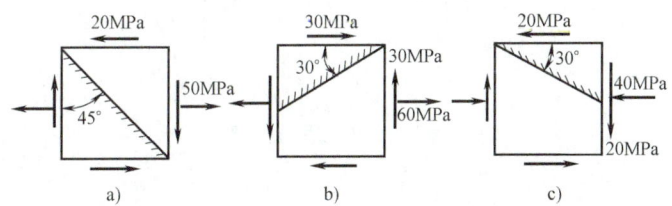

图 11-15　题 11-2 图

11-3　从木质构件内沿与木纹成 $30°$ 角的方向截取一应力单元体，如图 11-16 所示。试确定沿木纹方向的切应力。

11-4　已知如图 11-17a、b、c、d 所示各单元体的应力状态（应力单位为 MPa），试求：(1)主应力之值及其方向，并画在单元体上；(2)极值切应力之值。

11-5　试求图 11-18 所示各应力状态的主应力和最大切应力（应力单位为 MPa）。

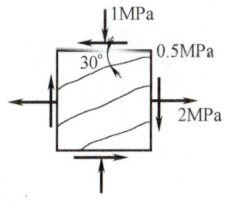

图 11-16　题 11-3 图

11-6　如图 11-19 所示，在一槽形刚体的槽内放置一边长为 1cm 的正方体钢块，钢块与槽壁无空隙。当钢块上表面受到 6kN 的压力时，试求钢块内任意点的主应力。已知材料的横向变形因数为 $\mu=0.33$。

11-7　如图 11-20 所示，扭转力偶 $M_e=2.5\text{kN}\cdot\text{m}$ 作用在直径 $D=60\text{mm}$ 的钢轴上，材料弹性模量 $E=200\text{GPa}$，横向变形因数 $\mu=0.25$，试求圆轴表面上任一点处与母线成 $\alpha=30°$ 方向上的线应变。

11-8　图 11-21 所示圆杆，受弯矩 M 和扭转力偶 M_e 作用。设由试验测得圆杆表面 A 点处沿轴向的线应变 $\varepsilon_{0°}=5.0\times10^{-4}$，$B$ 点沿与轴向成 $45°$ 方向的线应变 $\varepsilon_{45°}=4.5\times10^{-4}$，已知圆杆的抗弯截面系数 $W=6\times10^3\text{mm}^3$，弹性模量 $E=200\text{GPa}$，横向变形因数 $\mu=0.25$，试求其 M 和 M_e。

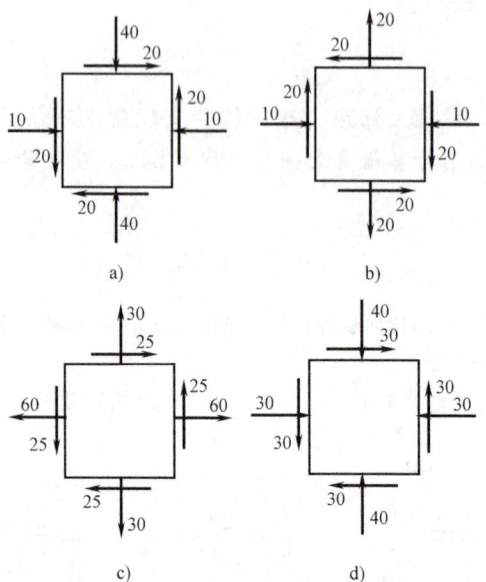

图 11-17 题 11-4 图

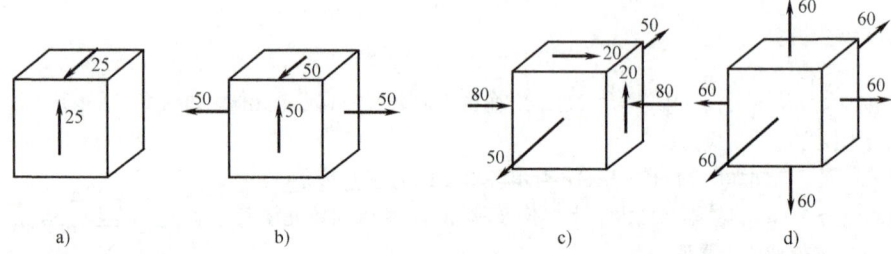

图 11-18 题 11-5 图

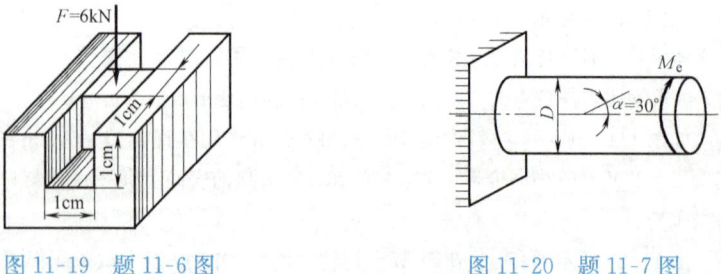

图 11-19 题 11-6 图　　　　图 11-20 题 11-7 图

11-9　一圆轴受力如图 11-22 所示,已知固定端截面上最大弯曲正应力为 40MPa,最大扭转切应力为 30MPa,不考虑剪力引起的切应力。(1)用单元体表示 A、B、C、D 点的应力状态;(2)求 A 点的主应力和最大切应力。

11-10 从某受力构件危险点处取出的单元体，其应力状态如图 11-23 所示。已知材料的弹性模量 $E=200\text{GPa}$，横向变形因数 $\mu=0.3$，许用应力 $[\sigma]=170\text{MPa}$。试求：(1)主应力和最大切应力；(2)最大线应变；(3)用第三强度理论校核其强度。

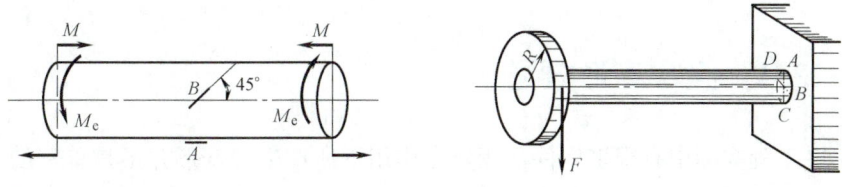

图 11-21　题 11-8 图　　　　　图 11-22　题 11-9 图

11-11 从低碳钢制成的某构件中，取出危险点的单元体如图 11-24 所示。已知 $\sigma_x=40\text{MPa}$，$\sigma_y=40\text{MPa}$，$\tau_x=60\text{MPa}$。材料许用应力 $[\sigma]=140\text{MPa}$。试按第三和第四强度理论分别进行强度核校。

图 11-23　题 11-10 图　　　　　图 11-24　题 11-11 图

11-12 如图 11-25 所示钢制圆筒形薄壁容器，内径 800mm，壁厚 $t=4\text{mm}$，$[\sigma]=120\text{MPa}$。试用第三和第四强度理论确定允许承受的内压强 p。

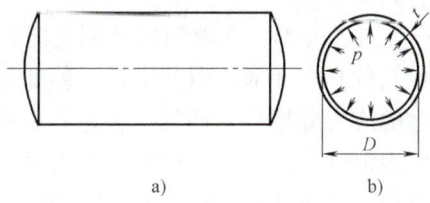

图 11-25　题 11-12 图

11-13 薄壁锅炉的平均直径为 1250mm，最大内压为 2.3MPa，在高温下工作，屈服极限 $\sigma_s=182.5\text{MPa}$。若安全因数为 1.8，试按第三强度理论设计锅炉的壁厚。

第 12 章 组合变形时杆件的强度计算

12.1 组合变形概述

在工程实际中有很多构件,在外力作用下所产生的变形并不是单一的基本变形,而是同时产生了两种或两种以上的基本变形,这类变形形式称为**组合变形**。例如,小型压力机框架的立柱部分(图 12-1a),在 F 力作用下,将同时发生拉伸及弯曲变形(图 12-1b)。又如机器中传动轴(图 12-2a)在齿轮啮合力的作用下,将同时产生扭转和弯曲变形。

在组合变形的计算中,通常先将作用于杆件上的载荷简化为一系列与其静力等效的载荷,使简化后的载荷各自产生一种基本变形。例如,在图 12-2a 所示的传动轴上,将齿轮啮合力 F_B 简化为作用于轴线上的横向力 F_B 和力偶矩 M_B (图 12-2b),横向力 F_B 使轴产生弯曲变

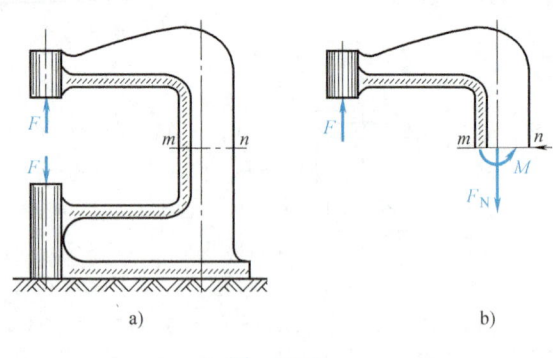

图 12-1

形,而力偶 M_B 使轴产生扭转变形。在材料服从胡克定律而且变形很小的情况下,杆件虽然同时发生几种基本变形,但其中任一种基本变形都不会改变其他另一种基本变形所产生的应力和变形。即每一种基本变形是各自独立,互不影响的。所以,当杆件发生组合变形时,可首先计算出每种基本变形所引起的应力,然后将所得结果叠加,即得杆件在组合变形时的应力。这就是**力作用的叠**

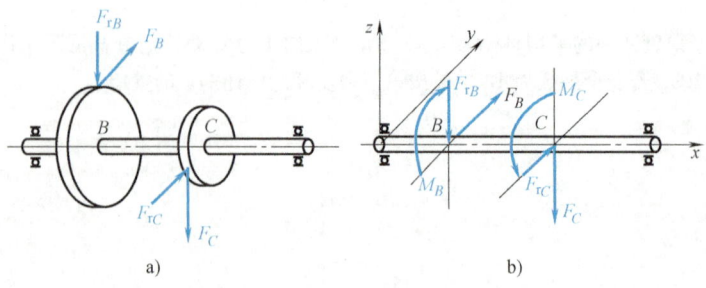

图 12-2

加原理。再根据危险点处应力计算的结果，即可对构件进行强度计算。

组合变形包括多种形式，其中最常见的是拉（压）弯组合和弯扭组合。本章主要介绍杆件在拉（压）弯和弯扭组合变形时的强度计算，其分析方法同样适用于其他组合变形形式。

12.2 拉伸（压缩）与弯曲组合时杆件的强度计算

12.2.1 拉伸（压缩）与弯曲的组合

拉伸（压缩）与弯曲的组合变形是工程中常见的一种组合变形，现以图 12-3a 所示矩形截面悬臂梁为例来说明如何进行强度计算。设外力 F 位于梁纵向对称面内，作用线与轴线成 φ 角，力学模型如图 12-3b 所示。

1) 外力分析 将力 F 向 x、y 轴分解得

$$F_1 = F\cos\varphi, \qquad F_2 = F\sin\varphi$$

轴向拉力 F_1 使梁产生轴向拉伸变形，横向力 F_2 使梁产生弯曲变形。

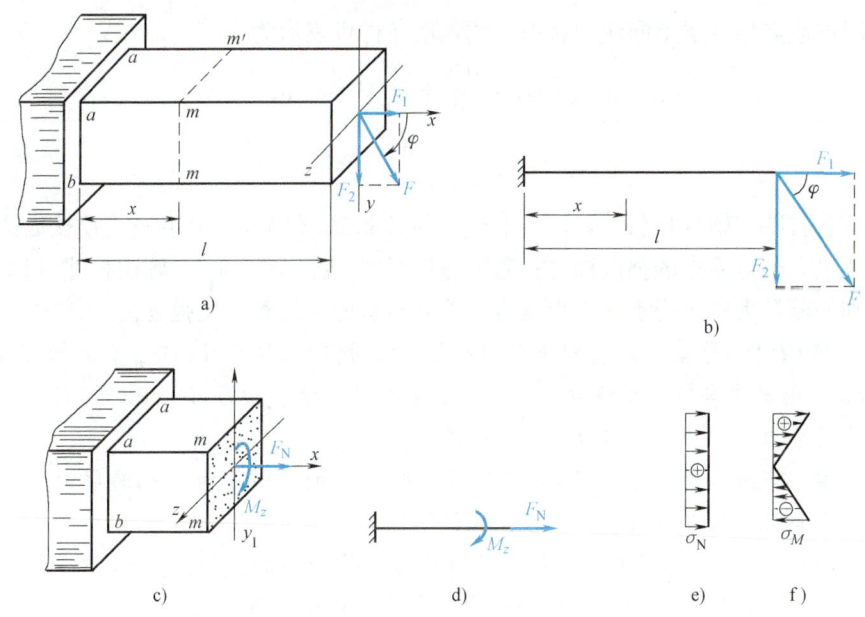

图 12-3

2) 内力分析 轴向拉力 F_1 和横向力 F_2 将分别在任意横截面 m—m 上产生轴力和弯矩（略去剪力），如图 12-3c，m—m 面上轴力和弯矩值分别为

$$F_N = F_1 = F\cos\varphi$$

$$M_z(x) = -F_2(l-x) = -F(l-x)\sin\varphi$$

3) 应力分析　任一横截面 m—m 上，有轴力 F_N，引起均匀分布的拉应力 σ_N（图 12-3e）；同时有弯矩 M_z 引起的线性分布的正应力 σ_M（图 12-3f）。它们的计算式分别为

$$\sigma_N = \frac{F_N}{A}, \qquad \sigma_M = \frac{M_z(x)}{I_z}y$$

由于两种基本变形都在截面上引起正应力，所在截面上距中性轴为 y 处任一点总应力可根据叠加法求得

$$\sigma = \sigma_N + \sigma_M = \frac{F_N}{A} + \frac{M_z(x)}{I_z}y$$

4) 强度条件　进行强度计算，首先要确定危险截面和危险点，而后才能确定危险点的应力大小。危险截面在弯矩绝对值最大处，显然在固定端处，该面上内力为

$$F_N = F_1 = F\cos\varphi, \qquad M_{z,\max} = F_2 l = Fl\sin\varphi$$

所以固定端截面 $aabb$ 是危险截面。其上边缘 aa 和下边缘 bb 各点（图 12-3a）分别为全梁最大拉应力危险点和最大压应力危险点（当 $F_N/A < \dfrac{M_{z,\max}}{W}$ 时）。又因这些点均处于单向应力状态，故强度条件可表示为

$$\left.\begin{aligned}\sigma_{t,\max} &= \sigma_{a\text{-}a} = \frac{F_N}{A} + \frac{M_{z,\max}}{W} \leqslant [\sigma_t] \\ \sigma_{c,\max} &= \sigma_{b\text{-}b} = \frac{F_N}{A} - \frac{M_{z,\max}}{W} \leqslant [\sigma_c]\end{aligned}\right\} \tag{12-1}$$

若材料为塑性材料 $[\sigma_t] = [\sigma_c]$，则需按式（12-1）中第一式校核应力绝对值最大的危险点的强度即可；若为脆性材料 $[\sigma_t] \neq [\sigma_c]$，则需按式（12-1）分别校核最大拉应力点和最大压应力点处材料的抗拉和抗压强度。

例 12-1　悬臂式起重机如图 12-4a 所示。横梁 AB 为 18 工字钢，梁长 $l = 2.6\text{m}$，电动滑车行走于横梁上，滑车自重与起重量总和为 $G = 30\text{kN}$，已知材料的许用应力 $[\sigma] = 160\text{MPa}$，试校核横梁强度。

解　当滑车走到横梁中间 D 处位置时，对横梁最不利，此时梁内弯矩最大。下面就校核在这种情况时横梁 AB 的强度。

(1) **外力分析**　画出梁 AB 的受力简图（图 12-4b）。将拉杆 BC 对 AB 梁的作用力 F_B 分解为 F_{Bx} 和 F_{By} 两个分力。由平衡条件可得

$$F_{Ay} = F_{By} = \frac{G}{2} = 15\text{kN}$$

$$F_{Ax} = F_{Bx} = F_{By}\cot\alpha = 15\cot 30°\text{kN} = 26\text{kN}$$

(2) **内力分析**　作 AB 梁的轴力图与弯矩图，如图 12-4c、d。最大弯矩在 D 截面，所以 D 为危险截面，其上内力为

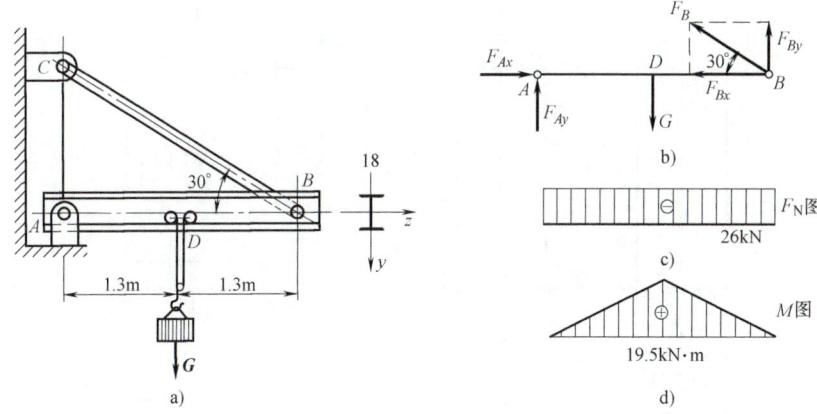

图 12-4

$$F_N = F_{Ax} = F_{Bx} = 26\text{kN}$$

$$M_D = \frac{1}{4}Gl = \frac{1}{4} \times 30 \times 2.6\text{kN} \cdot \text{m} = 19.5\text{kN} \cdot \text{m}$$

(3) 应力分析 D 截面上边缘有最大压应力,为正应力绝对值的最大值,其值为

$$\sigma_{c,\max} = \frac{F_N}{A} + \frac{M_D}{W}$$

从型钢表中可查 18 工字钢 $A = 30.6\text{cm}^2$,$W = 185\text{cm}^3$,代入上式得

$$\sigma_{c,\max} = \left(\frac{26 \times 10^3}{30.765 \times 10^{-4}} + \frac{19.5 \times 10^3}{185 \times 10^{-6}}\right)\text{Pa} = 113.9\text{MPa} < [\sigma] = 160\text{MPa}$$

所以,该梁强度足够。

上例中由于横梁是由塑性材料制成,其抗拉与抗压能力相同,因此,可只校核 D 截面的上边缘处强度即可。

12.2.2 偏心拉伸(压缩)

在工程实际中,有些构件所受外力的作用线与轴线平行,但不通过横截面的形心,这种情况称为**偏心拉伸(压缩)**。它是拉(压)与弯曲组合变形的另一种形式。所以上述分析方法及强度条件式(12-1)仍然适用,只需要将式中最大弯矩 $M_{\max}$ 改为因载荷偏心而产生的弯矩 $M = Fe$ 即可(图 12-5)。

如图 12-5a,当偏心压力 F 作用于杆端截面的某一对称轴(例如 y 轴)上的 K 点时,杆件产生偏心压缩。

1) 外力分析 根据组合变形分析方法,先将外力分解成产生基本变形的静力等效载荷。为此,将 F 力向上端截面形心简化,得到等效载荷为一个轴向压力和一个力偶 $M_e = Fe$(图 12-5b)。

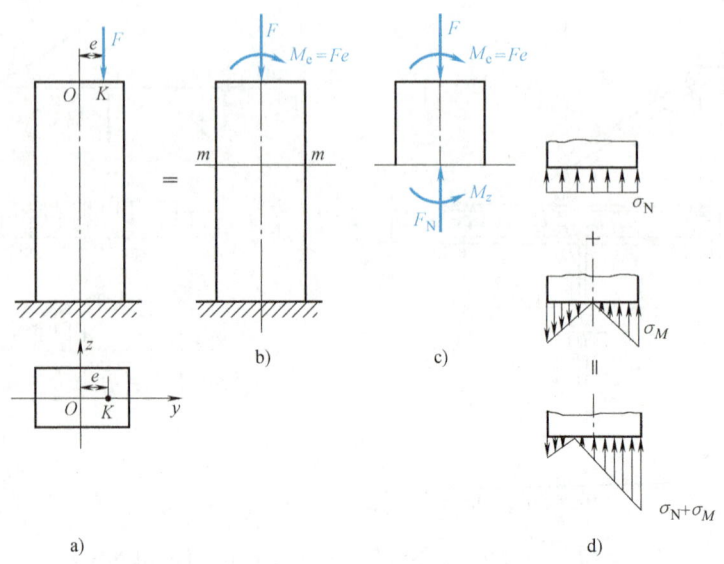

图 12-5

2) 内力分析 用截面法可求得任意截面 m—m 上的内力（图 12-5c）

轴力 $F_N = -F$

弯矩 $M_z = M_e = Fe$

显然，各截面内力相同，是压弯组合变形。

3) 应力分析 按基本变形公式，分别计算压缩和弯曲应力。轴力 F_N 与弯矩 M_z 都引起正应力，分别为

$$\sigma_N = \frac{F_N}{A}, \quad \sigma_M = \frac{M_z}{I_z} y$$

其应力分布规律见图 12-5d。

根据叠加原理，将两种应力叠加起来，即得偏心压缩时任一点处的正应力计算式

$$\sigma = \frac{F_N}{A} \pm \frac{M_z}{I_z} y = -\frac{F}{A} \pm \frac{Fe}{I_z} y$$

4) 最大应力 由应力分布图（图 12-5d）可知最大拉应力与最大压应力分别发生在横截面上距中性轴最远的左、右两条边缘线上，其计算公式为

$$\genfrac{}{}{0pt}{}{\sigma_{t,\max}}{\sigma_{c,\max}} = -\frac{F}{A} \pm \frac{Fe}{W} \tag{12-2}$$

这里设 $\frac{Fe}{W} > \frac{F}{A}$，若 $\frac{Fe}{W} \leqslant \frac{F}{A}$，则横截面上无拉应力。

例 12-2 图 12-6 所示的钻床，已知钻孔时受压力 $F = 2\text{kN}$，偏心距 $e = 15\text{cm}$，立柱横截面为外径 $D = 4\text{cm}$、内径 $d = 3\text{cm}$ 的空心圆截面，材料的许用

应力[σ]＝100MPa。试校核此钻床立柱的强度。

解 立柱受到外力F作用，产生偏心拉伸。立柱任一截面m—n上的内力为

轴力 $F_N=F=2\text{kN}$

弯矩 $M=Fe=2×0.15\text{kN·m}$
$=0.3\text{kN·m}$

故可从立柱中任选一横截面进行强度校核。由于轴力F_N引起拉应力，弯矩M使立柱内侧边缘n点产生最大

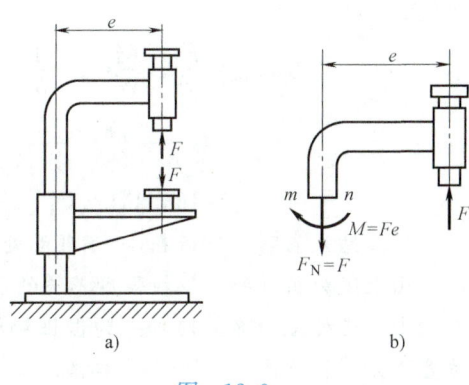

图 12-6

拉应力；外侧边缘m点产生最大压应力，叠加后n点为最大拉应力危险点，m点的正应力较之为小，故应对n点进行拉应力强度校核，即

$$\sigma_n=\sigma_{t,\max}=\frac{F_N}{A}+\frac{M}{W}=\frac{F}{A}+\frac{Fe}{W}$$

$$=\left\{\frac{2×10^3}{\frac{\pi}{4}(4^2-3^2)×10^{-4}}+\frac{2×10^3×0.15}{\frac{\pi}{32}×4^3\left[1-\left(\frac{3}{4}\right)^4\right]×10^{-6}}\right\}\text{Pa}$$

$$=73.5\text{MPa}<[\sigma]$$

故立柱强度足够。

例 12-3 一带槽钢板受力如图12-7a所示，已知钢板宽$b=8\text{cm}$，厚度$\delta=1\text{cm}$，边缘上半圆形槽半径$r=1\text{cm}$，沿钢板中心线方向的拉力（如图方向）$F=80\text{kN}$，钢板许用应力$[\sigma]=140\text{MPa}$，试对钢板进行强度校核。

解 因钢板在截面1—1处有一半圆槽，所以外力对该截面为偏心拉伸，其偏心距e为

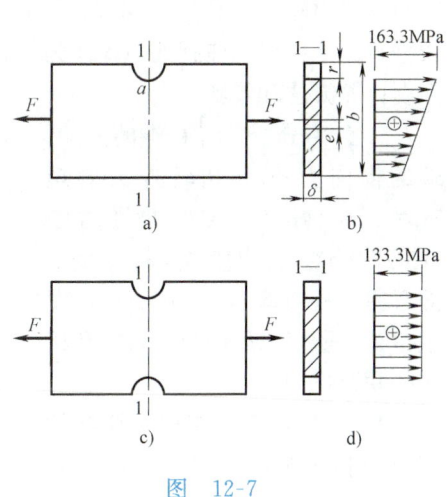

图 12-7

$$e=\frac{b}{2}-\frac{b-r}{2}=\frac{r}{2}=0.5\text{cm}$$

截面1—1的轴力和弯矩分别为

$F_N=F=80\text{kN}$

$M=Fe=80×0.5×10^{-2}\text{kN·m}=0.4\text{kN·m}$

轴力与弯矩都引起圆槽底部a点处产生拉应力（图12-7b），此处即危险点。进

行校核

$$\sigma_{t,max} = \frac{F_N}{A} + \frac{M}{W} = \frac{F}{\delta(b-r)} + \frac{Fe \times 6}{\delta(b-r)^2}$$

$$= \left[\frac{80 \times 10^3}{1 \times (8-1) \times 10^{-4}} + \frac{400 \times 6}{1 \times (8-1)^2 \times 10^{-6}}\right] Pa$$

$$= 163.3 MPa > [\sigma]$$

计算结果表明,钢板在1—1截面处强度不够。

由上述分析可知,钢板强度不够的原因,是因偏心拉伸而引起弯矩 Fe,使截面上 a 点处应力显著增加。为保证钢板强度,在可能情况下,可在槽的对称位置再开一槽(图12-7c),这样消除了偏心拉伸,使钢板成为轴向拉伸。此时截面1—1上的应力(图12-7d)为

$$\sigma = \frac{F}{\delta(b-2r)} = \frac{80 \times 10^3}{1 \times (8-2) \times 10^{-4}} Pa = 133.3 MPa < [\sigma]$$

故可见,开两槽后,尽管使横截面面积减小,但由于避免偏心拉伸,最大应力比只开一槽时大为降低,使钢板强度得到满足。

12.3 弯曲与扭转组合变形时杆件的强度计算

图12-8a 表示处于水平位置的曲拐,其 AB 段为一等截面圆杆,A 端固定。在曲拐自由端 C 处作用有铅垂向下的集中载荷 F,图中所示 AB 轴线与 BC 轴线垂直。下面以此曲拐的 AB 杆为例,说明杆在弯曲与扭转这种组合变形时的强度计算方法和步骤。

1. 外力分析 将 C 端的力 F 向 AB 杆 B 截面形心平移,即得到一作用在 B 端的横向力 F 和扭转外力偶矩 $M_e = Fa$,画出 AB 杆的受力图(图12-8b)。F 力使 AB 杆发生平面弯曲,外力偶矩 M_e 使 AB 杆发生扭转,所以 AB 杆受到弯曲和扭转的联合作用。

2. 内力分析 作出 AB 杆的弯矩图和扭矩图(图12-8d、c),略去剪力影响,由图可见,固定端(即 A 截面)上的内力最大,显然是危险截面,该面上弯矩和扭矩分别为

$$M = M_{max} = Fl, \quad T = Fa$$

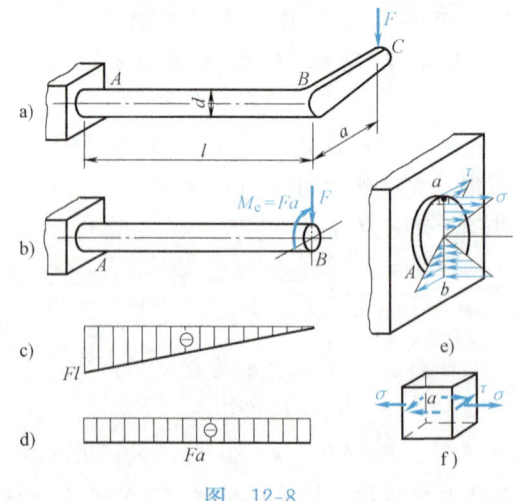

图 12-8

3. 应力分析　危险截面上的弯曲正应力和扭转切应力分布规律如图 12-8e 所示。可见 a、b 两点是危险点，该点弯曲正应力和扭转切应力绝对值均为最大，其值为

$$\sigma = \frac{M}{W}, \quad \tau = \frac{T}{W_t} \tag{a}$$

4. 建立强度条件　因危险点处于二向应力状态（图 12-8f），所以需用强度理论求出相当应力，以建立强度条件。由此可将 $\sigma_x = \sigma$，$\sigma_y = 0$，$\tau_x = \tau$ 代入主应力计算公式（16-3）得

$$\left. \begin{array}{l} \sigma_1 \\ \sigma_3 \end{array} \right\} = \frac{\sigma}{2} \pm \sqrt{\left(\frac{\sigma}{2}\right)^2 + \tau^2} \\ \sigma_2 = 0 \tag{b}$$

工程中承受弯扭作用的轴一般采用塑性材料制成，所以应选第三或第四强度理论建立强度条件，将式（b）分别代入式（11-15）中后两式，得到第三、四强度理论的相当应力为

$$\left. \begin{array}{l} \sigma_{r3} = \sigma_1 - \sigma_3 = \sqrt{\sigma^2 + 4\tau^2} \\ \sigma_{r4} = \sqrt{\frac{1}{2}\left[(\sigma_1-\sigma_2)^2 + (\sigma_2-\sigma_3)^2 + (\sigma_3-\sigma_1)^2\right]} = \sqrt{\sigma^2 + 3\tau^2} \end{array} \right\} \tag{c}$$

可见 a、b 两点相当应力相同，危险程度相同。对于圆截面杆，其抗弯截面系数与抗扭截面系数间有 $2W = W_t$，所以将式（a）代入式（c）后可得用内力表达的强度条件

$$\left. \begin{array}{l} \sigma_{r3} = \dfrac{1}{W}\sqrt{M^2 + T^2} \leqslant [\sigma] \\ \sigma_{r4} = \dfrac{1}{W}\sqrt{M^2 + 0.75T^2} \leqslant [\sigma] \end{array} \right\} \tag{12-3}$$

运用上述强度条件可对弯扭组合杆件进行强度计算，但应注意：

1) 公式（12-3）只适用于塑性材料的实心或空心圆截面杆；对非圆截面杆不适用。

2) 工程中经常遇到同时发生两个方向平面弯曲和扭转组合作用的轴类构件。在危险面上互相垂直的两个方向内，分别有 M_z 和 M_y 的弯矩作用。但因圆截面任一直径均可作为对称面弯曲的中性轴，故可按矢量合成方法，先求出 M_y 和 M_z 的合成弯矩

$$M = \sqrt{M_y^2 + M_z^2}$$

然后将合成弯矩代入强度条件式（12-3）中进行强度计算。

例 12-4　图 12-9a 所示的手摇卷扬机。已知机轴直轴 $d = 30\text{mm}$，绕绳轮 C 半径 $R = 180\text{mm}$，材料为钢，许用应力 $[\sigma] = 160\text{MPa}$。试按第三强度理论确

定卷扬机的最大起重量 G。

解 (1) 外力分析 将外力 G 向轴心 C 简化，得到一个竖直力 $F=G$ 和一扭转力偶矩 $M_e=GR$（图 12-9b），由平衡关系知作用在摇柄上的力对轴心力矩应与 M_e 平衡。

(2) 内力分析 作各基本变形的内力图，轴的弯矩图和扭矩图分别如图 12-9c、d，可知危险截面为 C 截面左侧，其上内力为

扭矩 $T=FR=GR$

弯矩 $M=\dfrac{1}{4}FAB$

圆轴的抗弯截面系数为

$$W=\dfrac{\pi d^3}{32}=\dfrac{3.14\times 30^3}{32}\,\text{mm}^3=2650\times 10^{-9}\,\text{m}^3$$

(3) 强度计算 按第三强度理论建立强度条件，代入公式（12-3）得

$$\sigma_{r3}=\dfrac{1}{W}\sqrt{M^2+T^2}\leqslant [\sigma]$$

代入数据解得

$$G\leqslant 1580\text{N}=1.58\text{kN}$$

例 12-5 一钢制圆轴，装有两相同胶带轮 A、B。两轮直径 $D=1\text{m}$，重量 $G=5\text{kN}$，A 轮胶带张力为水平方向，B 轮胶带张力沿铅垂方向，张力大小如图 12-10a 所示。圆轴材料的许用应力 $[\sigma]=80\text{MPa}$，试按第三强度理论求所需轴径 d。

图 12-9

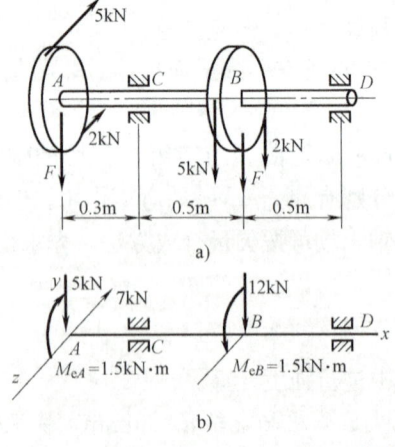

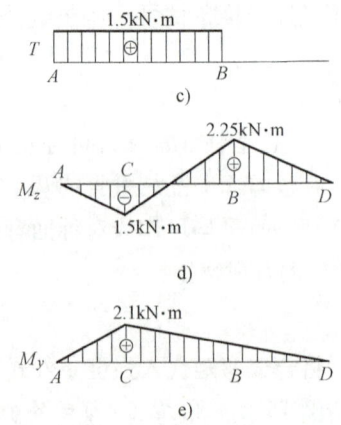

图 12-10

解 (1) 外力分析 将胶带张力向轴线简化，可得作用于 A、B 处集中力和附加集中力偶矩 $M_{eA}=M_{eB}=1.5 \text{kN} \cdot \text{m}$，两轮重力也向轴线简化，其受力简图即如图 12-10b 所示。

(2) 内力分析 作 AD 杆弯矩图和扭矩图如图 12-10c、d、e，其中图 12-10d 为在铅垂平面内弯矩图，用 M_z 表示，图 12-10e 为在水平面内弯矩图，用 M_y 表示。由内力图可见危险截面在 C、B 两截面处，可分别求其合成弯矩再加以比较。

$$M_C=\sqrt{M_{zC}^2+M_{yC}^2}=\sqrt{(1.5)^2+(2.1)^2}\text{kN}\cdot\text{m}=2.58\text{kN}\cdot\text{m}$$

$$M_B=\sqrt{M_{zB}^2+M_{yB}^2}=\sqrt{(2.25)^2+(\frac{1}{2}\times2.1)^2}\text{kN}\cdot\text{m}=2.40\text{kN}\cdot\text{m}$$

由于 $M_C>M_B$，故 C 为危险截面。

(3) 强度计算 将 C 截面上内力 $T=M_{eA}=1.5\text{kN}\cdot\text{m}$ 和 $M=2.58\text{kN}\cdot\text{m}$ 代入强度条件式（12-3），由

$$\sigma_{r3}=\frac{1}{W}\sqrt{M^2+T^2}\leqslant[\sigma]$$

有 $W\geqslant\dfrac{\sqrt{M^2+T^2}}{[\sigma]}=\dfrac{\sqrt{(2.58)^2+(1.5)^2}\times10^3}{80\times10^6}\text{m}^3=37.3\times10^{-6}\text{m}^3$

因为 $W=\dfrac{\pi}{32}d^3$，故圆轴所需直径为

$$d\geqslant\sqrt[3]{\frac{32W}{\pi}}=\sqrt[3]{\frac{32\times37.3\times10^{-6}}{\pi}}\text{m}=7.2\times10^{-2}\text{m}$$

取 $d=72\text{mm}$。

习 题

12-1 梁的截面为 $100\times100\text{mm}$ 的正方形，若 $F=3\text{kN}$，约束及几何尺寸如图 12-11 所示，求梁内最大拉应力和最大压应力。

12-2 图 12-12 示构架的立柱 AB 用 25a 工字钢制成，已知 $F=20\text{kN}$，$[\sigma]=160\text{MPa}$。试作立柱内力图，并校核其强度。

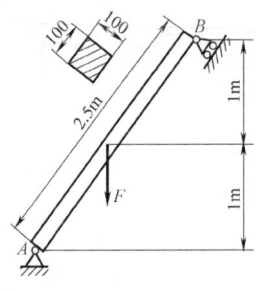

图 12-11 题 12-1 图

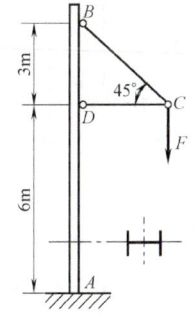

图 12-12 题 12-2 图

12-3　如图 12-13 所示，起重架的最大起重量 $F=40\text{kN}$，横梁 AB 由两根 18b 槽钢组成，材料的 $[\sigma]=120\text{MPa}$，试校核 AB 梁的强度。

12-4　一开口链环如图 12-14 所示。试求链环中段的最大拉应力。

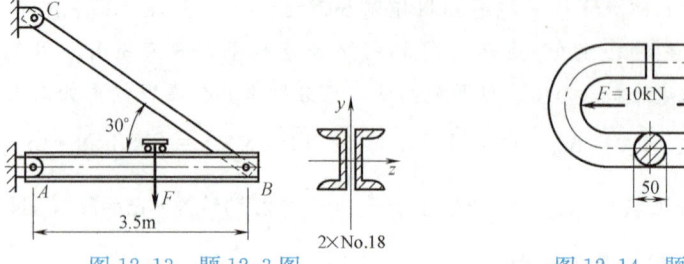

图 12-13　题 12-3 图　　　　　图 12-14　题 12-4 图

12-5　图 12-15 所示板件，$F=12\text{kN}$，$[\sigma]=100\text{MPa}$，试求切口的允许深度 x。

12-6　图 12-16 所示为一边长 60mm 的正方形截面折杆，外力通过 A、B 两截面的形心连线方向，作用于 A 点，若 $F=10\text{kN}$，求杆内最大正应力。

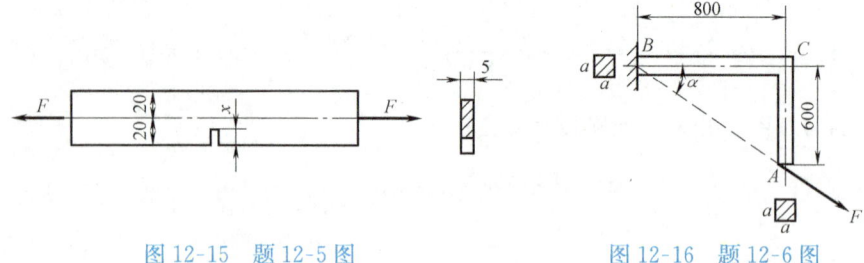

图 12-15　题 12-5 图　　　　　图 12-16　题 12-6 图

12-7　若在正方形截面短柱的中间处开一切槽，其截面积为原来的一半（如图 12-17 所示），问最大压应力增加几倍？

12-8　一铸铁的螺旋夹具如图 12-18 所示。等直段 AB 的横截面尺寸如图 12-18b 所示。夹紧力 $F=300\text{N}$，材料的许用拉应力 $[\sigma_t]=30\text{MPa}$，许用压应力 $[\sigma_c]=60\text{MPa}$。试校核该段的强度。

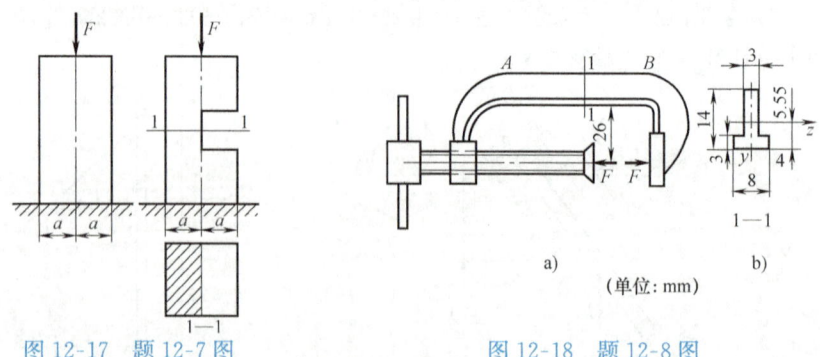

图 12-17　题 12-7 图　　　　　图 12-18　题 12-8 图

12-9　直径为 d 的圆截面杆，受到偏心距为 e 的偏心压力作用，试证明，当 $e\leqslant d/8$ 时，横截面上不存在拉应力。

12-10 铁道路标圆信号板,装在外径 $D=60\text{mm}$ 的空心圆柱上。信号板所受风压 $p=2\text{kN/m}^2$。若结构尺寸如图 12-19 所示,材料许用应力 $[\sigma]=60\text{MPa}$,试按第三强度理论选定空心圆柱的厚度。

12-11 一电动机如图 12-20 所示。皮带轮直径 $D=250\text{mm}$,电动机轴的外伸臂长度为 $L=120\text{mm}$,轴直径 $d=40\text{mm}$,许用应力 $[\sigma]=60\text{MPa}$。若皮带松边张力 $F=960\text{N}$,试按第三强度理论校核该轴的强度。

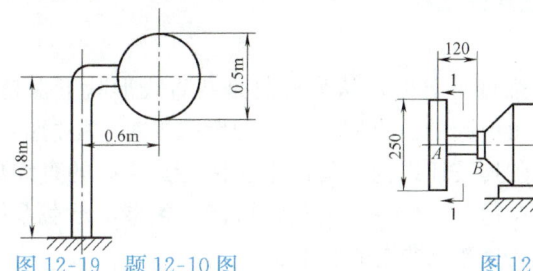

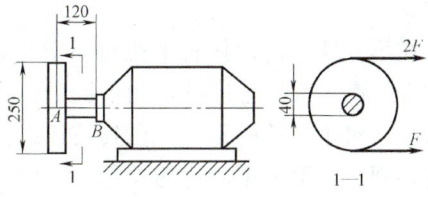

图 12-19 题 12-10 图   图 12-20 题 12-11 图

12-12 一轴上装有两圆轮如图 12-21 所示,F、G 两力分别作用于两轮上并处于平衡状态。已知 $F=3\text{kN}$,若 $[\sigma]=60\text{MPa}$,试按第三和第四强度理论选择轴的直径。

12-13 如图 12-22 所示钢制圆轴上有两个齿轮,齿轮 C 上作用有铅垂方向的切向力 $F_1=50\text{kN}$,齿轮 D 上切向力沿水平方向。工作时轴作匀角速转动。齿轮 C 直径 $d_C=300\text{mm}$,齿轮 D 直径为 $d_D=150\text{mm}$,若材料的许用应力 $[\sigma]=80\text{MPa}$,试用第四强度理论设计轴的直径。

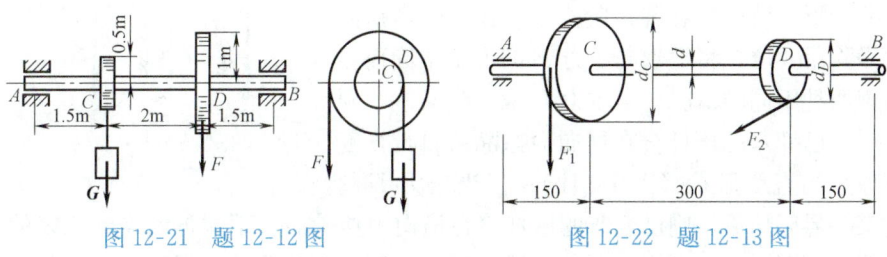

图 12-21 题 12-12 图   图 12-22 题 12-13 图

12-14 电动机功率 $P=8.8\text{kW}$,转速 $n=800\text{r/min}$,皮带轮的直径 $D=250\text{mm}$,皮带轮重量 $G=700\text{N}$,轴可看成长度为 $l=120\text{mm}$ 的悬臂梁,结构及各力方向如图 12-23 所示。若材料的许用应力 $[\sigma]=100\text{MPa}$,试按第三强度理论设计轴的直径 d。

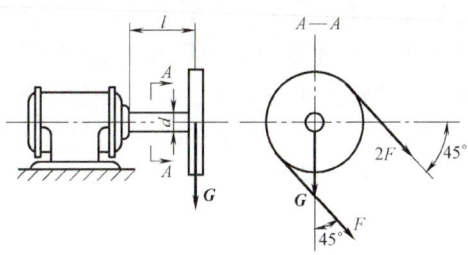

图 12-23 题 12-14 图

第13章 压杆稳定

13.1 压杆稳定性的概念

在第6章中讨论压杆的强度计算时,认为杆总是在直线形状下保持平衡,杆的失效都是由于强度不足而引起的。事实上,这种考虑仅对于粗短的压杆才有意义。对于细长的压杆,在其破坏以前,就已不能保持其原有的直线形状的平衡,即本篇引言中所述的失稳。构件一旦失稳,可能导致整个承载系统或结构不能安全可靠的工作,甚至会造成严重的后果。

为了进一步介绍有关压杆稳定性的概念,现研究一根理想状态下的等直细长压杆,此压杆由均质材料制成,在两端受轴向压力 F 作用(图13-1a)。

设此杆在 F 力作用下处于直线形状的平衡状态。如果对杆施加一微小横向力,则压杆将发生弯曲变形。若压杆在弹性阶段内工作,则当横向力撤除后,压杆将随轴向压力 F 的大小不同而会出现两种不同的情况:当压力 F 未达到某一界限值时,已变弯的压杆会在横向力撤除后自行恢复到原来的直线形状(图13-1b);但当压力 F 超

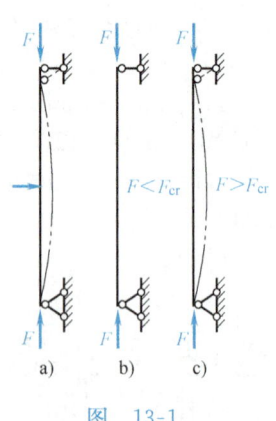

图 13-1

过某一界限值后,则已变弯的压杆将在横向力撤除后,不能再恢复到原来的直线形状(图13-1c)。前一情况表明,压杆的原有直线形状的平衡是稳定的,而后一情况则表明压杆的原有直线形状的平衡是不稳定的。

由上述可见,此细长压杆在直线形状下的平衡是否稳定,与压力 F 的大小有关。当轴向压力由小逐渐增大到某一界限值时,压杆在直线形状下的平衡将由稳定的过渡到不稳定的。上述过渡,使压杆的直线平衡形式发生质的变化,它具有临界状态的性质,故轴向压力 F 的这一界限值,称为压杆的**临界力**,用 F_{cr} 表示。当轴向压力达到此值时,压杆即向失稳过渡。所以,对于压杆稳定性的研究,其关键在于确定压杆的临界力。

13.2 细长压杆的临界力

13.2.1 两端铰支约束细长压杆的临界力

为了确定临界力的大小,现在研究如图 13-2 所示的长为 l_0、两端为球形铰支座的细长压杆 AB。设此压杆受轴向压力 F_{cr} 作用而在微弯的变形形状下保持平衡。如前所述,压杆在临界力作用下,原有直线形状的平衡将从稳定过渡到不稳定,也就是说,在临界力作用下,压杆就开始有可能在微弯的形状下保持平衡。因此,可以认为使压杆在微弯的形状下保持平衡的最小 F 值,就是此细长压杆的临界力 F_{cr}。

要确定此临界力的值,应从研究压杆在微弯形状下的挠曲线着手。如果杆内的应力不超过材料的比例极限,就可以利用梁弯曲变形的公式来写出此压杆挠曲线的近似微分方程式,即

$$\frac{d^2w}{dx^2} = \frac{M(x)}{EI} = -\frac{F_{cr}w}{EI} \quad (a)$$

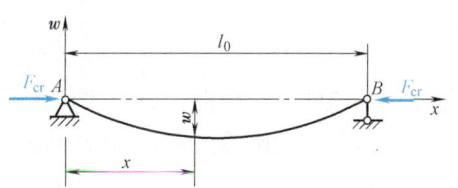

图 13-2

式中,F_{cr} 是不考虑正负号的数值,而在图 13-2 所选择的坐标系内,当压杆的挠曲线向下凸出时,w 为负值;而 $\frac{d^2w}{dx^2}$ 为正值,如果挠曲线向上凸出,则 w 为正值,而 $\frac{d^2w}{dx^2}$ 为负值。为了使等式两边的符号一致,所以在式(a)的右边加上了负号。

若令 $k^2 = \frac{F_{cr}}{EI}$,则经过移项后,式(a)可改写为

$$\frac{d^2w}{dx^2} + k^2w = 0 \quad (b)$$

其通解为

$$w = A\sin kx + B\cos kx \quad (c)$$

式中,积分常数 A、B 以及 $k = \sqrt{\frac{F_{cr}}{EI}}$ 是未知量。这里的 k 之所以是个未知量,是因为现在还不知道 F_{cr} 的大小。

根据杆端的边界条件:当 $x=0$ 时,$w=0$,代入式(c)可以解得 $B=0$。于是式(c)可改写为

$$w = A\sin kx \quad (d)$$

杆的另一端的边界条件:当 $x=l_0$ 时,$w=0$,代入式(d)后得

$$A\sin kl_0 = 0 \tag{e}$$

由式（e）可知，A 或 $\sin kl_0$ 应等于零。但若 $A=0$，则压杆轴线上各点的挠度都等于零，这与压杆在微弯的变形形状下保持平衡的前提相矛盾；因而只能是 $\sin kl_0$ 等于零。满足这一条件的 kl_0 值应为

$$kl_0 = n\pi$$

式中，$n=0$、1、2…。由此得

$$k = \sqrt{\frac{F_{cr}}{EI}} = \frac{n\pi}{l_0}$$

或

$$F_{cr} = \frac{n^2\pi^2 EI}{l_0^2} \tag{f}$$

使压杆失稳的最小轴向压力应该在式（f）中取 $n=1$。这就是所求的压杆的临界力 F_{cr}，其计算公式为

$$F_{cr} = \frac{\pi^2 EI}{l_0^2} \tag{13-1}$$

式（13-1）通常又称为**两端铰支细长压杆**的**欧拉公式**。

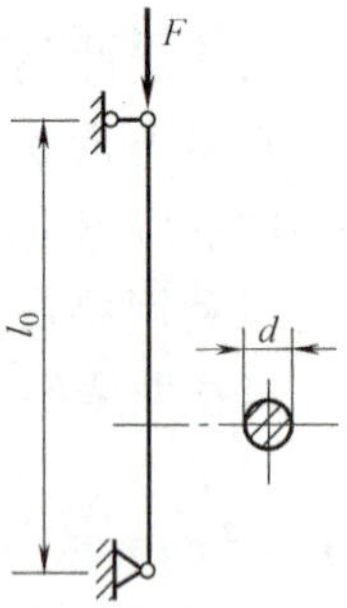

例 13-1 一钢质细长杆，两端铰支，长 $l=1.5\mathrm{m}$，横截面直径 $d=50\mathrm{mm}$，如图 13-3 所示。设钢的弹性模量 $E=200\mathrm{GPa}$，试确定其临界力。

解 依公式（13-1）

$$F_{cr} = \frac{\pi^2 EI}{l^2} = \frac{\pi^2 E \pi d^4}{64 l^2} = \frac{\pi^2 200 \times 10^9 \times \pi \ (0.05)^4}{(1.5)^2 \times 64} \mathrm{N} = 270\mathrm{kN}$$

图 13-3

13.2.2 其他约束情况下细长压杆的临界力

在工程实际中，将遇到不同形式的杆端约束。要计算这些压杆的临界力 F_{cr}，须依具体情况作具体分析。

以图 13-4 所示长为 l、下端固定、上端自由的圆截面直杆为例，当作用力 F 小于临界力 F_{cr} 时，受横向干扰后，杆在微弯位置 $A'C$ 保持平衡。将曲线 $A'C$ 对称于 $m-m$ 向下延长得 CB'，则 $A'CB'$ 曲线就和图 13-2 所示的 AB 曲线完全相似，都是正弦曲线的半波。于是长为 l、一端固定、一端自由的压杆的临界力，就可以按**两端铰支细长压杆**的临界力公式（13-1）来计算，但是，须将公式中的杆长 l_0 用 $A'B'$ 的长度 $2l$ 来代替，即令 $l_0 = 2l$，代入公式（13-1）得

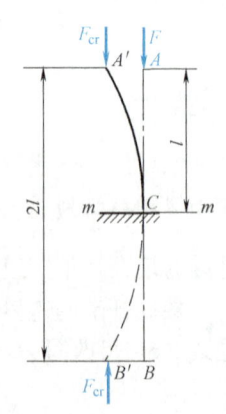

图 13-4

$$F_{cr}=\frac{\pi^2 EI}{(2l)^2}$$

依上讨论推知：长为 l，杆端具有各种约束的细长杆的临界力，可统一表达为

$$F_{cr}=\frac{\pi^2 EI}{(\mu l)^2} \quad (13\text{-}2)$$

式中，μ 称为**长度因数**，它反映了各种不同支承情况对临界力的影响；μl 称为**计算长度**。

从公式（13-2）可知，临界力 F_{cr} 的大小，与压杆材料的弹性模量 E、杆的计算长度 μl、截面对中性轴的惯性矩 I 值有关。几种常见的理想杆端约束情况的 μ 值列于表 13-1 中。

表 13-1　压杆的长度因数

支承情况	两端铰支	一端固定 一端自由	两端固定	一端固定 一端铰支
简图				
μ	1	2	0.5	0.7

从表中可以看到，两端都有支座的压杆，其长度因数在 0.5 到 1.0 的范围内。在实际情况中，压杆的杆端很难做到完全固定，只要杆端截面稍有发生转动的可能，这种杆端就不能看成是理想的固定端，而是接近于铰支端的情况，因此在设计中，常将压杆的长度因数 μ 取为接近于 1.0 的值，而使临界载荷偏于安全方面。在各种实际的杆端约束情况下，压杆的长度因数在一般的设计规范中都有具体的规定。

13.3　欧拉公式的应用范围　临界应力总图

13.3.1　临界应力与柔度

由于习惯上常用应力来计算，我们也可以用临界力除以截面面积得出

$$\sigma_{cr}=\frac{F_{cr}}{A}=\frac{\pi^2 EI}{A(\mu l)^2} \quad (13\text{-}3)$$

σ_{cr} 称为**临界应力**，单位为 Pa。

若将惯性矩 $I=i^2A$ 代入式 (13-3)，便得到临界应力的公式

$$\sigma_{cr}=\frac{\pi^2 E i^2}{(\mu l)^2}=\frac{\pi^2 E}{\lambda^2} \tag{13-4}$$

式中，$i=\sqrt{\dfrac{I}{A}}$，称为**惯性半径**，它是表示截面尺寸和形状的另一个几何量；$\lambda=\dfrac{\mu l}{i}$，称为压杆的**柔度**，它是压杆的计算长度 μl 与惯性半径 i 之比，故又称**长细比**，它是一个量纲为一的量，可以综合地反映杆长、支承情况及杆的截面尺寸和形状等结构因素对临界力的影响。对于一定材料制成的压杆，$\pi^2 E$ 是常数，因此压杆的临界应力与柔度的平方成反比，而压杆也总是在柔度大的弯曲平面内失稳。

13.3.2 欧拉公式的应用范围

在临界力公式的推导中，我们曾用到公式 $\dfrac{d^2 w}{dx^2}=\dfrac{M(x)}{EI}$。但此式只在弹性范围内才能成立，所以当临界应力不超过比例极限 σ_p 时，公式 (13-4) 才是正确的，即必须

$$\sigma_{cr}=\frac{\pi^2 E}{\lambda^2}\leqslant \sigma_p$$

所以

$$\lambda \geqslant \sqrt{\frac{\pi^2 E}{\sigma_p}}$$

令

$$\sqrt{\frac{\pi^2 E}{\sigma_p}}=\lambda_p$$

式中，λ_p 是与比例极限相应的柔度。例如，Q235 钢 $E=206\text{GPa}$，$\sigma_p=200\text{MPa}$，所以

$$\lambda_p=\sqrt{\frac{\pi^2 E}{\sigma_p}}=\sqrt{\frac{\pi^2\times 206\times 10^9}{200\times 10^6}}\approx 100$$

也就是说，对于 Q235 钢制成的压杆，只有当 $\lambda\geqslant 100$ 时，才能用公式 (13-4) 计算临界应力。表 13-2 中列出了一些材料的 λ_p 值。$\lambda\geqslant \lambda_p$ 的压杆称为**细长杆**（又称**大柔度杆**）。它的破坏是由于弹性范围内的失稳所致。

13.3.3 中小柔度杆的临界应力

压杆的柔度越小，则它抵抗失稳的能力越大。实验指出，当压杆的柔度小于某一数值 λ_s（即相应于屈服极限值的柔度。例如，对于 Q235 钢，$\lambda_s=61.6$），其破坏与否主要决定于强度，它的承载能力取决于强度指标（如第 6 章所述）。柔度 $\lambda\leqslant \lambda_s$ 的压杆称为**粗短杆**（又称**小柔度杆**）。工程中常用杆件的柔度是界于 λ_p 与 λ_s 之间的**中长杆**（又称**中柔度杆**），它的破坏主要是由于超过弹性范围的

失稳所致。对于这类中长杆,人们也曾进行过不少研究,提出了各种不同的计算公式:如直线公式、抛物线公式等。计算临界应力的直线公式的形式如下

表 13-2 几种材料的 a、b、λ_p、λ_s

材　　料	a/MPa	b/MPa	λ_p	λ_s
Q235 钢	304	1.12	100	61.6
优质碳钢	460	2.57	100	60
硅　钢	578	3.74	100	60
硬　铝	392	3.26	50	0
铸　铁	332	1.45		
松　木	28.7	0.19	59	0

$$\sigma_{cr}=a-b\lambda \quad (\lambda_p>\lambda>\lambda_s) \tag{13-5}$$

式中,a、b 和 λ_s 的数值因材料不同而异,表 13-2 中列举了某些材料的数据。

综上所述,可将各类柔度压杆的临界应力计算公式归纳如下

1) 对于细长杆($\lambda \geqslant \lambda_p$),用欧拉公式

$$\sigma_{cr}=\frac{\pi^2 E}{\lambda^2}$$

2) 对于中长杆($\lambda_p>\lambda>\lambda_s$),用直线公式

$$\sigma_{cr}=a-b\lambda$$

3) 对于粗短杆($\lambda \leqslant \lambda_s$),用压缩强度公式

$$\sigma_{cr}=\sigma_s \text{(屈服极限)}$$

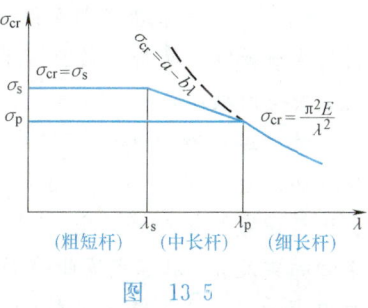

图 13-5

若将以上三种柔度范围内的临界应力与柔度间的关系在 σ_{cr}-λ 坐标系内绘成图线,所得到的图线就称为压杆的**临界应力总图**。对于塑性材料制成的压杆,其临界应力总图如图 13-5 所示。从图中可以看出,对于由稳定性控制的细长杆和中长杆,它们的临界应力都随压杆柔度的增加而减小;对于由压缩强度控制的粗短杆,一般不考虑柔度对临界应力的影响。

13.4　压杆稳定性的校核

前节讨论了压杆在各种柔度下的临界应力。现在来研究怎样进行压杆稳定性的校核。在机械工程中,压杆的稳定校核,通常采用安全因数进行校核,即

$$n_{st}=\frac{\sigma_{cr}}{\sigma} \geqslant [n_{st}] \quad 或 \quad \frac{F_{cr}}{F} \geqslant [n_{st}] \tag{13-6}$$

式中,σ、F 分别为压杆的工作应力和工作压力;n_{st} 为压杆工作时的**实际稳定安**

全因数；$[n_{st}]$ 为规定的稳定安全因数。

由于杆的初曲率、载荷的偏心、材料的不均匀等因素对压杆的临界力影响较大，所以规定的稳定安全因数 $[n_{st}]$ 应取得大些。

必须指出，截面有局部削弱（如油孔、螺钉等）的压杆，除校核稳定外，还必须作强度校核，在校核强度时，A 为考虑了削弱的横截面的净面积。而压杆保持稳定性的能力，是对压杆的整体而言的，截面的局部削弱，对临界力数值的影响很小，可以不必考虑，所以，在稳定计算中，A 为不考虑削弱的横截面面积。

综上所述，稳定校核的步骤如下：

1) 根据压杆的实际尺寸及其支承情况，分别计算其在各个弯曲平面内弯曲时的柔度 λ，从而得出 λ_{max}。

2) 根据最大柔度 λ_{max}，确定计算该压杆的临界应力公式，然后算出其 σ_{cr} 值，或 F_{cr} 值。

3) 利用式（13-6）对压杆进行稳定校核。

例 13-2 一机器连杆如图 13-6 所示，材料为优质碳钢，连杆受最大压力为 30kN，取规定安全因数 $[n_{st}]=5$，试进行稳定校核。

解 连杆受压时，可能在 xy 平面内发生弯曲，也可能在 xz 平面内发生弯曲。故在进行稳定校核时必须首先计算出两个弯曲平面的柔度 λ，以确定弯曲平面。若在 xy 平面内弯曲（横截面绕 z 轴转动），两端可以认为是铰支；若在 xz 平面内弯曲，由于上下销子不能在 xz 平面内转动，故两端可以认为是固定端。

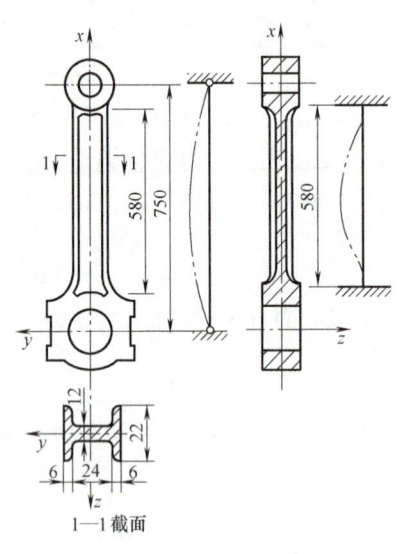

图 13-6

(1) 截面几何性质的计算

$$I_z = \left[\frac{12 \times 24^3}{12} + 2\left(\frac{22 \times 6^3}{12} + 22 \times 6 \times 15^2\right)\right] mm^4 = 7.42 \times 10^4 mm^4$$

$$I_y = \left(\frac{24 \times 12^3}{12} + 2 \cdot \frac{6 \times 22^3}{12}\right) mm^4 = 1.42 \times 10^4 mm^4$$

$$A = (24 \times 12 + 2 \times 6 \times 22) \ mm^2 = 552 mm^2$$

(2) 柔度计算

在 xy 平面内弯曲的柔度

$$\lambda_z = \frac{\mu l}{i_z} = \frac{\mu l}{\sqrt{\frac{I_z}{A}}} = \frac{1 \times 750}{\sqrt{\frac{7.42 \times 10^4}{552}}} = 64$$

在 xz 平面内弯曲的柔度

$$\lambda_y = \frac{\mu l}{i_y} = \frac{\mu l}{\sqrt{\dfrac{I_y}{A}}} = \frac{0.5 \times 580}{\sqrt{\dfrac{1.42 \times 10^4}{552}}} = 58$$

由于在 xy 平面内弯曲的柔度大，故只需对连杆在 xy 平面内的稳定性进行校核。

（3）稳定性校核

连杆工作应力

$$\sigma = \frac{F}{A} = \frac{30 \times 10^3}{0.552 \times 10^{-3}} \text{Pa} = 54.4 \text{MPa}$$

连杆临界应力

$\lambda_z = 64$，属中长杆，$(\lambda_s < \lambda_z < \lambda_p)$，查表 13-2 得 $a = 460$，$b = 2.57$

$$\sigma_{cr} = a - b\lambda = (460 - 2.57 \times 64) \text{MPa} = 295.52 \text{MPa}$$

$$n_{st} = \frac{\sigma_{cr}}{\sigma} = \frac{295.52}{54.4} = 5.43 > [n_{st}]$$

故连杆具有足够的稳定性。

例 13-3 如图 13-7a 所示托架，承受载荷 $F = 10$kN，已知 AB 杆的外径 $D = 50$mm，内径 $d = 40$mm，两端为球铰，材料为 Q235 钢，$E = 200$GPa；若规定稳定安全因数 $[n_{st}] = 3$，试问 AB 杆是否稳定。

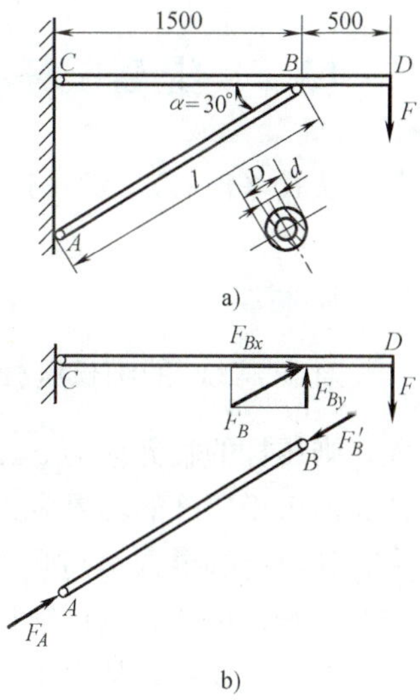

解 将托架从铰链 B 点处拆开，如图 13-7b 所示。F'_B 为 AB 杆的轴向压力，把 AB 杆作用给 CD 杆的 F_B 力分解为分力 F_{Bx} 和 F_{By}，由 CD 杆的平衡条件

$$\sum M_C = 0$$
$$F \times CD - F_{By} \times BC = 0$$

得

$$F_{By} = 13.3 \text{kN}$$

由图 13-7b 中的关系可知

$$F_B = \frac{F_{By}}{\sin 30°} = 26.6 \text{kN}$$

图 13-7

求得压力 F_B 后，即可进行稳定校核。对于 AB 杆

$$I = \frac{\pi}{64}(D^4 - d^4)$$

$$A = \frac{\pi}{4}(D^2 - d^2) = 706.86 \text{mm}^2 = 0.71 \times 10^{-3} \text{m}^2$$

$$i=\sqrt{\frac{I}{A}}=\sqrt{\frac{\frac{\pi}{64}(D^4-d^4)}{\frac{\pi}{4}(D^2-d^2)}}=\frac{1}{4}\sqrt{D^2+d^2}=16\text{mm}$$

在△ABC中，可以求出AB杆的长

$$l=\frac{BC}{\cos 30°}=\frac{1.5}{0.866}\text{m}=1730\text{mm}$$

AB杆两端为球铰，$\mu=1$，故其柔度为

$$\lambda=\frac{\mu l}{i}=\frac{1\times 1730}{16}=108$$

由于$\lambda>\lambda_p$，所以AB杆属于细长杆，其临界力为

$$F_{cr}=\frac{\pi^2 E}{\lambda^2}A=\frac{\pi^2\times 200\times 10^9}{(108)^2}\times 0.71\times 10^{-3}\text{N}=120\text{kN}$$

$$n_{st}=\frac{F_{cr}}{F}=\frac{120\times 10^3}{26.6\times 10^3}=4.51>[n_{st}]$$

故AB杆具有足够的稳定性。

13.5 提高压杆稳定性的措施

从式（13-4）、式（13-5）可知，提高压杆承载能力可以从下列两方面入手。

1. 材料

对于$\lambda\geqslant\lambda_p$的细长压杆，临界应力$\sigma_{cr}=\frac{\pi^2 E}{\lambda^2}$制成压杆的材料的弹性模量$E$大，则压杆的临界应力$\sigma_{cr}$大，故选用$E$值较大的材料能提高细长压杆的稳定性。但由于压杆的临界应力σ_{cr}值与材料的强度指标无关，故在E值相同的材料中，就没有必要选用高强度材料，例如，合金钢与普通碳钢的E都在200GPa左右，若选用合金钢作细长压杆，除造成浪费外，是没有意义的。

对于中长杆，从图13-5可以看到，屈服极限及比例极限的增长引起了临界应力σ_{cr}的增长，故选用高强度钢能提高中长压杆的稳定性。

2. 柔度

对于一定材料制成的压杆，其临界应力与柔度$\lambda=\frac{\mu l}{i}$的平方成反比，柔度越小，稳定性越好。为了减小柔度，在可能的条件下可以从下列几方面采取措施：

1) 改善支承情况　因压杆两端固定得越牢固，μ值越小，计算长度μl就越小，它的临界应力就越大，故采用μ值小的支座形式，可以提高压杆的稳定性。

但实际上很难达到理想固定端情况。

2) 在其他条件相同的情况下，杆长 l 越小，则 λ 越小，临界应力就越高　如图 13-8a 所示两端铰支的杆，若在杆中点增加另一铰链支座（图 13-8b），则其长度为原来的一半，柔度即为原来的一半，而其临界应力成为原来的四倍。

3) 选择合理的截面形状　当压杆两端在各个弯曲平面的约束条件相同时（即 μ 值相同），则它的失稳总是发生在最小刚度平面内。因此当截面面积一定时，使 $I_z = I_y$，并且尽可能地使 I 值大些，可以提高其抗失稳的能力。例如图 13-9 所示截面面积相同的各图中，图 13-9b 的截面形状比图 13-9a 好，图 13-9c 的截面形状比图 13-9b 好。

若压杆两端在 xy 平面的约束条件与在 xz 平面内的不同的情况下，如图 13-6 所示的连杆，则可采用 I_z 不等于 I_y 的截面（例如矩形截面或工字形截面），以与相应的支座条件配合，使得在两个相互垂直的平面内，柔度能尽可能相等或接近，从而达到在两个方向上抵抗失稳能力相近的目的。

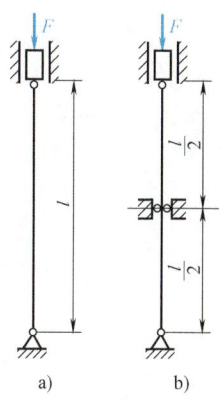

图 13-8

以上讨论，实际上都是使两个弯曲平面内的柔度相等，即 $\lambda_y = \lambda_z$，这种情况称为**等稳定性**，故理想的压杆应该设计成等稳定性的。

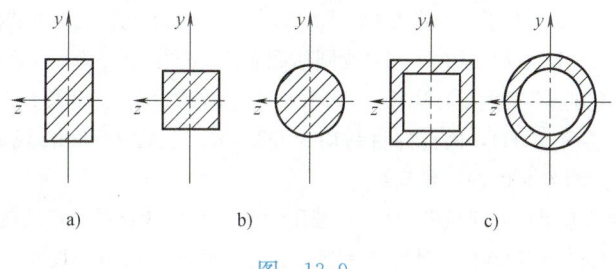

图 13-9

习　题

13-1　若其他条件不变，圆截面细长压杆的直径增加一倍，它的临界力有什么变化？

13-2　两端为球铰的压杆，其截面如图 13-10 所示。问压杆失稳时，它的截面将绕哪一根轴转动？

13-3　图 13-11 所示材料相同、直径相等的各细长杆。(1) 哪一根能承受的压力最大？哪一根能承受的压力最小？(2) 如 $E = 200$ GPa，$d = 160$ mm，试求各杆临界力。

13-4　图 13-12 所示托架中的 AB 杆，直径 $d = 40$ mm，长度 $l = 800$ mm，两端可视为铰支，材料为 Q235 钢。(1) 试求托架的临界载荷 F_{cr}；(2) 若已知工作载荷 $F = 70$ kN，并要求 AB 杆的稳定安全因数 $[n_{st}] = 2$，试问此托架是否安全？

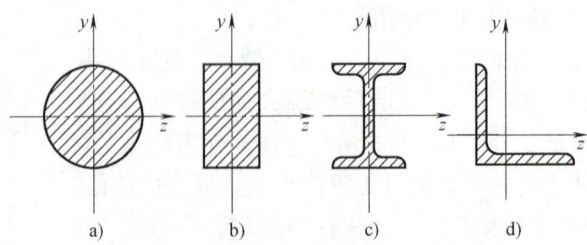

图 13-10 题 13-2 图

a) 圆形　b) 矩形　c) 工字形钢　d) 等边角钢

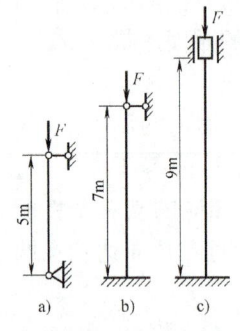

图 13-11 题 13-3 图

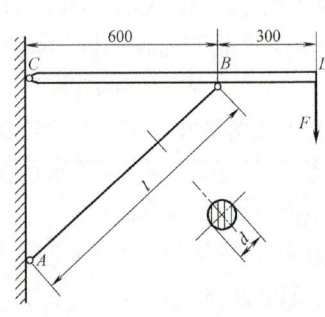

图 13-12 题 13-4 图

13-5　两端为球铰的中心受压圆木柱，直径 $d=150$mm，长度 $l=5$m，$E=10$GPa。(1) 求柱的临界力 F_{cr}；(2) 若规定稳定安全因数 $[n_{st}]=4$，试求此杆的许可载荷。

13-6　在图 13-13 所示结构中，AB 为圆形截面杆，直径 $d=80$mm，A 端为固定，B 端为铰支，BC 为正方形截面的杆，边长 $a=70$mm，C 端亦为铰支。AB 及 BC 杆可以各自独立发生弯曲变形（互不影响），两杆的材料均为 Q235 钢，已知 $l=3$m，规定稳定安全因数 $[n_{st}]=2.5$。试求此结构的许可载荷 F。

13-7　移动式起重机的起重臂 AB，B 端用钢丝绳 BC、BD 系于机架两侧，如图 13-14 所示。AB 臂由 Q235 钢管制成，外径 $D=100$mm，内径 $d=70$mm，长度 $l=5$m，若稳定安全因数 $[n_{st}]=4$。试求起重臂的许可压力。

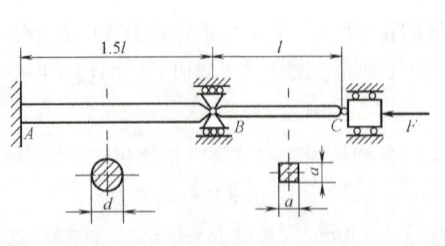

图 13-13 题 13-6 图

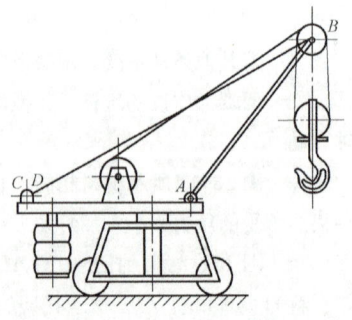

图 13-14 题 13-7 图

13-8 图 13-15 所示压杆的材料为 Q235 钢，$E=210\text{GPa}$，在正视图 a 的平面内，两端为铰支，在俯视图 b 的平面内，两端认为固定。试求此杆的临界力。

13-9 已知如图 13-16 所示的千斤顶螺纹杠的最大承载量 $F=150\text{kN}$，内径 $d_1=52\text{mm}$，长度 $l=500\text{mm}$，材料为 Q235 钢。试计算此螺纹杠的工作安全因数。(提示：可认为螺纹杠的下端固定，而上端是自由的)。

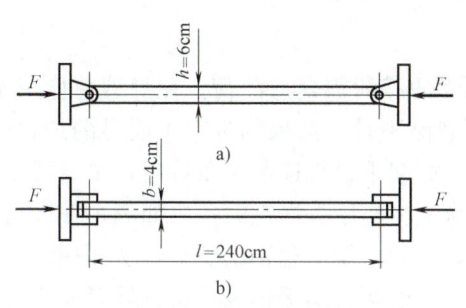

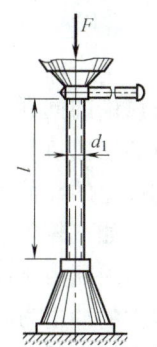

图 13-15 题 13-8 图　　　　　　图 13-16 题 13-9 图

13-10 压缩机的活塞杆，受活塞传来轴向压力 $F=100\text{kN}$ 的作用，活塞杆的长度 $l=1000\text{mm}$，直径 $d=40\text{mm}$，如图 13-17 所示。材料为优质碳钢，规定压缩机活塞杆安全因数 $[n_{st}]=4$。试进行稳定校核。

13-11 矿井采空区在充填前，为防止顶板陷落，常用木柱支撑，若柱承受顶板的压力为 40kN，柱长 $l=2\text{m}$，柱直径 $d=14\text{cm}$，稳定安全因数 $[n_{st}]=4$。试校核木柱的稳定性。

13-12 一根 20a 工字钢的直杆，长 $l=6\text{m}$，两端固定。在温度 $T_1=20℃$ 时进行安装，此时杆不受力。若知钢的线膨胀系数 $\alpha=1.25\times10^{-5}\text{K}^{-1}$，$E=210\text{GPa}$。试问当温度升高到多少度时，杆将丧失稳定。

13-13 图 13-18 所示结构，材料为 Q235 钢，BC 杆直径为 28mm，$F=52\text{kN}$。试校核此结构是否安全。已知：$E=200\text{GPa}$，$\sigma_s=235\text{MPa}$，强度安全因数 $n=2$，规定稳定安全因数 $[n_{st}]=3$。

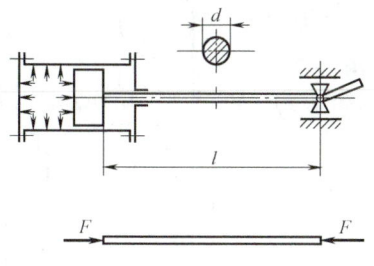

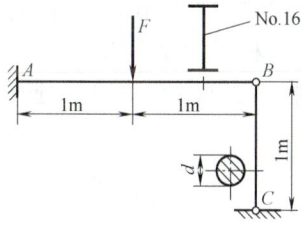

图 13-17 题 13-10 图　　　　　　图 13-18 题 13-13 图

第 14 章 动载荷与交变应力

14.1 概述

前面所讨论的问题中，构件所承受的载荷都是静载荷。在静载荷作用下，构件内各点的加速度为零或微小到可忽略不计。如果构件有了明显的加速度，则作用于构件上的载荷就是动载荷。例如起重机加速起吊重物时，吊索所受到的惯性力；又如飞轮等速旋转时，轮缘上将作用有惯性力；再如汽锤在锻造坯件时，在碰撞瞬间由于锤的速度在极短时间内发生急剧的变化，从而使汽锤和坯件受到很大的冲击力。这三个例子中，前两者属于**惯性载荷**，后者属于**冲击载荷**。构件在惯性载荷和冲击载荷作用下所产生的应力称为**动荷应力**。

实验结果表明，只要动荷应力不超过比例极限，胡克定律仍适用于动载荷下应力、应变的计算，弹性模量与静载荷下的数值相同。

14.2 考虑惯性力时构件的应力计算

当构件为一运动物体时，由于有加速度，因而随构件质量分布，将产生分布的惯性力，惯性力的大小等于运动物体的质量 m 与加速度 a 的乘积，其方向与加速度的方向相反。从图 14-1 所示的矿井升降机为例，若起吊重量为 W 的重物，以加速度 a 上升，若钢绳横截面面积为 A，不计钢绳自重，可求钢绳横截面上的动荷应力。

计算运动构件内力，仍应用截面法，在图 14-1a 中截取如图 14-1b 所示部分，它受到重物的重力 W 和向上的加速度 a 的作用，则重物的惯性力为 Wa/g。在运动构件上加上与加速度 a 方向相反的惯性力（图 14-1b），这时构件在重力、内力和惯性力作用下处于平衡。由平衡方程，可得

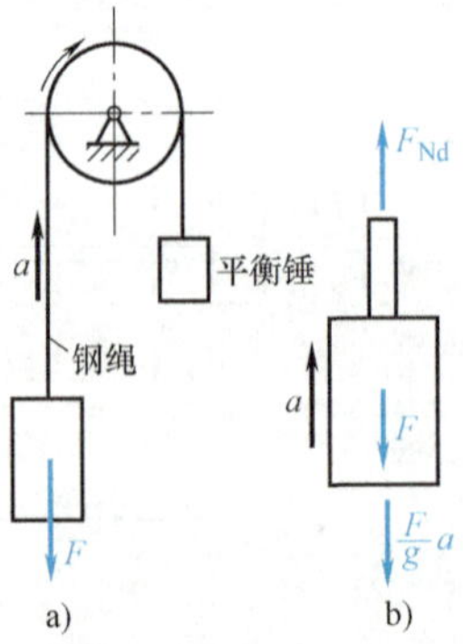

$$F_{Nd} = W + \frac{W}{g}a = W\left(1 + \frac{a}{g}\right)$$

令

$$K_d = 1 + \frac{a}{g} \qquad (14\text{-}1)$$

代入上式得

$$F_{Nd} = K_d W \qquad (14\text{-}2)$$

图 14-1

式中，K_d 称为**动荷因数**，它表示动载荷与静载荷二者的比值。将式（14-2）两边同除以横截面面积 A，则求得钢绳动应力：

$$\sigma_d = K_d \sigma_{st} \tag{14-3}$$

式中，σ_{st} 为荷重以静载方式作用时，构件内的静应力。强度条件可以写成

$$\sigma_d = K_d \sigma_{st} \leqslant [\sigma] \tag{14-4}$$

式中，$[\sigma]$ 为材料在静载下的许用应力。

例 14-1　图 14-1 所示升降机，已知：重物 $W=40\text{kN}$，加速度 $a=2\text{m/s}^2$，重力加速度 $g=9.8\text{m/s}^2$，钢绳横截面面积 $A=400\text{mm}^2$，试求钢绳的最大动荷应力。

解　将已知数据代入式（14-3）、式（14-1）得

$$\sigma_d = K_d \sigma_{st} = \left(1+\frac{a}{g}\right)\frac{W}{A} = \left(1+\frac{2}{9.8}\right)\frac{40\times 10^3}{400\times 10^{-6}}\text{Pa} = 120.4\text{MPa}$$

等速旋转的构件存在着向心加速度，在旋转构件上产生惯性力，下面举例说明这类问题的动荷应力计算。

例 14-2　一平均直径为 D 的薄壁圆环绕通过其圆心且垂直于环平面的轴作等速转动（图 14-2a）。若环的横截面面积为 A，材料单位体积的重量为 γ，角速度为 ω。试求此环横截面上的正应力。

解　由于圆环作等速转动，因而环内各点只有向心加速度，又由于环壁很薄，可近似认为环内各点的向心加速度大小相等，且都等于 $a_n = D\omega^2/2$。于是沿轴线均匀分布的惯性力集度为 $q_d = A\gamma a_n/g = A\gamma D\omega^2/2g$，方向背离圆心，如图 14-2b 所示。

用截面法，沿环的任一直径面假想地将圆环截分为二，并取上半环（图 14-2c）研究其平衡。在此半环上，惯性力沿 y 轴方向的合力为

$$F_{Rd} = \int_0^\pi \left(q_d \frac{D}{2}\mathrm{d}\theta\right)\sin\theta = \frac{A\gamma\omega^2 D^2}{2g}$$

在环的每个横截面上的正应力，也可以根据环壁很薄这一条件认为是均匀分布的。因此，在截开面上的内力是轴力 F_{Nd}。由平衡方程

$$\sum F_y = 0, \quad -2F_{Nd} + F_{Rd} = 0$$

$$F_{Nd} = \frac{F_{Rd}}{2} = \frac{A\gamma\omega^2 D^2}{4g}$$

由此求得环横截面上的正应力 σ_d 为

$$\sigma_d = \frac{F_{Nd}}{A} = \frac{\gamma\omega^2 D^2}{4g} = \frac{\gamma v^2}{g}$$

式中，$v = \dfrac{D\omega}{2}$ 是圆环轴线上点的线速度。强度条件是

$$\sigma_d = \frac{\gamma v^2}{g} \leqslant [\sigma]$$

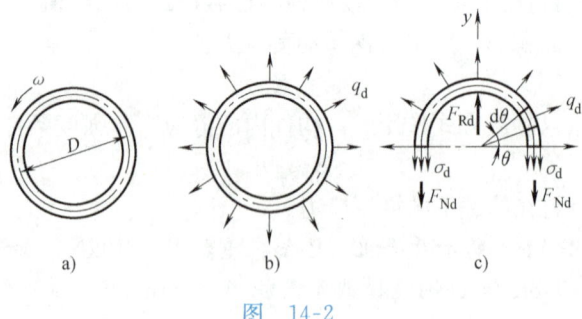

图 14-2

从以上两式看出,环内应力与横截面面积 A 无关。要保证圆环的强度,关键在于应限制其转速,增加横截面面积 A 不能降低横截面上的应力。

14.3 冲击应力计算

在冲击过程中,由于被冲击构件的阻碍,使冲击物的速度在极短时间内发生急剧的改变,这表示它获得很大的负加速度。由于冲击持续的时间很短,这一加速度大小较难测得,故不能用惯性力方法来计算这类问题。在工程实际中,一般采用能量法来近似计算受冲击构件的应力和应变。

为了简化计算,对冲击问题常作如下假设:

(1) 冲击物变形很小,可视为刚体。

(2) 被冲击物的质量与冲击物的质量相比很小,可略去不计。

(3) 被冲击物为弹性体,在冲击过程中材料仍服从胡克定律,且比例常数与静载荷下相同。

若不计冲击过程的能量损失(如热能、声能等)。由机械能守恒定律,冲击物在冲击过程中所减少的动能 T 和位能 V,应等于被冲击物在冲击过程中所积蓄的应变能 V_ε,即

$$T+V=V_\varepsilon \tag{14-5}$$

下面以图 14-3a 所示杆件,受重量为 P 的刚体自由落下冲击为例,说明冲击应力的计算。

设杆件受重物冲击后,产生最大压缩变形为 Δ_d(图 14-3b),则冲击物在冲击终了时所减少的重力势能为

$$V=P(h+\Delta_\mathrm{d}) \tag{a}$$

由于冲击物的初速度和下落终止时的终速度都为零,故动能无变化,即

$$T=0 \tag{b}$$

因为杆件的应变能 V_d 等于冲击载荷 F_d 在冲击过程中所做的功,由于冲击载荷 F_d 与动变形 Δ_d 都是由零开始增加到最终值,且成线性关系(图 14-4),故此功

可按图 14-4 中的有阴影线的三角形面积来求得，即

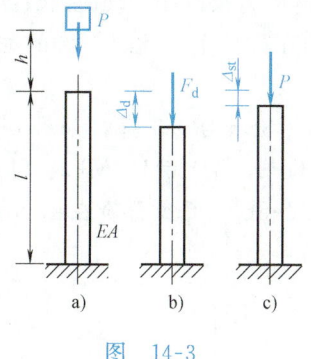

图 14-3　　　　　　　图 14-4

$$V_d = \frac{1}{2}F_d\Delta_d \tag{c}$$

将式（a）、式（b）、式（c）三式代入式（14-5），得

$$P(h+\Delta_d) = \frac{1}{2}F_d\Delta_d \tag{d}$$

据图 14-4 所示关系有

$$\frac{F_d}{P} = \frac{\Delta_d}{\Delta_{st}} = K_d \tag{14-6}$$

将上式代入式（d），得

$$P(h+\Delta_d) = \frac{1}{2}\frac{F}{\Delta_{st}}\Delta_d^2$$

由此可解得冲击变形 Δ_d 为

$$\Delta_d = \left(1 \pm \sqrt{1+\frac{2h}{\Delta_{st}}}\right)\Delta_{st}$$

Δ_d 应大于 Δ_{st}，所以上式右端的根号前应取正号，即

$$\Delta_d = \left(1 + \sqrt{1+\frac{2h}{\Delta_{st}}}\right)\Delta_{st} = K_d\Delta_{st} \tag{e}$$

动荷因数 K_d 为

$$K_d = 1 + \sqrt{1+\frac{2h}{\Delta_{st}}} \tag{14-7}$$

式中，h 为初速度等于零的冲击物离杆端的高度；Δ_{st} 为冲击物的重量以静载荷形式作用于杆件上，杆在被冲击点沿力方向的静位移（图 14-3c）。

由式（14-6），得冲击载荷

$$F_d = K_dP = \left(1 + \sqrt{1+\frac{2h}{\Delta_{st}}}\right)P \tag{f}$$

式（f）两边同除以杆的横截面面积 A，得

$$\sigma_d = K_d \sigma_{st} \qquad (14\text{-}8)$$

式中，σ_d 即所要求的冲击应力，它等于相应的静应力乘以冲击动荷因数。

若 $h=0$，则 $K_d=2$。相当于将重量突然加在杆件上，此时杆件的动应力、动变形都是静载荷作用时的两倍。

例 14-3 一个重为 4kN 的物体 P 自高度 $h=8$cm 自由下落，如图 14-5a 所示，梁为 22a 工字钢，跨长 $l=400$cm，$E=200$GPa，$[\sigma]=160$MPa。(1) 试校核梁的强度；(2) 若右支座改用弹簧支座（图 14-5b），已知弹簧在 1kN 静载荷作用下缩短 1mm，此时梁的强度如何？

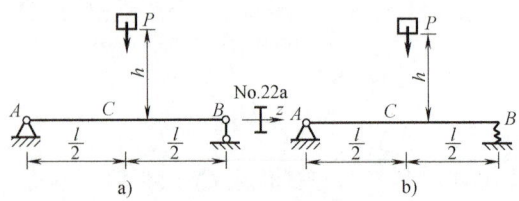

图 14-5

解 (1) 查型钢表得 22a 工字钢 $I_z=3400\text{cm}^4$，$W_z=309\text{cm}^3$。动荷因数表达式中的静位移 Δ_{st} 应为梁受冲击点 C 处的静挠度，即

$$\Delta_{st} = \frac{Pl^3}{48EI} = \frac{4\times10^3 \times 4}{48\times 200\times 10^9 \times 3400\times 10^{-8}}\text{m} = 0.78\times 10^{-3}\text{m}$$

代入式 (14-7) 得

$$K_d = 1+\sqrt{1+\frac{2h}{\Delta_{st}}} = 1+\sqrt{1+\frac{2\times 8\times 10^{-2}}{0.78\times 10^{-3}}} = 15.36$$

由受力分析，梁的最大静应力在 C 截面处

$$\sigma_{st,max} = \frac{Pl}{4W_z} = \frac{4\times 10^3 \times 4}{4\times 309\times 10^{-6}}\text{Pa} = 12.94\text{MPa}$$

由式 (14-8) 得

$$\sigma_{d,max} = K_d \sigma_{st,max} = 15.36\times 12.94\text{MPa} = 198.6\text{MPa} > [\sigma]$$

因此梁不安全。

(2) 图 14-5b 的梁，中点 C 的静位移 Δ_{st} 除考虑上述梁中点处静位移外，还需考虑右支座弹簧变形引起梁中点处的静位移，即

$$\Delta_{st} = \frac{Pl^3}{48EI} + \frac{1}{2}(\Delta_{st})_B$$

弹簧刚度系数

$$k = \frac{10^3}{10^{-3}}\text{N/m} = 10^6 \text{N/m}$$

$$(\Delta_{st})_B = \frac{\frac{P}{2}}{k} = \frac{\frac{4\times 10^3}{2}}{10^6}\text{m} = 2\times 10^{-3}\text{m}$$

所以动荷因数为

$$K_d = 1 + \sqrt{1 + \frac{2h}{\Delta_{st}}} = 1 + \sqrt{1 + \frac{2 \times 8 \times 10^{-2}}{1.78 \times 10^{-3}}} = 10.53$$

有弹簧支座梁的静应力与上述相同，但它们的动荷因数却不相同，因此动应力也不同，即

$$\sigma_d = K_d \sigma_{st} = 10.53 \times 12.94 \text{MPa} = 136.3 \text{MPa} < [\sigma]$$

因此图 14-5b 所示的梁是安全的。

以上介绍了重物自由下落冲击构件时的应力和变形的计算，这只是冲击形式的一种，对于其他形式的冲击，同样可从前述假设机械能守恒得到解决。

14.4　交变应力下材料与构件的疲劳极限

14.4.1　交变应力与疲劳的概念

工程中有许多构件，在工作时受到随时间作周期性变化的应力作用，这种应力称为**交变应力**，它也是一种动应力。例如观察齿轮上任一齿的齿根处 A 点的应力（图 14-6a）轴旋转一周，这个齿啮合一次，每一次啮合过程中，A 点的弯曲正应力就由零变化到某一最大值，然后再回到零。轴不断地旋转，A 点的应力也就不断地重复上述过程。若以时间 t 为横坐标，弯曲正应力 σ 为纵坐标，应力随时间变化的曲线如图 14-6b 所示。

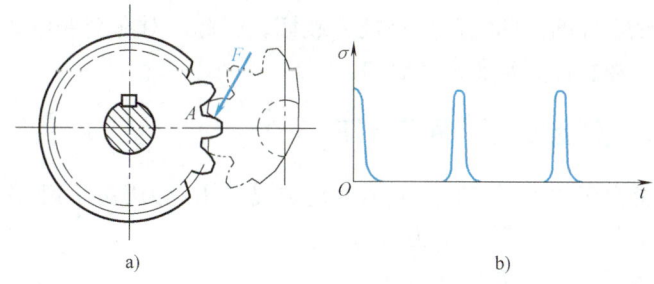

图　14-6

又如传动轴上的载荷虽然基本不变（图 14-7a），但因轴在转动，横截面上任一点处的弯曲正应力却是随时间作周期性变化的。图 14-7b 表示传动轴横截面上 A 点处弯曲正应力的变化曲线。图中 σ_a、σ_b、σ_c、σ_d 分别表示当 A 点经过位置 a、b、c、d 时的瞬时应力。

实践表明，在交变应力作用下，即使是由塑性材料制成的构件，虽然其最大工作应力远低于材料的强度极限，但经历多次周期性应力变化后也会发生无先兆的、突然的断裂，在交变应力作用下，材料上述破坏现象习惯上称为**疲劳破坏**。

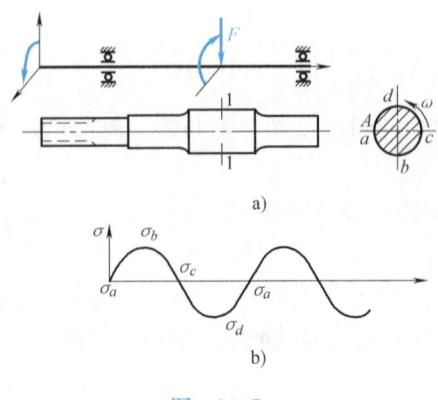
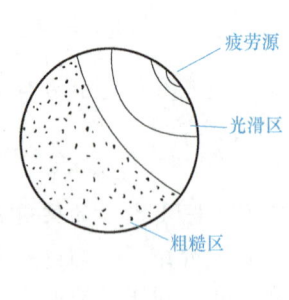

图 14-7

图 14-8

目前研究结果指出疲劳破坏的过程是：由于材料内部往往会存在一些缺陷，如空穴、夹杂物、疵点及外表面机加工留下的刻痕等，当交变应力超过一定限度时，在构件中应力最大处或材料有缺陷的地方，经过应力的多次交替变化后，将产生很细微的裂纹，这就是疲劳源。在裂纹的尖端有严重的应力集中，因而在交变应力的反复作用下导致裂纹的扩展。在裂纹的扩展过程中，裂纹两边的材料时分时合，发生类似研磨作用，逐渐形成一个如图 14-8 所示的光滑区域。当裂纹扩展到一定程度后，构件的截面积已遭到严重的削弱，直到不能承受所施加的载荷而突然断裂，形成图 14-8 所示的粗造区域。所以，可认为构件的疲劳破坏是构件中裂纹的形成和逐渐扩展的结果。

疲劳破坏往往是在没有明显预兆的情况下突然发生的，从而造成严重事故。据统计，机械零件的损坏大部分是疲劳破坏。因此，对在交变应力下工作的零件，进行疲劳强度计算是非常必要的。

14.4.2　交变应力的循环特征

构件在交变应力下工作时，应力变化情况可用应力随时间变化的曲线来表示，如图 14-6b、图 14-7b。应力每重复变化一次称为一个**应力循环**（图 14-9），重复变化的次数称为**循环次数**。而把最小应力和最大应力之比称为交变应力的**循环特征**，用 r 表示即

$$r = \frac{\sigma_{\min}}{\sigma_{\max}} \quad (14\text{-}9)$$

$\sigma_{\max}$ 和 $\sigma_{\min}$ 的平均值，称为应力循环中的**平均应力**

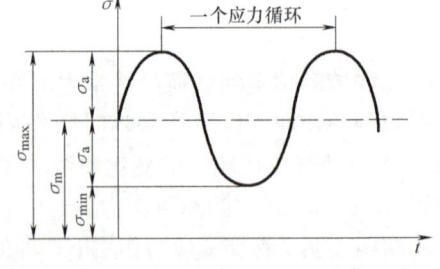

图 14-9

$$\sigma_m = \frac{1}{2}(\sigma_{\max} + \sigma_{\min}) \tag{14-10}$$

用 σ_a 表示应力变化幅度，称为应力循环中的**应力幅度**

$$\sigma_a = \frac{1}{2}(\sigma_{\max} - \sigma_{\min}) \tag{14-11}$$

在交变应力计算中，根据交变应力的循环特征将其分类，表 14-1 给出各类应力循环以及相应的 r、σ_m、σ_a。

表 14-1　交变应力类型

交变应力类型	$\sigma_{\max}$ 与 $\sigma_{\min}$	循环特征 r	平均应力 σ_m	应力幅度 σ_a
对称循环	$\sigma_{\max} = -\sigma_{\min}$	-1	0	$\sigma_{\max}$
脉动循环	$\sigma_{\max} \neq 0$，$\sigma_{\min} = 0$	0	$\frac{1}{2}\sigma_{\max}$	$\frac{1}{2}\sigma_{\max}$
非对称循环	$\sigma_{\max} \neq \sigma_{\min}$	$r < 1$	$\frac{1}{2}(\sigma_{\max}+\sigma_{\min})$	$\frac{1}{2}(\sigma_{\max}-\sigma_{\min})$
静载荷应力	$\sigma_{\max} = \sigma_{\min}$	1	$\sigma_{\max}$	0

以上概念对于交变切应力完全适用，只需将 σ 改为 τ 即可。

14.4.3　对称循环交变应力下材料的疲劳极限

由上述分析可知，按静载荷试验测得的材料的极限应力已不适用于构件承受交变应力时的情况，要建立构件在交变应力下的强度条件，首先必须测定交变应力作用下材料的极限应力。

在纯弯曲变形下，测定对称循环的极限应力比较简单。测定时将材料加工成直径为 7～10mm、表面磨光的试件（光滑小试件）。每组试验 6～10 根试件。将试件装夹于疲劳试验机上（图 14-10），在载荷作用下试件中间部分为纯弯曲，$M = Fa$。试件横截面上的最大弯曲正应力为

$$\sigma_{\max} = \frac{M}{W} = \frac{Fa}{W}$$

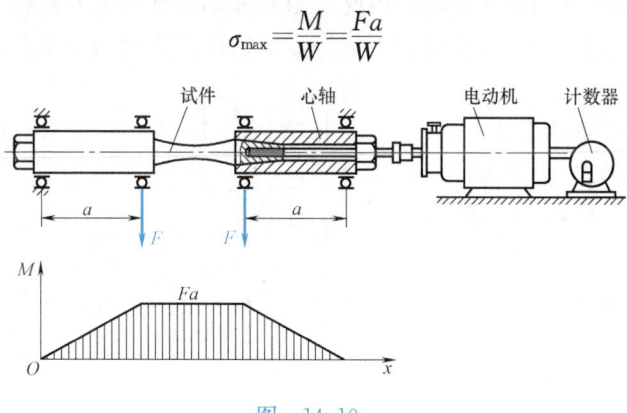

图 14-10

当试件绕轴线旋转时，每转一周，横截面上的点便经受一次对称的应力循环。

试验时，使第一根试件的最大应力 σ_{max1} 约等于强度极限 σ_b 的 60% 左右，记录下断裂所经历的循环次数 N_1，然后逐根降低其最大应力值，记录下断裂时相应的循环次数 N。显然，由各试件所测得的循环次数 N 将

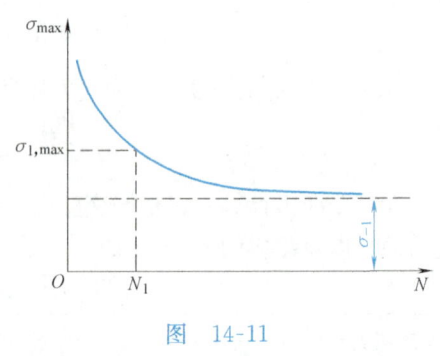

图 14-11

随着最大应力的降低而逐渐增大。以 σ_{max} 为纵坐标，N 为横坐标，画出 σ_{max}-N 曲线，称为**疲劳曲线**（图 14-11）。

实验表明：当最大应力降低到某一值时，试件能经受无限次应力循环而不发生破坏，这一临界值称为**材料的持久极限**或**疲劳极限**。

持久极限以符号 σ_r 表示，下标 r 为循环特征。例如，对称循环以 σ_{-1} 表示，脉动循环以 σ_0 表示。

实际上，试验不可能无限地进行下去，经验表明，在常温条件下，对于钢、铸铁等黑色金属材料来说，如果 $N=10^7$ 次，试件尚不破坏，则认为试件能经受无限次应力循环而不破坏。但对于某些有色金属及其合金，例如铝合金、镁合金，疲劳曲线并不趋于水平直线，对这类材料，一般取 $N=(5\sim10)\times10^7$ 次时，材料所能经受的最大应力作为疲劳极限，称为**名义疲劳极限**。常用材料的持久极限，可从有关手册中查得。

14.4.4 影响构件疲劳极限的因素

实际构件的持久极限不仅与材料有关，而且还受构件形状、尺寸大小、表面质量和其他一些因素的影响。因此，用光滑小试件测定的材料的持久极限还不能代表实际构件的持久极限。下面将影响构件持久极限的主要因素作一简单介绍。

1）构件外形的影响

构件外形的突然变化，例如槽、孔、轴肩等，将引起应力集中。在应力集中的局部区域更容易形成疲劳裂纹，使构件的持久极限降低。把材料（光滑小试件）的持久极限 σ_{-1} 与具有应力集中的

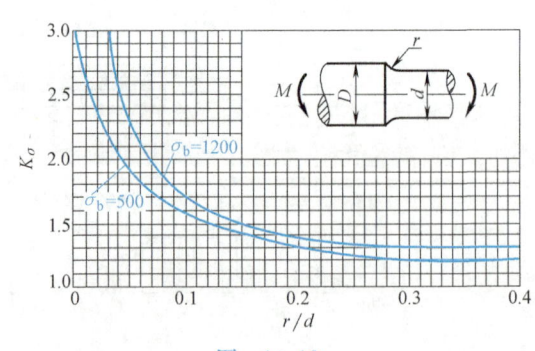

图 14-12

小试件的持久极限 $(\sigma_{-1})_k$ 的比值，称为**有效应力集中因数**，用 K_σ（或 K_τ）表示，即

$$K_\sigma = \frac{\sigma_{-1}}{(\sigma_{-1})_k} \quad (14\text{-}12)$$

显然，有效应力集中因数的数值均大于1。工程上为了使用方便，把关于有效应力集中因数的实验数据，整理成曲线或表格。图 14-12、图 14-13 和图 14-14 依次给出了当 $D/d=2$、$d=30\sim50\text{mm}$ 时钢制阶梯轴在弯曲、拉压、扭转对称循环下的有效应力集中因数。图中 σ_b 的单位均为 MPa。

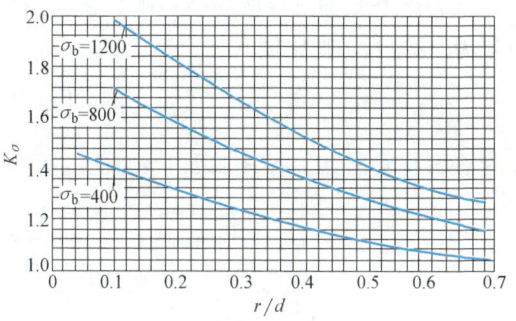

图 14-13

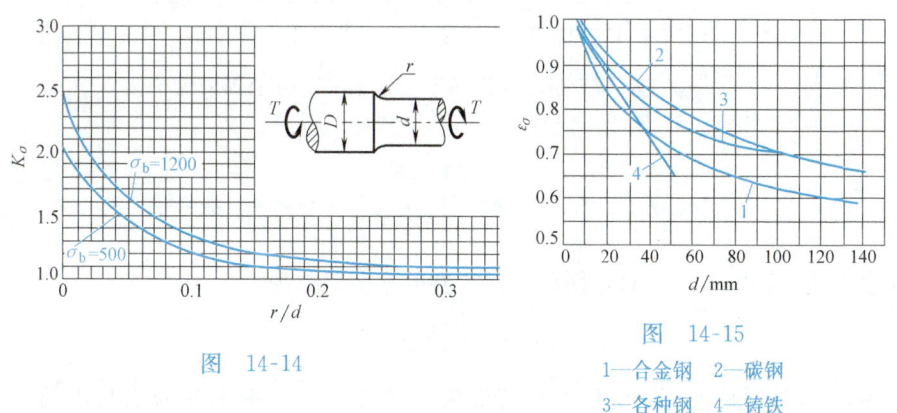

图 14-14

图 14-15

1—合金钢　2—碳钢
3—各种钢　4—铸铁

2) 构件尺寸的影响

实验表明：材料相同但尺寸不同的试件，在交变应力下，其持久极限不相同，大试件的持久极限要比小试件的持久极限低。

在对称循环下，若光滑小试件的持久极限为 σ_{-1}，光滑大试件的持久极限为 $(\sigma_{-1})_d$，则比值

$$\varepsilon_\sigma = \frac{(\sigma_{-1})_d}{\sigma_{-1}} \quad (14\text{-}13)$$

称为**尺寸因数**，它的值小于1，常用材料尺寸因数，可从图 14-15 中查得。

3) 构件表面质量的影响

构件的表面质量，是指构件的表面粗糙度、表面强化等。在交变应力下，构件的表面质量将与构件表面应力集中的产生和裂纹的形成直接有关。因此，构件表面质量对持久极限有一定影响。若构件的表面粗糙度较大，则构件的持

久极限就低。若构件表面经过淬火、氮化、渗碳等强化处理，则构件的持久极限就能提高。

若表面磨光的试件的疲劳极限为 σ_{-1}，而表面为其他加工情况时构件的疲劳极限为 $(\sigma_{-1})_\beta$，则比值

$$\beta = \frac{(\sigma_{-1})_\beta}{\sigma_{-1}} \tag{14-14}$$

称为**表面质量因数**。各种加工下表面质量因数，可由图 14-16 查得。

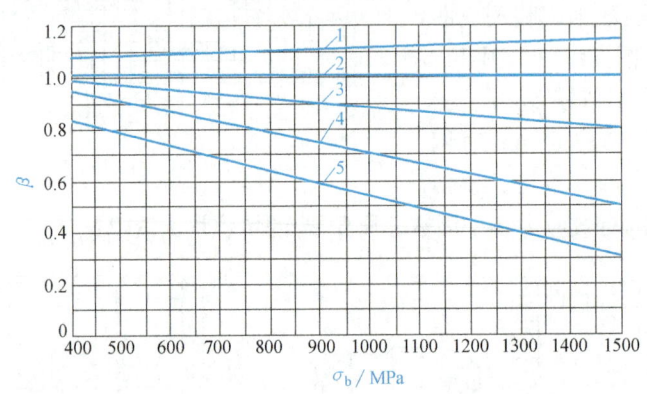

图 14-16

1—抛光（▽11 以上） 2—磨削（▽9～▽10） 3—精车（▽6～▽8）
4—粗车（▽3～▽5） 5—轧制（∽）

综合上述三种因素，在对称循环下，**构件的疲劳极限**为

$$\sigma_{-1}^0 = \frac{\varepsilon_\sigma \beta}{K_\sigma} \sigma_{-1} \tag{14-15}$$

式中，σ_{-1} 为对称循环时材料的疲劳极限。式（14-15）是对正应力写出的，如为扭转可写成

$$\tau_{-1}^0 = \frac{\varepsilon_\sigma \beta}{K_\sigma} \tau_{-1} \tag{14-16}$$

得到构件的疲劳极限后，再考虑适当的安全因数，即可计算构件的疲劳强度。

例 14-4 一车轴的一段如图 14-17 所示，已知该轴的材料为 45 钢，$\sigma_b = 600\text{MPa}$，弯曲对称循环疲劳极限 $\sigma_{-1} = 275\text{MPa}$，表面光洁度为▽6。试按该段轴截面变化处的情况，计算构件的疲劳极限 $(\sigma_{-1})_{SM}$。

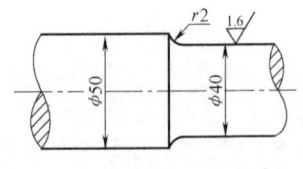

图 14-17

解 （1）确定有关因数

有效应力集中因数 K_σ：根据 $\dfrac{D}{d} = \dfrac{50}{40} = 1.25$，$\dfrac{r}{d} = \dfrac{2}{40} = 0.05$，$\sigma_b = 600\text{MPa}$，

由图 14-12 查得 $K_\sigma=1.95$。

尺寸因数 ε_σ：由图 14-15 查得，当 $d=40\text{mm}$ 时，对于 $\sigma_b=500\text{MPa}$ 的钢材，$\varepsilon_\sigma=0.84$；对于 $\sigma_b=1200\text{MPa}$ 的钢材，$\varepsilon_\sigma=0.73$。因此，对于 $\sigma_b=600\text{MPa}$ 的车轴，ε_σ 可按内插法求得，即

$$\varepsilon_\sigma=0.73+\frac{120-60}{120-50}(0.84-0.73)=0.82$$

表面加工因数 β：根据轴 $\phi40$ 段的表面光洁度 $\triangledown 6$，$\sigma_b=600\text{MPa}$，由图 14-16 查得 $\beta=0.94$。

(2) 计算疲劳极限 将 $\sigma_{-1}=275\text{MPa}$ 和查得的 K_σ、ε_σ、β 值代入式 (14-15)，即得

$$(\sigma_{-1})_{\text{SM}}=\frac{\varepsilon_\sigma\beta}{K_\sigma}\sigma_{-1}=\frac{0.82\times0.94}{1.95}\times275\text{MPa}=108\text{MPa}$$

以上疲劳极限仅是按车轴的一个变截面处的情况计算的，除此之外，在车轴其他有应力集中处，还需进行计算。

关于非对称循环时材料疲劳极限的确定和构件的疲劳强度计算，在机械零件等课程中另有阐述。

习 题

14-1 图 14-18 所示一根长度 $l=12\text{m}$ 的 14 工字钢用两根吊索吊起，以等加速度 $a=10\text{m/s}^2$ 平行地上升。已知吊索的横截面面积 $A=72\text{mm}^2$。若吊索的自重可忽略不计，试分别计算工字钢和吊索内的最大动应力。

14-2 飞轮的最大圆周速度 $v=25\text{m/s}$，材料的密度是 $7.41\times10^3\text{kg/m}^3$，如图 14-19 所示。若不计轮辐的影响，试求轮缘内的最大正应力。

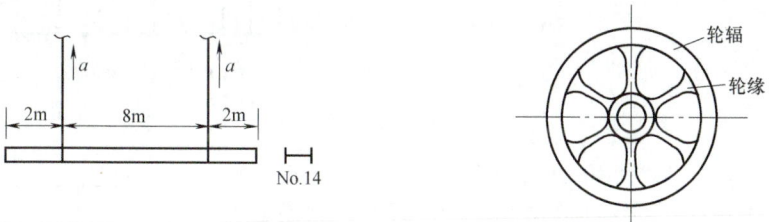

图 14-18 题 14-1 图   图 14-19 题 14-2 图

14-3 游泳池的跳板 AC 如图 14-20 所示，材料的弹性模量 $E=10\text{GPa}$。若体重为 700N 的跳水运动员从 300mm 高处落到跳板上，试求跳板中的最大正应力和跳板的最大挠度。

14-4 图 14-21 所示的两杆材料相同，$a=20\text{cm}$，$A=1\text{cm}^2$，$h=10\text{cm}$，重量 $G=10\text{N}$，试求这两杆的冲击应力。已知材料的 $E=200\text{GPa}$。

14-5 重物 $F=1\text{kN}$，自高度 0.04m 处自由下落在一悬臂梁 AB 的自由端 B 上，如图

14-22 所示。已知梁的跨度 $l=2$m，截面为矩形，$h=240$mm，$b=160$mm，材料的弹性模量 $E=10$GPa，许用应力 $[\sigma]=12$MPa，试校核梁的强度。

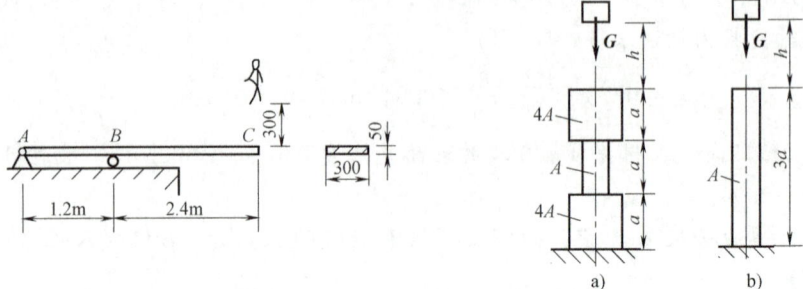

图 14-20　题 14-3 图　　　　　图 14-21　题 14-4 图

14-6　一直径 $d=30$cm、长 $l=6$m 的圆木桩，下端固定，上端受重 $F=5$kN 的重锤作用。木材 $E_1=10$GPa，试求下列三种情况下木桩的最大正应力：(1) 重锤以静载荷的方式作用于木桩上（图 14-23a）；(2) 重锤从离桩顶 1m 的高度自由落下（图 14-23b）；(3) 在桩顶放置直径为 15cm，厚度为 2cm 的橡皮垫，其弹性模量 $E_2=8$MPa，重锤也是从离桩顶 1m 的高度自由落下（图 14-23c）。

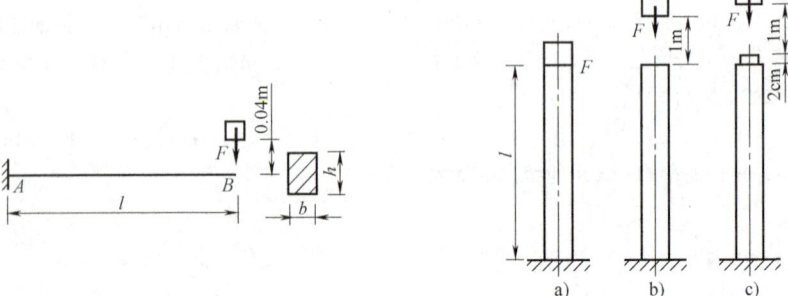

图 14-22　题 14-5 图　　　　　图 14-23　题 14-6 图

14-7　图 14-24 所示钢杆的下端有一圆盘，其上放置一弹簧。弹簧在 1000N 的静载荷作用下缩短 0.625mm。钢杆直径 $d=40$mm，$l=4$m，许用应力 $[\sigma]=120$MPa，$E=200$GPa。今有重量为 $F=15$kN 的重物自由下落，试求其许可高度 H。又若无弹簧，则许可高度 H 将等于多大？

14-8　柴油发动机连杆大头螺钉在工作时受到最大拉力 $F_{\max}=58.3$kN，最小拉力 $F_{\min}=55.8$kN，螺纹处内径 $d=11.5$mm，试作出 σ-t 曲线，并求平均应力 σ_m，应力幅度 σ_a 及循环特征 r。

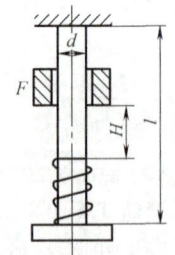

图 14-24　题 14-7 图

14-9　钢制转轴如图 14-25 所示，其上作用一恒定弯矩 $M=2400\text{N}\cdot\text{m}$。轴材料的 $\sigma_b=500\text{MPa}$，$\sigma_{-1}=200\text{MPa}$，表面经车削加工。若规定的安全因数 $[n_\sigma]=1.4$，试校核轴的疲劳强度。

14-10　图 14-26 所示阶梯形截面钢轴，材料的 $\sigma_b=600\text{MPa}$，$\tau_{-1}=130\text{MPa}$，轴表面经车削加工，受到对称循环的交变扭矩作用，其 $T_{\max}=1\text{ kN}\cdot\text{m}$。若规定的安全因数 $[n_\tau]=2$，试校核轴在危险截面 $A—A$ 处的疲劳强度。

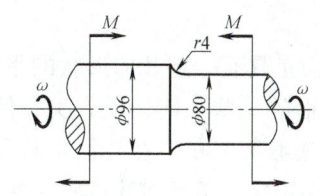

图 14-25　题 14-9 图

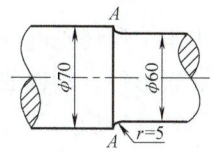

图 14-26　题 14-10 图

附　　录

附录 A　平面图形的几何性质

材料力学中所讨论的各种构件，其横截面是具有一定几何形状的平面图形，例如圆形、矩形等。构件的强度、刚度与图形的一些几何性质有关。例如计算轴向拉、压杆件的应力和变形时用到杆件的横截面面积，在计算扭转和弯曲的强度、刚度时要用到横截面的极惯性矩、惯性矩等。下面讲述这些几何量。

A-1　静矩和形心

图 A-1 表示一任意形状的平面图形，其面积为 A。x 轴和 y 轴为图形所在平面内的坐标轴。在坐标 (x, y) 处，取微面积 dA，则 ydA 和 xdA 分别称为该微面积对于 x 轴和 y 轴的静矩，而将下两积分

$$S_x = \int_A y dA, \qquad S_y = \int_A x dA \qquad (A-1)$$

分别称为整个图形对于 x 轴和 y 轴的静矩。

平面图形的静矩是对某一轴来说的，同一图形对于不同轴的静矩是不同的。静矩可以为正值，也可以为负值，也可能等于零。静矩的量纲为 L^3，在国际单位制中的单位为 m^3。

如果将微面积看做力，则 ydA 和 xdA 就相当于力矩，于是，从合力矩定理可知，

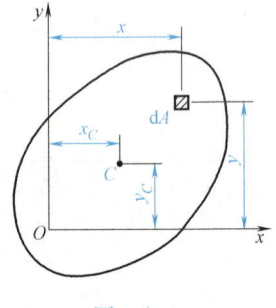

图　A-1

$$\int_A y dA = Ay_C, \quad \int_A x dA = Ax_C \qquad (A-2a)$$

式中，x_C、y_C 为图形形心 C 的坐标（图 A-1）。引用公式 (A-1)，则图形的静矩也可表示为

$$S_x = Ay_C, \qquad S_y = Ax_C \qquad (A-2b)$$

这说明图形对某轴的静矩，等于图形的面积与形心到该轴距离的乘积。

如果某一坐标轴通过图形的形心，则该轴称为形心轴。由上两式可知，图形对形心轴的静矩等于零；反之，若图形对某一轴的静矩为零，则该轴必通过图形形心。对于有对称轴的图形，对称轴必然是形心轴（图 A-2），这是由于该图形在对称轴两侧的面积对该轴的静矩必然是大小相等而符号相反，因而整个

图形对该轴的静矩等于零。

如果图形是由几个简单图形（例如矩形、圆形等）组成的，这种图形称为组合图形。由静矩的定义可知，组合图形对某一轴的静矩应等于其各组成部分对该轴静矩的代数和。即

$$S_x = \sum_{i=1}^{n} A_i y_{Ci}, \quad S_y = \sum_{i=1}^{n} A_i x_{Ci} \quad \text{(A-3)}$$

式中，A_i 和 y_{Ci}、x_{Ci} 分别表示任一组成部分的面积及其形心坐标；n 为全部简单图形的个数。由于这些简单图形的形心位置是已知的，故按公式（A-3）可以方便地算得组合图形的静矩。

由公式（A-3）可以进一步得出确定组合图形形心位置的公式。为此将公式（A-3）代入式（A-2b），得

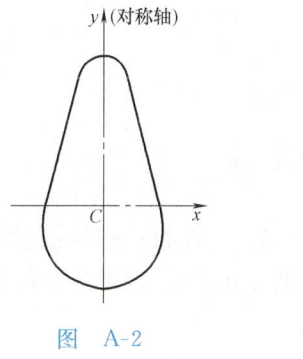

图 A-2

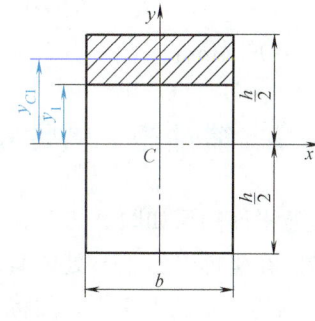

图 A-3

$$Ay_C = \sum_{i=1}^{n} A_i y_{Ci}, \quad Ax_C = \sum_{i=1}^{n} A_i x_{Ci}$$

由于 $A = \sum_{i=1}^{n} A_i$，于是得

$$x_C = \frac{\sum_{i=1}^{n} A_i x_{Ci}}{\sum_{i=1}^{n} A_i}, \quad y_C = \frac{\sum_{i=1}^{n} A_i y_{Ci}}{\sum_{i=1}^{n} A_i} \quad \text{(A-4)}$$

式中，x_C、y_C 为组合图形形心的坐标。

例 A-1 一矩形截面如图 A-3 所示，图中的 b、h 和 y_1 均为已知值。试求有阴影线部分的面积对于 x 轴的静矩。

解 $A = b\left(\dfrac{h}{2} - y_1\right)$

$$y_{C_1} = y_1 + \frac{1}{2}\left(\frac{h}{2} - y_1\right)$$

$$= \frac{1}{2}\left(\frac{h}{2} + y_1\right)$$

由公式（A-2b）得

$$S_x = A y_{C_1} = b\left(\frac{h}{2} - y_1\right)\left[\frac{1}{2}\left(\frac{h}{2} + y_1\right)\right] = \frac{b}{8}(h^2 - 4y_1^2)$$

例 A-2 试确定图 A-4 所示图形的形心位置。

解 此图形有一对称轴 y，截面的形心 C 必在此轴上，故只需确定形心的另一个坐标。为此，取坐标轴如图所示，并将图形分为 Ⅰ、Ⅱ 两个矩形。由公式（A-4）可得

$$y_C = \frac{\sum_{i=1}^{n} A_i y_{Ci}}{\sum_{i=1}^{n} A_i} = \frac{A_\mathrm{I} y_{C\mathrm{I}} + A_\mathrm{II} y_{C\mathrm{II}}}{A_\mathrm{I} + A_\mathrm{II}}$$

$$= \frac{200 \times 50 \times \left(\frac{200}{2} + 50\right) + 150 \times 50 \times \frac{50}{2}}{200 \times 50 + 150 \times 50} \mathrm{mm}$$

$$= 96.4 \mathrm{mm}$$

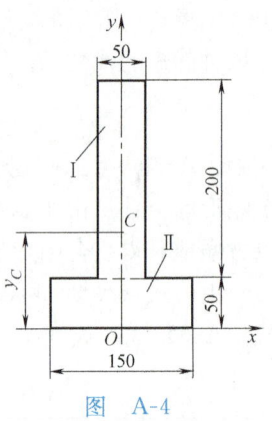

图 A-4

A-2 惯性矩、惯性积和惯性半径

任意平面图形如图 A-5 所示，其面积为 A。x 轴和 y 轴为图形所在平面的坐标轴。在坐标 (x, y) 处取微面积 $\mathrm{d}A$，则 $y^2 \mathrm{d}A$ 和 $x^2 \mathrm{d}A$ 分别称为该微面积对于 x 轴和 y 轴的惯性矩，而将下列两积分

$$I_x = \int_A y^2 \mathrm{d}A, \quad I_y = \int_A x^2 \mathrm{d}A \tag{A-5}$$

分别称为整个图形对于 x 轴和 y 轴的**惯性矩**。

微面积 $\mathrm{d}A$ 与两坐标 x、y 的乘积 $xy\mathrm{d}A$ 称为该微面积对于这两坐标轴的惯性积，而将积分

$$I_{xy} = \int_A xy \mathrm{d}A \tag{A-6}$$

称为整个图形对于 x 轴和 y 轴的**惯性积**。

当采用极坐标系时，微面积 $\mathrm{d}A$ 与其距极坐标原点 O 的距离 ρ（图 A-5）的平方乘积的积分，称为此图形对坐标原点 O 的**极惯性矩**。

$$I_\mathrm{p} = \int_A \rho^2 \mathrm{d}A \tag{A-7}$$

由图 A-5 可看出 $\rho^2 = x^2 + y^2$，于是有

$$I_\mathrm{p} = \int_A \rho^2 \mathrm{d}A = \int_A (x^2 + y^2) \mathrm{d}A = \int_A x^2 \mathrm{d}A + \int_A y^2 \mathrm{d}A$$

即

$$I_\mathrm{p} = I_y + I_x \tag{A-8}$$

所以，图形对任意一对互相垂直的轴的惯性矩之和，等于它对该两轴交点的极

惯性矩。

由式（A-5）、式（A-6）、式（A-7）可得出下列结果：

（1）惯性矩 I_x、I_y 永远为正值，而惯性积 I_{xy} 可能为正值、负值，也可能等于零。

（2）如果图形有一个（或一个以上）对称轴，则图形对包含此对称轴的正交轴系的惯性积必为零。如图 A-6 的图形对 y 轴对称，图中左方的 $xy\mathrm{d}A$ 与右方的 $xy\mathrm{d}A$，其数值相同，而符号相反。由于所有的 ($xy\mathrm{d}A$) 都成对存在，故其总和为零。

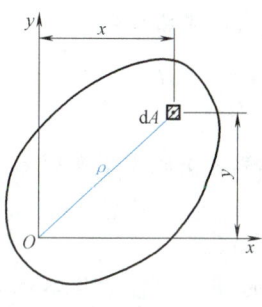

图 A-5

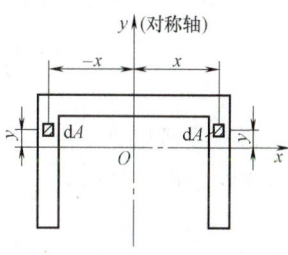

图 A-6

惯性矩、惯性积的量纲均为 L^4。

例 A-3 求矩形对于对称轴 x 和 y 的惯性矩。（图 A-7）

解 在计算惯性矩 I_x 时，可以取图中距 x 轴为 y 处的高度为 $\mathrm{d}y$、宽度为 b 的狭长矩形面积为微面积，即 $\mathrm{d}A = b\mathrm{d}y$，代入式（A-5）

$$I_x = \int_A y^2 \mathrm{d}A = \int_{-h/2}^{h/2} y^2 b \mathrm{d}y = \frac{bh^3}{12}$$

同理可得惯性矩 I_y 为

$$I_y = \frac{hb^3}{12}$$

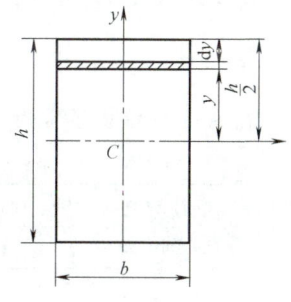

图 A-7

例 A-4 求圆形对其形心轴即直径轴的惯性矩（图 A-8）。

解 取距 x 轴为 y 处的高度为 $\mathrm{d}y$、宽度为 $b(y)$ 的狭长矩形面积为微面积，即

$$\mathrm{d}A = b(y)\mathrm{d}y = 2\sqrt{\left(\frac{d}{2}\right)^2 - y^2}\,\mathrm{d}y$$

将它代入公式（A-5），并利用圆的对称性，对半个圆积分再乘以 2，得

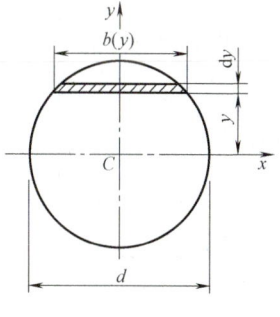

图 A-8

$$I_x = \int_A y^2 \mathrm{d}A = 2\int_0^{d/2} 2y^2 \sqrt{\left(\frac{d}{2}\right)^2 - y^2}\,\mathrm{d}y$$

利用积分表即得

$$I_x = 4\left\{-\frac{y}{4}\sqrt{\left[\left(\frac{d}{2}\right)^2 - y^2\right]^3} + \frac{\left(\frac{d}{2}\right)^2}{8}\left[y\sqrt{\left(\frac{d}{2}\right)^2 - y^2} + \left(\frac{d}{2}\right)^2 \arcsin\frac{y}{d/2}\right]\right\}_0^{d/2}$$

$$= \frac{\pi d^4}{64}$$

另外,也可由公式(A-7)求出 I_x、I_y。由于图形对任意直径轴都是对称的,故 $I_x = I_y$。注意到式(A-7), $I_p = I_x + I_y$,显然可得

$$I_x = I_y = \frac{1}{2}I_p = \frac{1}{2}\frac{\pi d^4}{32} = \frac{\pi d^4}{64}$$

在有些问题中,为了应用方便,将惯性矩表示成图形面积 A 与某一长度平方的乘积,即

$$I_x = i_x^2 A, \quad I_y = i_y^2 A \tag{A-9}$$

式中,i_x、i_y 分别称为图形对 x 轴和 y 轴的**惯性半径**,其单位与长度的单位相同。

由公式(A-9)可得出惯性半径的计算式

$$i_x = \sqrt{\frac{I_x}{A}}, \quad i_y = \sqrt{\frac{I_y}{A}} \tag{A-10}$$

表 A-1 中给出了常用图形的几何性质。

表 A-1 常用图形的几何性质

编号	截面形状和形心轴位置	面积 A	惯性矩		惯性半径 $i = \sqrt{I/A}$	
			I_x	I_y	i_x	i_y
1	矩形	bh	$\dfrac{bh^3}{12}$	$\dfrac{hb^3}{12}$	$\dfrac{h}{2\sqrt{3}}$	$\dfrac{b}{2\sqrt{3}}$
2	三角形	$\dfrac{bh}{2}$	$\dfrac{bh^3}{36}$	$\dfrac{bh}{36}(b^2 - bc + c^2)$ $\left(c = \dfrac{b}{3}\right)$	$\dfrac{h}{3\sqrt{2}}$	$\sqrt{\dfrac{b^2 - bc + c^2}{18}}$

（续）

编号	截面形状和形心轴位置	面积 A	惯性矩 I_x	惯性矩 I_y	惯性半径 $i=\sqrt{I/A}$ i_x	i_y
3		$\dfrac{\pi d^2}{4}$	$\dfrac{\pi d^4}{64}$	$\dfrac{\pi d^4}{64}$	$\dfrac{d}{4}$	$\dfrac{d}{4}$
4	$a=\dfrac{d}{D}$	$\dfrac{\pi D^2}{4}(1-a^2)$	$\dfrac{\pi D^4}{64}(1-a^4)$	$\dfrac{\pi D^4}{64}(1-a^4)$	$\dfrac{D}{4}\sqrt{1+a^2}$	$\dfrac{D}{4}\sqrt{1+a^2}$
5	$\delta \ll r_0$	$2\pi r_0 \delta$	$\pi r_0^2 \delta$	$\pi r_0^2 \delta$	$\dfrac{r_0}{\sqrt{2}}$	$\dfrac{r_0}{\sqrt{2}}$
6	$\dfrac{4r}{3\pi}$	$\dfrac{\pi r^2}{2}$	$\left(\dfrac{\pi}{8}-\dfrac{8}{9\pi}\right)r^4$ $\approx 0.1098 r^4$	$\dfrac{\pi r^4}{8}$	$0.264r$	$0.5r$
7	$\dfrac{d}{2}$, $\dfrac{d\sin\theta}{3\theta}$	$\theta d^2/4$	$\dfrac{d^2}{64}(\theta+\sin\theta\cos\theta-\dfrac{16\sin^2\theta}{9\theta})$	$\dfrac{d^4}{64}(\theta-\sin\theta\cos\theta)$	$i_x=\sqrt{\dfrac{I_x}{A}}$	$i_y=\sqrt{\dfrac{I_y}{a}}$
8		πab	$\dfrac{\pi}{4}ab^3$	$\dfrac{\pi}{4}a^3 b$	$\dfrac{b}{2}$	$\dfrac{a}{2}$

A-3 平行移轴公式 组合图形的惯性矩计算

同一平面图形对于平行的两对坐标轴的惯性矩或惯性积，并不相同。当其中一对轴是图形的形心轴时，它们之间有比较简单的关系。现在介绍这种关系的表达式。

在图 A-9 中，C 为图形的形心，x_C、y_C 为一对形心轴。x 轴和 y 轴为分别与 x_C 轴和 y_C 轴平行的另一对轴，a、b 分别为图形形心在 Oxy 坐标系内的纵、横坐标值。设图形对 x_C 和 y_C 轴的惯性矩和惯性积分别为 I_{x_C}、I_{y_C} 和 $I_{x_C y_C}$。

由惯性矩的定义：

$$I_x = \int_A y^2 dA = \int_A (y_C + a)^2 dA$$
$$= \int_A y_C^2 dA + 2a \int_A y_C dA + a^2 \int_A dA$$

式中，等号右端第一项就是图形对 x_C 轴的惯性矩 I_{x_C}；第二项中的积分为图形对 x_C 轴的静矩，由于该轴通过图形形心，故此静矩应等于零；第三项中的积分就是截面面积 A。由此可得

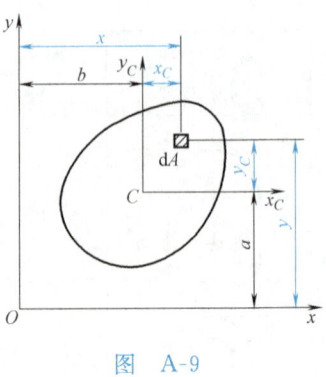

图 A-9

同理

$$\left. \begin{array}{l} I_x = I_{x_C} + a^2 A \\ I_y = I_{y_C} + b^2 A \\ I_{xy} = I_{x_C y_C} + abA \end{array} \right\} \quad (A\text{-}11)$$

公式（A-11）称为平行移轴公式。此式说明：平面图形对某轴的惯性矩，等于对与此轴平行的形心轴的惯性矩，加上此两轴距离的平方与图形面积的乘积；平面图形对某正交轴系 x 轴、y 轴的惯性积，等于对与之相平行的一对正交形心轴 x_C、y_C 的惯性积，再加上形心 C 的坐标 (b, a) 与面积三者的乘积。

工程中常遇到由几个简单图形组成的组合图形，根据惯性矩的定义可推知，这种图形对某轴的惯性矩应等于各部分对该轴的惯性矩之和，即

$$I_x = \sum_{i=1}^{n} I_{x_i}, \quad I_y = \sum_{i=1}^{n} I_{y_i} \quad (A\text{-}12)$$

式中，I_{x_i} 和 I_{y_i} 分别为任一组成部分对 x 轴和 y 轴的惯性矩；n 为全部简单图形的个数。

例 A-5 求图 A-10 所示图形对水平形心轴 x 的惯性矩。

解 （1）确定形心位置

取对称轴为 y 轴，截面的形心应在此轴上。为了确定形心轴 x，取垂直于 y 轴的参考轴 x'，将图形分为三个矩形，应用公式（A-4）可得形心坐标为

$$y_C = \frac{\sum\limits_{i=1}^{n} A_i y_{Ci}}{\sum\limits_{i=1}^{n} A_i} = \frac{350 \times 100 \times 450 + 2 \times 400 \times 50 \times 200}{350 \times 100 + 2 \times 400 \times 50} \text{mm} = 317 \text{mm}$$

由此确定整个图形的形心轴 x 如图 A-10 中所示。

（2）计算惯性矩 I_x

为了应用公式（A-11）计算 $(I_x)_\text{I}$ 和 $(I_x)_\text{II}$，先求出 I、II 两个部分在

$Ox'y$ 坐标系内的形心坐标 y_{CI}、y_{CII}（见图 A-10），从而求出 a_I、a_{II}：

$$y_{CI}=450\text{mm}, \quad y_{CII}=200\text{mm}$$
$$a_I=y_{CI}-y_C=(450-317)\text{mm}=133\text{mm}$$
$$a_{II}=y_{CII}-y_C=(200-317)\text{mm}=-117\text{mm}$$

于是得

$$(I_x)_I=(I_{x_{C_1}})_I+a_I^2 A_I$$
$$=\left(\frac{350\times 100^3}{12}+133^2\times 350\times 100\right)\text{mm}^4$$
$$=6.48\times 10^8\text{mm}^4$$
$$(I_x)_{II}=(I_{x_{C_2}})_{II}+a_{II}^2 A_{II}$$
$$=\left(\frac{50\times 400^3}{12}+117^2\times 50\times 400\right)\text{mm}^4$$
$$=5.41\times 10^8\text{mm}^4$$

再由公式（A-12）可知

$$I_x=(I_x)_I+2(I_x)_{II}=(6.48\times 10^8+2\times 5.41\times 10^8)\text{mm}^4=1.73\times 10^9\text{mm}^4$$

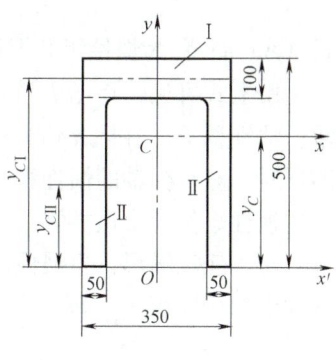

图 A-10

A-4 惯性矩和惯性积的转轴公式介绍 形心主惯性轴和形心主惯性矩的概念

图 A-11 表示已知的任意形状的图形，x、y 为通过平面内任一点 O 的一对坐标轴。此截面对 x、y 轴的惯性矩分别为 I_x、I_y，惯性积为 I_{xy}。x_1、y_1 为通过同一点 O 的另一对坐标轴，它们与 x、y 轴的夹角均为 α。α 以从 x 轴到 x_1 轴按逆时针转动为正，反之为负。下面求该图形对 x_1、y_1 轴的惯性矩 I_{x_1}、I_{y_1} 及惯性积 $I_{x_1 y_1}$ 与 I_x、I_y 及 I_{xy} 之间的关系。

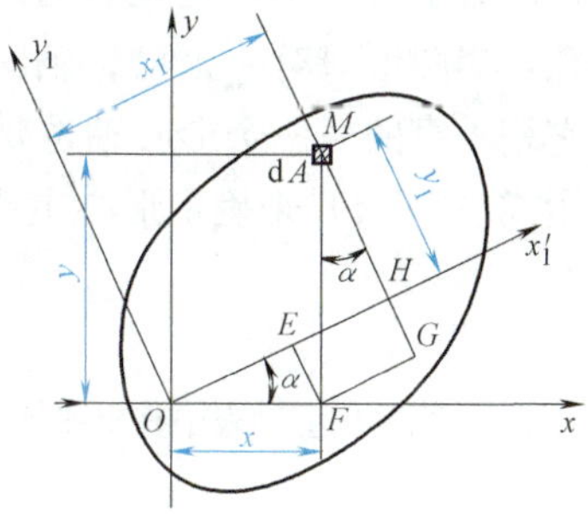

按坐标轴旋转的换算关系，微面积 dA 在上述两个坐标系（图 A-11）中的坐标应有下列关系

$$x_1=OH=OE+FG=x\cos\alpha+y\sin\alpha$$
$$y_1=MH=MG-EF=y\cos\alpha-x\sin\alpha$$

图 A-11

将上面得到的 x_1、y_1 值代入 $I_{x_1}=\int_A y_1^2 dA$、$I_{y_1}=\int_A x_1^2 dA$ 和 $I_{x_1 y_1}=\int_A x_1 y_1 dA$ 中，然后利用二倍角的三角公式并经过整理后，可得

$$\left.\begin{aligned}I_{x_1} &= \frac{I_x+I_y}{2} + \frac{I_x-I_y}{2}\cos2\alpha - I_{xy}\sin2\alpha \\ I_{y_1} &= \frac{I_x+I_y}{2} - \frac{I_x-I_y}{2}\cos2\alpha + I_{xy}\sin2\alpha \\ I_{x_1y_1} &= \frac{I_x-I_y}{2}\sin2\alpha + I_{xy}\cos2\alpha\end{aligned}\right\} \quad \text{(A-13)}$$

式（A-13）称为惯性矩和惯性积的 转轴公式。

由上式可见，I_{x_1}、I_{y_1} 和 $I_{x_1y_1}$ 均随 α 角的变化而变化，它们都是 α 角的函数。惯性积 $I_{x_1y_1}$ 在随 α 值变化时，其值可能为正，可能为负，也可能为零。当图形对一对坐标轴的惯性积为零时，这一对轴就称为 主惯性轴。截面对主惯性轴的惯性矩称为 主惯性矩。

对于任意图形，主惯性轴的位置可通过式（A-13）中的第三式来确定：令该式中的惯性积 $I_{x_1y_1}$ 等于零，即得

$$\tan\alpha_0 = -\frac{2I_{xy}}{I_x-I_y} \quad \text{(A-14)}$$

由此式解出 α_0 值，就确定了主惯性轴的方位。把求得的 α_0 值代入公式（A-13）中的前两式，即可求得主惯性矩。

如果上述主惯性轴的坐标原点是截面形心，则这对轴就称为 形心主惯性轴。图形对这对轴的惯性矩称为 形心主惯性矩。可以证明，在图形对于通过形心的所有轴的惯性矩里，两个形心主惯性矩中有一个为极大值，另一个为极小值。

当图形具有两个互相垂直的对称轴时（如矩形、工字形等），此两个对称轴就是形心主惯性轴。这是因为图形对这两个轴的惯性积为零且两轴通过形心。同理，当图形只有一个对称轴时（如 T 形、平放的槽形等），这个对称轴以及与它相垂直的另一个形心轴也是形心主惯性轴。如果图形没有对称轴，则必须应用式（A-14）来确定形心主惯性轴的位置。

习　题

A-1　练习从型钢表中查出图 A-12 所示型钢的形心坐标（x_C、y_C），截面面积 A 和形心

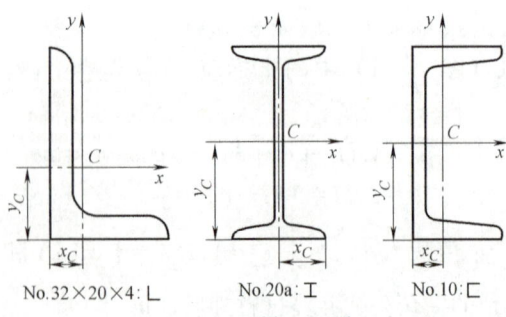

图 A-12　题 A-1 图

轴的 I_x、I_y。

A-2 试求图 A-13 所示组合截面：(1) 两槽钢组合截面的 I_x、I_y，设 $a=18\text{cm}$；(2) a 应为多少，才能满足 $I_x=I_y$。

A-3 试求图 A-14 所示图形对水平形心轴 x 的惯性矩 I_x 及惯性积 I_{xy}。

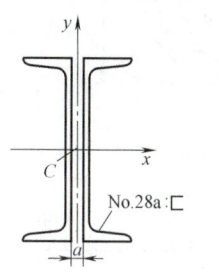
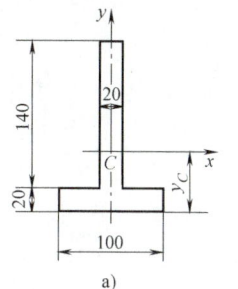
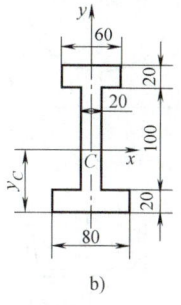

图 A-13 题 A-2 图　　　　图 A-14 题 A-3 图

A-4 试求图 A-15 所示三角形 ABC 对过顶点 A 且平行底边 BC 的轴的惯性矩 I_x，以及对形心轴 x_C 的惯性矩 I_{xC}。

A-5 图 A-16 所示一矩形，$b=2h/3$，从左右两侧切去半圆形（$d=h/2$）。试求：(1) 切去部分面积占原面积的百分比；(2) 切后惯矩 I'_x 对原矩形惯性矩 I_x 之比。

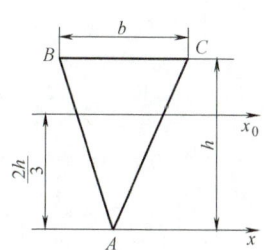
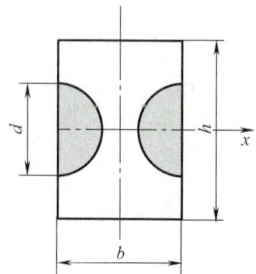

图 A-15 题 A-4 图　　　　图 A-16 题 A-5 图

A-6 求图 A-17 所示开键槽 $b \times a$ 后的圆轴截面对直径轴 x、y 的惯性矩。

A-7 求图 A-18 所示多键槽的空心轴截面对形心轴 x、y 的惯性矩。键槽可近似看成矩形，它对自身形心轴的惯性矩甚小可略去。

A-8 试求图 A-19 所示工字钢与槽钢组合截面的形心坐标 y_C 及对形心轴 x 的惯性矩 I_x。

A-9 过图 A-20 所示图形上 A 点有无主轴存在，主轴方位如何？过形心 O 点有几对主轴，为什么？

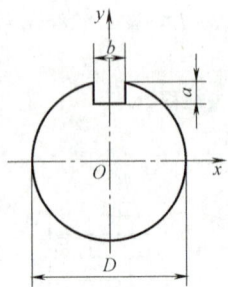 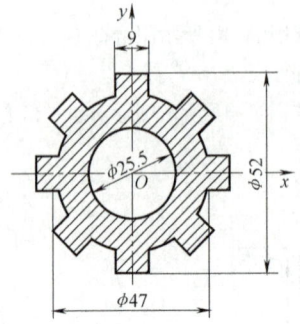

图 A-17　题 A-6 图　　　　图 A-18　题 A-7 图

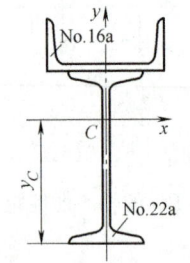 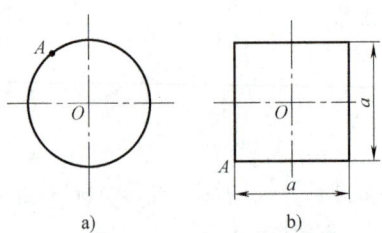

图 A-19　题 A-8 图　　　　图 A-20　题 A-9 图

附录 B 型 钢 表

表 B-1 热轧等边角钢截面尺寸截面面积、理论重量及截面特性（GB/T 706—2008）

符号意义：
- b——边宽度；
- d——边厚度；
- r——内圆弧半径；
- r_1——边端圆弧半径；
- I——惯性矩；
- i——惯性半径；
- W——截面系数；
- z_0——重心距离。

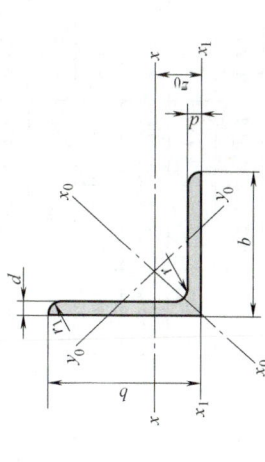

型号	截面尺寸/mm			截面面积/cm²	理论重量/(kg/m)	外表面积/(m²/m)	惯性矩/cm⁴				惯性半径/cm			截面系数/cm³			重心距离/cm
	b	d	r				I_x	I_{x1}	I_{x0}	I_{y0}	i_x	i_{x0}	i_{y0}	W_x	W_{x0}	W_{y0}	z_0
2	20	3	3.5	1.132	0.889	0.078	0.40	0.81	0.63	0.17	0.59	0.75	0.39	0.29	0.45	0.20	0.60
		4		1.459	1.145	0.077	0.50	1.09	0.78	0.22	0.58	0.73	0.38	0.36	0.55	0.24	0.64
2.5	25	3		1.432	1.124	0.098	0.82	1.57	1.29	0.34	0.76	0.95	0.49	0.46	0.73	0.33	0.73
		4		1.859	1.459	0.097	1.03	2.11	1.62	0.43	0.74	0.93	0.48	0.59	0.92	0.40	0.76

（续）

型号	截面尺寸/mm			截面面积/cm²	理论重量/(kg/m)	外表面积/(m²/m)	惯性矩/cm⁴				惯性半径/cm			截面系数/cm³			重心距离/cm
	b	d	r				I_x	I_{x1}	I_{x0}	I_{y0}	i_x	i_{x0}	i_{y0}	W_x	W_{x0}	W_{y0}	z_0
3.0	30	3		1.749	1.373	0.117	1.46	2.71	2.31	0.61	0.91	1.15	0.59	0.68	1.09	0.51	0.85
		4		2.276	1.786	0.117	1.84	3.63	2.92	0.77	0.90	1.13	0.58	0.87	1.37	0.62	0.89
3.6	36	3	4.5	2.109	1.656	0.141	2.58	4.68	4.09	1.07	1.11	1.39	0.71	0.99	1.61	0.76	1.00
		4		2.756	2.163	0.141	3.29	6.25	5.22	1.37	1.09	1.38	0.70	1.28	2.05	0.93	1.04
		5		3.382	2.654	0.141	3.95	7.84	6.24	1.65	1.08	1.36	0.70	1.56	2.45	1.00	1.07
4	40	3		2.359	1.852	0.157	3.59	6.41	5.69	1.49	1.23	1.55	0.79	1.23	2.01	0.96	1.09
		4		3.086	2.422	0.157	4.60	8.56	7.29	1.91	1.22	1.54	0.79	1.60	2.58	1.19	1.13
		5	5	3.791	2.976	0.156	5.53	10.74	8.76	2.30	1.21	1.52	0.78	1.96	3.10	1.39	1.17
4.5	45	3		2.659	2.088	0.177	5.17	9.12	8.20	2.14	1.40	1.76	0.89	1.58	2.58	1.24	1.22
		4		3.486	2.736	0.177	6.65	12.18	10.56	2.75	1.38	1.74	0.89	2.05	3.32	1.54	1.26
		5		4.292	3.369	0.176	8.04	15.2	12.74	3.33	1.37	1.72	0.88	2.51	4.00	1.81	1.30
		6		5.076	3.985	0.176	9.33	18.36	14.76	3.89	1.36	1.70	0.8	2.95	4.64	2.06	1.33
5	50	3	5.5	2.971	2.332	0.197	7.18	12.5	11.37	2.98	1.55	1.96	1.00	1.96	3.22	1.57	1.34
		4		3.897	3.059	0.197	9.26	16.69	14.70	3.82	1.54	1.94	0.99	2.56	4.16	1.96	1.38
		5		4.803	3.770	0.196	11.21	20.90	17.79	4.64	1.53	1.92	0.98	3.13	5.03	2.31	1.42
		6		5.688	4.465	0.196	13.05	25.14	20.68	5.42	1.52	1.91	0.98	3.68	5.85	2.63	1.46

(续)

型号	截面尺寸/mm			截面面积/cm²	理论重量/(kg/m)	外表面积/(m²/m)	惯性矩/cm⁴				惯性半径/cm			截面系数/cm³			重心距离/cm
	b	d	r				I_x	I_{x1}	I_{x0}	I_{y0}	i_x	i_{x0}	i_{y0}	W_x	W_{x0}	W_{y0}	z_0
5.6	56	3	6	3.343	2.624	0.221	10.19	17.56	16.14	4.24	1.75	2.20	1.13	2.48	4.08	2.02	1.48
		4		4.390	3.446	0.220	13.18	23.43	20.92	5.46	1.73	2.18	1.11	3.24	5.28	2.52	1.53
		5		5.415	4.251	0.220	16.02	29.33	25.42	6.61	1.72	2.17	1.10	3.97	6.42	2.98	1.57
		6		6.420	5.040	0.220	18.69	35.26	29.66	7.73	1.71	2.15	1.10	4.68	7.49	3.40	1.61
		7		7.404	5.812	0.219	21.23	41.23	33.63	8.82	1.69	2.13	1.09	5.36	8.49	3.80	1.64
		8		8.367	6.568	0.219	23.63	47.24	37.37	9.89	1.68	2.11	1.09	6.03	9.44	4.16	1.68
6	60	5	6.5	5.829	4.576	0.236	19.89	36.05	31.57	8.21	1.85	2.33	1.19	4.59	7.44	3.48	1.67
		6		6.914	5.427	0.235	23.25	43.33	36.89	9.60	1.83	2.31	1.18	5.41	8.70	3.98	1.70
		7		7.977	6.262	0.235	26.44	50.65	41.92	10.96	1.82	2.29	1.17	6.21	9.88	4.45	1.74
		8		9.020	7.081	0.235	29.47	58.02	46.66	12.28	1.81	2.27	1.17	6.98	11.00	4.88	1.78
6.3	63	4	7	4.978	3.907	0.248	19.03	33.35	30.17	7.89	1.96	2.46	1.26	4.13	6.78	3.29	1.70
		5		6.143	4.822	0.248	23.17	41.73	36.77	9.57	1.94	2.45	1.25	5.08	8.25	3.90	1.74
		6		7.288	5.721	0.247	27.12	50.14	43.03	11.20	1.93	2.43	1.24	6.00	9.66	4.46	1.78
		7		8.412	6.603	0.247	30.87	58.60	48.96	12.79	1.92	2.41	1.23	6.88	10.99	4.98	1.82
		8		9.515	7.469	0.247	34.46	67.11	54.56	14.33	1.90	2.40	1.23	7.75	12.25	5.47	1.85
		10		11.657	9.151	0.246	41.09	84.31	64.85	17.33	1.88	2.36	1.22	9.39	14.56	6.36	1.93

(续)

型号	截面尺寸/mm			截面面积/cm²	理论重量/(kg/m)	外表面积/(m²/m)	惯性矩/cm⁴				惯性半径/cm			截面系数/cm³			重心距离/cm
	b	d	r				I_x	I_{x1}	I_{x0}	I_{y0}	i_x	i_{x0}	i_{y0}	W_x	W_{x0}	W_{y0}	z_0
7	70	4	8	5.570	4.372	0.275	26.39	45.74	41.80	10.99	2.18	2.74	1.40	5.14	8.44	4.17	1.86
		5		6.875	5.397	0.275	32.21	57.21	51.08	13.31	2.16	2.73	1.39	6.32	10.32	4.95	1.91
		6		8.160	6.406	0.275	37.77	68.73	59.93	15.61	2.15	2.71	1.38	7.48	12.11	5.67	1.95
		7		9.424	7.398	0.275	43.09	80.29	68.35	17.82	2.14	2.69	1.38	8.59	13.81	6.34	1.99
		8		10.667	8.373	0.274	48.17	91.92	76.37	19.98	2.12	2.68	1.37	9.68	15.43	6.98	2.03
7.5	75	5	9	7.412	5.818	0.295	39.97	70.56	63.30	16.63	2.33	2.92	1.50	7.32	11.94	5.77	2.04
		6		8.797	6.905	0.294	46.95	84.55	74.38	19.51	2.31	2.90	1.49	8.64	14.02	6.67	2.07
		7		10.160	7.976	0.294	53.57	98.71	84.96	22.18	2.30	2.89	1.48	9.93	16.02	7.44	2.11
		8		11.503	9.030	0.294	59.96	112.97	95.07	24.86	2.28	2.88	1.47	11.20	17.93	8.19	2.15
		9		12.825	10.068	0.294	66.10	127.30	104.71	27.48	2.27	2.86	1.46	12.43	19.75	8.89	2.18
		10		14.126	11.089	0.293	71.98	141.71	113.92	30.05	2.26	2.84	1.46	13.64	21.48	9.56	2.22
8	80	5	9	7.912	6.211	0.315	48.79	85.36	77.33	20.25	2.48	3.13	1.60	8.34	13.67	6.66	2.15
		6		9.397	7.376	0.314	57.35	102.50	90.98	23.72	2.47	3.11	1.59	9.87	16.08	7.65	2.19
		7		10.860	8.525	0.314	65.58	119.70	104.07	27.09	2.46	3.10	1.58	11.37	18.40	8.58	2.23
		8		12.303	9.658	0.314	73.49	136.97	116.60	30.39	2.44	3.08	1.57	12.83	20.61	9.46	2.27
		9		13.725	10.774	0.314	81.11	154.31	128.60	33.61	2.43	3.06	1.56	14.25	22.73	10.29	2.31
		10		15.126	11.874	0.313	88.43	171.74	140.09	36.77	2.42	3.04	1.56	15.64	24.76	11.08	2.35

（续）

型号	截面尺寸/mm				截面面积/cm²	理论重量/(kg/m)	外表面积/(m²/m)	惯性矩/cm⁴				惯性半径/cm			截面系数/cm³			重心距离/cm
	b	d		r				I_x	I_{x1}	I_{x0}	I_{y0}	i_x	i_{x0}	i_{y0}	W_x	W_{x0}	W_{y0}	z_0
9	90	6		10	10.637	8.350	0.354	82.77	145.87	131.26	34.28	2.79	3.51	1.80	12.61	20.63	9.95	2.44
		7			12.301	9.656	0.354	94.83	170.30	150.47	39.18	2.78	3.50	1.78	14.54	23.64	11.19	2.48
		8			13.944	10.946	0.353	106.47	194.80	168.97	43.97	2.76	3.48	1.78	16.42	26.55	12.35	2.52
		9			15.566	12.219	0.353	117.72	219.39	186.77	48.66	2.75	3.46	1.77	18.27	29.35	13.46	2.56
		10			17.167	13.476	0.353	128.58	244.07	203.90	53.26	2.74	3.45	1.76	20.07	32.04	14.52	2.59
		12			20.306	15.940	0.352	149.22	293.76	236.21	62.22	2.71	3.41	1.75	23.57	37.12	16.49	2.67
10	100	6		12	11.932	9.366	0.393	114.95	200.07	181.98	47.92	3.10	3.90	2.00	15.68	25.74	12.69	2.67
		7			13.796	10.830	0.393	131.86	233.54	208.97	54.74	3.09	3.89	1.99	18.10	29.55	14.26	2.71
		8			15.638	12.276	0.393	148.24	267.09	235.07	61.41	3.08	3.88	1.98	20.47	33.24	15.75	2.76
		9			17.462	13.708	0.392	164.12	300.73	260.30	67.95	3.07	3.86	1.97	22.79	36.81	17.18	2.80
		10			19.261	15.120	0.392	179.51	334.48	284.68	74.35	3.05	3.84	1.96	25.06	40.26	18.54	2.84
		12			22.800	17.898	0.391	208.90	402.34	330.95	86.84	3.03	3.81	1.95	29.48	46.80	21.08	2.91
		14			26.256	20.611	0.391	236.53	470.75	374.06	99.00	3.00	3.77	1.94	33.73	52.90	23.44	2.99
		16			29.627	23.257	0.390	262.53	539.80	414.16	110.89	2.98	3.74	1.94	37.82	58.57	25.63	3.06
11	110	7		12	15.196	11.928	0.433	177.16	310.64	280.94	73.38	3.41	4.30	2.20	22.05	36.12	17.51	2.96
		8			17.238	13.535	0.433	199.46	355.20	316.49	82.42	3.40	4.28	2.19	24.95	40.69	19.39	3.01
		10			21.261	16.690	0.432	242.19	444.65	384.39	99.98	3.38	4.25	2.17	30.60	49.42	22.91	3.09
		12			25.200	19.782	0.431	282.55	534.60	448.17	116.93	3.35	4.22	2.15	36.05	57.62	26.15	3.16
		14			29.056	22.809	0.431	320.71	625.16	508.01	133.40	3.32	4.18	2.14	41.31	65.31	29.14	3.24

(续)

型号	截面尺寸/mm			截面面积/cm²	理论重量/(kg/m)	外表面积/(m²/m)	惯性矩/cm⁴				惯性半径/cm			截面系数/cm³			重心距离/cm
	b	d	r				I_x	I_{x1}	I_{x0}	I_{y0}	i_x	i_{x0}	i_{y0}	W_x	W_{x0}	W_{y0}	z_0
12.5	125	8	14	19.750	15.504	0.492	297.03	521.01	470.89	123.16	3.88	4.88	2.50	32.52	53.28	25.86	3.37
		10		24.373	19.133	0.491	361.67	651.93	573.89	149.46	3.85	4.85	2.48	39.97	64.93	30.62	3.45
		12		28.912	22.696	0.491	423.16	783.42	671.44	174.88	3.83	4.82	2.46	41.17	75.96	35.03	3.53
		14		33.367	26.193	0.490	481.65	915.61	763.73	199.57	3.80	4.78	2.45	54.16	86.41	39.13	3.61
		16		37.739	29.625	0.489	537.31	1048.62	850.98	223.65	3.77	4.75	2.43	60.93	96.28	42.96	3.68
14	140	10	14	27.373	21.488	0.551	514.65	915.11	817.27	212.04	4.34	5.46	2.78	50.58	82.56	39.20	3.82
		12		32.512	25.522	0.551	603.68	1099.28	958.79	248.57	4.31	5.43	2.76	59.80	96.85	45.02	3.90
		14		37.567	29.490	0.550	688.81	1284.22	1093.56	284.06	4.28	5.40	2.75	68.75	110.47	50.45	3.98
		16		42.539	33.393	0.549	770.24	1470.07	1221.81	318.67	4.26	5.36	2.74	77.46	123.42	55.55	4.06
15	150	8	14	23.750	18.644	0.592	521.37	899.55	827.49	215.25	4.69	5.90	3.01	47.36	78.02	38.14	3.99
		10		29.373	23.058	0.591	637.50	1125.09	1012.79	262.21	4.66	5.87	2.99	58.35	95.49	45.51	4.08
		12		34.912	27.406	0.591	748.85	1351.26	1189.97	307.73	4.63	5.84	2.97	69.04	112.19	52.38	4.15
		14		40.367	31.688	0.590	855.64	1578.25	1359.30	351.98	4.60	5.80	2.95	79.45	128.16	58.83	4.23
		15		43.063	33.804	0.590	907.39	1692.10	1441.09	373.69	4.59	5.78	2.95	84.56	135.87	61.90	4.27
		16		45.739	35.905	0.589	958.08	1806.21	1521.02	395.14	4.58	5.77	2.94	89.59	143.40	64.89	4.31

(续)

型号	截面尺寸/mm			截面面积/cm²	理论重量/(kg/m)	外表面积/(m²/m)	惯性矩/cm⁴				惯性半径/cm			截面系数/cm³			重心距离/cm
	b	d	r				I_x	I_{x1}	I_{x0}	I_{y0}	i_x	i_{x0}	i_{y0}	W_x	W_{x0}	W_{y0}	z_0
16	160	10	16	31.502	24.729	0.630	779.53	1365.33	1237.30	321.76	4.98	6.27	3.20	66.70	109.36	52.76	4.31
		12		37.441	29.391	0.630	916.58	1639.57	1455.68	377.49	4.95	6.24	3.18	78.98	128.67	60.74	4.39
		14		43.296	33.987	0.629	1048.36	1914.68	1665.02	431.70	4.92	6.20	3.16	90.95	147.17	68.24	4.47
		16		49.067	38.518	0.629	1175.08	2190.82	1865.57	484.59	4.89	6.17	3.14	102.63	164.89	75.31	4.55
18	180	12	16	42.241	33.159	0.710	1321.35	2332.80	2100.10	542.61	5.59	7.05	3.58	100.82	165.00	78.41	4.89
		14		48.896	38.383	0.709	1514.48	2723.48	2407.42	621.53	5.56	7.02	3.56	116.25	189.14	88.38	4.97
		16		55.467	43.542	0.709	1700.99	3115.29	2703.37	698.60	5.54	6.98	3.55	131.13	212.40	97.83	5.05
		18		61.055	48.634	0.708	1875.12	3502.43	2988.24	762.01	5.50	6.94	3.51	145.64	234.78	105.14	5.13
20	200	14	18	54.642	42.894	0.788	2103.55	3734.10	3343.26	863.83	6.20	7.82	3.98	144.70	236.40	111.82	5.46
		16		62.013	48.680	0.788	2366.15	4270.39	3760.89	971.41	6.18	7.79	3.96	163.65	265.93	123.96	5.54
		18		69.301	54.401	0.787	2620.64	4808.13	4164.54	1076.74	6.15	7.75	3.94	182.22	294.48	135.52	5.62
		20		76.505	60.056	0.787	2867.30	5347.51	4554.55	1180.04	6.12	7.72	3.93	200.42	322.06	146.55	5.69
		24		90.661	71.168	0.785	3338.25	6457.16	5294.97	1381.53	6.07	7.64	3.90	236.17	374.41	166.65	5.87

(续)

型号	截面尺寸/mm				截面面积/cm²	理论重量/(kg/m)	外表面积/(m²/m)	惯性矩/cm⁴				惯性半径/cm			截面系数/cm³			重心距离/cm
	b	d		r				I_x	I_{x1}	I_{x0}	I_{y0}	i_x	i_{x0}	i_{y0}	W_x	W_{x0}	W_{y0}	z_0
22	220	16		21	68.664	53.901	0.866	3187.36	5681.62	5063.73	1310.99	6.81	8.59	4.37	199.55	325.51	153.81	6.03
		18			76.752	60.250	0.866	3534.30	6395.93	5615.32	1453.27	6.79	8.55	4.35	222.37	360.97	168.29	6.11
		20			84.756	66.533	0.865	3871.49	7112.04	6150.08	1592.90	6.76	8.52	4.34	244.77	395.34	182.16	6.18
		22			92.676	72.751	0.865	4199.23	7830.19	6668.37	1730.10	6.78	8.48	4.32	266.78	428.66	195.45	6.26
		24			100.512	78.902	0.864	4517.83	8550.57	7170.55	1865.11	6.70	8.45	4.31	288.39	460.94	208.21	6.33
		26			108.264	84.987	0.864	4827.58	9273.39	7656.98	1998.17	6.68	8.41	4.30	309.62	492.21	220.49	6.41
25	250	18		24	87.842	68.956	0.985	5268.22	9379.11	8369.04	2167.41	7.74	9.76	4.97	290.12	473.42	224.03	6.84
		20			97.045	76.180	0.984	5779.34	10426.97	9181.94	2376.74	7.72	9.73	4.95	319.66	519.41	242.85	6.92
		24			115.201	90.433	0.983	6763.93	12529.74	10742.67	2785.19	7.66	9.66	4.92	377.34	607.70	278.38	7.07
		26			124.154	97.461	0.982	7238.08	13585.18	11491.33	2984.84	7.63	9.62	4.90	405.50	650.05	295.19	7.15
		28			133.022	104.422	0.982	7700.60	14643.62	12219.39	3181.81	7.61	9.58	4.89	433.22	691.23	311.42	7.22
		30			141.807	111.318	0.981	8151.80	15705.30	12927.26	3376.34	7.58	9.55	4.88	460.51	731.28	327.12	7.30
		32			150.508	118.149	0.981	8592.01	16770.41	13615.32	3568.71	7.56	9.51	4.87	487.39	770.20	342.33	7.37
		35			163.402	128.271	0.980	9232.44	18374.95	14611.16	3853.72	7.52	9.46	4.86	526.97	826.53	364.30	7.48

表 B-2 热轧不等边角钢截面尺寸、截面面积、理论重量及截面特性（GB/T 706—2008）

符号意义：B——长边宽度；
b——短边宽度；
d——边厚度；
r——内圆弧半径；
r_1——边端圆弧半径；
x_0, y_0——重心距离；
I——惯性矩；
i——惯性半径；
W——截面系数。

型号	截面尺寸/mm				截面面积/cm^2	理论重量/(kg/m)	外表面积/(m^2/m)	惯性矩/cm^4					惯性半径/cm			截面系数/cm^3			$\tan\alpha$	重心距离/cm	
	B	b	d	r				I_x	I_{x1}	I_y	I_{y1}	I_u	i_x	i_y	i_u	W_x	W_y	W_u		x_0	y_0
2.5/1.6	25	16	3	3.5	1.162	0.912	0.080	0.70	1.56	0.22	0.43	0.14	0.78	0.44	0.34	0.43	0.19	0.16	0.392	0.42	0.86
			4		1.499	1.176	0.079	0.88	2.09	0.27	0.59	0.17	0.77	0.43	0.34	0.55	0.24	0.20	0.381	0.46	1.86
3.2/2	32	20	3		1.492	1.171	0.102	1.53	3.27	0.46	0.82	0.28	1.01	0.55	0.43	0.72	0.30	0.25	0.382	0.49	0.90
			4		1.939	1.522	0.101	1.93	4.37	0.57	1.12	0.35	1.00	0.54	0.42	0.93	0.39	0.32	0.374	0.53	1.08
4/2.5	40	25	3	4	1.890	1.484	0.127	3.08	5.39	0.93	1.59	0.56	1.28	0.70	0.54	1.15	0.49	0.40	0.385	0.59	1.12
			4		2.467	1.936	0.127	3.93	8.53	1.18	2.14	0.71	1.36	0.69	0.54	1.49	0.63	0.52	0.381	0.63	1.32
4.5/2.8	45	28	3	5	2.149	1.687	0.143	445	9.10	1.34	2.23	0.80	1.44	0.79	0.61	1.47	0.62	0.51	0.383	0.64	1.37
			4		2.806	2.203	0.143	5.69	12.13	1.70	3.00	1.02	1.42	0.78	0.60	1.91	0.80	0.66	0.380	0.68	1.47
5/3.2	50	32	3	5.5	2.431	1.908	0.161	6.24	12.49	2.02	3.31	1.20	1.60	0.91	0.70	1.84	0.82	0.68	0.404	0.73	1.51
			4		3.177	2.494	0.160	8.02	16.65	2.58	4.45	1.53	1.59	0.90	0.69	2.39	1.06	0.87	0.402	0.77	1.60

(续)

型号	截面尺寸/mm				截面面积/cm²	理论重量/(kg/m)	外表面积/(m²/m)	惯性矩/cm⁴					惯性半径/cm			截面系数/cm³			$\tan\alpha$	重心距离/cm	
	B	b	d	r				I_x	I_{x1}	I_y	I_{y1}	I_u	i_x	i_y	i_u	W_x	W_y	W_u		x_0	y_0
5.6/3.6	56	36	3	6	2.743	2.153	0.181	8.88	17.54	2.92	4.70	1.73	1.80	1.03	0.79	2.32	1.05	0.87	0.408	0.80	1.65
			4		3.590	2.818	0.180	11.45	23.39	3.76	6.33	2.23	1.79	1.02	0.79	3.03	1.37	1.13	0.408	0.85	1.78
			5		4.415	3.466	0.180	13.86	29.25	4.49	7.94	2.67	1.77	1.01	0.78	3.71	1.65	1.36	0.404	0.88	1.82
6.3/4	63	40	4	7	4.058	3.185	0.202	16.49	33.30	5.23	8.63	3.12	2.02	1.14	0.88	3.87	1.70	1.40	0.398	0.92	1.87
			5		4.993	3.920	0.202	20.02	41.63	6.31	10.86	3.76	2.00	1.12	0.87	4.74	2.07	1.71	0.396	0.95	2.04
			6		5.908	4.638	0.201	23.36	49.98	7.29	13.12	4.34	1.96	1.11	0.86	5.59	2.43	1.99	0.393	0.99	2.08
			7		6.802	5.339	0.201	26.53	58.07	8.24	15.47	4.97	1.98	1.10	0.86	6.40	2.78	2.29	0.389	1.03	2.12
7/4.5	70	45	4	7.5	4.547	3.570	0.226	23.17	45.92	7.55	12.26	4.40	2.26	1.29	0.98	4.86	2.17	1.77	0.410	1.02	2.15
			5		5.609	4.403	0.225	27.95	57.10	9.13	15.39	5.40	2.23	1.28	0.98	5.92	2.65	2.19	0.407	1.06	2.24
			6		6.647	5.218	0.225	32.54	68.35	10.62	18.58	6.35	2.21	1.26	0.98	6.95	3.12	2.59	0.404	1.09	2.28
			7		7.657	6.011	0.225	37.22	79.99	12.01	21.84	7.16	2.20	1.25	0.97	8.03	3.57	2.94	0.402	1.13	2.32
7.5/5	75	50	5	8	6.125	4.808	0.245	34.86	70.00	12.61	21.04	7.41	2.39	1.44	1.10	6.83	3.30	2.74	0.435	1.17	2.36
			6		7.260	5.699	0.245	41.12	84.30	14.70	25.37	8.54	2.38	1.42	1.08	8.12	3.88	3.19	0.435	1.21	2.40
			8		9.467	7.431	0.244	52.39	112.50	18.53	34.23	10.87	2.35	1.40	1.07	10.52	4.99	4.10	0.429	1.29	2.44
			10		11.590	9.098	0.244	62.71	140.80	21.96	43.43	13.10	2.33	1.38	1.06	12.79	6.04	4.99	0.423	1.36	2.52
8/5	80	50	5	8	6.375	5.005	0.255	41.96	85.21	12.82	21.06	7.66	2.56	1.42	1.10	7.78	3.32	2.74	0.388	1.14	2.60
			6		7.560	5.935	0.255	49.49	102.53	14.95	25.41	8.85	2.56	1.41	1.08	9.25	3.91	3.20	0.387	1.18	2.65
			7		8.724	6.848	0.255	56.16	119.33	16.96	29.82	10.18	2.54	1.39	1.08	10.58	4.48	3.70	0.384	1.21	2.69
			8		9.867	7.745	0.254	62.83	136.41	18.85	34.32	11.38	2.52	1.38	1.07	11.92	5.03	4.16	0.381	1.25	2.73

(续)

型号	截面尺寸/mm				截面面积/cm²	理论重量/(kg/m)	外表面积/(m²/m)	惯性矩/cm⁴				惯性半径/cm			截面系数/cm³			$\tan\alpha$	重心距离/cm	
	B	b	d	r				I_x	I_{x1}	I_y	I_{y1}	I_u	i_x	i_y	i_u	W_x	W_y	W_u		x_0	y_0
9/5.6	90	56	5	9	7.212	5.661	0.287	60.45	121.32	18.32	29.53	10.98	2.90	1.59	1.23	9.92	4.21	3.49	0.385	1.25	2.91
			6		8.557	6.717	0.286	71.08	145.50	21.42	35.58	12.90	2.88	1.58	1.23	11.74	4.96	4.13	0.384	1.29	2.95
			7		9.880	7.756	0.286	81.01	169.60	24.36	41.71	14.67	2.86	1.57	1.22	13.49	5.70	4.72	0.382	1.33	3.00
			8		11.183	8.779	0.286	91.03	194.17	27.15	47.93	16.34	2.85	1.56	1.21	15.27	6.41	5.29	0.380	1.36	3.04
10/6.3	100	63	6	10	9.617	7.550	0.320	99.06	199.71	30.94	50.50	18.42	3.21	1.79	1.38	14.64	6.35	5.25	0.394	1.43	3.24
			7		11.111	8.722	0.320	113.45	233.00	35.26	59.14	21.00	3.20	1.78	1.38	16.88	7.29	6.02	0.394	1.47	3.28
			8		12.534	9.878	0.319	127.37	266.32	39.39	67.88	23.50	3.18	1.77	1.37	19.08	8.21	6.78	0.391	1.50	3.32
			10		15.467	12.142	0.319	153.81	333.06	47.12	85.73	28.33	3.15	1.74	1.35	23.32	9.98	8.24	0.387	1.58	3.40
10/8	100	80	6	10	10.637	8.350	0.354	107.04	199.83	61.24	102.68	31.65	3.17	2.40	1.72	15.19	10.16	8.37	0.627	1.97	2.95
			7		12.301	9.656	0.354	122.73	233.20	70.08	119.98	36.17	3.16	2.39	1.72	17.52	11.71	9.60	0.626	2.01	3.0
			8		13.944	10.946	0.353	137.92	266.61	78.58	137.37	40.58	3.14	2.37	1.71	19.81	13.21	10.80	0.625	2.05	3.04
			10		17.167	13.476	0.353	166.87	333.63	94.65	172.48	49.10	3.12	2.35	1.69	24.24	16.12	13.12	0.622	2.13	3.12
11/7	110	70	6	10	10.637	8.350	0.354	133.37	265.78	42.92	69.08	25.36	3.54	2.01	1.54	17.85	7.90	6.53	0.403	1.57	3.53
			7		12.301	9.656	0.354	153.00	310.07	49.01	80.82	28.95	3.53	2.00	1.53	20.60	9.09	7.50	0.402	1.61	3.57
			8		13.944	10.946	0.353	172.04	354.39	54.87	92.70	32.45	3.51	1.98	1.53	23.30	10.25	8.45	0.401	1.65	3.62
			10		17.167	13.476	0.353	208.39	443.13	65.88	116.83	39.20	3.48	1.96	1.51	28.54	12.48	10.29	0.397	1.72	3.70

(续)

型号	截面尺寸/mm				截面面积/cm²	理论重量/(kg/m)	外表面积/(m²/m)	惯性矩/cm⁴					惯性半径/cm			截面系数/cm³			$\tan\alpha$	重心距离/cm	
	B	b	d	r				I_x	I_{x1}	I_y	I_{y1}	I_u	i_x	i_y	i_u	W_x	W_y	W_u		x_0	y_0
12.5/8	125	80	7	11	14.096	11.066	0.403	227.98	454.99	74.42	120.32	43.81	4.02	2.30	1.76	26.86	12.01	9.92	0.408	1.80	4.01
			8		15.989	12.551	0.403	256.77	519.99	83.49	137.85	49.15	4.01	2.28	1.75	30.41	13.56	11.18	0.407	1.84	4.06
			10		19.712	15.474	0.402	312.04	650.09	100.67	173.40	59.45	3.98	2.26	1.74	37.33	16.56	13.64	0.404	1.92	4.14
			12		23.351	18.330	0.402	364.41	780.39	116.67	209.67	69.35	3.95	2.24	1.72	44.01	19.43	16.01	0.400	2.00	4.22
14/9	140	90	8	12	18.038	14.160	0.453	365.64	730.53	120.69	195.79	70.83	4.50	2.59	1.98	38.48	17.34	14.31	0.411	2.04	4.50
			10		22.261	17.475	0.452	445.50	913.20	140.03	245.92	85.82	4.47	2.56	1.96	47.31	21.22	17.48	0.409	2.12	4.58
			12		26.400	20.724	0.451	521.59	1096.09	169.79	296.89	100.21	4.44	2.54	1.95	55.87	24.95	20.54	0.406	2.19	4.66
			14		30.456	23.908	0.451	594.10	1279.26	192.10	348.82	114.13	4.42	2.51	1.94	64.18	28.54	23.52	0.403	2.27	4.74
15/9	150	90	8	12	18.839	14.788	0.473	442.05	898.35	122.80	195.96	74.14	4.84	2.55	1.98	43.86	17.47	14.48	0.364	1.97	4.92
			10		23.261	18.260	0.472	539.24	1122.85	148.62	246.26	89.86	4.81	2.53	1.97	53.97	21.38	17.69	0.362	2.05	5.01
			12		27.600	21.666	0.471	632.08	1347.50	172.85	297.46	104.95	4.79	2.50	1.95	63.79	25.14	20.80	0.359	2.12	5.09
			14		31.856	25.007	0.471	720.77	1572.38	195.62	349.74	119.53	4.76	2.48	1.94	73.33	28.77	23.84	0.356	2.20	5.17
			15		33.952	26.652	0.471	763.62	1684.93	206.50	376.33	126.67	4.74	2.47	1.93	77.99	30.53	25.33	0.354	2.24	5.21
			16		36.027	28.281	0.470	805.51	1797.55	217.07	403.24	133.72	4.73	2.45	1.93	82.60	32.27	26.82	0.352	2.27	5.25

(续)

型号	截面尺寸/mm				截面面积/cm²	理论重量/(kg/m)	外表面积/(m²/m)	惯性矩/cm⁴					惯性半径/cm			截面系数/cm³			tanα	重心距离/cm	
	B	b	d	r				I_x	I_{x1}	I_y	I_{y1}	I_u	i_x	i_y	i_u	W_x	W_y	W_u		x_0	y_0
16/10	160	100	10	13	25.315	19.872	0.512	668.69	1362.89	205.03	336.59	121.74	5.14	2.85	2.19	62.13	26.56	21.92	0.390	2.28	5.24
			12		30.054	23.592	0.511	784.91	1635.56	239.06	405.94	142.33	5.11	2.82	2.17	73.49	31.28	25.79	0.388	2.36	5.32
			14		34.709	27.247	0.510	896.30	1908.50	271.20	476.42	162.23	5.08	2.80	2.16	84.56	35.83	29.56	0.385	0.43	5.40
			16		29.281	30.835	0.510	1003.04	2181.79	301.60	548.22	182.57	5.05	2.77	2.16	95.33	40.24	33.44	0.382	2.51	5.48
18/11	180	110	10	14	28.373	22.273	0.571	956.25	1940.40	278.11	447.22	166.50	5.80	3.13	2.42	78.96	32.49	26.88	0.376	2.44	5.89
			12		33.712	26.440	0.571	1124.72	2328.38	325.03	538.94	194.87	5.78	3.10	2.40	93.53	38.32	31.66	0.374	2.52	5.98
			14		38.967	30.589	0.570	1286.91	2716.60	369.55	631.95	222.30	5.75	3.08	2.39	107.76	43.97	36.32	0.372	2.59	6.06
			16		44.139	34.649	0.569	1443.06	3105.15	411.85	726.46	248.94	5.72	3.06	2.38	121.64	49.44	40.87	0.369	2.67	6.14
20/12.5	200	125	12	14	37.912	29.761	0.641	1570.90	3193.85	483.16	787.74	285.79	6.44	3.57	2.74	116.73	49.99	41.23	0.392	2.83	6.54
			14		43.687	34.436	0.640	1800.97	3726.17	550.83	922.47	326.58	6.41	3.54	2.73	134.65	57.44	47.34	0.390	2.91	6.62
			16		49.739	39.045	0.639	2023.35	4258.88	615.44	1058.86	366.21	6.38	3.52	2.71	152.18	64.89	53.32	0.388	2.99	6.70
			18		55.526	43.588	0.639	2238.30	4792.00	677.19	1197.13	404.83	6.35	3.49	2.70	169.33	71.74	59.18	0.385	3.06	6.78

表 B-3 热轧槽钢截面尺寸、截面积、理论重量及截面特性（GB/T 706—2008）

符号意义：
- h——高度；
- b——腿宽度；
- d——腰厚度；
- t——平均腿厚度；
- r——内圆弧半径；
- r_1——腿端圆弧半径；
- I——惯性矩；
- W——截面系数；
- i——惯性半径；
- z_0——重心距离。

型号	截面尺寸/mm						截面面积/cm²	理论重量/(kg/m)	惯性矩/cm⁴				惯性半径/cm		截面系数/cm³		重心距离/cm
	h	b	d	t	r	r_1			I_x	I_y	I_{y1}		i_x	i_y	W_x	W_y	z_0
5	50	37	4.5	7.0	7.0	3.5	6.928	5.438	26.0	8.30	20.9		1.94	1.10	10.4	3.55	1.35
6.3	63	40	4.8	7.5	7.5	3.8	8.451	6.634	50.8	11.9	28.4		2.45	1.19	16.1	4.50	1.36
6.5	65	40	4.3	7.5	7.5	3.8	8.547	6.709	55.2	12.0	28.3		2.54	1.19	17.0	4.59	1.38
8	80	43	5.0	8.0	8.0	4.0	10.248	8.045	101	16.6	37.4		3.15	1.27	25.3	5.79	1.43
10	100	48	5.3	8.5	8.5	4.2	12.748	10.007	198	25.6	54.9		3.95	1.41	39.7	7.80	1.52
12	120	53	5.5	9.0	9.0	4.5	15.362	12.059	346	37.4	77.7		4.75	1.56	57.7	10.2	1.62
12.6	126	53	5.5	9.0	9.0	4.5	15.692	12.318	391	38.0	77.1		4.95	1.57	62.1	10.2	1.59

（续）

型号	截面尺寸/mm						截面面积/cm²	理论重量/(kg/m)	惯性矩/cm⁴			惯性半径/cm		截面系数/cm³		重心距离/cm
	h	b	d	t	r	r_1			I_x	I_y	I_{y1}	i_x	i_y	W_x	W_y	z_0
14a	140	58	6.0	9.5	9.5	4.8	18.516	14.535	564	53.2	107	5.52	1.70	80.5	13.0	1.71
14b	140	60	8.0	9.5	9.5	4.8	21.316	16.733	609	61.1	121	5.35	1.69	87.1	14.1	1.67
16a	160	63	6.5	10.0	10.0	5.0	21.962	17.24	866	73.3	144	6.28	1.83	108	16.3	1.80
16b	160	65	8.5	10.0	10.0	5.0	25.162	19.752	935	83.4	161	6.10	1.82	117	17.6	1.75
18a	180	68	7.0	10.5	10.5	5.2	25.699	20.174	1270	98.6	190	7.04	1.96	141	20.0	1.88
18b	180	70	9.0	10.5	10.5	5.2	29.299	23.000	1370	111	210	6.84	1.95	152	21.5	1.84
20a	200	73	7.0	11.0	11.0	5.5	28.837	22.637	1780	128	244	7.86	2.11	178	24.2	2.01
20b	200	75	9.0	11.0	11.0	5.5	32.837	25.777	1910	144	268	7.64	2.09	191	25.9	1.95
22a	220	77	7.0	11.5	11.5	5.8	31.846	24.999	2390	158	298	8.67	2.23	218	28.2	2.10
22b	220	79	9.0	11.5	11.5	5.8	36.246	28.453	2570	176	326	8.42	2.21	234	30.1	2.03
24a	240	78	7.0	12.0	12.0	6.0	34.217	26.860	3050	174	325	9.45	2.25	254	30.5	2.10
24b	240	80	9.0	12.0	12.0	6.0	39.017	30.628	3280	194	355	9.17	2.23	274	32.5	2.03
24c	240	82	11.0	12.0	12.0	6.0	43.817	34.396	3510	213	388	8.96	2.21	293	34.4	2.00
25a	250	78	7.0	12.0	12.0	6.0	34.917	27.410	3370	176	322	9.82	2.24	270	30.6	2.07
25b	250	80	9.0	12.0	12.0	6.0	39.917	31.335	3530	196	353	9.41	2.22	282	32.7	1.98
25c	250	82	11.0	12.0	12.0	6.0	44.917	35.260	3690	218	384	9.07	2.21	295	35.9	1.92

(续)

型号	截面尺寸/mm						截面面积/cm²	理论重量/(kg/m)	惯性矩/cm⁴			惯性半径/cm		截面系数/cm³		重心距离/cm
	h	b	d	t	r	r_1			I_x	I_y	I_{y1}	i_x	i_y	W_x	W_y	z_0
27a	270	82	7.5	12.5	12.5	6.2	39.284	30.838	4360	216	393	10.5	2.34	323	35.5	2.13
27b	270	84	9.5	12.5	12.5	6.2	44.684	35.077	4690	239	428	10.3	2.31	347	37.7	2.06
27c	270	86	11.5	12.5	12.5	6.2	50.084	39.316	5020	261	467	10.1	2.28	372	39.8	2.03
28a	280	82	7.5	12.5	12.5	6.2	40.034	31.427	4760	218	388	10.9	2.33	340	35.7	2.10
28b	280	84	9.5	12.5	12.5	6.2	45.634	35.823	5130	242	428	10.6	2.30	366	37.9	2.02
28c	280	86	11.5	12.5	12.5	6.2	51.234	40.219	5500	268	463	10.4	2.29	393	40.3	1.95
30a	300	85	7.5	13.5	13.5	6.8	43.902	34.463	6050	260	467	11.7	2.43	403	41.1	2.17
30b	300	87	9.5	13.5	13.5	6.8	49.902	39.173	6500	289	515	11.4	2.41	433	44.0	2.13
30c	300	89	11.5	13.5	13.5	6.8	55.902	43.883	6950	316	560	11.2	2.38	463	46.4	2.09
32a	320	88	8.0	14.0	14.0	7.0	48.513	38.083	7600	305	552	12.5	2.50	475	46.5	2.24
32b	320	90	10.0	14.0	14.0	7.0	54.913	43.107	8140	336	593	12.2	2.47	509	49.2	2.16
32c	320	92	12.0	14.0	14.0	7.0	61.313	48.131	8690	374	643	11.9	2.47	543	52.6	2.09
36a	360	96	9.0	16.0	16.0	8.0	60.910	47.814	11900	455	818	14.0	2.73	660	63.5	2.44
36b	360	98	11.0	16.0	16.0	8.0	68.110	53.466	12700	497	880	13.6	2.70	703	66.9	2.37
36c	360	100	13.0	16.0	16.0	8.0	75.310	59.118	13400	536	948	13.4	2.67	746	70.0	2.34
40a	400	100	10.5	18.0	18.0	9.0	75.068	58.928	17600	592	1070	15.3	2.81	879	78.8	2.49
40b	400	102	12.5	18.0	18.0	9.0	83.068	65.208	18600	640	114	15.0	2.78	932	82.5	2.44
40c	400	104	14.5	18.0	18.0	9.0	91.068	71.488	19700	688	1220	14.7	2.75	986	86.2	2.42

表 B-4 热轧工字钢截面尺寸、截面积、理论重量及截面特性（GB/T 706—2008）

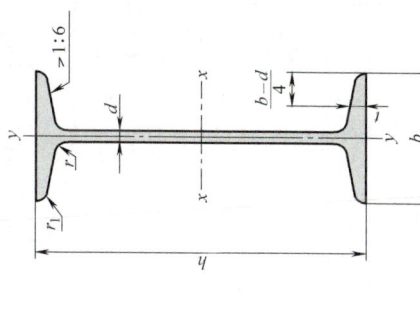

符号意义：
h——高度；
b——腿宽度；
d——腰厚度；
t——平均腿厚度；
r——内圆弧半径；
r_1——腿端圆弧半径；
I——惯性矩；
W——截面系数；
i——惯性半径。

型号	截面尺寸/mm						截面面积/cm²	理论重量/(kg/m)	惯性矩/cm⁴		惯性半径/cm		截面系数/cm³	
	h	b	d	t	r	r_1			I_x	I_y	i_x	i_y	W_x	W_y
10	100	68	4.5	7.6	6.5	3.3	14.345	11.261	245	33.0	4.14	1.52	49.0	9.72
12	120	74	5.0	8.4	7.0	3.5	17.818	13.987	436	46.9	4.95	1.62	72.7	12.7
12.6	126	74	5.0	8.4	7.0	3.5	18.118	14.223	488	46.9	5.20	1.61	77.5	12.7
14	140	80	5.5	9.1	7.5	3.8	21.516	16.890	712	64.4	5.76	1.73	102	16.1
16	160	88	6.0	9.9	8.0	4.0	26.131	20.513	1130	93.1	6.58	1.89	141	21.2
18	180	94	6.5	10.7	8.5	4.3	30.756	24.143	1660	122	7.36	2.00	185	26.0

(续)

型号	截面尺寸/mm						截面面积/cm²	理论重量/(kg/m)	惯性矩/cm⁴		惯性半径/cm		截面系数/cm³	
	h	b	d	t	r	r_1			I_x	I_y	i_x	i_y	W_x	W_y
20a	200	100	7.0	11.4	9.0	4.5	35.578	27.929	2370	158	8.15	2.12	237	31.5
20b	200	102	9.0	11.4	9.0	4.5	39.578	31.069	2500	169	7.96	2.06	250	33.1
22a	220	110	7.5	12.3	9.5	4.8	42.128	33.070	3400	225	8.99	2.31	309	40.9
22b	220	112	9.5	12.3	9.5	4.8	46.528	36.524	3570	239	8.78	2.27	325	42.7
24a	240	116	8.0	13.0	10.0	5.0	47.741	37.477	4570	280	9.77	2.42	381	48.4
24b	240	118	10.0	13.0	10.0	5.0	52.541	41.245	4800	297	9.57	2.38	400	50.4
25a	250	116	8.0	13.0	10.0	5.0	48.541	38.105	5020	280	10.2	2.40	402	48.3
25b	250	118	10.0	13.0	10.0	5.0	53.541	42.030	5280	309	9.94	2.40	423	52.4
27a	270	122	8.5	13.7	10.5	5.3	54.554	42.825	6550	345	10.9	2.51	485	56.6
27b	270	124	10.5	13.7	10.5	5.3	59.954	47.064	6870	366	10.7	2.47	509	58.9
28a	280	122	8.5	13.7	10.5	5.3	55.404	43.492	7110	345	11.3	2.50	508	56.6
28b	280	124	10.5	13.7	10.5	5.3	61.004	47.888	7480	379	11.1	2.49	534	61.2
30a	300	126	9.0	14.4	11.0	5.5	61.254	48.084	8950	400	12.1	2.55	597	63.5
30b	300	128	11.0	14.4	11.0	5.5	67.254	52.794	9400	422	11.8	2.50	627	65.9
30c	300	130	13.0	14.4	11.0	5.5	73.254	57.504	9850	445	11.6	2.46	657	68.5
32a	320	130	9.5	15.0	11.5	5.8	67.156	52.717	11100	460	12.8	2.62	692	70.8
32b	320	132	11.5	15.0	11.5	5.8	73.556	57.741	11600	502	12.6	2.61	726	76.0
32c	320	134	13.5	15.0	11.5	5.8	79.956	62.765	12200	544	12.3	2.61	760	81.2

(续)

型号	截面尺寸/mm						截面面积/cm²	理论重量/(kg/m)	惯性矩/cm⁴		惯性半径/cm		截面系数/cm³	
	h	b	d	t	r	r_1			I_x	I_y	i_x	i_y	W_x	W_y
36a	360	136	10.0	15.8	12.0	6.0	76.480	60.037	15300	552	14.4	2.69	875	81.2
36b	360	138	12.0	15.8	12.0	6.0	83.680	65.689	16500	582	14.1	2.64	919	84.3
36c	360	140	14.0	15.8	12.0	6.0	90.880	71.341	17300	612	13.8	2.60	962	87.4
40a	400	142	10.5	16.5	12.5	6.3	86.112	67.598	21700	660	15.9	2.77	1090	93.2
40b	400	144	12.5	16.5	12.5	6.3	94.112	73.878	22800	692	15.6	2.71	1140	96.2
40c	400	146	14.5	16.5	12.5	6.3	102.112	80.158	23900	727	15.2	2.65	1190	99.6
45a	450	150	11.5	18.0	13.5	6.8	102.446	80.420	32200	855	17.7	2.89	1430	114
45b	450	152	13.5	18.0	13.5	6.8	111.446	87.485	33800	894	17.4	2.84	1500	118
45c	450	154	15.5	18.0	13.5	6.8	120.446	94.550	35300	938	17.1	2.79	1570	122
50a	500	158	12.0	20.0	14.0	7.0	119.304	93.654	46500	1120	19.7	3.07	1860	142
50b	500	160	14.0	20.0	14.0	7.0	129.304	101.504	48600	1170	19.4	3.01	1940	146
50c	500	162	16.0	20.0	14.0	7.0	139.304	109.354	50600	1220	19.0	2.96	2080	151
55a	550	166	12.5	21.0	14.5	7.3	134.185	105.335	62900	1370	21.6	3.19	2290	164
55b	550	168	14.5	21.0	14.5	7.3	145.185	113.970	65600	1420	21.2	3.14	2390	170
55c	550	170	16.5	21.0	14.5	7.3	156.185	122.605	68400	1480	20.9	3.08	2490	175
56a	560	166	12.5	21.0	14.5	7.3	135.435	106.316	65600	1370	22.0	3.18	2340	165
56b	560	168	14.5	21.0	14.5	7.3	146.635	115.108	68500	1490	21.6	3.16	2450	174
56c	560	170	16.5	21.0	14.5	7.3	157.835	123.900	71400	1560	21.3	3.16	2550	183
63a	630	176	13.0	22.0	15.0	7.5	154.658	121.407	93900	1700	24.5	3.31	2980	193
63b	630	178	15.0	22.0	15.0	7.5	167.258	131.298	98100	1810	24.2	3.29	3160	204
63c	630	180	17.0	22.0	15.0	7.5	179.858	141.189	102000	1920	23.8	3.27	3300	214

附录 C 部分习题答案

第 2 章

2-1 $F_{Rx}=-269.62\text{kN}$,$F_{Ry}=479.42\text{kN}$,$\theta=-60.6°$。

2-2 $F_1=0.532\text{kN}$,方向为与 x 轴正向顺时针夹角 $20°$。$F_2=0.684\text{kN}$,方向为沿 y 轴负向。

2-3 $F_R=5\sqrt{2}\text{kN}$。$\cos(F_R,i)=\dfrac{\sqrt{2}}{2}$,$\cos(F_R,j)=\dfrac{3}{5\sqrt{2}}$,$\cos(F_R,k)=\dfrac{4}{5\sqrt{2}}$。

2-4 a) $F_{Ax}=5\sqrt{2}\text{kN}$ (→),$F_{Ay}=\dfrac{5}{2}\sqrt{2}\text{kN}$ (↑);$F_B=F_{Ay}$ (↑)。b) $F_{Ax}=\dfrac{15}{2}\sqrt{2}\text{kN}$ (→),$F_{Ay}=\dfrac{5\sqrt{2}}{2}\text{kN}$ (↑),$F_B=5\text{kN}$ (↑)。c) $F_{Ax}=10\text{kN}$ (←),$F_{Ay}=5\text{kN}$ (↓);$F_B=5\text{kN}$ (↑)。

2-5 a) $F_1=4.10\text{kN}$ (←),$F_2=5.60\text{kN}$,$F_T=1.50\text{kN}$。b) $F_1=0.31\text{kN}$,$F_2=2.36\text{kN}$,$F_T=1.50\text{kN}$。c) $F_1=0.36\text{kN}$,$F_2=2.75\text{kN}$,$F_T=1.50\text{kN}$。

2-6 $F_{Ax}=10\text{kN}$ (→),$F_{Ay}=0$,$F_D=10\sqrt{2}\text{kN}$。

2-7 $\theta=\arctan\left(\dfrac{W}{G}\cot\alpha\right)$,$F_T=\sqrt{G^2\sin^2\alpha+W^2\cos^2\alpha}$。

2-8 $F_1=4.899\text{kN}$。

2-9 $F_{T1}=1\text{kN}$,$F_{T2}=\sqrt{2}\text{kN}$,$F_{T3}=\left(1+\dfrac{\sqrt{3}}{3}\right)\text{kN}$,$F_{T4}=\dfrac{2}{\sqrt{3}}\text{kN}$。

2-10 $F_T=\dfrac{2}{\sqrt{3}}G$,$F_A=F_B=\dfrac{\sqrt{2}}{2\sqrt{3}}G$。

2-11 $F_{DA}=F_{DB}=1.052G$ (压),$F_{DC}=0.052G$ (压)。

2-12 $F_{AD}=1.04\text{kN}$ (拉),$F_{AC}=F_{AB}=0.3\text{kN}$ (拉)。

2-13 $F_{AB}=F_{AC}=55.8\text{kN}$ (压),$F_{TAD}=77.5\text{kN}$。

第 3 章

3-1 $M_O(F)=33.57\text{N}\cdot\text{m}$。

3-2 $\boldsymbol{M}_O(\boldsymbol{F})=(b\boldsymbol{i}-a\boldsymbol{j})Fc/\sqrt{a^2+b^2+c^2}$。

3-3 $\boldsymbol{M}_O(\boldsymbol{F})=(-9.43\boldsymbol{i}+9.43\boldsymbol{j}-4.7\boldsymbol{k})\text{kN}\cdot\text{m}$。

3-4 a) $F_A=M/2l$ (↑),$F_B=M/2l$ (↓)。b) $F_A=M/l$ (←),$F_B=M/l$

(→)。c) $F_A=M/l$ (↑), $F_B=M/l$ (←)。

3-5　$F_A=300\text{N}$ (↓), $F_B=300\text{N}$ (↑)。

3-6　$F_O=1155\text{N}$, $M_2=400\text{N}\cdot\text{m}$。

3-7　$M_2=3\text{N}\cdot\text{m}$。

3-8　$\boldsymbol{M}=(213\boldsymbol{i}-160\boldsymbol{j})\text{ N}\cdot\text{m}$。

3-9　$\boldsymbol{M}=[\boldsymbol{i}-(2+1.6\sqrt{2})\boldsymbol{j}+(1.6\sqrt{2}-2)\boldsymbol{k}]\text{ N}\cdot\text{m}$。

3-10　$\alpha=\arctan(-3/4)$, $F_3=500\text{kN}$。

第 4 章

4-1　$F_R=1.5\text{kN}$, $x=-6\text{m}$。

4-2　$F_R=710\text{kN}$, $\theta=-70.8°$, $x=3.514\text{m}$。

4-3　0.08m。

4-4　$F_3=40\text{N}$。

4-5　$F_R=\dfrac{1}{2}(q_1+q_2)l$ (↓), $x_C=\dfrac{q_1+2q_2}{3(q_1+q_2)}l$。

4-6　$F_{Ax}=7.1\text{kN}$ (→), $F_{Ay}=13\text{kN}$ (↑), $F_B=7.1\text{kN}$ (←)。

4-7　$F_{Ax}=4\text{kN}$ (←), $F_{Ay}=54.6\text{kN}$ (↑), $F_B=52.3\text{kN}$ (↑)。

4-8　$F_{Ax}=329.5\text{N}$ (←), $F_{Ay}=270.5\text{N}$ (↑)。$F_D=466\text{N}$ (拉)。

4-9　a) $F_{Ax}=3\text{kN}$ (→), $F_{Ay}=5\text{kN}$ (↑), $F_B=1\text{kN}$ (↓)。b) $F_{Ax}=3\text{kN}$ (←), $F_{Ay}=0.25\text{kN}$ (↓), $F_B=4.25\text{kN}$ (↑)。

4-10　$F_{Ax}=4\text{kN}$ (←), $F_{Ay}=17\text{kN}$ (↑), $M_A=43\text{kN}\cdot\text{m}$ (↺)。

4-11　$F_{Ax}=0$, $F_{Ay}=-\dfrac{1}{2}F-\dfrac{M}{2a}+\dfrac{5}{4}qa$ (↑); $F_B=\dfrac{3}{2}F+\dfrac{M}{2a}-\dfrac{1}{4}qa$ (↑)。

4-12　$F_{Ax}=0$; $F_{Ay}=250\text{N}$ (↓), $F_B=3.75\text{kN}$ (↑)。

4-13　(1) $F_A=22.5\text{kN}$ (↑), $F_B=27.5\text{kN}$ (↑)。(2) $x=4.5\text{m}$。

4-14　$F_{Ax}=2.4\text{kN}$ (→), $F_{Ay}=1.2\text{kN}$ (↑), $F_B=0.85\text{kN}$ (拉)。

4-15　$F_{BC}=192.5\text{kN}$ (压)。

4-16　$F_T=\dfrac{Pa}{2h}\cos\alpha$。

4-17　$F_{Ax}=\dfrac{2l+r}{l}G$ (←), $F_{Ay}=2G$ (↑)。$F_{Bx}=\dfrac{l+r}{l}G$ (←), $F_{By}=2G$ (↑)。$F_{Cx}=\dfrac{2l+r}{l}G$ (→), $F_{Cy}=G$ (↓)。$F_{Dx}=G$ (→), $F_{Dy}=G$ (↑)。

4-18　$l/a=G_2/G_1$。

4-19　$F_2=5.208\text{kN}$ (↑)。$F_{Ax}=2\text{kN}$ (→), $F_{Ay}=6.67\text{N}$ (↑), $F_{Cx}=5\text{kN}$ (←), $F_{Cy}=1.46\text{kN}$ (↓)。

4-20　$F_{Ax}=0.318$kN (←); $F_{Ay}=0.35$kN (↓)。$F_{Cx}=1.182$kN (←), $F_{Cy}=0.75$kN (↑)。

4-21　$F_{Ax}=38.3$kN (←); $F_{Ay}=1.25$kN (↓)。$F_{Bx}=38.3$kN (→), $F_{By}=21.25$kN (↑)。

4-22　$F_A=48.33$kN (↓), $F_B=100$kN (↑), $F_D=8.333$kN (↑)。

4-23　$F_A=15$kN (↓), $F_B=40$kN (↑), $F_C=5$kN (↑), $F_D=15$kN (↑)。

4-24　$F_{Ax}=0$, $F_{Ay}=2.5$kN (↑), $M_A=10$kN·m, $F_B=1.5$kN (↑)。

4-25　$F_{Ax}=7.2$kN (←), $F_{Ay}=11.16$kN (↑)。$F_{Bx}=2.8$kN (←), $F_{By}=1.16$kN (↓)。$F_{Cx}=15.6$kN (→), $F_{Cy}=9$kN (↑)。

4-26　$F_{Ax}=200$N (→), $F_{Ay}=0.5$kN (↓), $F_B=3.5$kN (↑), $F_D=2.5$kN (↑)。

4-27　$F_{Ax}=0$, $F_{Ay}=800$N (↑), $M_A=1950$N·m, $F_B=1.378$kN (压)。

4-28　$F_C=1.414$kN, $F_{AC}=0.5$kN, $F_{CE}=1.803$kN。

4-29　$M=280$N·m。

4-30　$F_{N1}=146$kN (拉), $F_{N2}=87.5$kN (压), $F_{N3}=117$kN (拉)。

4-31　$f=0.224$。

4-32　$s=0.45l$。

4-33　500N。

4-34　$h>4.5$cm。

4-35　(1) $F_2 \geqslant \dfrac{\sin\alpha - f\cos\alpha}{\cos\alpha + f\sin\alpha} F_1$; (2) $F_2 \leqslant \dfrac{\sin\alpha + f\cos\alpha}{\cos\alpha - f\sin\alpha} F_1$。

4-36　$e \leqslant \dfrac{1}{2} fD$。

第 5 章

5-1　$F_x=7.07$N, $F_y=-7.07$N, $F_z=-17.32$N。
　　$M_x=-6.5$N·m, $M_y=-4.81$N·m, $M_z=-0.71$N·m。

5-2　$M_x=-M_y=-20.6$kN·m, $M_{OA}=-12.4$kN·m。

5-3　$F_{Rx}=-144.9$N, $F_{Ry}=83.2$N, $F_{Rz}=55.3$N。$M_x=21.7$N·m, $M_y=25.5$N·m, $M_z=43.5$N·m。

5-4　$\boldsymbol{F}_R=(30\boldsymbol{i}+546.4\boldsymbol{j}+220\boldsymbol{k})$ N, $\boldsymbol{M}_A=(-110.6\boldsymbol{i}+12\boldsymbol{j})$ N·m (以 A 点为坐标原点常规空间直角坐标系)。

5-5　$F_A=1237.5$N (↑), $F_B=637.5$N (↑), $F_D=1125$N (↑)。

5-6　$a=35$cm。

5-7　$l=10$cm, $F_{Az}=300$N, $F_{Bz}=950$N。

5-8　$F_{Cx} = 666.7\text{N}$ (←), $F_{Cy} = 14.7\text{N}$ (↓), $F_{Cz} = 12640\text{N}$ (↑), $F_{Ax} = 2666.7\text{N}$ (→), $F_{Ay} = 325.3\text{N}$ (↓)。

5-9　$F_{T2} = 2F_{t2} = 4\text{kN}$; $F_{Ax} = -6.375\text{kN}$, $F_{Az} = 1.299\text{kN}$, $F_{Bx} = -4.125\text{kN}$, $F_{Bz} = 3.897\text{kN}$。

5-10　$T = 1\text{kN}$, $F_{Ax} = 0$, $F_{Ay} = -750\text{N}$, $F_{Az} = -500\text{N}$, $F_{Bx} = 433\text{N}$, $F_{Bz} = 500\text{N}$。

5-11　$F_{Ax} = 100\text{N}$, $F_{Ay} = 23.5\text{N}$, $F_{Az} = -1.1\text{N}$, $F_{By} = -34.3\text{N}$, $F_{Bz} = 32.3\text{N}$, $F_E = 21.7\text{N}$。

5-12　$T = 0.144W$, $F_A = 0.25W$, $F_{Bx} = -0.144W$, $F_{By} = -0.25W$, $F_{Bz} = W$。

5-13　$F_1 = F_3 = F_4 = F_5 = 0$; $F_2 = F_6 = 5\text{kN}$ (压)。

5-15　a) $y_C = 105\text{mm}$。 b) $x_C = 17.5\text{mm}$。

5-16　$BE = 0.366a$。

第6章

6-1　a) $F_{N1} = 0$, $F_{N2} = F$, $F_{N3} = F$。 b) $F_{N1} = 2\text{kN}$, $F_{N2} = 2\text{kN}$。 c) $F_{N1} = F$, $F_{N2} = 2F$, $F_{N3} = -F$。 d) $F_{N1} = -2F$, $F_{N2} = F$。 e) $F_{N1} = -50\text{kN}$, $F_{N2} = -90\text{kN}$。 f) $F_{N1} = 0.91F$, $F_{N2} = -0.74F$。

6-2　(1) $\sigma_{AC} = -20\text{MPa}$, $\sigma_{CD} = 0$, $\sigma_{DB} = -20\text{MPa}$, $\Delta l_{AC} = -0.01\text{mm}$, $\Delta l_{CD} = 0$, $\Delta l_{DB} = -0.01\text{mm}$。 (2) $\Delta l = -0.02\text{mm}$。

6-3　$\sigma_{AC} = 31.85\text{MPa}$, $\sigma_{CB} = 127.4\text{MPa}$, $\varepsilon_{AC} = 1.6 \times 10^{-4}$, $\varepsilon_{CB} = 6.4 \times 10^{-4}$。

6-4　$\alpha = 30°$ 时, $\sigma_\alpha = 75\text{MPa}$, $\tau_\alpha = 43.3\text{MPa}$。 $\alpha = 45°$ 时, $\sigma_\alpha = 50\text{MPa}$, $\tau_\alpha = 50\text{MPa}$。 $\alpha = 60°$ 时, $\sigma_\alpha = 25\text{MPa}$, $\tau_\alpha = 43.3\text{MPa}$。 $\alpha = 90°$ 时, $\sigma_\alpha = 0$, $\tau_\alpha = 0$。

6-5　$\sigma_{AB} = -12.5\text{MPa}$, $\sigma_{BC} = 0$, $\sigma_{CD} = 10\text{MPa}$, 总变形 $\Delta l = -0.125\text{mm}$。

6-6　$\Delta l = 0.576\text{mm}$。

6-7　a) 水平位移 0.247mm, 铅垂位移 1.09mm。 b) 水平位移 0, 铅垂位移 0.33mm。 c) 水平位移 0.143mm, 铅垂位移 0.247mm。

6-8　$\sigma = 71.6\text{MPa} < [\sigma]$, 安全。

6-9　$h = 111\text{mm}$, $b = 37\text{mm}$。

6-10　$d = 18\text{mm}$。

6-11　$[F] = 98.4\text{kN}$。

6-12　$\sigma = 32.7\text{MPa} < [\sigma]$, 安全。

6-13　$\sigma = 59.7\text{MPa} < [\sigma]$, 安全。

6-14　$\sigma_1 = 135.7\text{MPa} < [\sigma]$, $\sigma_2 = 130.9\text{MPa} < [\sigma]$, 安全; $\delta_H = 1.6\text{mm}$。

6-15　$F_A = \dfrac{b}{a+b}F$, $F_B = \dfrac{a}{a+b}F$。

参 考 文 献

[1] 哈尔滨工业大学理论力学教研室. 理论力学：Ⅰ [M]. 6版. 北京：高等教育出版社，2002.
[2] 单辉祖，谢传锋. 工程力学（静力学与材料力学）[M]. 北京：高等教育出版社，2005.
[3] 张少实. 新编材料力学 [M]. 北京：机械工业出版社，2002.
[4] 范钦珊，王璞. 工程力学（Ⅰ）[M]. 北京：高等教育出版社，2005.
[5] 孙训方，方孝淑，关来泰. 材料力学：Ⅰ [M]. 4版. 北京：高等教育出版社，2002.
[6] 刘鸿文. 材料力学：Ⅰ [M]. 4版. 北京：高等教育出版社，2004.
[7] 苏翼林. 材料力学：上册 [M]. 2版. 北京：高等教育出版社，1987.
[8] Gere J M, Timoshenko S P. Mechanics of materials [M]. Second SI Edition. New York：Van Nostrand Reinhold，1984.

13-3 (1) c) 压力最大，a) 压力最小； (2) a) $F_{cr}=2540$kN，b) $F_{cr}=2644.78$kN，c) $F_{cr}=3135.87$kN。

13-4 (1) $F_{cr}=118.78$kN；(2) $n_{st}=\dfrac{F_{cr}}{F}=1.697<[n_{st}]$，托架不安全。

13-5 (1) $F_{cr}=98.1$kN；(2) $[F]=25.53$kN。

13-6 $[F]=167.9$kN。

13-7 $[F_{AB}]=77.3$kN。

13-8 $F_{cr}=258.94$kN。

13-9 $n_{st}=3.08$。

13-10 $n_{st}=3.52<[n_{st}]$，不满足稳定性条件。

13-11 $n_{st}=6.867>[n_{st}]$，木柱稳定。

13-12 温度升高到 59.42℃时，杆将失稳。

13-13 梁 AB：$\sigma_{max}=139.7$MPa$>[\sigma]$，但 $\dfrac{\sigma_{max}-[\sigma]}{[\sigma]}<5\%$；杆 BC：$n_{st}=3.68>[n_{st}]$；所以结构安全。

第 14 章

14-1 工字钢 $\sigma_{d,max}=19.47$MPa，吊索 $\sigma_d=27.58$MPa。

14-2 $\sigma_{d,max}=4.63$MPa。

14-3 $\sigma_{d,max}=43$MPa，$w_{d,max}=0.497$m。

14-4 (a) $\sigma_d=115.5$MPa，(b) $\sigma_d=81.7$MPa。

14-5 $\sigma_{d,max}=11.05$MPa$<[\sigma]$，安全。

14-6 (1) $\sigma_d=0.0707$MPa；(2) $\sigma_d=15.42$MPa；(3) $\sigma_d=3.69$MPa。

14-7 有弹簧时：$H=389$mm；无弹簧时：$H=9.67$mm。

14-8 $\sigma_m=549$MPa，$\sigma_a=12$MPa，$r=0.957$。

14-9 $n_\sigma=1.7>[n_\sigma]$ 轴安全。

14-10 $n_\tau=1.7>[n_\tau]$ 轴安全。

30.4MPa，最大 $\tau_{max}=32.7$MPa。

11-5　a) $\sigma_1=25$MPa, $\sigma_2=0$, $\sigma_3=-25$MPa, $\tau_{max}=25$MPa。
　　　b) $\sigma_1=50$MPa, $\sigma_2=50$MPa, $\sigma_3=-50$MPa, $\tau_{max}=50$MPa。
　　　c) $\sigma_1=50$MPa, $\sigma_2=4.72$MPa, $\sigma_3=-84.72$MPa, $\tau_{max}=67.36$MPa。
　　　d) $\sigma_1=\sigma_2=\sigma_3=60$MPa, $\tau_{max}=0$。

11-6　$\sigma_1=0$, $\sigma_2=-19.8$MPa, $\sigma_3=-60$MPa。

11-7　$\varepsilon_{30°}=3.18\times10^{-4}$。

11-8　$M_e=864$N·m, $M=600$N·m。

11-9　A 点主应力 $\sigma_1=56.1$MPa, $\sigma_2=0$, $\sigma_3=-16.1$MPa，最大切应力 $\tau_{max}=36.1$MPa。

11-10　(1) $\sigma_1=130$MPa, $\sigma_2=30$MPa, $\sigma_3=-30$MPa, $\tau_{max}=80$MPa。
　　　　(2) $\varepsilon_{max}=6.5\times10^{-4}$。
　　　　(3) $\sigma_{r3}=\sigma_1-\sigma_3=160$MPa<$[\sigma]$，满足强度条件。

11-11　$\sigma_{r3}=120$MPa<$[\sigma]$; $\sigma_{r4}=111.36$MPa<$[\sigma]$，满足强度条件。

11-12　由第三强度理论：$p\leqslant1.18$MPa，或 $p\leqslant1.2$MPa。（$\sigma_3\approx0$。）
　　　　由第四强度理论：$p\leqslant1.39$MPa。

11-13　$t=14.18$mm（$\sigma_3\approx0$）或 $t\geqslant14.51$mm。

第 12 章

12-1　$\sigma_{t,max}=6.75$MPa, $\sigma_{c,max}=-6.99$MPa。

12-2　$\sigma_{c,max}=153.4$MPa<$[\sigma]$，满足强度条件。

12-3　$\sigma_{c,max}=120.04$MPa≈120MPa=$[\sigma]$，满足强度条件。

12-4　$\sigma_{t,max}=53.98$MPa。

12-5　$x=5.2$mm。

12-6　$\sigma_{t,max}=135.56$MPa。

12-7　增加了 7 倍。

12-8　$\sigma_{t,max}=56.18$MPa>$[\sigma_t]$, $\sigma_{c,max}=72.27$MPa>$[\sigma_c]$，不满足强度条件。

12-10　$t=2.65$mm。

12-11　$\sigma_{r3}=58.22$MPa<$[\sigma]$，满足强度条件。

12-12　第三强度理论 $d\geqslant111.7$mm；第四强度理论 $d\geqslant111.1$mm。

12-13　$d\geqslant118.7$mm。

12-14　$d\geqslant33.9$mm。

第 13 章

13-1　临界力是原来的 8 倍。

10-6 $F = \dfrac{3}{8}qL$。

10-7   a) $\theta_B = \dfrac{5FL^2}{18EI_z}$ ($\downarrow$), $w_B = \dfrac{2FL^3}{9EI_z}$ ($\downarrow$); b) $\theta_B = \dfrac{13qL^3}{192EI_z}$ ($\downarrow$), $w_B = \dfrac{7qL^4}{128EI_z}$ ($\downarrow$)。

10-8   a) $\theta_A = \dfrac{3qL^3}{8EI_z}$ ($\downarrow$), $w_G = \dfrac{29qL^4}{384EI_z}$ ($\downarrow$); b) $\theta_A = \dfrac{FL^2}{9EI_z}$ ($\downarrow$), $w_G = \dfrac{23FL^3}{648EI_z}$ ($\downarrow$)。

10-9 $w_D = \dfrac{17qL^4}{1296EI_z}$ ($\uparrow$)。

10-10 $w_C = \dfrac{13M_e L^2}{72EI_z}$ ($\uparrow$)。

10-11 $\theta_A = 0.38° < [\theta]$，满足刚度要求。

10-12 $\sigma_{\max} = 18.7\text{MPa} < [\theta]$，满足强度要求；$w_{\max} = 1.86\text{mm} < [w]$，满足刚度要求。

10-13   27a 工字钢，可满足刚度和强度要求。

10-14   a) $F_A = \dfrac{3M_e}{2L}$ ($\downarrow$), $F_B = \dfrac{3M_e}{2L}$ ($\uparrow$), $M_A = \dfrac{M_e}{2}$ ($\downarrow$); b) $F_A = \dfrac{3F}{32}$ ($\downarrow$), $F_B = \dfrac{13F}{32}$ ($\uparrow$), $F_C = \dfrac{11}{16}F$ ($\uparrow$)。

10-15 $\sigma_{\max} = 108\text{MPa}$, $\sigma_{BC} = 31.8\text{MPa}$, $w_C = 8.03\text{mm}$。

10-16 $\dfrac{F_{CD}}{F_{AB}} = \dfrac{F - F_{AB}}{F_{AB}} = \dfrac{I_{z1} L_2^3}{I_{z2} L_1^3}$。

第 11 章

11-1 $P = 147.26\text{kN}$。

11-2   a) $\sigma_{45°} = 5\text{MPa}$, $\tau_{45°} = 25\text{MPa}$; b) $\sigma_{-60°} = -10.98\text{MPa}$, $\tau_{-60°} = -10.98\text{MPa}$; c) $\sigma_{-120°} = -27.3\text{MPa}$, $\tau_{-120°} = -27.3\text{MPa}$。

11-3 $\tau_{-60°} = -1.549\text{MPa}$。

11-4   a) $\sigma_1 = \sigma_2 = 0$, $\sigma_3 = -50\text{MPa}$, $\alpha_0 = 26.6°$, 极值 $\tau_{\max} = 25\text{MPa}$（最大）。

b) $\sigma_1 = 30\text{MPa}$, $\sigma_2 = 0$, $\sigma_3 = -20\text{MPa}$, $\alpha_0 = 26.6°$, 极值 $\tau_{\max} = 25\text{MPa}$（最大）。

c) $\sigma_1 = 74.1\text{MPa}$, $\sigma_2 = 15.9\text{MPa}$, $\sigma_3 = 0$, $\alpha_0 = 29.5°$, 极值 $\tau'_{\max} = 29\text{MPa}$, 最大 $\tau_{\max} = 37.5\text{MPa}$。

d) $\sigma_1 = 0$, $\sigma_2 = -4.6\text{MPa}$, $\sigma_3 = -65.4\text{MPa}$, $\alpha_0 = 40.3°$, 极值 $\tau'_{\max} =$

9-3　$\sigma_{max} = 63.4$ MPa。

9-4　$\sigma_{t,max} = 80.52$ MPa，$\sigma_{c,max} = 123.3$ MPa。

9-5　(1) $\sigma_c = -4.37$ MPa，$\sigma_t = 7.29$ MPa；(2) 22.8 kN。

9-6　(1) $\sigma_{max} = 139$ MPa $<$ $[\sigma]$，安全；(2) $\sigma_{max} = 278$ MPa $>$ $[\sigma]$，不安全。

9-7　$F = 47.49$ kN。

9-8　$b \geqslant 4.01$ cm，取 $b = 4.1$ cm，$h = 12.3$ cm。

9-9　$a \geqslant 0.23\ l = 1.385$ m。

9-10　(1) $2\text{m} \leqslant x \leqslant 2.67\text{m}$；(2) 50a 工字钢。

9-11　$[F] = 44.3$ kN。

9-12　$\dfrac{h}{b} = \sqrt{2}$，$d_{min} = 227$ mm。

9-13　$M = 10.7$ kN·m。

9-14　$2l = 3.21$ m。

9-15　$\sigma_{max} = 68.8$ MPa $<$ $[\sigma]$，安全。

9-16　$y_C = 58.65$ mm，$I_z = 3.966 \times 10^7$ mm^4，$\sigma_{max} = \sigma_{t,max} = 29.9$ MPa $<$ $[\sigma_t]$，$\sigma_{c,max} = 15.1$ MPa $<$ $[\sigma_c]$，安全。

9-17　$q = 15.68$ kN/m，$d = 16.7$ mm。

9-18　$\sigma_{max} = 118$ MPa $<$ $[\sigma]$。

9-19　(1) $\tau_a = 10.5$ MPa，$\tau_b = 17.5$ MPa，$\tau_{max} = 21.4$ MPa；(2) $\tau_{max} = 25.7$ MPa，$\sigma_{max} = 1469$ MPa。

9-20　$\dfrac{\tau_{max}}{\sigma_{max}} = \dfrac{2d}{3l}$。

9-21　20b 工字钢。

9-22　选 22a 槽钢。

9-23　$\sigma_{max} = 179.6$ MPa $>$ $[\sigma]$，不满足强度条件。

9-24　$h \geqslant 335.4$ mm，取 $h = 336$ mm，$b = 168$ mm。

9-25　$[F_1] = 1.44$ kN，$[F_2] = 5.76$ kN。

第 10 章

10-4　a) $\theta_A = \dfrac{FL^2}{2EI}$ ($\uparrow$)，$w_A = \dfrac{FL^3}{3EI}$ ($\downarrow$)；b) $\theta_A = \dfrac{M_e L}{EI}$ ($\downarrow$)，$w_A = \dfrac{M_e L^2}{2EI}$ ($\uparrow$)。

10-5　a) 直接查表 10-1 可得 $w_{max} = \dfrac{5qL^4}{384EI_z}$ ($\downarrow$)，$\theta_A = \dfrac{qL^3}{24EI_z}$ ($\downarrow$)；b) $w_{max} = 0.00652 \dfrac{q_0 L^4}{EI_z}$ ($\downarrow$)；$\theta_A = \dfrac{7q_0 L^3}{360EI_z}$ ($\downarrow$)。

$M_3 = -\dfrac{1}{2}qa^2$。

c) $F_{S1}=1\text{kN}$, $M_1=-400\text{N}\cdot\text{m}$; $F_{S2}=-3\text{kN}$, $M_2=-600\text{N}\cdot\text{m}$; $F_{S3}=1\text{kN}$, $M_3=-600\text{N}\cdot\text{m}$。

d) $F_{S1}=200\text{N}$, $M_1=30\text{N}\cdot\text{m}$; $F_{S2}=200\text{N}$, $M_2=60\text{N}\cdot\text{m}$; $F_{S3}=0$, $M_3=60\text{N}\cdot\text{m}$。

e) $F_{S1}=-qa$, $M_1=-\dfrac{1}{2}qa^2$; $F_{S2}=-\dfrac{3}{2}qa$, $M_2=-2qa^2$; $F_{S3}=qa$, $M_3=-qa^2$。

f) $F_{S1}=\dfrac{1}{6}q_0 l$, $M_1=0$; $F_{S2}=\dfrac{1}{24}q_0 l$, $M_2=\dfrac{1}{16}q_0 l^2$; $F_{S3}=-\dfrac{1}{3}q_0 l$, $M_3=0$。

8-2 a) $F_{S,\max}=2F$, $M_{\max}=Fa$; b) $F_{S,\max}=qa$, $M_{\max}=\dfrac{1}{2}qa^2$; c) $F_{S,\max}=\dfrac{1}{2}qa$, $M_{\max}=\dfrac{1}{8}qa^2$; d) $F_{S,\max}=\dfrac{3}{2a}M_e$, $M_{\max}=\dfrac{3}{2}M_e$; e) $F_{S,\max}=\dfrac{1}{2}F$, $M_{\max}=\dfrac{1}{2}Fa$; f) $F_{S,\max}=\dfrac{5}{3}qa$, $M_{\max}=\dfrac{25}{18}qa^2$; g) $F_{S,\max}=\dfrac{5}{8}qa$, $M_{\max}=\dfrac{1}{8}qa^2$; h) $F_{S,\max}=2F$, $M_{\max}=2Fa$; i) $F_{S,\max}=\dfrac{3M_e}{2l}$, $M_{\max}=M_e$。

8-3 a) $F_{S,\max}=qa$, $M_{\max}=qa^2$; b) $F_{S,\max}=\dfrac{1}{2}qa$, $M_{\max}=\dfrac{1}{2}qa^2$; c) $F_{S,\max}=qa$, $M_{\max}=\dfrac{1}{2}qa^2$; d) $F_{S,\max}=qa$, $M_{\max}=\dfrac{3}{2}qa^2$; e) $F_{S,\max}=20\text{kN}$, $M_{\max}=20\text{kN}\cdot\text{m}$; f) $F_{S,\max}=25\text{kN}$, $M_{\max}=25\text{kN}\cdot\text{m}$; g) $F_{S,\max}=\dfrac{4}{3}qa$, $M_{\max}=\dfrac{2}{3}qa^2$; h) $F_{S,\max}=\dfrac{7}{6}qa$, $M_{\max}=\dfrac{5}{6}qa^2$; i) $F_{S,\max}=30\text{kN}$, $M_{\max}=15\text{kN}\cdot\text{m}$。

8-5 $x=(2-\sqrt{2})\,l=0.586l$。

8-6 $x=0.2l$。

8-7 (1) $x=\dfrac{l}{2}-\dfrac{a}{4}$ 时, $M_{\max}=\dfrac{F}{2}(l-a)+\dfrac{Fa^2}{8l}$; (2) $x=0$ 时, $F_{R,\max}=F_{S,\max}=2F-\dfrac{a}{l}F$。

第 9 章

9-1 $\sigma_{\max}=100\text{MPa}$。

9-2 $\sigma_k=\dfrac{128\sqrt{2}Fa}{15\pi d^3}$, $\sigma_{k,\max}=\dfrac{896\sqrt{2}Fa}{15\pi d^3}$。

6-16　$F_{N1}=8.46$kN，$F_{N2}=2.68$kN，$F_{N3}=-11.54$kN。

6-17　$F_{NCD}=30$kN，$\sigma_{CD}=30$MPa；$F_{NEF}=60$kN，$\sigma_{EF}=60$MPa。

6-18　$[F]\leqslant 2.5[\sigma]A$。

6-19　(1) $F=32$kN；(2) $\sigma_1=86$MPa，$\sigma_2=-78$MPa。

6-20　$F_{N1}=F_{N3}=666.7$N，$F_{N2}=1\,333.3$N。

6-21　$[F]=37.7$kN。

6-22　$\sigma=125$MPa$<[\sigma]$，$\tau=99.5$MPa$<[\tau]$，$\sigma_{bs}=125$MPa$<[\sigma_{bs}]$。

6-23　$l\geqslant 90$mm，$\delta\geqslant 9$mm，$h\geqslant 2\delta+30$mm。

6-24　$\tau=73.7$MPa$<[\tau]$，$\sigma_{bs}=69.4$MPa$<[\sigma_{bs}]$。

6-25　$d\geqslant 34$mm，$t\geqslant 11$mm。

6-26　$d\geqslant 15$mm。

6-27　$F=60$kN，$a\geqslant 60$mm，$d\geqslant 37.5$mm，$b\geqslant 112.5$mm。

第 7 章

7-1　a) $|T_{max}|=6$kN·m；b) $|T_{max}|=3$kN·m。

7-2　$\tau_A=71.4$MPa，$\tau_B=35.7$MPa，$\tau_C=0$，$\tau_{max}=71.4$MPa。

7-3　$G=81.5$GPa，$\tau_{max}=76.4$MPa，$\gamma=9.38\times 10^{-4}$rad。

7-4　$\tau_{max}=15.9$MPa，$\tau_{min}=12.4$MPa。

7-5　$D=132$mm。

7-6　$\tau_{max}=48.8$MPa。

7-7　$\varphi_{AB}=1.03°$，$\varphi_{AC}=1.55°$。

7-8　$d_{min}=97$mm。

7-9　$P=33.7$kW。

7-10　$d\geqslant 68$mm。

7-11　49%。

7-12　$P=197$kW。

7-13　1.089m。

7-14　实心轴 $d_1=45$mm，空心轴外径 $D_2=46$mm。

7-15　空心部分外径 $D=286$mm。

7-16　$\tau_{max}=26.6$MPa$<[\tau]$，$\varphi'=0.95°/$m$<[\varphi']$，满足强度和刚度要求。

第 8 章

8-1　a) $F_{S1}=0$，$M_1=Fa$；$F_{S2}=-F$，$M_2=Fa$；$F_{S3}=0$，$M_3=0$。

　　b) $F_{S1}=-qa$，$M_1=0$；$F_{S2}=-2qa$，$M_2=-\dfrac{3}{2}qa^2$；$F_{S3}=-2qa$，

5-8 $F_{Cx}=666.7\text{N}$ (←), $F_{Cy}=14.7\text{N}$ (↓), $F_{Cz}=12640\text{N}$ (↑), $F_{Ax}=2666.7\text{N}$ (→), $F_{Ay}=325.3\text{N}$ (↓)。

5-9 $F_{T2}=2F_{t2}=4\text{kN}$; $F_{Ax}=-6.375\text{kN}$, $F_{Az}=1.299\text{kN}$, $F_{Bx}=-4.125\text{kN}$, $F_{Bz}=3.897\text{kN}$。

5-10 $T=1\text{kN}$, $F_{Ax}=0$, $F_{Ay}=-750\text{N}$, $F_{Az}=-500\text{N}$, $F_{Bx}=433\text{N}$, $F_{Bz}=500\text{N}$。

5-11 $F_{Ax}=100\text{N}$, $F_{Ay}=23.5\text{N}$, $F_{Az}=-1.1\text{N}$, $F_{By}=-34.3\text{N}$, $F_{Bz}=32.3\text{N}$, $F_E=21.7\text{N}$。

5-12 $T=0.144W$, $F_A=0.25W$, $F_{Bx}=-0.144W$, $F_{By}=-0.25W$, $F_{Bz}=W$。

5-13 $F_1=F_3=F_4=F_5=0$; $F_2=F_6=5\text{kN}$ (压)。

5-15 a) $y_C=105\text{mm}$。 b) $x_C=17.5\text{mm}$。

5-16 $BE=0.366a$。

第6章

6-1 a) $F_{N1}=0$, $F_{N2}=F$, $F_{N3}=F$。 b) $F_{N1}=2\text{kN}$, $F_{N2}=2\text{kN}$。 c) $F_{N1}=F$, $F_{N2}=2F$, $F_{N3}=-F$。 d) $F_{N1}=-2F$, $F_{N2}=F$。 e) $F_{N1}=-50\text{kN}$, $F_{N2}=-90\text{kN}$。 f) $F_{N1}=0.91F$, $F_{N2}=-0.74F$。

6-2 (1) $\sigma_{AC}=-20\text{MPa}$, $\sigma_{CD}=0$, $\sigma_{DB}=-20\text{MPa}$, $\Delta l_{AC}=-0.01\text{mm}$, $\Delta l_{CD}=0$, $\Delta l_{DB}=-0.01\text{mm}$。 (2) $\Delta l=-0.02\text{mm}$。

6-3 $\sigma_{AC}=31.85\text{MPa}$, $\sigma_{CB}=127.4\text{MPa}$, $\varepsilon_{AC}=1.6\times10^{-4}$, $\varepsilon_{CB}=6.4\times10^{-4}$。

6-4 $\alpha=30°$时, $\sigma_\alpha=75\text{MPa}$, $\tau_\alpha=43.3\text{MPa}$。 $\alpha=45°$时, $\sigma_\alpha=50\text{MPa}$, $\tau_\alpha=50\text{MPa}$。 $\alpha=60°$时, $\sigma_\alpha=25\text{MPa}$, $\tau_\alpha=43.3\text{MPa}$。 $\alpha=90°$时, $\sigma_\alpha=0$, $\tau_\alpha=0$。

6-5 $\sigma_{AB}=-12.5\text{MPa}$, $\sigma_{BC}=0$, $\sigma_{CD}=10\text{MPa}$, 总变形 $\Delta l=-0.125\text{mm}$。

6-6 $\Delta l=0.576\text{mm}$。

6-7 a) 水平位移 0.247mm, 铅垂位移 1.09mm。 b) 水平位移 0, 铅垂位移 0.33mm。 c) 水平位移 0.143mm, 铅垂位移 0.247mm。

6-8 $\sigma=71.6\text{MPa}<[\sigma]$, 安全。

6-9 $h=111\text{mm}$, $b=37\text{mm}$。

6-10 $d=18\text{mm}$。

6-11 $[F]=98.4\text{kN}$。

6-12 $\sigma=32.7\text{MPa}<[\sigma]$, 安全。

6-13 $\sigma=59.7\text{MPa}<[\sigma]$, 安全。

6-14 $\sigma_1=135.7\text{MPa}<[\sigma]$, $\sigma_2=130.9\text{MPa}<[\sigma]$, 安全; $\delta_H=1.6\text{mm}$。

6-15 $F_A=\dfrac{b}{a+b}F$, $F_B=\dfrac{a}{a+b}F$。